"十二五"职业教育国家规划教材

经全国职业教育教材审定委员会审定

住房城乡建设部土建类学科专业"十三五"规划教材

全国高职高专教育土建类专业教学指导委员会规划推荐教材

建筑设备安装识图与施工工艺

（第四版）

（工程造价与工程管理类专业适用）

汤万龙　　　　　主编

贺俊杰　张洪洲　主审

中国建筑工业出版社

图书在版编目(CIP)数据

建筑设备安装识图与施工工艺/汤万龙主编. —4 版. —
北京:中国建筑工业出版社,2019.11(2023.12 重印)
"十二五"职业教育国家规划教材经全国职业教育教
材审定委员会审定 住房城乡建设部土建类学科专业
"十三五"规划教材 全国高职高专教育土建类专业教学
指导委员会规划推荐教材
ISBN 978-7-112-24475-1

Ⅰ.①建… Ⅱ.①汤… Ⅲ.①房屋建筑设备-建筑安
装-建筑制图-识图-高等职业教育-教材 ②房屋建筑设备-建
筑安装-工程施工-高等职业教育-教材 Ⅳ.①TU204.21
②TU8

中国版本图书馆 CIP 数据核字(2019)第 261909 号

本书系统地介绍了暖卫及通风工程常用材料、供暖系统安装、给水排水系统
的安装、管道系统设备及附件安装、通风空调系统的安装、管道防腐与绝热保温、
暖卫通风工程施工图、电气工程常用材料、变配电设备安装、配线工程、电气照
明工程、电气动力工程、防雷与接地装置安装、智能建筑工程、建筑电气工程施
工图和电梯。

本书除适用于工程造价专业外,还适用于建筑设备工程、土木工程及建筑工
程管理类相关专业教师、学生使用,也可作为企业工程技术人员的学习参考书。

为更好地支持相应课程的教学,我们向采用本书作为教材的教师提供教学课
件,有需要者可与出版社联系,邮箱:jckj@cabp.com.cn,电话(010)58337285,
建工书院 https://edu.cabplink.com(PC 端)。

责任编辑:张 晶 王 跃

责任设计:张 虹

责任校对:关 健 刘梦然

"十二五"职业教育国家规划教材
经全国职业教育教材审定委员会审定
住房城乡建设部土建类学科专业"十三五"规划教材
全国高职高专教育土建类专业教学指导委员会规划推荐教材
建筑设备安装识图与施工工艺
(第四版)
(工程造价与工程管理类专业适用)
汤万龙 主编
贺俊杰 张洪洲 主审

*

中国建筑工业出版社出版、发行(北京海淀三里河路 9 号)
各地新华书店、建筑书店经销
北京红光制版公司制版
北京圣夫亚美印刷有限公司印刷

*

开本:787×1092 毫米 1/16 印张:23¾ 字数:590 千字
2019 年 11 月第四版 2023 年 12 月第四十三次印刷
定价:**59.00** 元(赠教师课件)
ISBN 978-7-112-24475-1
(35057)

修订版教材编审委员会名单

主　任：李　辉

副主任：黄兆康　　夏清东

秘　书：袁建新

委　员：（按姓氏笔画排序）

王艳萍　田恒久　刘　阳　刘金海　刘建军

李永光　李英俊　李洪军　杨　旗　张小林

张秀萍　陈润生　胡六星　郭起剑

教材编审委员会名单

主　任：吴　泽

副主任：陈锡宝　范文昭　张怡朋

秘　书：袁建新

委　员：（按姓氏笔画排序）

马纯杰　王武齐　田恒久　任　宏　刘　玲

刘德甫　汤万龙　杨太生　何　辉　但　霞

宋岩丽　迟晓明　张小平　张凌云　陈东佐

项建国　秦永高　耿震岗　贾福根　高　远

蒋国秀　景星蓉

修订版序言

  住房和城乡建设部高职高专教育土建类专业教学指导委员会工程管理类专业分委员会（以下简称工程管理类分指委），是受教育部、住房和城乡建设部委托聘任和管理的专家机构。其主要工作职责是在教育部、住房和城乡建设部、全国高职高专教育土建类专业教学指导委员会的领导下，按照培养高端技能型人才的要求，研究和开发高职高专工程管理类专业的人才培养方案，制定工程管理类的工程造价专业、建筑经济管理专业、建筑工程管理专业的教育教学标准，持续开发"工学结合"及理论与实践紧密结合的特色教材。

  高职高专工程管理类的工程造价、建筑经济管理、建筑工程管理等专业教材自2001年开发以来，经过"专业评估"、"示范性建设"、"骨干院校建设"等标志性的专业建设历程和普通高等教育"十一五"国家级规划教材、教育部普通高等教育精品教材的建设经历，已经形成了有特色的教材体系。

  通过完成住建部课题"工程管理类学生学习效果评价系统"和"工程造价工作内容转换为学习内容研究"任务，为该系列"工学结合"教材的编写提供了方法和理论依据，使工程管理类专业的教材在培养高素质人才的过程中更加具有针对性和实用性，形成了"教材的理论知识新颖、实践训练科学、理论与实践结合完美"的特色。

  本轮教材的编写体现了"工程管理类专业教学基本要求"的内容，根据2013年版的《建设工程工程量清单计价规范》内容改写了清单计价和合同管理等方面的内容。根据"计标〔2013〕44号"的要求，改写了建筑安装工程费用项目组成的内容。总之，本轮教材的编写，继承了管理类分指委一贯坚持的"给学生最新的理论知识、指导学生按最新的方法完成实践任务"的指导思想，让该系列教材为我国的高职工程管理类专业的人才培养贡献我们的智慧和力量。

住房和城乡建设部高职高专教育土建类专业教学指导委员会
工程管理类专业分委员会

第二版序言

高职高专教育土建类专业教学指导委员会（以下简称教指委）是在原"高等学校土建学科教学指导委员会高等职业教育专业委员会"基础上重新组建的，在教育部、建设部的领导下承担对全国土建类高等职业教育进行"研究、咨询、指导、服务"责任的专家机构。

2004 年以来教指委精心组织全国土建类高职院校的骨干教师编写了工程造价、建筑工程管理、建筑经济管理、房地产经营与估价、物业管理、城市管理与监察等专业的主干课程教材。这些教材较好地体现了高等职业教育"实用型""能力型"的特色，以其权威性、科学性、先进性、实践性等特点，受到了全国同行和读者的欢迎，被全国高职高专院校相关专业广泛采用。

上述教材中有《建筑经济》、《建筑工程预算》、《建筑工程项目管理》等 11 本被评为普通高等教育"十一五"国家级规划教材，另外还有 36 本教材被评为普通高等教育土建学科专业"十一五"规划教材。

教材建设如何适应教学改革和课程建设发展的需要，一直是我们不断探索的课题。如何将教材编出具有工学结合特色，及时反映行业新规范、新方法、新工艺的内容，也是我们一贯追求的工作目标。我们相信，这套由中国建筑工业出版社陆续修订出版的、反映较新办学理念的规划教材，将会获得更加广泛的使用，进而在推动土建类高等职业教育培养模式和教学模式改革的进程中、在办好国家示范高职学院的工作中，作出应有的贡献。

高职高专教育土建类专业教学指导委员会

2008 年 3 月

第一版序言

全国高职高专教育土建类专业教学指导委员会工程管理类专业指导分委员会（原名高等学校土建学科教学指导委员会高等职业教育专业委员会管理类专业指导小组）是建设部受教育部委托，由建设部聘任和管理的专家机构。其主要工作任务是，研究如何适应建设事业发展的需要设置高等职业教育专业，明确建设类高等职业教育人才的培养标准和规格，构建理论与实践紧密结合的教学内容体系，构筑"校企合作、产学结合"的人才培养模式，为我国建设事业的健康发展提供智力支持。

在建设部人事教育司和全国高职高专教育土建类专业教学指导委员会的领导下，2002年以来，全国高职高专教育土建类专业教学指导委员会工程管理类专业指导分委员会的工作取得了多项成果，编制了工程管理类高职高专教育指导性专业目录；在重点专业的专业定位、人才培养方案、教学内容体系、主干课程内容等方面取得了共识；制定了"工程造价"、"建筑工程管理"、"建筑经济管理"、"物业管理"等专业的教育标准、人才培养方案、主干课程教学大纲；制定了教材编审原则；启动了建设类高等职业教育建筑管理类专业人才培养模式的研究工作。

全国高职高专教育土建类专业教学指导委员会工程管理类专业指导分委员会指导的专业有工程造价、建筑工程管理、建筑经济管理、房地产经营与估价、物业管理及物业设施管理等6个专业。为了满足上述专业的教学需要，我们在调查研究的基础上制定了这些专业的教育标准和培养方案，根据培养方案认真组织了教学与实践经验较丰富的教授和专家编制了主干课程的教学大纲，然后根据教学大纲编审了本套教材。

本套教材是在高等职业教育有关改革精神指导下，以社会需求为导向，以培养实用为主、技能为本的应用型人才为出发点，根据目前各专业毕业生的岗位走向、生源状况等实际情况，由理论知识扎实、实践能力强的双师型教师和专家编写的。因此，本套教材体现了高等职业教育适应性、实用性强的特点，具有内容新、通俗易懂、紧密结合工程实践和工程管理实际、符合高职学生学习规律的特色。我们希望通过这套教材的使用，进一步提高教学质量，更好地为社会培养具有解决工作中实际问题的有用人才打下基础。也为今后推出更多更好的具有高职教育特色的教材探索一条新的路子，使我国的高职教育办的更加规格和有效。

全国高职高专教育土建类专业教学指导委员会

工 程 管 理 类 专 业 指 导 分 委 员 会

2004 年 5 月

第四版前言

《建筑设备安装识图与施工工艺》根据全国高职高专教育土建类专业教学指导委员会制定的工程造价专业培养目标和培养方案及主干课程教学基本要求编写。

本教材自出版以来，在全国相关专业高等职业院校被普遍选用，受到学院、教师、学生的一致好评。2011年被住房和城乡建设部评为普通高等教育土建学科专业"十二五"规划教材，是全国高职高专教育土建类专业教学指导委员会规划推荐教材。

本教材第四版入选住房城乡建设部土建类学科专业"十三五"规划教材，按照相关专业教学标准、第四版教材在第三版的基础上，融入了国家2014年8月以来新出版的《采暖通风与空气调节设计新规范》GB 50019—2015、《通风与空调工程施工质量验收规范》GB/T 50243—2016、《建筑电气工程施工质量验收规范》GB 50303—2015、《电气装置安装工程 电气设备交接试验标准》GB 50150—2016等新规范，并删除了不适合建筑工程技术专业特点的相关内容以及已废止的图形符号，淘汰的直埋电缆敷设要求和避雷线的导线材料等与现行规范不相符的内容，并且对教材（第三版）进行了纠错补缺。

在广泛征求企业专家和工程技术人员意见的基础上，本次修订对建筑电气部分的内容进行了较大幅度的修改，不仅保留了原教材（第三版）注重课程教学与学生认知过程相结合、理论与实际相结合、学生能力与岗位能力相对接，注重针对性和实用性的特点，而且更加突出了节水、节能和环保的思想理念。

本书由新疆建设职业技术学院汤万龙主编。其中绪论、第1、2、7章由新疆建设职业技术学院汤万龙编写；第3、6章由新疆建设职业技术学院胡世琴编写；第2章（第6节）、第4、5章由乌鲁木齐市建设工程质量监督站张小英编写；第9、11、12、15、16章由新疆建设职业技术学院张军编写；第8、10、13、14章由新疆建设职业技术学院齐斌编写。全书由内蒙古建筑职业技术学院贺俊杰和新疆建筑设计研究院张洪洲主审。

由于编者水平有限，不足之处，敬请读者指正。

2019年8月

第三版前言

《建筑设备安装识图与施工工艺》根据全国高职高专教育土建类专业教学指导委员会制定的工程造价专业培养目标和培养方案及主干课程教学基本要求编写。

本教材自出版以来，在全国相关专业高等职业院校被普遍选用，受到学院、教师、学生的一致好评。2011年被住房和城乡建设部评为高等教育土建学科专业"十二五"规划教材，是全国高职高专教育土建类专业教学指导委员会规划推荐教材。

根据《教育部关于"十二五"职业教育教材建设的若干意见》（教职成〔2012〕9号）文件，本教材被列为"十二五"职业教育国家规划教材选题立项。教材（第三版）在第二版的基础上，融入了国家2010年9月以来新出版的《民用建筑节水设计标准》GB 50555—2010、《建筑给水排水制图标准》GB/T 50106—2010、《建筑电气制图标准》GB/T 50786—2012、《住宅建筑电气设计规范》JGJ 242—2011和《智能建筑工程施工规范》GB 50606—2010等新规范，纳入了叠压供水、地源热泵、太阳能空调等新技术；新增了变配电所对土建专业的要求、新型照明光源、矿物绝缘电缆、预分支电缆的敷设、电缆隧道内敷设、高层建筑防侧击和等电位联结、箱式变电站及干式变压器的安装、施工现场电气消防技术要求、火灾探测器的安装及布线、通信及传输设备的安装、安全防范和综合布线系统、电梯安装与验收等内容。删除了不适合工程造价专业特点的相关内容：如热水的温度标准和热水管道布置等内容，及淘汰的直埋电缆敷设要求和避雷线的导线材料和已废止的图形符号等与现行规范不相符的内容，并且对教材（第二版）进行了纠错补缺。

在广泛征求企业专家和工程技术人员意见的基础上，本次修订对建筑电气部分的内容进行了较大幅度的修改，不仅保留了原教材（第二版）注重课程教学与学生认知过程相结合、理论与实际相结合、学生能力与岗位能力相对接，注重针对性和实用性的特点，而且更加突出了节水、节能和环保的思想理念。

本书由新疆建设职业技术学院汤万龙主编。其中绪论、第1、2、7章由新疆建设职业技术学院汤万龙编写；第3、6章由新疆建设职业技术学院胡世琴编写；第2章（第6节）、第4、5章由乌鲁木齐市建设工程质量监督站张小英编写；第9、11、12、15、16章由新疆建设职业技术学院张军编写；第8、10、13、14章由新疆建设职业技术学院齐斌编写。全书由新疆大学建筑工程学院蒋国秀和中建新疆建工（集团）有限责任公司姜向东主审。

由于编者水平有限，不足之处，敬请读者指正。

本书提供有PPT，可发信到 cabpkejian@126.com

2015年1月

第二版前言

本书是根据全国高职高专教育土建类专业教学指导委员会制定的工程造价专业培养目标和培养方案及主干课程教学基本要求编写的，教学时数为120学时。

《建筑设备安装识图与施工工艺》教材自2004年7月出版（第一版）至今，印刷12次，印数达4.5万册，在全国高职高专工程造价等专业广泛使用。2008年被评为普通高等教育"十一五"国家级规划教材。

随着建筑技术的进步和建筑节能要求的提高以及该教材近几年的使用情况，本次修订（第二版）对其教学内容进行了适当增添和删减，增加了建筑节能工程、通风与空调节能工程、配电与照明节能工程、监测与控制节能工程和地面辐射供暖技术的相关内容，删去了淘汰设备如铸铁长翼型和圆翼型散热器和槽板配线等相关内容。从而使教材内容紧跟建筑设备的技术发展，反映了建筑设备工程技术领域成熟的新技术、新设备、新材料和新工艺。

本书由新疆建设职业技术学院汤万龙、刘玲主编，其中绪论、第一、二、三、六、七章由新疆建设职业技术学院汤万龙编写，第二（第六节）、四、五章由乌鲁木齐市建设工程质量监督站张小英编写；第八、十五章由新疆建工集团第二建筑工程有限责任公司王志强编写；第九、十、十三、十四章由新疆建设职业技术学院刘玲编写；第十一、十二章由新疆建设职业技术学院浦龙梅编写。全书由新疆大学建筑工程学院蒋国秀主审。

由于编者水平所限，不足之处，敬请读者指正。

2010年7月

10

第一版前言

　　本书是根据全国高职高专教育土建类专业教学指导委员会制定的工程造价专业培养目标和培养方案及主干课程教学基本要求编写的，教学时数为120学时。

　　《建筑设备安装识图与施工工艺》课程，是一门实践性很强的课程。因此，在编写过程中，针对高等职业教育的教学特点，重视理论与实践的结合，注重培养学生的动手能力、分析能力和解决问题的能力；力求保持其完整性、系统性和实用性；力求在内容和选材方面体现学以致用，采用新工艺、新技术、新设备、新材料，贯彻新规范、新标准；力求内容精炼，表述清楚，图文并茂，便于理解掌握。

　　本书由新疆建设职业技术学院汤万龙、刘玲主编，其中绪论、第一、二、三、六、七章由新疆建设职业技术学院汤万龙编写，第四、五章由乌鲁木齐市建设工程质量监督站张小英编写；第八、十五章由新疆建工集团第二建筑工程有限责任公司王志强编写，第九、十、十三、十四章由新疆建设职业技术学院刘玲编写，第十一、十二章由新疆建设职业技术学院浦龙梅编写。全书由新疆大学建筑工程学院蒋国秀主审。

　　由于编者学识水平有限，加之时间仓促，对书中不足之处恳请读者批评指正。

2004 年 6 月

目　录

绪论……………………………………………………………………………………… 1

第1章　暖卫及通风工程常用材料………………………………………………… 2
1.1　暖卫工程常用管材及管件………………………………………………… 2
1.2　暖卫工程常用附件………………………………………………………… 10
1.3　通风空调工程常用材料…………………………………………………… 13
思考题…………………………………………………………………………… 15

第2章　供暖系统安装……………………………………………………………… 17
2.1　供暖系统的组成及分类…………………………………………………… 17
2.2　室内供暖系统的系统形式………………………………………………… 18
2.3　室内供暖系统的安装……………………………………………………… 22
2.4　辅助设备安装……………………………………………………………… 26
2.5　散热器的安装……………………………………………………………… 28
2.6　地板辐射供暖……………………………………………………………… 34
2.7　热泵………………………………………………………………………… 41
2.8　室外供热管道的安装……………………………………………………… 44
2.9　室内燃气管道的安装……………………………………………………… 48
思考题…………………………………………………………………………… 53

第3章　给水排水系统的安装……………………………………………………… 54
3.1　室内给水系统的分类及组成……………………………………………… 54
3.2　室内给水系统的给水方式………………………………………………… 55
3.3　室内热水供应系统………………………………………………………… 57
3.4　室内给水系统管道安装…………………………………………………… 59
3.5　室内消防给水系统安装…………………………………………………… 61
3.6　建筑中水系统安装………………………………………………………… 69
3.7　室内排水系统安装………………………………………………………… 71
3.8　室外给水排水管网安装…………………………………………………… 84
思考题…………………………………………………………………………… 88

第4章　管道系统设备及附件安装………………………………………………… 89
4.1　离心式水泵安装…………………………………………………………… 89
4.2　阀门、水表及水箱安装…………………………………………………… 91
4.3　管道支架安装……………………………………………………………… 95
思考题…………………………………………………………………………… 98

第5章　通风空调系统的安装 ··· 99

5.1　通风空调系统的分类及组成 ······································· 99

5.2　通风空调系统管道的安装 ·· 101

5.3　通风空调系统设备的安装 ·· 112

5.4　太阳能空调系统 ··· 118

5.5　通风空调系统的调试 ··· 121

5.6　通风空调节能工程施工技术要求 ································· 122

思考题 ·· 124

第6章　管道防腐与绝热保温 ··· 125

6.1　管道防腐 ··· 125

6.2　管道绝热保温 ·· 127

思考题 ·· 133

第7章　暖卫通风工程施工图 ··· 134

7.1　暖卫工程施工图 ··· 134

7.2　通风空调工程施工图 ·· 171

思考题 ·· 185

第8章　电气工程常用材料 ·· 186

8.1　常用导电和信号传输材料及其应用 ····························· 186

8.2　常用绝缘材料及其应用 ··· 193

8.3　常用安装材料 ··· 197

思考题 ·· 202

第9章　变配电设备安装 ·· 203

9.1　建筑供配电系统的组成 ··· 203

9.2　室内变电所的布置 ··· 206

9.3　10/0.4kV电力变压器的安装 ······································ 208

9.4　箱式变电所的安装 ··· 211

9.5　高压电器的安装 ··· 213

9.6　低压电器的安装 ··· 220

9.7　变配电系统调试 ··· 222

思考题 ·· 224

第10章　配线工程 ··· 225

10.1　线槽配线 ·· 225

10.2　塑料护套线配线 ·· 230

10.3　导管配线 ·· 231

10.4　电缆配线 ·· 237

10.5　母线安装 ·· 248

10.6　架空配电线路 ·· 253

思考题 ·· 256

第11章　电气照明工程 ·· 257
　11.1　电气照明基本线路 ·· 257
　11.2　电气照明装置安装 ·· 262
　11.3　开关、插座、风扇安装 ···································· 267
　11.4　照明配电箱的安装 ·· 271
　11.5　配电与照明节能工程施工技术要求 ·························· 273
　思考题 ·· 276

第12章　电气动力工程 ·· 278
　12.1　吊车滑触线的安装 ·· 278
　12.2　电动机的安装 ·· 279
　12.3　电动机的调试 ·· 283
　思考题 ·· 283

第13章　防雷与接地装置安装 ···································· 285
　13.1　接地和接零 ·· 285
　13.2　防雷装置及其安装 ·· 287
　13.3　接地装置的安装 ·· 293
　13.4　等电位设施安装 ·· 299
　思考题 ·· 301

第14章　智能建筑工程 ·· 303
　14.1　智能建筑概述 ·· 303
　14.2　火灾自动报警系统与消防联动系统 ·························· 305
　14.3　共用天线电视系统 ·· 316
　14.4　安全防范系统 ·· 320
　14.5　音频与视频会议系统 ······································ 327
　14.6　广播音响系统 ·· 328
　14.7　通信网络系统 ·· 330
　14.8　综合布线系统 ·· 332
　14.9　机房工程 ·· 334
　思考题 ·· 336

第15章　建筑电气工程施工图 ···································· 337
　15.1　电气工程施工图 ·· 337
　15.2　智能建筑电气工程施工图 ·································· 348
　15.3　变配电工程图 ·· 351
　思考题 ·· 355

第16章　电梯 ·· 356
　16.1　电梯概述 ·· 356
　16.2　电梯的安装 ·· 359
　16.3　电梯的调试和工程交接验收 ································ 361
　思考题 ·· 362

参考文献 ·· 363

绪　论

一、本课程的性质、任务与内容

《建筑设备安装识图与施工工艺》是土建类工程造价专业的主干课程之一，是一门实践性很强的课程。

其任务是学习建筑设备工程常用材料及常用设备的类型、规格及表示方法，建筑设备工程各系统的构成及特点、施工安装工艺及用料计算，建筑设备工程施工图的识读等基本知识，为准确计量建筑设备工程造价、合理组织施工及正确施工安装奠定基础。

建筑设备是建筑工程的重要组成部分，包括暖卫通风工程和建筑电气工程两大部分。其中暖卫通风工程包括建筑给水系统（生活用水、消防用水、热水供应、建筑中水等），建筑排水系统（生活污水、生产污废水、雨水雪水等）；供暖系统，燃气供应系统；通风与空气调节系统。建筑电气工程包括建筑照明系统，建筑动力系统和智能建筑系统（共用电视天线、通信系统、广播系统和火灾报警系统等）。

当前，我国在建筑设备科学技术领域，从科学研究到生产制造，从工程设计到安装施工，已拥有一支专门队伍。随着我国大型工业企业的不断建立，城镇各类建筑的陆续兴建，人民生活居住条件的逐步改善，基本建设工业化施工的迅速发展，建筑设备工程技术水平正在不断提高。同时，由于近代科学技术的发展，各门学科互相渗透，相互影响，建筑设备技术也不例外，因得到多门学科发展影响而日新月异。新材料快速发展，在建筑设备中引起了许多技术改革，例如，大量采用塑料制品代替各种金属材料，保证了设备的使用质量，节约了金属材料和施工费用。新设备的不断涌现，使建筑设备工程向着更加节约和高效的方向发展。新能源的利用和电子技术的应用，使建筑设备工程技术不断更新，各种系统由于集中控制自动化而提高了效率，节约了费用，并创造更加完善的卫生环境，为建筑设备技术的发展开辟了广阔的领域。建筑工业化施工技术的发展，促进了预制设备系统的应用，加快了施工速度，获得了良好的经济效益。

二、本课程的学习方法和要求

本课程是一门独立的、实践性很强的课程，同时又和其他专业课程有着密切的联系。本课程的学习应经过课堂教学和生产实习、作业训练来完成，每个环节都很重要，且相辅相成，不可偏废。

在课堂教学中应重点介绍施工图的识读要领和方法，施工程序，施工材料和施工工艺，施工技术要求等。教学时可以以实物、参观、录像等手段，使学生通过课堂教学基本掌握施工图识读方法和施工技术的基本理论。

生产实习应在校内实习工厂或施工现场进行，以专业施工基本操作技术为主，让学生自己动手完成某些施工操作环节，通过实践提高动手能力，达到基本的专业操作要求。

施工图的识读训练，可以结合实习工程施工图对照识读，也可在课堂内通过对施工图及图集举例、识读或施工图的绘制进行综合训练，从而使学生掌握识图的基本要领，提高识图能力和水平。

第1章 暖卫及通风工程常用材料

1.1 暖卫工程常用管材及管件

1.1.1 常用管材

在给水、排水、供暖、热水供应、燃气及空调用制冷系统中的冷、热（汽）媒等管道工程中常用管材有：

1. 金属管

（1）焊接钢管

焊接钢管俗称水煤气管，又称为低压流体输送管或有缝钢管。通常用普通碳素钢中钢号为 Q215、Q235、Q255 的软钢制造而成。按其表面是否镀锌可分为镀锌钢管（白铁管）和非镀锌钢管（黑铁管）。按钢管壁厚不同又分为普通钢管、加厚管和薄壁管三种。按管端是否带有螺纹还可分为带螺纹和不带螺纹两种。每根管的制造长度为：带螺纹的黑、白钢管为 4～9m；不带螺纹的黑钢管为 4～12m。

焊接钢管的直径规格用公称直径"DN"表示，单位为 mm（如 $DN25$）。

焊接钢管规格尺寸见表 1-1。

低压流体输送用焊接钢管（GB/T 3091—2008） 表 1-1

公称口径（mm）	外 径（mm）	壁 厚（mm）	
		普通钢管	加厚钢管
6	10.2	2.0	2.5
8	13.5	2.5	2.8
10	17.2	2.5	2.8
15	21.3	2.8	3.5
20	26.9	2.8	3.5
25	33.7	3.2	4.0
32	42.4	3.5	4.0
40	48.3	3.5	4.5
50	60.3	3.8	4.5
65	76.1	4.0	4.5
80	88.9	4.0	5.0
100	114.3	4.0	5.0
125	139.7	4.0	5.5
150	168.3	4.5	6.0

注：表中的公称口径系近似内径的名义尺寸，不表示外径减去两个壁厚所得的内径。

普通焊接钢管常用于室内暖卫工程管道。

（2）无缝钢管

无缝钢管常用普通碳素钢、优质碳素钢或低合金钢制造而成。按制造方法可分为热轧和冷轧两种。热轧管外径有 32～630mm 的各种规格，每根管的长度为 3～12.5m；冷轧管外径有 5～220mm 的各种规格，每根管的长度为 1.5～9m。

无缝钢管的直径规格用管外径×壁厚表示，符号为 $D×δ$，单位为 mm（如 159×4.5）。

无缝钢管的规格见表 1-2。

普通无缝钢管常用规格摘自 YB 231—70　　　　　　　表 1-2

外径 D（mm）	壁厚 $δ$（mm）								
	2.5	3.0	3.5	4.0	4.5	5.0	6.0	7.0	8.0
	理论质量（kg/m）								
57	3.36	4.00	4.62	5.23	5.83	6.41	7.55	8.63	9.67
60	3.55	4.22	4.88	5.52	6.16	6.78	7.99	9.15	10.26
73	4.35	5.18	6.00	6.81	7.60	8.38	9.91	11.39	12.82
76	4.53	5.40	6.26	7.10	7.93	8.75	10.36	11.91	13.12
89	5.33	6.36	7.38	8.38	9.38	10.36	12.28	14.16	15.98
102	6.13	7.32	8.50	9.67	10.82	11.96	14.21	16.40	18.55
108	6.50	7.77	9.02	10.26	11.49	12.70	15.09	17.44	19.73
114				10.48	12.15	13.44	15.98	18.47	20.91
133				12.73	14.26	15.78	18.79	21.75	24.66
140				13.42	15.04	16.65	19.83	22.96	26.04
159					17.15	18.99	22.64	26.24	29.79
168						20.10	23.97	27.79	31.57
219							31.52	36.60	41.63
245								41.09	46.76
273								45.92	52.28

普通无缝钢管常用于输送氧气、乙炔、室外供热等管道。

（3）铜管

常用铜管有紫铜管（纯铜管）和黄铜管（铜合金管）。紫铜管主要用 T_2、T_3、T_4、T_{up}（脱氧铜）制造而成。

铜管的规格尺寸见表 1-3。

铜管常用于高纯水制备、输送饮用水、热水和民用天然气、燃气、氧气及对铜无腐蚀作用的介质。

（4）铸铁管

铸铁管分为给水铸铁管和排水铸铁管两种，直径规格均用公称直径表示。

建筑冷水、热水铜管规格（GB/T 1527—2006）   表 1-3

公称直径 DN（mm）	铜管外径 （mm）	壁 厚 （mm）	理论质量 （kg/m）	工作压力 （MPa）
5	6	0.75	0.12	10.6
6	8	1	0.213	10.6
8	10	1	0.274	8.6
10	12	1	0.307	7.4
15	16 (19)	1 (1.5)	0.420 (0.735)	5.6 (7.0)
20	22	1.5	0.861	6.0
25	28	1.5	1.113	4.8
32	35	1.5	1.407	4.2
40	44	2	2.352	4.0
50	55	2	2.968	3.4
65	70	2.5	4.725	3.4
80	85	2.5	5.775	2.8
100	105	2.5	7.175	2.3
125	133	2.5	9.140	1.8
150	159	3	13.12	1.8
200	219	4	24.08	1.8

给水铸铁管常用灰口铸铁或球墨铸铁浇铸而成，出厂前内外表面已用防锈沥青漆防腐。按接口形式分为承插式和法兰式两种。按压力分为高压、中压和低压给水铸铁管。承插式给水铸铁管，如图 1-1 所示。

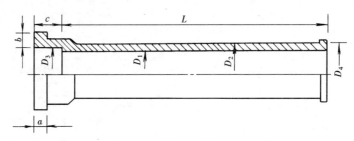

图 1-1 承插式给水铸铁管

常用承插式给水铸铁管的规格尺寸见表 1-4。

高压给水铸铁管用于室外给水管道，中、低压给水铸铁管可用于室外燃气、雨水等管道。

排水铸铁管一般用灰口铸铁浇铸而成，其壁厚较薄，承口深度较小，出厂时内外表面均未作防腐，其外表面的防腐需在施工现场操作。排水铸铁管只有承插式的接口形式。其常用直径规格为 DN50、75、100、125、150、200 等，每根管的长度为 0.5～1.5m、0.9～1.5m、1.0～1.5m 和 1.5m 等几种。

排水铸铁管用于室内生活污水、雨水等管道。

（5）铝塑管

铝塑管是以焊接铝管为中间层，内外层均为聚乙烯塑料，采用专用热熔胶，通过挤压成型的方法复合成一体的管材。可分为冷、热水用铝塑管和燃气用复合管。

承插式高压给水铸铁管常用规格　　　　　　表 1-4

DN (mm)	D_1	D_2	D_3	D_4	a	b	c	L
			(mm)					(m)
75	75	93.0	113.0	103.5	36	28	90	3～4
100	100	118.0	138.0	128.0	36	28	95	4
125	125	143.0	163.0	153.0	36	28	95	4
150	150	169.0	189.0	179.0	36	28	100	4～5
200	200	220.0	240.0	230.0	38	30	100	5
250	250	271.0	293.6	281.0	38	32	105	5
300	300	322.8	344.8	332.8	38	33	105	6
350	350	374.0	396.0	384.0	40	34	110	6
400	400	425.6	477.6	435.0	40	36	110	6
450	450	476.8	498.8	486.8	40	37	115	6

铝塑管常用外径等级为 D14、16、20、25、32、40、50、63、75、90、110 共 11 个等级。

2. 非金属管

（1）塑料给水管

塑料管是以合成树脂为主要成分，加入适量的添加剂，在一定的温度和压力下塑制成型的有机高分子材料管道。有给水硬聚氯乙烯管（PVC-U）和给水高密度聚乙烯管（HDPE），用于室内外（埋地或架空）输送水温不超过 45℃ 的冷热水。

（2）硬聚氯乙烯管

硬聚氯乙烯管是以聚氯乙烯树脂为主要原料，加入必需的助剂，经挤压成型，适用于输送生活污水和生产污水。

硬聚氯乙烯管的规格用公称外径（de）×壁厚（e）表示。

（3）其他非金属管材

给水排水工程中除使用给水塑料管、硬聚氯乙烯排水塑料管外，还经常在室外给水排水工程中使用自应力和预应力钢筋混凝土给水管、钢筋混凝土排水管等非金属管。

1.1.2　常用管件

各种管道应采用与该类管材相应的专用管件。

1. 钢管件

钢管件是用优质碳素钢或不锈钢经特制模具压制成型的，分为焊接钢管管件、无缝钢管管件和螺纹管件三类。

（1）焊接钢管管件

用无缝钢管或焊接钢管经下料加工而成，常用的有焊接弯头、焊接三通和焊接异径三通等，如图 1-2 所示。

（2）无缝钢管管件

用压制法、热推弯法及管段弯制法制成。常用的有弯头、三通、四通、异径管、管帽等。

常用无缝钢管管件如图 1-3 所示。

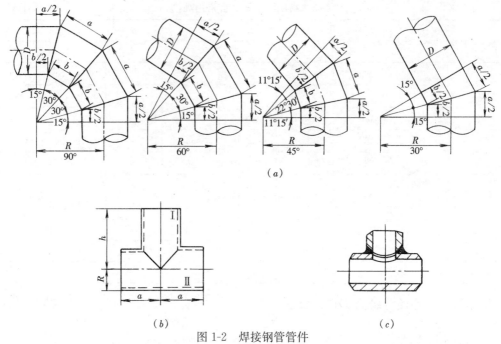

图 1-2　焊接钢管管件

（a）各类型的焊接弯头；（b）焊接等径三通；（c）焊接异径三通

2. 可锻铸铁管件

可锻铸铁管件在室内给水、供暖、燃气等工程中应用广泛，配件规格为 $DN6\sim$
150mm，与管子的连接均采用螺纹连接，有镀锌管件和非镀锌管件两类，如图 1-4 所示。

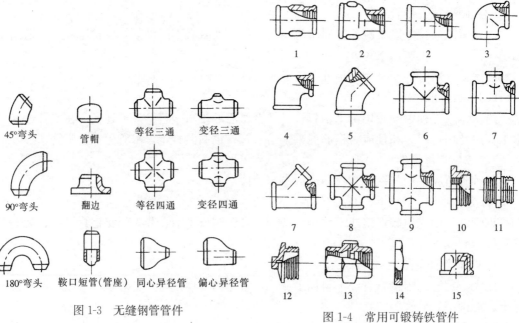

图 1-3　无缝钢管管件

图 1-4　常用可锻铸铁管件

1—管箍；2—异形管；3—90°弯头；4—90°异径弯头；
5—45°弯头；6—等径三通；7—异径三通；8—等径四
通；9—异径四通；10—内外螺母；11—六角内接头；
12—丝堵；13—活接头；14—锁紧螺母；15—管帽

3. 铸铁管件

给水铸铁管件与排水铸铁管件如图 1-5、图 1-6 所示。

4. 硬聚氯乙烯管件

给水、排水用硬聚氯乙烯管件，如图 1-7、图 1-8 所示。

5. 给水用铝塑管管件

给水用铝塑管管件材料一般是用黄铜制成，采用卡套式连接的管件，如图 1-9 所示。

1.1.3　管道的连接方法

1. 螺纹连接

螺纹连接又称为丝扣连接，是通过管端加工的外螺纹和管件内螺纹将管子与管子、管子与管件、管子与阀门紧密

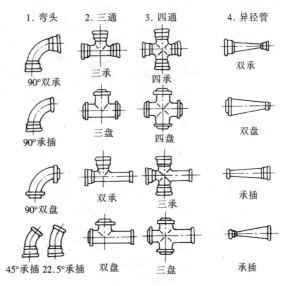

图 1-5　给水铸铁管件

连接。螺纹连接适用于 $DN \leqslant 100\text{mm}$ 的镀锌钢管，以及较小管径、较低压力焊接钢管、硬聚氯乙烯塑料管的连接和带螺纹的阀门及设备接管的连接。

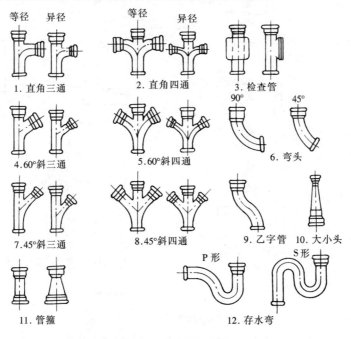

图 1-6　排水铸铁管件

2. 法兰连接

法兰连接是管道通过连接法兰及紧固件螺栓、螺母的紧固，压紧两法兰中间的法兰垫片而使管道连接起来的一种连接方法。法兰连接是可拆卸接头，常用于管子与带法兰的配件或设备的连接，以及管子需要拆卸检修的场所，如 $DN > 100\text{mm}$ 的镀锌钢管、无缝钢管、给水铸铁管的连接。

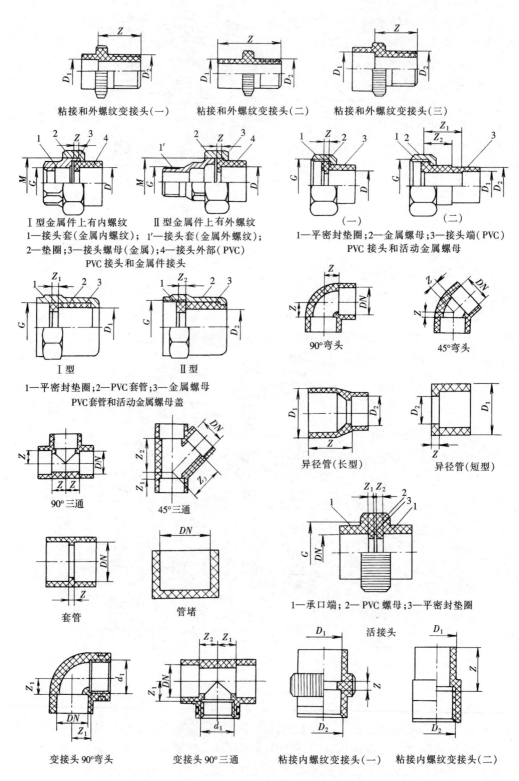

粘接和外螺纹变接头(一)　　粘接和外螺纹变接头(二)　　粘接和外螺纹变接头(三)

Ⅰ型金属件上有内螺纹　　Ⅱ型金属件上有外螺纹
1—接头套(金属内螺纹)；1′—接头套(金属外螺纹)；
2—垫圈；3—接头螺母(金属)；4—接头外部(PVC)
PVC接头和金属件接头

(一)　　　　(二)
1—平密封垫圈；2—金属螺母；3—接头端(PVC)
PVC接头和活动金属螺母

Ⅰ型　　　　　Ⅱ型
1—平密封垫圈；2—PVC套管；3—金属螺母
PVC套管和活动金属螺母盖

90°弯头　　　　45°弯头

异径管(长型)　　异径管(短型)

90°三通　　45°三通

套管　　　管堵

1—承口端；2—PVC螺母；3—平密封垫圈

活接头

变接头90°弯头　　变接头90°三通　　粘接内螺纹变接头(一)　　粘接内螺纹变接头(二)

图1-7　给水用硬聚氯乙烯管件

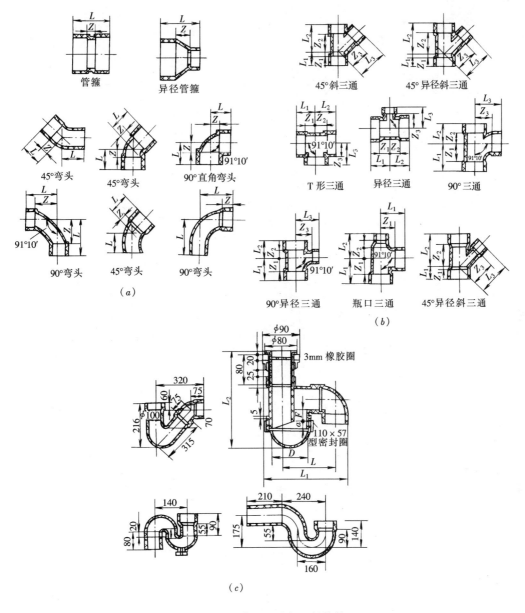

图 1-8　排水用硬聚氯乙烯管件

（a）管箍、弯头；（b）三通；（c）存水弯

　　法兰有丝扣法兰，与管子的连接为丝扣连接，主要用于镀锌钢管与带法兰的附件连接。

　　法兰还有平焊法兰，是管道工程中应用最为普遍的一种法兰，法兰与钢管的连接采用焊接。

　　3. 焊接连接

　　焊接连接是管道安装工程中应用最为广泛的一种连接方法，常用于 $DN > 32\text{mm}$ 的焊接钢管、无缝钢管、铜管的连接。

　　4. 承插连接

　　承插连接是将管子或管件的插口（小头）插入承口（喇叭头），并在其插接的环形间

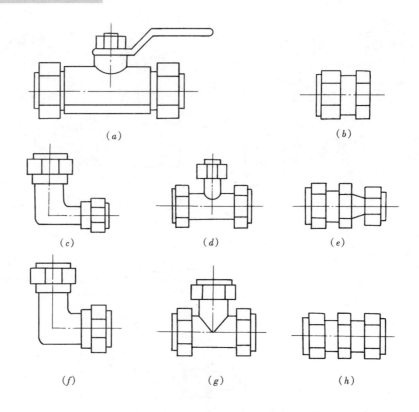

图 1-9 铝塑管的铜阀和铜管件

(a) 球阀；(b) 堵头；(c) 异径弯头；(d) 异径三通；(e) 异径外接头；

(f) 等径弯头；(g) 等径三通；(h) 等径外接头

隙内填以接口材料的连接。一般铸铁管、塑料排水管、混凝土管都采用承插连接。

5. 卡套式连接

卡套式连接是由带锁紧螺母和丝扣管件组成的专用接头而进行管道连接的一种连接形式，广泛应用于复合管、塑料管和 $DN>100$mm 的镀锌钢管的连接。

1.2 暖卫工程常用附件

暖卫工程中的附件是指在管道及设备上的用以启闭和调节分配介质流量压力的装置。有配水附件和控制附件两大类。

1.2.1 配水附件

配水附件用以调节和分配水量，一般指各种冷、热水龙头。

1.2.2 控制附件

控制附件用以启闭管路、调节水量和水压，一般指各种阀门。

1. 闸阀

闸阀的启闭件为闸板，由阀杆带动闸板沿阀座密封面作升降运动，而切断或开启管路。按连接方式分为螺纹闸阀和法兰闸阀，如图 1-10 所示。

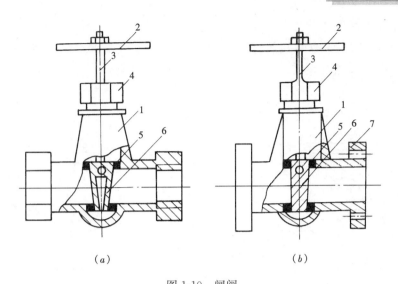

图 1-10　闸阀

（a）内螺纹式；（b）法兰式

1—阀体；2—手轮；3—阀杆；4—压盖；5—密封圈；6—闸板；7—法兰

2. 截止阀

截止阀的启闭件为阀瓣，由阀杆带动，沿阀座轴线作升降运动，而切断或开启管路。按连接方式分为螺纹式和法兰式两种。截止阀的构造如图 1-11 所示。

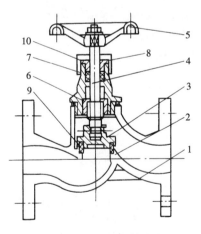

图 1-11　截止阀构造

1— 阀体；2—阀座；3—阀瓣；4—阀杆；

5—手轮；6—阀盖；7—填料；8—压盖；

9—密封圈；10—填料压环

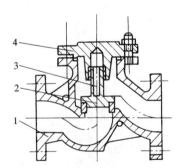

图 1-12　升降式止回阀构造

1—阀体；2—阀瓣；

3—导向套；4—阀盖

3. 止回阀

止回阀的启闭件为阀瓣，利用阀门两侧介质的压力差值自动启闭水流通路，阻止水的倒流。按连接方式分为螺纹式和法兰式两种，按结构形式分为升降式和旋启式两大类。升降式止回阀构造如图 1-12 所示。

4. 球阀

球阀的启闭件为金属球状物，球体中部有一圆形孔道，操纵手柄绕垂直于管路的轴线旋转90°即可全开或全闭。

球阀按连接方式分为内螺纹球阀、法兰球阀和对夹式球阀。内螺纹式球阀如图1-13所示。

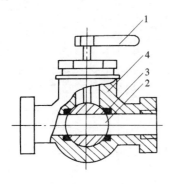

图 1-13　内螺纹式球阀

1—手柄；2—球体；

3—密封圈；4—阀体

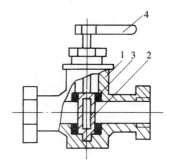

图 1-14　内螺纹式旋塞阀

1—阀体；2—圆柱体；

3—密封圈；4—手柄

5.旋塞阀

旋塞阀的启闭件为金属塞状物，塞子中部有一孔道，绕其轴线转动90°即为全开或全闭。其结构如图1-14所示。

6.减压阀

减压阀是通过启闭件（阀瓣）的节流，将介质压力降低，并依靠介质本身的能量，使出口压力自动保持稳定的阀门。用于空气、蒸汽设备和管道上。按结构不同分为薄膜式、弹簧薄膜式、活塞式、波纹管式等。弹簧薄膜式减压阀结构如图1-15所示。

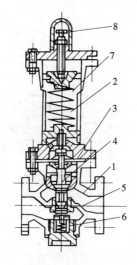

图 1-15　弹簧薄膜式减压阀

1—阀体；2—阀盖；3—薄膜；4—活塞；5—阀瓣；

6—主阀弹簧；7—调节弹簧；8—调整螺栓

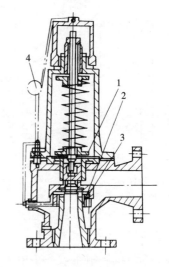

图 1-16　弹簧式安全阀

1—阀瓣；2—反冲盘；

3—阀座；4—铅封

7. 安全阀

当管道或设备内的介质压力超过规定值时，启闭件（阀瓣）自动排放，低于规定值时，自动关闭，对管道和设备起保护作用的阀门是安全阀。按其构造分为杠杆重锤式、弹簧式、脉冲式三种。弹簧式安全阀如图1-16所示。

8. 疏水阀

疏水阀又叫疏水器，是自动排放凝结水并阻止蒸汽通过的阀门，用于蒸汽管道系统中。有浮球式、浮桶式、热动力式、倒吊桶式、波纹管式、双金属片式、脉冲式等多种。脉冲式疏水阀的结构如图1-17所示。

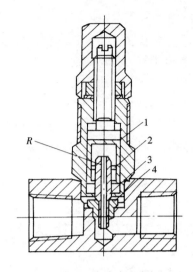

图 1-17　脉冲式疏水阀
1—倒锥形缸；2—控制盘；3—阀瓣；4—阀座

1.3　通风空调工程常用材料

1.3.1　常用风管材料

通风空调工程常用风管材料有金属管材和非金属管材。

1. 金属管材

（1）普通薄钢板

普通薄钢板是用碳素钢冷轧或热轧制造而成。有镀锌钢板（俗称白铁皮）和非镀锌钢板（俗称黑铁皮）两种。

常用热轧钢板的规格见表1-5。

热轧钢板规格（GB/T 709—2006）　　　　　　　　　　表 1-5

钢板厚度（mm）	钢板宽度（mm）											
	600	650	700	710	750	800	850	900	950	1000	1100	1250
	钢板最大长度（m）											
0.35～0.60	1.2	1.4	1.42	1.42	1.5	1.5	1.7	1.8	1.9	2.0		
0.65～0.90	2.0	2.0	1.42	1.42	1.5	1.5	1.7	1.8	1.9	2.0		
1.0	2.0	2.0	1.42	1.42	1.5	1.6	1.7	1.8	1.9	2.0		
1.20～1.40	2.0	2.0	2.00	2.00	2.0	2.0	2.0	2.0	2.0	2.0	2.0	3.0
1.50～1.80	2.0	2.0	2.00	2.00	6.0	6.0	6.0	6.0	6.0	6.0	6.0	6.0
2.00～3.90	2.0	2.0	2.00	6.00	6.0	6.0	6.0	6.0	6.0	6.0	6.0	6.0
4.00～10.00	—	—	6.00	6.00	6.0	6.0	6.0	6.0	6.0	6.0	6.0	6.0
11～12	—	—	—	—	—	—	—	—	—	6.0	6.0	6.0
13～25	—	—	—	—	—	—	—	—	—	6.5	6.5	12.0
26～40	—	—	—	—	—	—	—	—	—	—	—	12.0

（2）铝合金板

铝合金板以铝为主，加入铜、镁、锰等制成铝合金，使其强度得到显著提高，塑性和耐腐蚀性也很好，且摩擦时不易产生火花，常用于通风工程中的防爆系统。

通风空调工程中也常用纯铝板。

（3）不锈钢板

不锈钢板又叫不锈耐酸钢板。在空气、酸及碱性溶液或其他介质中有较高的化学稳定性。在高温下具有耐酸碱腐蚀能力，因而多用于化学工业中输送含有腐蚀性气体的通风系统。

（4）塑料复合钢板

塑料复合钢板是在普通钢板表面上喷涂一层 0.2～0.4mm 厚的塑料层。这种复合钢板既有高强度，又耐腐蚀性能，常用于防尘要求较高的空调系统和温度在－10～70℃以下的耐腐蚀系统的风管制作。

金属板材规格通常以短边×长边×厚度表示，单位是 mm。例如 800×1500×0.9，表示钢板宽为 800mm，长为 1500mm，厚为 0.9mm。

2. 非金属管材

（1）硬聚氯乙烯板

硬聚氯乙烯板又称为硬塑料板。是由硬聚氯乙烯树脂加稳定剂和增塑剂热压加工而成。主要用于输送含腐蚀介质的通风系统。

（2）玻璃钢

玻璃钢是采用合成树脂为粘合剂，以玻璃纤维及其制品（如玻璃布、玻璃毡等）为增强材料，用人工或机械方法制成。常用于输送含有腐蚀性介质和潮湿空气的通风系统。

除上述非金属风管外，通风空调工程中，还经常采用钢筋混凝土、混凝土、砖等材料制成的非金属风道。

1.3.2 常用型钢

通风空调工程中常用型钢有角钢、圆钢、扁钢和槽钢等，用以制作风管法兰、支吊架和风管部件。各种型钢的断面形状如图 1-18 所示。

1. 圆钢

管道和通风空调工程中，常用普通碳钢的热轧圆钢（直条）。直径用"ϕ"表示，单位为 mm（如 ϕ5.5）。其直径为 5.5～250mm，共有 69 种直径等级，直条长度当直径 $\phi \leqslant$ 25mm 时，长 4～10m，当直径 $\phi >$ 25mm 时，长 3～9m。适用于加工制作 U 形螺栓和抱箍（支、吊架）等。

2. 扁钢

扁钢常用普通碳素钢热轧而成，其规格以宽度×厚度表示，单位为 mm（如 30×3）。其厚度为 3～60mm，共有 25 种厚度等级；宽度为 10～200mm，共有 37 种宽度等级；长度为 3～7m。适用于加工风管法兰及抱箍。

3. 角钢

角钢按边的宽度不同有等边角钢和不等边角钢。其规格以边宽×边宽×厚度表示，并在规格前加符号"L"，单位为 mm（如 L50×50×6）。工程中常用等边角钢，其边宽为 20～

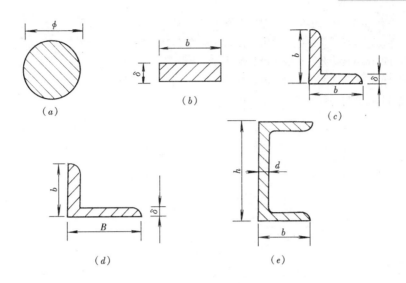

图 1-18　常用型钢

(a) 圆钢；(b) 扁钢；(c) 等边角钢；(d) 不等边角钢；(e) 槽钢

200mm，共有 20 种宽度等级；厚度为 3～24mm，共有 13 种厚度等级。每根长度：当边宽≤90mm 时，为 3～12m；当边宽为 100～140mm 时，为 4～19m；当边宽为 160～200mm 时，为 6～19m。常用于加工制作风管法兰和管道支架等。

4. 槽钢

槽钢分为普通型和轻型两种，工程中常用普通型槽钢。槽钢的规格以号（高度）表示，单位为 mm，每 10mm 为 1 号。表示时其前加符号"["，并且"号"不写（如 [20，即表示槽钢的高度为 200mm）。

普通碳素钢热轧槽钢有 5～40 号，共 41 种等级号，每根长度 5～8 号时，为 5～12m；10～18 号时，为 5～19m；20～40 号时，为 6～19m。常用于加工制作容器、设备的支座和管道的支架。

1.3.3　辅助材料

1. 垫料

垫料主要用于风管之间、风管与设备之间的连接处，用以保证接口的严密性。

常用垫料有橡胶板、石棉橡胶板、石棉绳、软聚氯乙烯板等。

2. 紧固件

紧固件是指螺栓、螺母、铆钉、垫圈等。

螺栓、螺母的规格用公称直径×螺杆长度表示，单位为 mm（如 M16×80），用于法兰的连接和设备与支座的连接。

铆钉有半圆头铆钉、平头铆钉和抽心铆钉等，用于金属板材与材料、风管和部件之间的连接。

垫圈有平垫圈和弹簧垫圈，用于保护连接件表面免遭螺母擦伤，防止连接件松动。

思　考　题

1. 暖卫工程中常用管材有哪些，其规格怎样表示？

2. 常用管件有哪些，在管道工程中起什么作用？

3. 管道的连接方法有哪几种，各适用于什么管材的连接？

4. 控制附件的作用是什么，有哪些控制附件？

5. 风管和风道有什么区别，常用的风管材料有哪几种？

6. 常用型钢和辅助材料有哪些，型号规格怎样表示，有什么用途？

第2章 供暖系统安装

冬季，室外空气温度低于室内空气温度，因而房间的热量会不断地传向室外，为使室内空气保持要求的温度，则必须向室内供给所需的热量，以满足人们正常生活和生产的需要。

供暖系统就是由热源通过热网（管道）向热用户供应热能的系统。

2.1 供暖系统的组成及分类

2.1.1 供暖系统的组成

供暖系统主要由热源（如锅炉）、供暖管道（室内外供暖管道）和散热设备（各种散热器、辐射板、暖风机等）三部分组成。此外，还有为保证系统正常工作而设置的辅助设备（如膨胀水箱、水泵、排气装置、除污器等）。

2.1.2 供暖系统的分类

供暖系统按作用范围的大小分为：

（1）局部供暖系统 局部供暖系统是指热源、供热管道和散热设备都在供暖房间内。如火炉、电暖气和燃气供暖等，这种供暖系统的作用范围很小。

（2）集中供暖系统 这是由一个或多个热源通过供热管道向城市（城镇）或其中某一地区的多个用户供暖。

（3）区域供暖系统 它是对数群建筑物（一个区）的集中供暖。这种供暖作用范围大、节能、对环境污染小，是城镇供暖的发展方向。

供暖系统按使用热介质的种类不同分为：

（1）热水供暖系统 供暖系统的热介质是低温水或高温水。

习惯上，水温不大于100℃的热水叫低温水；水温大于100℃的热水叫高温水。

室内热水供暖系统，大多采用低温水，散热器供暖系统应采用热水作为热媒。因为研究表明采用热水作为热媒，不仅对供暖质量有明显的提高，而且便于进行调节。散热器集中供暖系统宜按热媒温度为75/50℃或85/60℃连续供暖进行设计。

热水供暖系统按循环动力不同还可分为自然循环系统（无循环水泵）和机械循环系统（有循环水泵）两类。

（2）蒸汽供暖系统 供暖的热介质是水蒸气。

（3）热风供暖系统 供暖的热介质是热空气。

供暖系统按散热器连接的供回水立管分为：

（1）单管系统 凡热介质顺序流过各组散热器并在它们里面冷却，这样的布置称为单管系统。

（2）双管系统 凡热介质平等地分配到全部散热器，并从每组散热器冷却后，直接流回供暖系统的回水（或凝结水）立管中，这样的布置称为双管系统。

2.2 室内供暖系统的系统形式

2.2.1 机械循环热水供暖系统的系统形式

机械循环热水供暖系统因其作用范围大，而成为应用最多的供暖系统。主要的系统形式有垂直式和水平式两类。

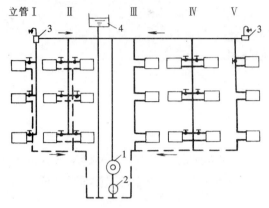

图 2-1 机械循环上供下回式热水供暖系统

1—热水锅炉；2—循环水泵；3—排气装置；4—膨胀水箱

1. 垂直式系统

（1）上供下回式系统

这种系统如图 2-1 所示。供、回水干管分别敷设在系统的顶层（屋顶下或吊顶内）和底层（地下室、地沟内或地面上）。左侧为双管式系统，右侧为单管顺流式系统。

（2）下供下回式双管系统

这种系统如图 2-2 所示。系统的供、回水干管都敷设在底层散热器的下面（地下室内、地沟内或地面上）。优点是干管的无效热损失小，可逐层施工逐层通暖；

缺点是系统的空气排除困难，因此设专用空气管排气或在顶层散热器上设放气阀排气。

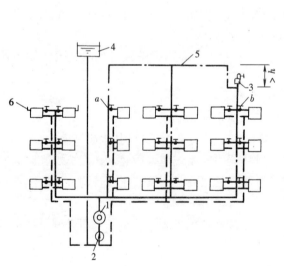

图 2-2 机械循环下供下回式系统

1—锅炉；2—循环水泵；3—集气罐；4—膨胀水箱；
5—空气管；6—放气阀

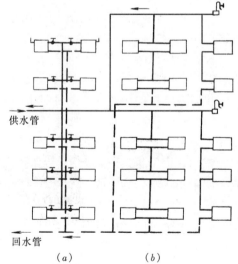

图 2-3 机械循环中供式系统

（a）上部系统—下供下回式双管系统；
（b）下部系统—上供下回式单管系统

（3）中供式系统

这种系统如图 2-3 所示。系统的总供水干管敷设在系统的中部。总供水干管以下为上供下回式，上部系统可采用下供下回式（图 2-3a），下部系统可采用上供下回式（图 2-3b）。

中供式系统可避免由于顶层梁底标高过低，致使供水干管遮挡窗户的不合理布置，并减轻了上供下回式楼层过多而易出现的竖向失调的现象，但上部系统要增加排气装置。

（4）下供上回式（倒流式）系统

这种系统如图 2-4 所示。系统的供水干管敷设在系统的底部，回水干管敷设在系统的顶部，顶部还设有顺流式膨胀水箱，便于排气。立管布置主要采用垂直顺流式。

下供上回式系统散热器的进出水方向是下进上出，因此，远低于上进下出时的传热效果，在相同的供水温度下，散热器的面积会增多。

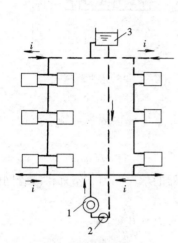

图 2-4　下供上回式系统

1—热水锅炉；2—循环水泵；3—膨胀水箱

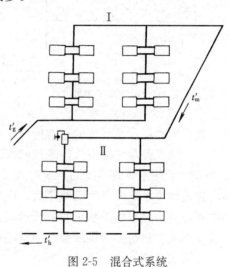

图 2-5　混合式系统

（5）混合式系统

这种系统如图 2-5 所示，是由下供上回式（倒流式）系统与下供下回式系统两组系统串联组成的。水温为 t_g 的高温水自下而上进入第 Ⅰ 组系统，通过散热器散热后，水温降到 t_m，再引入第 Ⅱ 组系统，系统循环水温再降到 t_h 后返回到热源。因此，这种系统一般只宜适用于连接高温水网路的卫生要求不太高的民用建筑或工业建筑。

（6）同程式系统与异程式系统

以上介绍的几种系统，除混合式系统外，供回水干管中的水流方向相反，通过各个立管的循环环路的总长度都不相等。这种系统称为异程式系统，缺点是容易出现远冷近热现象（相对系统入口的远近而言）。

为克服异程式系统的不足，在布置供回水干管时，让连接立管的供回水干管中的水流方向一致，通过各个立管的循环环路长度基本相等，这样的系统就是同程式系统，如图 2-6 所示。这种系统因增加了回水干管的长度，耗用管材多，故一般用于长度方向较大的建筑物内。

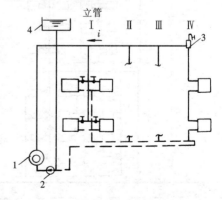

图 2-6　同程式系统

1—热水锅炉；2—循环水泵；

3—集气罐；4—膨胀水箱

19

2. 水平式系统

水平式系统按水平管与散热器的连接方式不同，有顺流串联式系统和跨越式系统两类，如图 2-7、图 2-8 所示。

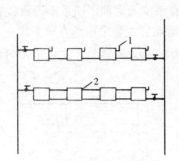

图 2-7 单管水平串联式
1—放气阀；2—空气管

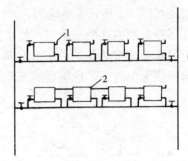

图 2-8 单管水平跨越式
1—放气阀；2—空气管

水平式系统的优点是系统的总造价低，管路简单、管子穿楼板少，施工方便，易于布置膨胀水箱。缺点是系统的空气排除较麻烦。

3. 高层建筑热水供暖系统的系统形式

高层建筑供暖系统因产生的静压大，应根据散热器的承压能力、室外供暖管网的压力状况等因素来确定热水供暖系统的系统形式。

当前我国高层建筑热水供暖系统的常用系统形式有以下几种：

（1）分层式系统

这种系统如图 2-9 所示。该系统在垂直方向分成两个或两个以上的系统。其下层系统可与外网直接连接，而上层系统通过热交换器与外网间接连接。当高层建筑的散热器承压能力较低时，这种连接方式是比较可靠的。

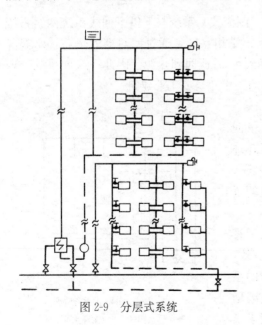

图 2-9 分层式系统

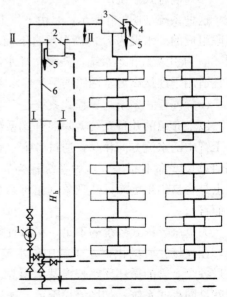

图 2-10 双水箱分层系统
1—加压泵；2—回水箱；3—进水箱；4—进水箱溢水管；5—信号管；6—回水箱溢水管

此外,当热水温度不高,使用换热器不经济时,则可使用图 2-10 所示的双水箱分层系统。其特点是上层系统与外网直接连接,当外网供水压力低于高层静压时,在供水管上设加压水泵,而且利用两水箱的高差 h 进行上层系统的循环。上层系统利用非满管流动的溢水管 6 与外网回水管的压力隔绝。另外,由于两水箱与外网压力隔绝,投资较使用换热器低,入口设备也少。但这种系统因采用开式水箱,易使空气进入系统,增加了系统的腐蚀因素。

（2）水平双线式系统

这种系统如图 2-11 所示。系统能分层调节,因为在每一环路上均设置节流孔板、调节阀门,从而能够保证系统各环路的计算流量。

（3）单、双管混合式系统

这种系统是将垂直方向的散热器按 2～3 层为一组,在每组内采用双管系统,而组与组之间采用单管连接。因此既可避免楼层过多时双管系统产生的垂直失调现象,又能克服单管系统散热器不能单独调节的缺点,如图 2-12 所示。

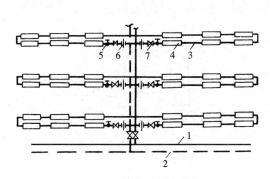

图 2-11　水平双线式系统

1—供水干管；2—回水干管；3—双线水平管；
4—散热器；5—截止阀；6—节流孔板；7—调节阀

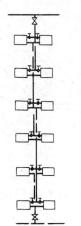

图 2-12　单、双管混合式系统

（4）热水供暖系统的选择

1）居住建筑室内供暖系统的制式宜采用垂直双管系统、共用立管的分户独立循环系统,也可采用垂直单管跨越式系统；公共建筑供暖系统可采用双管或跨越式单管系统。

2）既有建筑的室内垂直单管顺流式系统应改成垂直双管系统或垂直单管跨越式系统,不宜改造为分户独立循环系统。

3）垂直单管跨越式系统的垂直层数不宜超过 6 层,水平单管跨越式系统的散热器组数不宜超过 6 组。

2.2.2　蒸汽供暖系统的系统形式

蒸汽供暖系统是利用蒸汽凝结时放出的汽化潜热来供暖的。按其压力分为低压蒸汽供暖系统（$P \leqslant 0.07\mathrm{MPa}$）和高压蒸汽供暖系统（$P > 0.07\mathrm{MPa}$）。

1. 低压蒸汽供暖系统的系统形式

（1）双管上供下回式系统

这种系统如图 2-13 所示。特点是蒸汽干管和凝结水干管完全分开,蒸汽干管敷设在顶层的顶棚下或吊顶内。疏水器可装在每根凝结水立管的末端,这样可以使凝结

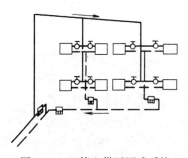

图 2-13　双管上供下回式系统

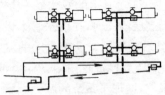

图 2-14　双管下供下回式系统

水干管中无蒸汽窜入，减少疏水器的数量和维修量。散热器中下部装放气阀，用于排除空气。

（2）双管下供下回式系统

这种系统如图 2-14 所示。特点是蒸汽干管和凝结水干管均敷设在底层地面上、地下室内或地沟内。蒸汽通过立管自下而上供汽，这样立管中的蒸汽与立管中的沿途凝结水作逆向流动，所以水击现象严重，噪声较大。这种系统在极特殊情况下才能使用，且用时蒸汽管应加大一号。

2. 高压蒸汽供暖系统的系统形式

（1）上供上回式系统

这种系统如图 2-15 所示。系统供汽管和凝结水干管均设于系统上部，冷凝水靠疏水器后的余压上升到凝结水干管中，在每组散热器的出口处，除应安装疏水器外，还应安装止回阀并设泄水管、空气管等，以便及时排除每组散热设备和系统中的空气与冷凝水。

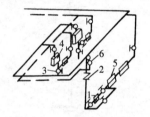

图 2-15　上供上回式系统

1—疏水器；2—止回阀；3—泄水阀；
4—暖风机；5—散热器；6—放气阀

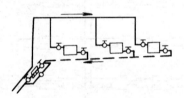

图 2-16　上供下回式系统

（2）上供下回式系统

这种系统疏水器集中安装在各个环路凝结水干管的末端，在每组散热器进、出口均安装球阀，以便于调节供汽量以及在检修散热器时能与系统隔断，如图 2-16 所示。

（3）单管串联式系统

这种系统如图 2-17 所示。系统凝结水管末端设置疏水器。

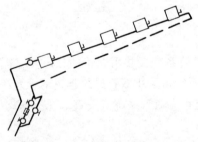

图 2-17　单管串联式系统

2.3　室内供暖系统的安装

2.3.1　室内供暖管道安装的基本技术要求

（1）供暖系统节能工程采用的散热设备、阀门、仪表、管材、保温材料等产品进场时，应按设计要求对其类型、材质、规格及外观等进行验收，并应经监理工程师（建设单位代表）检查认可，且应形成相应的验收记录。各产品和设备的质量证明文件和相关技术资料应齐全，并符合国家现行有关标准和规定。

（2）供暖系统节能工程采用的散热器和保温材料等进场时，应对其下列技术性能参数进行复验，复验应为见证取样送检：

1）散热器的单位散热量、金属热强度；

2）保温材料的导热参数、密度、吸水率。

（3）供暖系统的安装应符合下列规定：

1）供暖系统的形式，应符合设计要求；

2）散热设备、阀门、过滤器、温度计及仪表应按设计要求安装齐全，不得随意增减和更换；

3）室内温度调控装置、热计量装置、水力平衡装置以及热力入口装置的安装位置和方向应符合设计要求，并便于观察、操作和调试；

4）温度调控装置和热计量装置安装后，供暖系统应能实现设计要求的分室（区）温度调控、分栋热计量和分户或分室（区）热量分摊的功能。

（4）管道穿越基础、墙和楼板时，应配合土建预留孔洞。

（5）焊接钢管的连接，管径不大于 32mm，应采用螺纹连接；管径大于 32mm，采用焊接。若采用 PP-R（无规共聚聚丙烯）管，应采用热熔连接。

（6）管道安装坡度，当设计未注明时，应符合下列规定：

1）气、水同向流动的热水供暖管道和汽、水同向流动的蒸汽管道及凝结水管道，坡度应为 3‰，不得小于 2‰；

2）气、水逆向流动的热水供暖管道和汽、水逆向流动的蒸汽管道，坡度不应小于 5‰；

3）散热器支管的坡度应为 1%，坡向应有利于排气和泄水。

（7）管道和设备安装前，必须清除内部杂物；安装中断或完毕后，敞口处应适当封闭，以免进入杂物堵塞管道。

（8）补偿器的型号、安装位置及预拉伸和固定支架的构造及安装位置应符合设计要求。

（9）方形补偿器应水平安装，并与管道的坡度一致；如其臂长方向垂直安装必须设泄水及排气装置。

（10）方形补偿器制作时，应用整根无缝钢管揻制，如需要接口，其接口应设在垂直臂的中间位置，且接口必须焊接。

（11）焊接钢管管径大于 32mm 的管道转弯，在作为自然补偿时，应使用揻弯。塑料管及复合管除必须使用直角弯头的场合外，应使用管道直接弯曲转弯。

（12）当供暖热媒为 110～130℃的高温水时，管道可拆卸件应使用法兰，不得使用长丝和活接头。法兰垫料应使用耐热橡胶板。

（13）供暖、给水及热水供应系统的金属管道立管管卡安装应符合下列规定：

1）楼层高度不大于 5m，每层必须安装 1 个；

2）楼层高度大于 5m，每层不得少于 2 个；

3）管卡安装高度，距地面应为 1.5～1.8m，2 个以上管卡应匀称安装，同一房间管卡应安装在同一高度上。

（14）管道穿越墙壁和楼板，应设置金属或塑料套管。安装在楼板内的套管，其顶部应高出装饰地面 20mm；安装在卫生间及厨房内的套管，其顶部应高出装饰地面 50mm，底部应与楼板地面相平；安装在墙壁内的套管其两端与装饰墙面相平。穿越楼板的套管与管道之间缝隙应用阻燃密实材料和防水油膏填实，端面光滑。穿墙套管与管道之间缝隙宜用阻燃密实材料填实，且端面应光滑。管道的接口不得设在套管内。

（15）当供暖管道必须穿越防火墙时，应预埋钢套管，并在穿墙处设置固定支架，管道与套管之间的空隙应采用耐火材料严密封堵；当供暖管道穿越普通墙壁或楼板时，应预埋钢套管，管道与套管之间的空隙应采用柔性防火封堵材料封堵。

（16）供暖管道的最高点与最低点应设排气阀和放水阀。

（17）供暖系统热力入口装置的安装应符合下列规定：

1）热力入口装置中各种部件的规格、数量应符合设计要求；

2）热计量装置、过滤器、压力表、温度计的安装位置、方向应正确，并便于观察、维护；

3）水力平衡装置及各类阀门的安装位置、方向应正确，并便于操作和调试，安装完毕后，应根据系统的水力平衡要求进行调试并做出标志。

（18）管道、金属支架和设备的防腐和涂漆应附着良好，无脱皮、起泡、流淌和漏涂缺陷。

（19）供暖系统应随施工进度对与节能有关的隐蔽部位或内容进行验收，并应有详细的文字记录和必要的图像资料。

2.3.2 室内供暖管道的安装

室内供暖系统的安装程序是供暖总管→散热设备→供暖立管→供暖支管。

1. 供暖总管的安装

室内供暖管道以入口阀门为界。由总供水（汽）和回水（凝结水）管构成，管道上安装有总控制阀门及入口装置（如减压、调压、除污、疏水、测压、测温等装置），用以调节、测控和启闭。

因供暖系统入口需穿越建筑物基础，因此应预留孔洞。

热水供暖系统总管安装及入口装置安装如图 2-18～图 2-20 所示。

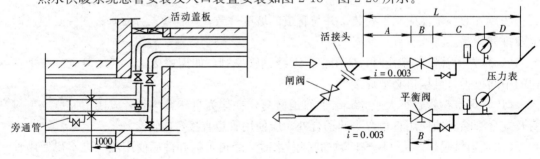

图 2-18　热水供暖系统入口总管安装示意图　　图 2-19　热水供暖系统入口设平衡阀的安装

蒸汽供暖系统总管及入口装置见有关标准图集。

2. 总立管的安装

总立管的安装位置应正确，穿越楼板应预留孔洞。

3. 干管的安装

干管安装标高、坡度应符合设计或规范规定。上供下回式系统的热水干管变径应用高平偏心连接，蒸汽干管变径应用低平偏心连接，凝结水管道应采用正心大小头连接，如图2-21所示。

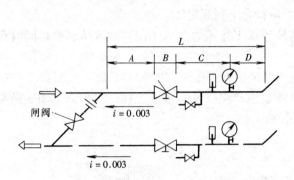

图 2-20　热水供暖系统入口设调节阀的安装

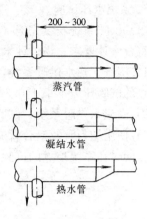

图 2-21　干管变径

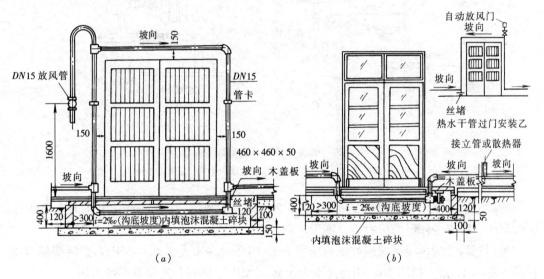

图 2-22　干管过门的安装
(a) 蒸汽干管；(b) 热水干管

回水干管过门时应按图 2-22 所示的形式安装。

4. 立管的安装

对垂直式供暖系统，立管由供水干管接出时，对热水立管应从干管底部接出；对蒸汽立管，应从干管的侧部或顶部接出。如图 2-23 所示。与设于地面或地沟内的回水干管连接时，一般用 2～3 个弯头连接起来，并应在立管底部安装泄水丝堵，如图 2-24 所示。

5. 散热器支管的安装

散热器支管安装时如与立管相交，支管应搣弯绕过立管。支管长度大于 1.5m，应在中间安装管卡或托钩。支管上应安装可拆卸件。

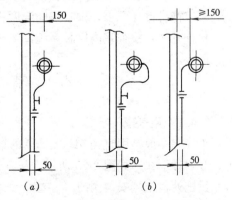

图 2-23　供暖立管与顶部干管的连接
(a) 供暖供水管；(b) 蒸汽管

6. 系统水压试验

(1) 供暖系统安装完毕（包括散热器安装），管道保温之前应进行水压试验。试验压力应符合设计要求。当设计未注明时，应符合下列规定：

1）蒸汽、热水供暖系统，应以系统顶点工作压力加 0.1MPa 做水压试验，同时在系统顶点的试验压力不小于 0.3MPa。

2）高温水供暖系统，试验压力应为系统顶点工作压力加 0.4MPa。

3）使用塑料管及复合管的热水供暖系统，应以系统顶点工作压力加 0.2MPa 做水压试验，同时在系统顶点的试验压力不小于 0.4MPa。

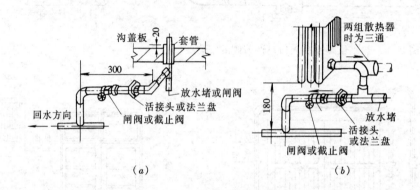

图 2-24　供暖立管与下端干管的连接
(*a*) 地沟内立、干管的连接；(*b*) 明装拖地干管与立管的连接

检验方法：使用钢管及复合管的供暖系统应在试验压力下 10min 内压力降不大于 0.02MPa，降至工作压力后检查，不渗不漏。

使用塑料管的供暖系统应在试验压力下 1h 内压力降不大于 0.05MPa，然后降压至工作压力的 1.15 倍，稳压 2h，压力降不大于 0.03MPa，同时各连接处不渗不漏。

(2) 系统试压合格后，应对系统进行冲洗并清扫过滤器及除污器。

7. 系统联合试运转和调试

供暖系统安装完毕后，应在供暖期内与热源进行联合试运转和调试。联合试运转和调试结果应符合设计要求，供暖房间温度相对于设计计算温度不得低于 2℃，且不高于 1℃。

检查方法：检查室内供暖系统试运转和调试记录。

2.4　辅　助　设　备　安　装

2.4.1　集气罐

集气罐一般是用直径 $\phi100\sim250$ 的钢管焊制而成的。分为立式和卧式两种，每种又有Ⅰ、Ⅱ两种形式，如图 2-25 所示。从其顶部引出 $DN15$ 的排气管，排气管应引到附近的排水设施处，末端安装阀门。

集气罐一般设于热水供暖系统供水干管或干管末端的最高处。

集气罐的规格尺寸见表 2-1。

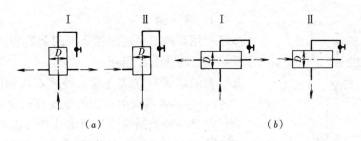

图 2-25　集气罐

(*a*) 立式集气罐；(*b*) 卧式集气罐

集 气 罐 规 格 尺 寸　　　　　　　　表 2-1

规　　格	型		号		国标图号
	1	2	3	4	
D（mm）	100	150	200	250	
H（L）（mm）	300	300	320	430	T903
质量（kg）	4.39	6.95	13.76	29.29	

2.4.2　自动排气阀

自动排气阀大都是依靠对浮体的浮力，通过自动阻气和排水机构，使排气孔自动打开或关闭，达到排气的目的。

自动排气阀的种类有很多，图 2-26 所示是一种自动排气阀。当阀内无空气时，阀体中的水将浮子浮起，通过杠杆机构将排气孔关闭，阻止水流通过。当系统内的空气经管道汇集到阀体上部空间时，空气将水面压下去，浮子随之下落，排气孔打开，自动排除系统内的空气。空气排除后，水又将浮子浮起，排气孔重新关闭。

自动排气阀与系统连接处应设阀门，便于检修和更换排气阀时使用。

2.4.3　手动排气阀

手动排气阀适用于公称压力 $P \leqslant 600$kPa，工作温度 $t \leqslant 100$℃的热水或蒸汽供暖系统的散热器上，如图 2-27 所示。

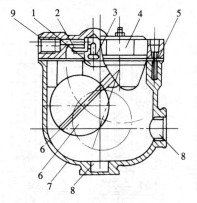

图 2-26　立式自动排气阀

1—杠杆机构；2—垫片；3—阀堵；4—阀盖；
5—垫片；6—浮子；7—阀体；8—接管；9—排气孔

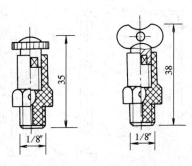

图 2-27　手动排气阀

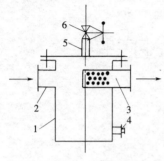

图 2-28　立式直通除污器

1—外壳；2—进水管；3—出水管；

4—排污管；5—放气管；6—截止阀

2.4.4　除污器

除污器用来截留、过滤管路中的杂质和污物，保证系统内水质洁净，防止管路阻塞。

除污器的形式有立式直通、卧式直通和卧式角通三种。图 2-28 所示是供暖系统中常用的立式直通除污器。

除污器是一种钢制筒体，当水从管 2 进入除污器内，因流速降低，使水中污物沉积到筒底，较洁净的水由管 3 流出。

除污器一般应安装在热水供暖系统循环水泵的入口和换热设备入口及室内供暖系统入口处。安装时除污器不得反装，进出水口处应设阀门。

2.5　散热器的安装

散热设备是指通过一定的传热方式，将供暖热介质携带的热能传给房间，以补偿房间热损失的设备。有散热器、辐射板和暖风机三类。

2.5.1　散热器

散热器按材质分为铸铁、钢制和其他散热器，按其结构形式可分为翼型、柱型、管型和板型散热器，按传热方式又可分为对流型和辐射型。

1. 铸铁散热器

铸铁散热器因其结构简单，耐腐蚀，使用寿命长，造价低，是目前应用范围最广泛的散热器。其缺点是金属耗量大，承压能力较低，制造、安装和运输劳动繁重。

铸铁散热器有翼型和柱型两种形式。其中翼型散热器已很少使用。

柱型散热器是单片的柱状连通体，每片各有几个中空的立柱相互连通，可根据设计将各个单片组对成一组。

常用柱型散热器有二柱、四柱型等，如图 2-29 所示。其片型有足片（带腿）和中片（不带腿）两种，可落地安装，也可挂装。

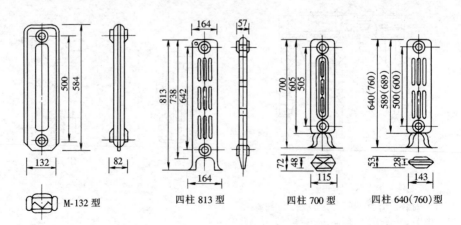

图 2-29　铸铁柱型散热器

28

我国常用的几种铸铁散热器性能参数见表 2-2。

铸铁散热器性能参数　　　　　　　　　　表 2-2

名　称		灰铸铁柱型	灰铸铁柱翼型
适用条件		热 水 或 蒸 汽	
适用场合		工厂、公共场所和住宅	
规格型号		TZ4-6-5（8）	TZY2-1.2/6-5
技术性能参数	散热量（W）	130/片	150/片
	工作压力（MPa）	0.5（0.8）	0.5
	执行标准	JG 3—2002	JG/T 3047—1998
基本尺寸（mm）	高	760（足片）	780（足片）
	宽	143	120
	长	60	70
	中心距	600	600
接口尺寸		$1''$或 $1\frac{1}{2}''$	

2. 钢制散热器

钢制散热器具有承压能力高，体积小，重量轻，外形美观的优点。但因其耐腐蚀性能较差，一般用于热水供暖系统。

钢制散热器有柱型、板型、扁管型和钢制翅片管型对流散热器等。如图 2-30～图2-32所示。

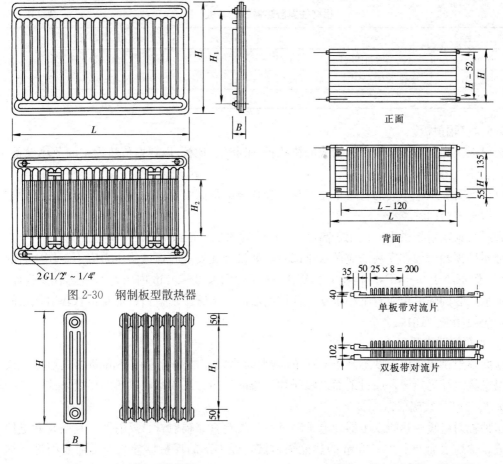

图 2-30　钢制板型散热器

图 2-31　钢制柱型散热器

图 2-32　钢制扁管型散热器

我国常用的几种钢制散热器性能参数见表 2-3。

钢制散热器性能参数　　　　　　　　　　　　表 2-3

名　称		柱　型	板　型	扁管型	钢制翅片管型
适用条件		热水供暖系统			热水或蒸汽
适用场合		一般民用建筑			公共场所或住宅
规格型号		GZ3-1.2/5-6	GB1-10/5-6	GBG/DL-570	GC6-25-300-1.0
技术性能参数	散热量（W）	83/片	1113/m	1163/m	2100/m
	工作压力（MPa）	0.6	0.6	0.7	1.0
	执行标准	JG/T 1—1999	JG/T 2—1999	暂停技术条件（缩）	JG/T 3012.2—1998
外形尺寸（mm）	高	600	680	624	600
	宽	120	50	50	140
	长	45（单片）	1000	1000	1000
	中心距	500	600	570	300

3. 铝制柱翼状散热器

铝制柱翼散热器具有耐腐蚀，重量轻，热工性能好，使用寿命长，外形美观的特点。

铝制柱翼散热器的性能参数见表 2-4。

铝制柱翼散热器性能参数　　　　　　　　　　　　表 2-4

适用条件	适用场合	规　格　型　号			执　行　标　准	
热　水	公共场所和住宅	LZY-5（6）/5-0.8			JG 143—2002	
散热量（W）	工作压力（MPa）	高（mm）	宽（mm）	长（mm）	中心距（mm）	接口尺寸
1450/m（1520/m）	0.8	640	50（60）	1000	600	1/2″或（3/4″）

2.5.2　辐射板

辐射板供暖是由金属管和板构成的块状板、带状板、地板，以辐射传热为主的散热设备。

1. 金属吊顶辐射板

可根据需要选择不同的安装角度、高度和热媒的最高温度。主要有钢板与钢管组合和铝板与钢管组合两种类型。

金属吊顶辐射板供暖，适用于高度 3～30m 建筑的全面或局部工作地点供暖。

金属吊顶辐射板在安装前应做水压试验，如设计无要求时，试验压力应为工作压力的 1.5 倍，但不小于 0.6MPa。检验方法是在试验压力下，2～3min 内压力不降且不渗不漏。

水平安装的辐射板应有不小于 0.005 坡度坡向回水管。辐射板管道及带状辐射板之间连接，应使用法兰连接。

2. 地面辐射供暖

地面辐射供暖是以温度不高于 60℃ 的热水为热媒在加热管内循环流动加热地板，或以低温发热电缆为热源，通过地面以辐射和对流的传热方式向室内供热的供暖方式。

3. 燃气红外线辐射器

这种辐射供暖由热能发生器、电子激发室、发热室、辐射管、反射器、真空泵和电控箱组成。辐射表面产生 $2～10\mu m$ 的热能辐射波，经上部的反射器导向被辐射表面进行加热。适用于高大空间的供暖。

2.5.3　暖风机

暖风机是由通风机、电动机和空气加热器组成的联合机组，将吸入空气经空气加热器加热后送入室内，维持室内要求的温度。

适用于耗热量大的高大厂房、大空间的公共建筑、间歇供暖的房间以及由于防火防爆和卫生要求必须全部采用新风的车间等场所。

暖风机可分为轴流式（小型）和离心式（大型）两种。根据风机结构特点及适用的热媒可分为蒸汽暖风机、热水暖风机、冷—热水两用或蒸汽—热水两用暖风机等。

轴流式暖风机如图 2-33 所示。一般悬挂或支架在墙上或柱子上。

离心式暖风机主要有 NBL 型（热水—蒸汽两用），如图 2-34 所示。一般是用地脚螺栓固定在地面的风机基础上。

2.5.4　散热器的安装

不同的散热器，其安装方法也不同，柱型散热器可挂装也可落地安装，其他散热器一般都是挂装的。

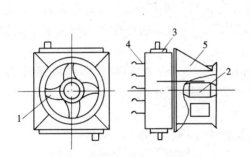

图 2-33　NC 型轴流式暖风机

1—轴流式风机；2—电动机；3—加热器；
4—百叶片；5—支架

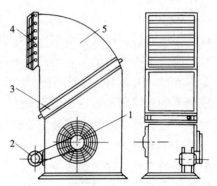

图 2-34　NBL 型离心式暖风机

1—离心式风机；2—电动机；3—加热器；
4—导流叶片；5—外壳

1. 散热器的组对

（1）组对材料

散热器的组对材料有对丝（图 2-35）、汽包垫片（图 2-36）、丝堵（图 2-37）和补芯（图 2-38）。

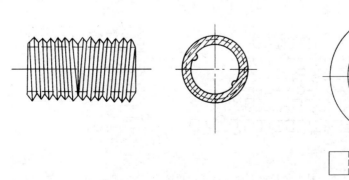

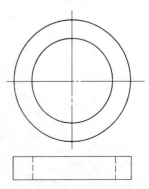

图 2-35　散热器对丝　　　　　　　　　　图 2-36　汽包垫片

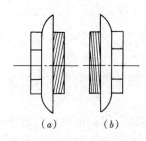

图 2-37　散热器丝堵

(a) 反丝堵；(b) 正丝堵

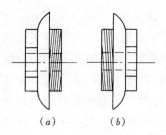

图 2-38　散热器补芯

(a) 反丝补芯；(b) 正丝补芯

对丝、丝堵和补芯均有正、反丝之分，与散热器连接时，其接口处均使用垫片做密封材料，汽包垫片应使用石棉橡胶垫片、耐热橡胶垫片。

柱型散热器如挂装，应用中片组装；如采用落地安装，每组至少 2 个足片，超过 14 片时应用 3 个足片。

(2) 试压

散热器组对后，以及整组出厂的散热器在安装前应做水压试验，试验压力如设计无要求时，应为工作压力的 1.5 倍，但不小于 0.6MPa。检验方法是在试验压力下，试验时间为 2~3min，压力不下降且不渗漏。

散热器的除锈刷油可在组对前进行，也可在组对试压合格后进行。一般刷防锈漆两道，面漆一道。待系统整个安装完毕试压合格后，再刷一道面漆。

2. 散热器的安装

散热器的安装程序是画线→打洞→栽埋托钩或卡子→挂散热器。

散热器应明装。必须暗装时装饰罩应有合理的气流通道、足够的通道面积，并方便维修。散热器的外表面应刷非金属性涂料。幼儿园的散热器必须暗装或加防护罩。

(1) 安装的基本技术要求

1) 散热器的种类规格和安装片数，必须符合设计要求。

2) 散热器的安装位置应正确，一般安装在外窗台下，也可安装于内墙上，但其中心必须与设计安装位置的中心重合，允许偏差为±20mm。

3) 散热器安装必须牢固，平正，美观，支架数量和支承强度必须足够，散热器应垂直和水平。常用柱型、长翼型散热器所需托钩的数量和安装位置如图 2-39 所示，托钩和

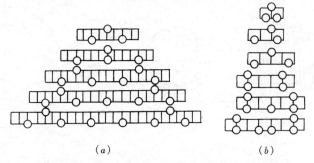

(a)　　　　　　　　　　(b)

图 2-39　柱型、长翼型挂装托钩的数量及安装位置

(a) 柱型；(b) 长翼型

卡件的尺寸如图2-40所示。

4）垂直单管和双管供暖系统，同一房间的两组散热器可串联连接；贮藏室、盥洗室、厕所和厨房等辅助用室及走廊的散热器，亦可同邻室串联连接。当采用同侧连接时，上、下串联管道直径应与散热器接口直径相同。

5）有冻结危险的楼梯间或其他有冻结危险的场所，应由单独的立、支管供暖，散热器前不得设置调节阀。

（2）散热器的安装

1）散热器组对应平直紧密，组对后的平直度应符合规定。

2）散热器支架、托架安装，位置应准确，埋设牢固。支架、托架数量，应符合设计或产品说明书要求。如设计未注明时，则应符合表2-5的规定。

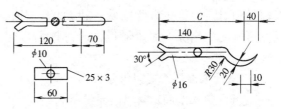

图 2-40 托钩和卡件的加工尺寸

3）散热器背面与装饰后的墙内表面安装距离，应符合设计或产品说明书要求，如设计未注明应为30mm。

4）与散热器连接的支管上应安装可拆卸件，是否安装乙字管，应视具体情况确定。

散热器支架、托架数量 表 2-5

项　次	散热器型式	安装方式	每组片数	上部托钩或卡架数	下部托钩或卡架数	合　计
1	长翼型	挂　墙	2~4	1	2	3
			5	2	2	4
			6	2	3	5
			7	2	4	6
2	柱　型柱翼型	挂　墙	3~8	1	2	3
			9~12	1	3	4
			13~16	2	4	6
			17~20	2	5	7
			21~25	2	6	8
3	柱　型柱翼型	带足落地	3~8	1	—	1
			8~12	1	—	1
			13~16	2	—	2
			17~20	2	—	2
			21~25	2	—	2

5）散热器及其安装应符合下列规定：

每组散热器的规格、数量及安装方式应符合设计要求；散热器外表面应刷非金属性涂料。

6）散热器恒温阀及其安装应符合下列规定：

恒温阀的规格、数量应符合设计要求；明装散热器恒温阀不应安装在狭小和封闭空间，其恒温阀阀头应水平安装，且不应被散热器、窗帘或其他障碍物遮挡；暗装散热器恒温阀应采用外置式温度传感器,并应安装在空气流通且能正确反映房间温度的位置上。

2.6 地板辐射供暖

地面辐射供暖分为低温热水辐射供暖和发热电缆地面辐射供暖。低温热水地面辐射供暖是以温度不高于 60℃ 的热水为热媒,在加热管内循环流动,加热地板,通过地面以辐射和对流的传热方式向室内供热的一种供暖方式。发热电缆地面辐射供暖是以低温发热电缆为热源,加热地板,通过地面以辐射和对流的传热方式向室内供热的一种供暖方式。

2.6.1 低温热水辐射供暖

1. 低温热水地面辐射供暖系统的材料

地面辐射供暖加热管的材质和壁厚的选择,应根据工程的耐久年限、管材的性能、管材的累计使用时间以及系统的运行水温、工作压力等条件确定。

低温热水地面辐射供暖系统材料包括加热管、分水器、集水器及其连接管件和绝热材料等。

常用加热管有铝塑复合管(以 XPAP 或 PAP 标记)、聚丁烯管(以 PB 标记)、交联聚乙烯管(以 PE-X 标记)、无规共聚聚丙烯管(以 PP-R 标记)、嵌段共聚聚丙烯管(以 PP-B 标记)、耐热聚乙烯管(以 PE-RT 标记)。加热管的内外表面应光滑、平整、干净,不应有可能影响产品性能的明显划痕、凹陷、气泡等缺陷。

分水器、集水器应包括分水干管、集水干管、排气及泄水试验装置、支路阀门和连接配件等。分水器、集水器(含连接件等)的材料宜为铜质。

绝热材料应采用导热系数小、难燃或不燃并具有足够承载能力的材料,且不宜含有殖菌源,不得有散发异味及可能危害健康的挥发物。常用绝热材料有聚苯乙烯泡沫塑料。

2. 低温热水地面辐射供暖系统施工

(1) 施工安装前应具备下列条件

设计施工图纸和有关技术文件齐全;有较完善的施工方案、施工组织设计,并已完成技术交底;施工现场具有供水或供电条件,有储放材料的临时设施;土建专业已完成墙面内粉刷(不含面层),外窗、外门已安装完毕,并已将地面清理干净;厨房、卫生间应做完闭水试验并经过验收;相关电气预埋等工程已完成;施工的环境温度不宜低于 5℃。

(2) 低温热水地面辐射供暖系统施工要求

低温热水地面辐射供暖地面构造由楼板或与土层相邻的地面、防潮层、绝热层、加热管、填充层、隔离层(潮湿房间)、找平层、面层组成。地面构造如图 2-41、图 2-42 所示。

(3) 与土壤相邻的地面,必须设绝热层,且绝热层下部必须设置防潮层。直接与室外空气相邻的楼板,必须设绝热层。

1) 防潮层、绝热层的铺设 与土层相邻的地面,必须设绝热层,且绝热层下部必须设置防潮层;直接与室外空气相邻的楼板,必须设绝热层。铺设绝热层的地面应平整、干燥、无杂物,墙面根部应平直,且无积灰现象。绝热层的铺设应平整,绝热层相互间的接缝应严密。

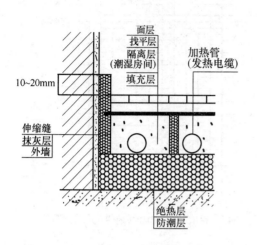

图 2-41　楼层地面构造示意图　　　　图 2-42　与土层相邻的地面构造示意图

地面辐射供暖系统绝热层采用聚苯乙烯泡沫塑料板时，其厚度不应小于表 2-6 规定值。

聚苯乙烯泡沫塑料板绝热层厚度（mm）　　　　　表 2-6

楼层之间楼板上的绝热层	20
与土层或不供暖房间相邻的地板上的绝热层	30
与室外空气相邻的地板上的绝热层	40

2）加热管的敷设　加热管的布置应本着保证地面温度均匀的原则进行，宜将高温管段优先布置于外窗、外墙侧，使室内温度尽可能分布均匀。加热管的布置宜采用回折型（旋转型）、平行型（直列型），如图 2-43～图 2-47 所示。

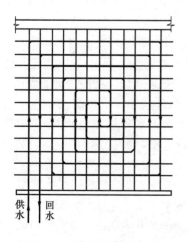

图 2-43　回折型布置

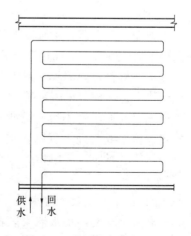

图 2-44　平行型布置

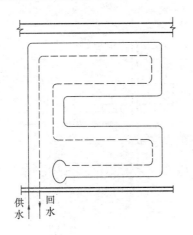

图 2-45　双平行型布置

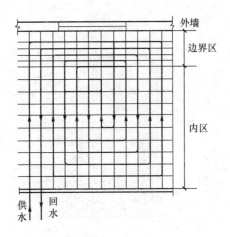

图 2-46　带有边界和内部地带的回折型布置

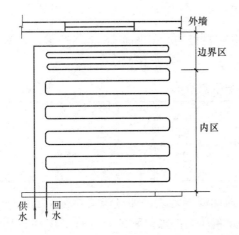

图 2-47　带有边界和内部地带的平行型布置

加热管应按设计图纸标定的管间距和走向敷设，管间距应大于 100mm，不大于 300mm，在分水器、集水器附近，当管间距小于 100mm 时，应在加热管外部设置柔性套管。连接在同一分水器、集水器上的同一管径的各回路，其加热管的长度宜接近，S 形（平行型）布置不超过 60m，回字形布置不超过 120m。地面的固定设备和卫生器具下不应布置加热管。加热管的切割应采用专用工具，切口应平整，断口面应垂直管轴线，加热管安装时应防止管道扭曲。弯曲管道时，圆弧的顶部应加以限制，并用管卡进行固定，不得出现"死褶"。加热管直管段固定点间距为 0.5～0.7m，弯曲管段固定点间距为 0.2～0.3m。在施工过程中严禁人员踩踏加热管。

加热管出地面至分水器、集水器下部球阀接口之间的明装管段外应加塑料套管，套管高出地面饰面 120～200mm。加热管与分水器、集水器连接，应采用卡套式、卡压式挤压加紧连接，连接件材料宜为铜质，铜质连接件与 PP-R 或 PP-B 直接接触的表面必须镀镍。新建住宅低温热水地面辐射供暖系统，应设置分户热计量和温度控制装置。

埋设于填充层的加热管不应有接头。施工验收后，发现加热管损坏，需要增设接头时，应先报建设单位或监理工程师，提出书面补救方案，经批准后方可实施。增设接头时，应根据加热管的材质，采用相应的连接方式。无论采用何种接头，均应在竣工图上清晰表示，并记录归档。

3）分水器、集水器安装　分水器、集水器的安装宜在铺设加热管之前进行。其水平安装时，分水器安装在上，集水器安装在下，中心距宜为 200mm，集水器中心距地面不应小于 300mm。在分水器之前的供水管上顺水流方向应安装阀门、过滤器、阀门及泄水阀，在集水器之后回水管上应安装泄水阀及调节阀（或平衡阀）。每个支环路供、回水管上均应安装可关断阀门。分水器、集水器上均应设置手动或自动排气阀。分水器、集水器安装如图 2-48 所示。

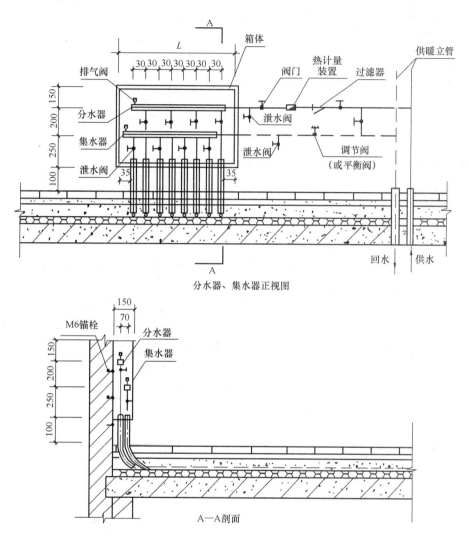

图 2-48　分水器、集水器安装示意图

4) 伸缩缝的设置　在与内外墙、柱等垂直构件交接处应留不间断的伸缩缝，伸缩缝填充材料应采用搭接方式连接，搭接宽度不应小于 10mm。伸缩缝填充材料与墙、柱应有可靠的固定措施，与地面绝热层连接应紧密，伸缩缝宽度不宜小于 10mm。伸缩缝填充材料宜采用高发泡聚乙烯泡沫塑料。

当地面面积超过 30m² 或边长超过 6m 时，应按不大于 6m 间距设置伸缩缝，伸缩缝宽度不小于 8mm。伸缩缝宜采用高发泡聚乙烯泡沫塑料或缝内满填弹性膨胀膏。

伸缩缝应从绝热层的上边缘做到填充层的上边缘。

5) 混凝土填充层的施工　混凝土填充层施工应具备以下条件：所有伸缩缝均已按设计要求敷设完毕；加热管安装完毕且水压试验合格、加热管处于有压状态下；通过隐蔽工程验收。

　　混凝土填充层的施工,应由有资质的土建施工方承担,供暖系统安装单位应密切配合。在混凝土填充层施工中,保证加热管内的水压不低于 0.6MPa,填充层养护过程中,系统水压不应低于 0.4MPa。

　　填充层的材料宜采用 C15 豆石混凝土,豆石粒径为 5～12mm,加热管的填充层厚度不宜小于 50mm,发热电缆的填充层厚度不宜小于 35mm。浇筑混凝土填充层时,施工人员应穿软底鞋,采用平头铁锹,严禁使用机械振捣设备。填充层强度应留试块做抗压试验。填充层达到要求的强度后才能进行面层施工。在加热管或发热电缆的铺设区内,严禁穿凿、钻孔或进行射钉作业。

　　系统初始加热前,混凝土填充层的养护周期不应少于 21 天。施工中,应对地面采取保护措施。不得在地面上加以重载、高温烘烤、直接放置高温物体和高温加热设备。

　　6) 面层施工　低温热水地面辐射供暖装饰地面宜采用以下材料:水泥砂浆、混凝土地面;瓷砖、大理石、花岗石等石材地面;符合国家标准的复合木地板、实木复合地板及耐热实木地板。

　　面层施工前,填充层应达到面层需要的干燥度。面层施工除应符合土建施工设计图纸的各项要求外,尚应符合以下规定:

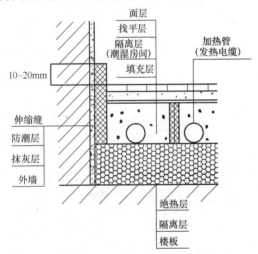

图 2-49　卫生间(潮湿房间)地面构造示意图

　　施工面层时,不得剔、凿、割、钻和钉填充层,不得向填充层内楔入任何物件;面层的施工,必须在填充层达到要求强度后才能进行;石材、面砖在与内外墙、柱等垂直构件交接处,应留 10mm 宽伸缩缝;木地板铺设时,应留不小于 14mm 伸缩缝。伸缩缝应从填充层的上边缘做到高出面层 10～20mm,面层敷设完毕后,裁去多余部分。伸缩缝宜采用高发泡聚乙烯泡沫塑料。

　　以木地板作为面层时,木材必须经过干燥处理,且应在填充层和找平层完全干燥后,才能进行地板施工。

　　7) 卫生间施工　卫生间地面应做两层隔离层,做法如图 2-49 所示。

　　卫生间过门处应设置止水墙,在止水墙内侧应配合土建专业做防水,以防止卫生间积水渗入绝热层,并沿绝热层渗入其他区域。加热管穿止水墙处应设防水套管,防水套管两端应做密封处理。

　　8) 低温热水系统的水压试验及调试　水压试验应在系统冲洗之后进行。应在分水器、集水器以外主供、回水管道冲洗合格后,再进行室内供暖系统的冲洗。水压试验应分别在浇捣混凝土填充层前和填充层养护期满后进行两次,水压试验应以每组分水器、集水器为单位,逐回路进行。试验压力应为工作压力的 1.5 倍,且不应小于 0.6MPa,在试验压力下,稳压 1h,其压力降不应大于 0.05MPa。

　　为避免对系统造成损坏,低温热水地面辐射供暖系统未经调试,严禁运行使用。调试应在正常供暖条件下进行,初始加热时热水升温应平缓,以确保建筑构件对温度上升有一个逐步变化的适应过程。

2.6.2 热水吊顶辐射板供暖

1. 热水吊顶辐射板功能优点

吊顶热水辐射板，有着构造简单轻巧、热效率高、安装方便、初投资和运行费用低、操作简单、智能化程度高、无噪声、环保洁净等优点。被广泛地运用在工厂车间、体育场馆、仓库、飞机修理库、温室大棚、养殖场、游泳池、剧院、礼堂、超市等地方。

辐射供暖环境下，由于室内空气温度比对流供热系统环境下的空气温度低 2～3℃，但同样能达到环境舒适度，所以节能。建筑维护结构（墙壁和地板）被红外线直接加热，比空气温度高，空气存在温差，形成二次散热，存在一定保温性能，所以节能。

吊顶热水辐射板作为末端散热设备，无需电动机械部件，不消耗电能，几乎免维护运行，节省运行费用。吊顶热水辐射板采暖系统主要表现在初期投资高，但其运行之后节能性明显，高出投资部分可在几年之内通过能源的节约得到补偿。

在吊顶热水辐射板供暖环境下，热分布均匀，体感舒适、柔和，不会出现如风系统供暖环境下的局部温度不均匀的现象。

吊顶热水辐射板采暖系统一般均安装在建筑内顶棚，不占用墙面和地面等空间。吊顶热水辐射板采暖是红外线直接供暖，无吹风感，不引起扰尘。吊顶热水辐射板采暖系统无电传动设备，运行十分安静。吊顶热水辐射板采暖系统为水系统供暖，温度和压力低，不增加建筑的防火等级，可使用在有挥发和易燃的建筑环境中，不会引起火灾和爆炸的风险。

2. 热水吊顶辐射板供暖系统安装

（1）热水吊顶辐射板供暖，可用于层高为 3～30m 建筑物的供暖。

（2）热水吊顶辐射板的供水温度宜采用 40～140℃ 的热水，其水质应满足产品要求。在非供暖季节供暖系统应充水保养。

（3）热水吊顶辐射板的安装高度，应根据人体的舒适度确定。辐射板的最高平均水温应根据辐射板安装高度和其面积占天花板面积的比例按表2-7确定。

热水吊顶辐射板最高平均水温（℃）　　　　表 2-7

最低安装高度 (m)	热水吊顶辐射板占天花板面积的百分比					
	10%	15%	20%	25%	30%	35%
3	73	71	68	64	58	56
4	115	105	91	78	67	60
5	>147	123	100	83	71	64
6		132	104	87	75	69
7		137	108	91	80	74
8		>141	112	96	86	80
9			117	101	92	87
10			122	107	98	94

（4）高层小于 4m 的建筑物，宜选择较窄的辐射板；

（5）房间应预留辐射板沿长度方向热膨胀余地。

（6）辐射板装置不应布置在对热敏感的设备附近。

2.6.3　发热电缆地面辐射供暖

除符合下列条件之一，不得采用电加热供暖：

①供电政策支持；②无集中供热与燃气源，用煤、油等燃料受到环保或消防严格限制的建筑；③夜间可利用低谷电进行蓄热，且蓄热式电锅炉不在日间用电高峰和平段时间启用的建筑；④利用可再生能源发电地区的建筑；⑤远离集中热源的独立建筑。

发热电缆辐射供暖和低温电热膜辐射供暖的加热元件及其表面工作温度，应符合国家现行有关产品标准的安全要求。根据不同的使用条件，电供暖系统应设置不同类型的温控装置。绝热层、龙骨等配件的选用及系统的使用环境，应满足建筑防火要求。

电热膜辐射供暖安装功率应满足房间所需散热量要求。在顶棚上布置电热膜时，应考虑为灯具、烟感器、喷头、风口、音响等留出安装位置。

1. 发热电缆地面辐射供暖系统的材料

发热电缆指以供暖为目的、通电后能够发热的电缆，由冷线、热线和冷热线接头组成，其中热线由发热导线、绝缘层、接地屏蔽层和外保护套等部分组成，其外径不宜小于6mm。发热电缆的型号和商标应有清晰标志，冷热线接头位置应有明显标志。

发热电缆必须有接地屏蔽层，其发热导体宜使用纯金属或金属合金材料。

发热电缆的冷热导线接头应安全可靠，并应满足至少 50 年的非连续正常使用寿命。发热电缆应经国家电线电缆质量监督检验部门检验合格。

2. 发热电缆地面辐射供暖系统施工

（1）绝热层、反射层、钢丝网铺设

1）铺设绝热层的楼（地）面应平整、干燥、无杂物，墙面根部应平直，且无积灰现象。

2）绝热层应贯通铺设，四面紧贴房间墙根且应平整，绝热层相互间结合应严密，缝隙不应大于 3mm。

3）直接与土层接触或有潮湿气体侵入的地面，在铺设绝热层之前应先铺一层防潮层。

4）绝热层铺设完毕后，进行反射膜铺设，反射膜铺设应平整、无褶皱。

5）钢丝网应铺设在反射膜上，安装平整、无翘曲。

（2）发热电缆安装

1）发热电缆应严格按照施工图纸标定的电缆间距和走向敷设，发热电缆铺设应保持平直，电缆间距的安装误差不应大于 10mm。发热电缆敷设前，应对照施工图纸核定发热电缆的铺装功率和长度，并应检查电缆外观的质量。

2）发热电缆出厂后严禁剪裁和拼接，有外伤或破损的发热电缆严禁敷设。

3）发热电缆安装前、隐蔽后应测量发热电缆的标称电阻和绝缘电阻，并做好自检记录。

4）发热电缆安装前，应确认发热电缆冷线预留管、温控器接线盒、地温传感器预留管、供暖配电箱等预留、预埋工作已完毕。

5）发热电缆安装时严禁电缆拧劲、重叠或交叉；弯曲电缆时，圆弧的顶部应加以限制（顶住），并进行固定，防止出现"死褶"。电缆的弯曲半径不应小于生产企业规定的限值，且不得小于 6 倍电缆直径。

6）发热电缆敷设在绝热层上时，应采用扎带或卡钉固定在钢丝网上，固定间距直线部分不大于 400mm，弯曲部分不大于 250mm。发热电缆不得被压入绝热材料中。

7）发热电缆的热线部分严禁进入冷引线预留管或墙壁中，冷热线接头应设在填充层内，发热电缆必须正确接地。

8）发热电缆安装验收合格后，应及时组织填充层的施工。

9）发热电缆地面供暖系统的电气施工应符合现行国家标准《电气装置安装工程低压电器施工及验收规范》GB 50254 及现行国家标准《电气装置安装工程 1kV 及以下配线工程施工及验收规范》GB 50303 的规定。

（3）温控器安装

1）温控器的温度传感器安装应按生产企业相关技术要求进行。

2）温控器安装盒的位置及预埋管线的布置应按设计图纸确定的位置和高度安装。温控器的四周不得有热（冷）源体。

3）温控器应按说明书的要求接线。集中控制的线路铺设应执行现行国家标准《综合布线系统工程设计规范》GB 50311 的规定。

4）温控器应水平安装，安装后应横平竖直，稳定牢固。盒的四周不应有空隙，并紧贴墙面。

5）装修时应将温控器封严，以免灰尘或砂土落入。

6）温控器安装时，应将发热电缆的接地线可靠接地。

2.7 热 泵

"热泵"是一种能从自然界的空气、水或土壤中获取低品位热能，经过电力做功，提供可被人们所用的高品位热能的装置。分为地源热泵、空气源热泵系统和水环热泵空调系统。

2.7.1 地源热泵

地源热泵是一种利用地下浅层地热资源（也称地能，包括地下水、土层或地表水等）的既可供热又可制冷的高效节能供热空调系统。地源热泵即：夏天制冷时将排放出来的热量放入大地储存好，到了冬天又将储存好的热量释放至室内供暖。中间换热介质是地下水，地下水具有恒温储热功能，节能环保、提高效益。整个系统通过热泵机组向建筑物供冷供热，利用可再生能源、高效节能、无污染，集制冷、制热、生活热水于一体，可广泛应用到各种建筑中。

2.7.2 地源热泵系统的分类和组成

地源热泵系统由水源热泵机组、地热能交换系统、建筑物内系统组成。

根据地热能交换系统形式的不同，分为地埋管地源热泵系统、地下水地源热泵系统和地表水地源热泵系统。

2.7.3 地源热泵系统施工技术要求

1. 施工前准备

（1）系统施工前应具备区域的工程勘察资料、设计文件和施工图纸，并有经审批的施工组织设计。

（2）对埋管场地应进行地面清理、铲除杂草、杂物，平整场地。

（3）进入现场的地埋管及管件应逐件检查，破损和不合格产品严禁使用，宜采用制造不久的管材、管件；地埋管运抵现场后应用空气试压进行检漏试验。存放中，不得在阳光下曝晒。搬运和运输中，应小心轻放，不得划伤管件，不得抛摔和沿地拖拽。

2. 地埋管的连接

（1）应采用热熔或电熔连接。

（2）竖直地埋管换热器的 U 形弯管接头，应选完整的 U 形弯头成品件，不应采用直管煨制弯头。

（3）竖直地埋管换热器的 U 形管的组对应满足设计要求，组对好的 U 形管的开口端部应及时完封。

3. 钻孔

钻孔是竖埋管换热器施工最重要的工序。为保证钻孔施工完成后孔壁保持完整，如果施工区地层土质比较好，可以采用裸孔钻进；如果是砂层，孔壁容易坍塌，则必须下套管，孔径的大小以略大于 U 形管与灌浆管组件的尺寸为宜，一般要求钻机的钻头直径根据需要在 100～150mm 之间，钻进深度可达到 150～200m，钻孔总长度由建筑的供热面积大小、负荷的性质以及地层及回填材料的导热性能决定，对于大中型的工程应通过仔细的设计计算确定，地层的导热性能最好通过当地的实测得到。钻孔施工时，要注意不得损坏原有地下管线和地下构筑物。

4. 下管

下管是工程的关键之一，因为下管的深度决定采取热量总量的多少，所以必须保证下管的深度。下管方法有人工下管和机械下管两种，下管前应将 U 形管与灌浆管捆绑在一起，在钻孔完毕后立即进行下管施工。钻孔完毕后孔内有大量积水，由于水的浮力影响，会对放管造成一定的困难，而且由于水中含有大量泥砂，泥砂沉积会减少孔内的有效深度。为此，每钻完一孔，应及时把 U 形管放入，并采取防止上浮的固定措施。在安装过程中，应注意保持套管的内外管同轴度和 U 形管进出水管的距离。对于 U 形管换热器，可采用专用的弹簧把 U 形管的两个支管撑开，以减少两支管间的热量回流。下管完毕后，要保证 U 形管露出地面，在埋管区域做出标志并定位，以便于后续施工。

5. 灌浆封井

灌浆封井也称为回填工序。在回填之前应对埋管进行试压，确认无泄漏现象后方可进行回填。正确的回填要达到两个目的：一是要强化埋管与钻孔壁之间的传热，二是要实现密封的作用，避免地下含水层受到地表水等可能的污染。为了使热交换器具有更好的传热性能，一般选用特殊材料制成的专用灌注材料进行回填，钻孔过程中产生的泥浆沉淀物也是一种可选择的回填材料。回填物中不得有大粒径的颗粒，回填时必须根据灌浆速度的快慢将灌浆管逐步抽出，使混合浆自上而下回灌封井确保回灌密实，无空腔，减少传热热阻。当上返泥浆密度与灌注材料密度相等时，回填过程结束。系统安装完毕后，应进行清洗、排污，按要求对管道进行冲洗和试压，确认管内无杂质后，方可灌水。

6. 安装水平地埋管换热器

铺设前沟槽底部应先铺设相当于管径厚度的细砂，安装时管道不应折断、扭结，砂中不得有石块，转弯处应光滑，并有固定措施。在室外环境温度低于 0℃ 时不应进行地埋管换热器的施工。

2.7.4　空气源热泵

空调（能）源热泵系统是由电动机驱动的，利用蒸汽压缩制冷循环工作原理，以环境空气为冷（热）源制取冷（热）风或者冷（热）水的设备，主要零部件包括 热侧换热设备、热源侧换热设备及压缩机等。空气能（源）热泵利用空气中的热量作为低温热源，经过传统空调器中的冷凝器或蒸发器进行热交换，然后通过循环系统，提取或释放热能，利用机组循环系统将能量转移到建筑物内，满足用户对生活热水、地暖或空调等需求。

1. 空气源热泵系统的优点

空气能（源）热泵既能在冬季制热，又能在夏季制冷，能满足冬夏两种季节需求，而其他采暖设备往往只能冬季制热，夏季制冷时还需要加装空调设备。

空气能（源）热泵采用热泵加热的形式，水、电完全分离，无需燃煤或天然气，因此可以实现一年四季全天 24 小时安全运行，不会对环境造成污染（制冷剂会泄露的）。

相比太阳能、燃气、水地能（源）热泵等形式，空气能（源）热泵不受夜晚、阴天、下雨及下雪等恶劣天气的影响，也不受地质、燃气供应的限制。

空气能（源）热泵使用 1 份电能，同时从室外空气中获取 2 份以上免费的空气能（源），能生产 3 份以上的热能，高效环保，相比电采暖每月节省 75％ 的电费，为用户省下如此可观的电费，很快就能收回机器成本。

2. 相关应用及产品选择

（1）空气能（源）热泵地暖

空气源热泵空气能（源）热泵地暖利用空气中的低品位热能经过压缩机压缩后转化为高温热能，将水温加热到不高于 60℃（一般的水温在 35～50℃），并作为热媒在专用管道内循环流动，加热地面装饰层，通过地面辐射和对流的传热使地面升温，热量从建筑物地表升起，使整个室内空间的温度均匀分布，没有热风感，有利于保持环境中的水分，提高人体舒适度。将空气中的热量搬运到室内采暖，比电地暖省电 75％，24 小时全天候供暖，并且易于安装，埋在地下，不占据室内空间，并能搭配不同的装潢风格，还能满足家用和商用等多种需求。

（2）空气能（源）热泵中央空调

空气能（源）热泵中央空调通过从室外免费获取大量空气中的热量，再通过电能，将热量转移到室内，实现 1 份电力产生 3 份以上热量的节能效应，效率高，没有任何污染物排放，不会影响大气环境，为业主和开发商选择方便、节能、高效的中央空调提供了良好的选择。目前市面上最先进的谷轮™EVI 涡旋强热技术更是使空气能（源）热泵中央空调在低至 −20℃ 的条件下也能正常制热。

（3）空气能（源）热泵热水器

空气能（源）热泵热水器是在普通热水器中装载空气能（源）热泵，把空气中的低温热量吸收 进来，经过 压缩机压缩后转化为高温热能以此来加热水温。传统的电热水器和燃气热水器是通过消耗燃气和电能来获得热能，而空气能（源）热水器是通过吸收空气中的热量来达到加热水的目的，在消耗相同电能的情况下可以吸收相当于三倍电能左右的热能来加热水，而且克服了太阳能热水器阴雨天不能使用及安装不便等缺点，具有高安全、高节能、寿命长、不排放有毒有害气体等诸多优点。空气能（源）热泵热水器具有高效节能的特点，在制造相同的热水量的前提下，空气能（源）热水器消耗费用仅为电热水器的1/4，甚至比电辅助太阳能热水器能效更高。

3. 水环热泵空调系统

水环热泵空调系统是指小型的水/空气热泵机组的一种应用方式，即用水环路将小型的水/热泵机组并联在一起，形成一个封闭环路，构成一套回收建筑物内部余热作为其低位热源的热泵供暖、供冷的空调系统。

水环热泵空调系统的组成：室内的小型水/空气热泵机组、水循环环路、辅助设备（如冷却塔、加热设备、蓄热装置等）。

水环热泵空调系统的优缺点

20世纪80年代初期在我国应用的一些水环热泵空调系统显示出了许多的优点：如回收建筑物余热的特有功能；不像传统锅炉那样会对环境产生污染；省掉或减少常规空调系统的冷热源设备和机房；便于分户计量与计费；便于安装、管理等。据有关文献的预测分析，水环热泵空调系统上一种很有前途的节能型空调系统。

水环热泵空调系统的发展主要面临来自两个方面的问题：其一是从系统这个方面来看，国内的一些建筑物内余热小或无预热，尚需补充加热设备，致使其不能充分发挥原有的一些优点；其二是从设备这个方面来看，水环热泵空调系统中采用的小型水/空气热泵机组所存在的一些固有问题也限制了其更广泛的应用。目前，针对上述的两个缺点，也出现了许多的解决办法，以期推广水环热泵空调系统的应用。

2.8 室外供热管道的安装

2.8.1 室外供热管道的敷设方式

室外供热管道的敷设方式有架空敷设、地沟敷设和直埋敷设三种。

1. 架空敷设

将供热管道敷设于地面上的独立支架或带纵梁的桁架以及建筑物的墙壁上的方式就是架空敷设。适用于地下水位较高，地下土质差，年降雨量大，或地下管线较多以及采用地下敷设而需大量开挖土石方的地区。

架空敷设所用的支架按材料分为砖砌体、毛石砌体、钢筋混凝土预制或现场浇筑、钢结构、木结构等类型。

按支架的高低可分为低支架、中支架、高支架三种敷设类型。

（1）低支架 低支架敷设如图2-50所示。管道距地高度一般为0.5～1.0m，因此便于安装、维护、检修，是一种经济的支架形式。支架多用钢筋混凝土结构或砖混结构。

（2）中支架 中支架敷设如图2-51所示。支架距地面高度为2.5～4.0m，可以便于行人和车辆在支架下通行。支架多采用钢结构或钢筋混凝土结构。

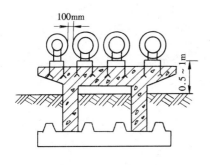

图 2-50　低支架

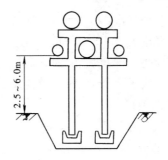

图 2-51　高、中支架

（3）高支架　高支架敷设如图 2-51 所示。支架距地面高度为 4.5～6.0m，为便于对管道系统的维护、检修，需在有阀门、补偿器等处设置操作平台，主要用于管道跨越公路或铁路时。支架采用钢结构或钢筋混凝土结构。

2. 地沟敷设

地沟敷设是将管道敷设于地面下的由混凝土或砖（石）砌筑而成的地沟内。按人在地沟内通行情况可分为不通行地沟、半通行地沟和通行地沟三种形式。

（1）不通行地沟　不通行地沟是指人在地沟内不能通行，地沟的横断面尺寸只满足管道的安装要求，如图 2-52 所示。多用于管间距离短，管子根数少，管径小的支线管路。

（2）半通行地沟　半通行地沟的净高为 1.2～1.6m，净通行宽度为 0.6～0.8m，人在地沟内只能弯着腰行走，如图 2-53 所示。多用于干线或支线管路。

图 2-52　不通行地沟

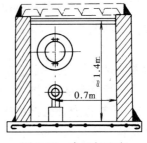

图 2-53　半通行地沟

（3）通行地沟　通行地沟的净高不小于 1.8m，净通行宽度不小于 0.7m，人在地沟内可直立行走。地沟内应有良好的通风、照明（电压不超过 36V）条件，如图 2-54 所示。用于地沟内管子根数多，管子的排列高度不小于 1.5m 的干线或支线管路。

3. 直埋敷设

直埋敷设是将管道直接埋地的一种敷设方式，在室外管道工程中常用。由于供热管道直接埋地，保温绝热材料应具有导热系数小、吸水率低、电阻率高、机械强度高等性能。

2.8.2　供热管道的安装

1. 管材

供热管网的管材应按设计要求。当设计未注明

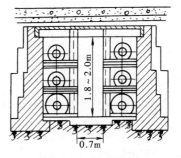

图 2-54　通行地沟

45

时，应符合下列规定：

(1) 管径不大于 40mm 时，应使用焊接钢管。

(2) 管径为 50～200mm 时，应使用焊接钢管或无缝钢管。

(3) 管径大于 200mm 时，应使用螺旋焊接钢管。

2. 管道的连接

室外供热管道的连接均采用焊接。管道与阀门、装置与设备连接时应采用法兰连接。

3. 管道的坡度

管道的坡度应符合设计要求，以利于空气、凝结水的排除和系统的正常运转。

4. 排水和放气

热水管道及凝结水管道在最低点设泄水阀，在最高点设排气阀。泄水阀和排气阀一般采用 DN15～20 的截止阀，并应设检查井。

5. 直埋无补偿敷设供热管道的预热伸长及三通加固，应符合设计要求。回填前应注意检查预制保温层外壳及接口的完好性。回填应按设计要求进行。

6. 直埋管道的保温应符合设计要求，接口处保温在现场发泡时，接头处厚度应与管道保温层厚度一致，接头处保护层必须与管道保护层成一体，符合防潮防水要求。

7. 系统试压及调试

(1) 供热管道的水压试验压力应为工作压力的 1.5 倍，但不得小于 0.6MPa。

检验方法是在试验压力下 10min 内压力降不大于 0.05MPa，然后降至工作压力下检查，不渗不漏。

(2) 管道试压合格后，应进行冲洗，以水色不浑浊为合格。

(3) 管道冲洗完毕后应通水、加热，进行试运行和调试。当不具备加热条件时，应延期进行。

检验方法是测量各建筑物热力入口处供回水温度及压力。

(4) 供热管道做水压试验时，试验管段上的阀门应开启，试验管段与非试验管段应隔断。

2.8.3 供热管道补偿器的安装

管道安装完毕与投入运行后，介质的温度与周围环境之间有较大差别，会产生较大的热变形，导致热应力的产生，对管道系统造成破坏，因此，必须在管路上安装用以吸收管道热伸长量的装置，这就是补偿器。

补偿器有方形补偿器、波形和波纹管补偿器、套筒式补偿器、球形补偿器等。

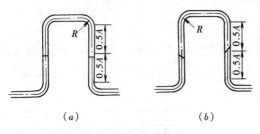

图 2-55　方形补偿器焊缝

(a) DN<200mm；(b) DN≥200mm，焊缝与轴线成 45°角

1. 方形补偿器

方形补偿器由四个 90°的弯管构成，如图 2-55 所示。有四种类型，如图 2-56 所示。是一种常用的补偿器。

方形补偿器在安装前应预拉伸，垂直安装时，对热水管道应在最高点设排气阀，在最低点设泄水阀或疏水阀（蒸汽管）。方形补偿器的两端必须安装固定支架，补偿器位于两固定支架间距的 $\frac{1}{2}$ 处。

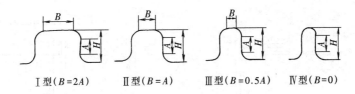

图 2-56　方形补偿器的类型

2. 波形和波纹管补偿器

（1）波形补偿器　是用金属薄板压制并拼焊制成的，利用凸形金属薄壳挠性变形构件的弹性变形来吸收管道的热伸长量。波形补偿器有带套筒的（图 2-57）和不带套筒的两种。

波形补偿器耐压强度低，补偿能力小，安装前必须做水压试验，合格后才可以安装；安装在水平管道上时，应使套管的焊缝迎向介质的流动方向，安装在垂直管道上时，应使焊缝向上；安装前应预拉伸或预压缩。

（2）波纹管补偿器　是用疲劳极限高的不锈钢板制成的，用于工作温度在 450℃ 以下，公称压力为 0.25～25MPa，公称直径为 $DN25～1200mm$ 的弱腐蚀性介质的管道上。有轴向型、横向型和角向型三种形式，如图 2-58 所示。

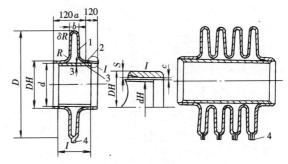

图 2-57　波形补偿器

1—波；2—直筒；3—内衬套筒；4—DN20 单头螺纹短节（如波形补偿器竖直安装或装在无凝液的管道上，则不需要此件）

D—波峰外径；d—波谷内径；c—直筒与内衬套筒间隙（当 DN ≤600mm 时，$c=1mm$；当 DN≥700mm 时，$c=2mm$）

波纹管补偿器与管道连接时采用法兰连接，安装前也应预拉伸。

3. 套筒式补偿器

套筒式补偿器由套管和插管、密封填料三部分组成，是靠套管和插管之间的相对运动来补偿管道的热伸长量的，如图 2-59 所示。按壳体的材料不同分为铸铁制和钢制两种，按套筒的结构分为单向和双向套筒。

套筒式补偿器在安装前应拆开检查，检验其内部零件是否齐全完整。单向活动的套筒式补偿器应靠近固定支架安装，双向活动的套筒式补偿器应安装在两固定支架的中部。

4. 球形补偿器

球形补偿器是利用补偿器的活动球形部分角向转弯来补偿热伸长量的。由外壳、球体、密封圈、压紧法兰和连接法兰等组成。

安装时与管道的连接采用法兰连接，应将 2～4 个球形补偿器组合使用。

值得注意的是，各种补偿器在安装时，其两端必须安装固定支架，两固定支架之间应装活动支架或导向活动支架，安装波形、波纹管、套筒式和球形补偿器处均应设检查井。另外，供热管道也可利用管道的自然转弯进行补偿。

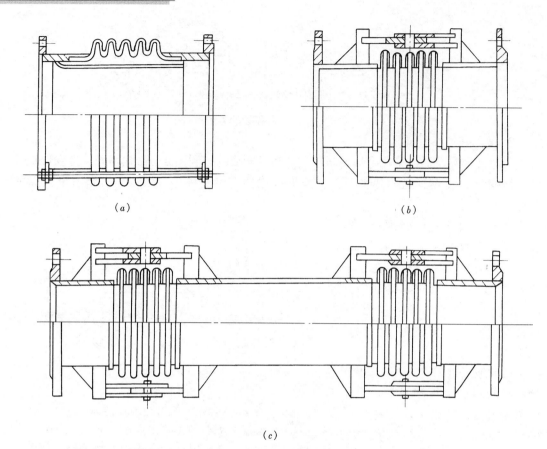

图 2-58　波纹管补偿器

（a）轴向型；（b）横向型；（c）角向型

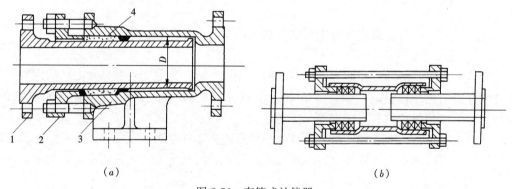

图 2-59　套筒式补偿器

（a）单向活动的套筒式补偿器；（b）双向活动的套筒式补偿器

1—插管；2—填料压盖；3—套管；4—填料

2.9　室内燃气管道的安装

2.9.1　燃气的种类

气体燃料相比固体燃料，具有更高的热能利用率、燃烧温度高、清洁卫生、便于输送、对环境污染小等许多优点。但也应注意，当燃气和空气混合到一定比例时，遇到明火则会发生燃烧或爆炸，燃气还具有强烈的毒性，容易引起中毒事故，因此，应确保设计、安装质量，加强管理和维护，防止泄漏。

燃气按来源不同，分为人工煤气、液化石油气和天然气三类。

1. 人工煤气

人工煤气是将矿物燃料（如煤、重油等）通过热加工而得到的。有硫化氢、苯、萘、氨、焦油等杂物，具有强烈的气味及毒性，容易腐蚀及阻塞管道。因此，需要净化后才能使用。

2. 液化石油气

液化石油气是对石油进行加工处理中（例如减压、蒸馏、催化裂化、铂重整等）所获得的副产品。其主要成分是丙烷、丙烯、正（异）丁烷、正（异）丁烯、反（顺）丁烯等。在标准状态下呈气态，而在温度低于临界值时或压力升到某一数值时则呈液态。

3. 天然气

天然气是从油井钻井中开采出来的可燃气体。一种是气井气，是自由喷出地面的，即纯天然气；另一种是溶解于石油中，开采后分离出来的石油伴生气；还有一种是含石油轻质馏分的凝析气田气。主要成分是甲烷。

2.9.2 燃气供暖系统

1. 燃气红外线辐射供暖

采用燃气供暖时，必须采取相应的防火、防爆和通风换气等安全措施，并符合国家现行有关安全、防火规范的要求。燃气红外线辐射器的安装高度不应低于 3m。

燃气红外线辐射器用于局部工作地点供暖时，其数量不应少于两个，且应安装在人体的侧上方。

燃气红外线辐射供暖系统采用室外供应空气时，进风口应符合下列要求：

① 设在室外空气洁净区，距地面高度不低于 2.0m；

② 距排风口水平距离大于 6m；当处于排风口下方时，垂直距离不小于 3m；当处于排风口上方时，垂直距离不小于 6m；

③ 安装过滤网。

燃气红外线辐射供暖系统的尾气应排至室外。排风口应符合下列要求：

① 设在人员不经常通行的地方，距地面高度不低于 2m；

② 水平安装的排气管，其排风口伸出墙面不少于 0.5m；

③ 垂直安装的排气管，其排风口高出半径为 6m 以内的建筑物最高点不少于 1m；

④ 排气管穿越外墙或屋面处，加装金属套管。

燃气红外线辐射供暖系统应在便于操作的位置设置能直接切断供暖系统及燃气供应系统的控制开关。利用通风机供应空气时，通风机与供暖系统设置连锁开关。

2. 户式燃气炉供暖

采用户式燃气炉做热源时，应采用全封闭式燃烧，平衡式强制排烟的系统。户式燃气系统的排烟口应保持空气畅通，远离人群和新风口。

由于燃气壁挂炉烟气结露温度和最小流量的限制，宜采取混水或去耦罐的热水供暖系统。

散热设备应与燃气壁挂炉供回水温度匹配。户式燃气炉散热设备可根据习惯和具体情况选择。

户式燃气炉供暖系统应设置排气泄水装置。户式燃气炉供暖系统应具有防冻保护功能。

2.9.3 室内燃气管道系统的安装

民用建筑室内燃气管道供气压力，公共建筑不得超过 0.2MPa，居住建筑不得超过 0.1MPa。其室内燃气管道系统由用户引入管、水平干管、立管、用户支管、燃气表、下垂管和灶具等部分组成，其系统如图 2-60 所示。

1. 管材

（1）燃气管道根据工作压力和使用场所，宜采用下列管材及连接方法：

1）低压燃气管道宜采用热镀锌钢管或焊接钢管螺纹连接；中压管道宜采用无缝钢管焊接连接。

2）居民及公共建筑室内明装燃气管道宜采用热镀锌钢管螺纹连接。

3）敷设在下列场所的燃气管道宜采用无缝钢管焊接连接：

①燃气引入管；

②地下室、半地下室和地上密闭房间内的管道；

③管道竖井和吊顶内的管道；

④屋顶和外墙敷设的管道；

⑤锅炉房、直燃机房内管道；

⑥室内中压、燃气管道。

4）居民用户暗埋室内低压燃气支管可采用不锈钢管或铜管，暗埋部分应尽量不设接头，明露部分可用卡套、螺纹或钎焊连接。

5）燃具前低压燃气管道可采用橡胶管或家用燃气软管，连接可采用压紧螺母或管卡。

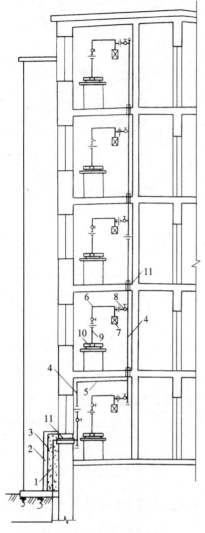

图 2-60 室内燃气管道系统

1—用户引入管；2—砖台；3—保温层；
4—立管；5—水平干管；6—用户支管；
7—燃气计量表；8—旋塞及活接头；9—用具连接管；10—燃气用具；11—套管

6）凡有阀门等附件处可采用法兰或螺纹连接，法兰宜采用平焊法兰，法兰垫片宜采用耐油石棉橡胶垫片，螺纹管件宜采用可锻铸铁件，螺纹密封填料采用聚四氟乙烯带或尼龙绳等。

（2）管道的壁厚应符合设计要求。

2. 引入管的安装

（1）燃气引入管不得从卧室、浴室、厕所及电缆沟、暖气沟、烟道、垃圾道、风道等处引入。

（2）住宅燃气引入管应尽量设在厨房内，有困难时也可设在走廊或楼梯间、阳台等便于检修的非居住房间内。

（3）建筑设计沉降量大于 50mm 以上的燃气引入管，根据情况可采取如下保护措施：

1）加大引入管穿墙处的预留洞尺寸。

2）引入管穿墙前水平或垂直方向弯曲 2 次以上。

3）引入管穿墙前设金属柔性管接头或波纹补偿器。

（4）引入管穿墙或基础进入建筑物之后，应尽快出室内地面，不得在室内地面下水平敷设。其室内地坪严禁采用架空板，应在回填土分层夯实后浇筑的混凝土地面。

（5）引入管穿越建筑物基础或墙时设在套管内；套管的内径一般不得小于引入管外径加 25mm，套管与引入管之间的缝隙应用柔性的防腐防水材料填塞，用沥青封口。燃气引入管阀门宜设在室外操作方便的位置；设在外墙上的引入管阀门应设在阀门箱内；阀门的高度，室内宜在 1.5m 左右，室外宜在 1.8m 左右。

3. 水平干管

（1）室内燃气干管不得穿过易燃易爆仓库、变电室、卧室、浴室、厕所、空调机房、通风机房、防烟楼梯间、电梯间及其前室等房间，也不得穿越烟道、风道、垃圾道等处。当不得不穿过时，必须置于套管内。

（2）输送干燃气的水平管道可不设坡度。输送湿燃气的管道，其敷设坡度应不小于0.002，特殊情况下不得小于 0.0015。

（3）室内水平燃气干管严禁穿过防火墙。

（4）室内水平干管的安装高度不低于 1.8m，距顶棚不得小于 150mm。

4. 立管

（1）室内燃气立管宜设在厨房、开水间、走廊、阳台等处；不得设置在卧室、浴室、厕所或电梯井、排烟道、垃圾道等内。

（2）燃气立管宜明设，也可设在便于安装和检修的管道竖井内，但应符合下列要求：

1）燃气立管可与给水排水管、冷水管、可燃液体管、惰性气体管等设在一个竖井内，但不得与电线、电气设备或进风管、回风管、排气管、排烟管、垃圾道等共用一个竖井。

2）竖井内的燃气管道应采用焊接连接，且尽量不设或少设阀门等附件。

（3）炎热地区输送湿燃气，或不论气候条件如何输送干燃气时，经当地主管部门同意，立管也可沿外墙敷设，但立管与建筑物内窗洞的水平净距，中压管道不得小于 0.5m，低压管道不得小于 0.3m。

（4）高层建筑的立管过长时，应设置补偿器，补偿器宜采用方形或波纹管型，不得采用填料型补偿器。

（5）立管支架间距，当管道 $DN \leqslant 25$mm 时，应每层中间设一个；$DN > 25$mm 时，按需要设置。

5. 支管

（1）室内燃气支管应明设，敷设在过厅或走道的管段不得装设阀门和活接头。当支管不得已穿过卧室、浴室、阁楼或壁柜时，必须采用焊接连接并设在套管内。浴室内设有密闭型热水器时，燃气管可不加套管，但应尽量缩短支管长度。

（2）当燃气管从外墙敷设的立管接入室内时，宜先沿外墙接出 300～500mm 长水平短管，然后穿墙接入室内。

(3) 室内燃气支管安装高度,当高位敷设时不得低于1.8m,有门时应高于门的上框;低位敷设时距地面不得小于300mm。

6. 燃气表的安装

(1) 居住家庭每户应装一只燃气表,集体、营业、专业用户,每个独立核算单位最少应装一只燃气表。

(2) 燃气表安装过程中不准碰撞、倒置、敲击,不允许有铁锈、杂物、油污等掉入表内。

(3) 燃气表安装必须平正,下部应有支撑。

(4) 安装皮膜燃气表时,应遵循以下规定:

1) 高位表表底距地净距不得小于1.8m;中位表表底距地面不小于1.4~1.7m;低位表表底距地面不小于0.15m。

2) 安装在走道内的皮膜式燃气表,必须按高位表安装;室内皮膜燃气表安装以中位表为主,低位表为辅。

3) 皮膜式燃气表背面距墙净距为10~15mm。

4) 一只皮膜式燃气表一般只在表前安装一个旋塞。

7. 灶具安装

民用灶具安装,应满足以下条件:

(1) 灶具应水平放置在耐火台上,灶台高度一般为700mm。

(2) 当灶具和燃气表之间硬连接时,其连接管道的直径不小于15mm,并应装活接头一只。采用软管连接时应符合下列要求:

1) 软管的长度不得超过2m,且中间不得有接头和三通分支。

2) 软管的耐压能力应大于4倍工作压力。

3) 软管不得穿墙、门和窗。

(3) 公共厨房内当几个灶具并列安装时,灶与灶之间的净距不应小于500mm。

(4) 灶具应安装在有足够光线的地方,但应避免穿堂风直吹。

(5) 灶具背后与墙面的净距不小于100mm,侧面与墙或水池的净距不小于250mm。

8. 其他

(1) 室内燃气管道在下列各处宜设阀门:

1) 引入管处。

2) 从水平干管接出立管时,每个立管的起点处。

3) 从室内燃气干管或立管接至各用户的分支管上(可与表前阀门合设1个)。

4) 每个用气设备前。

5) 点火棒、取样管和测压计前。

6) 放散管起点处。

(2) 当燃气管道 $DN \geqslant 65mm$ 时,应用球阀;$DN < 65mm$ 时,宜采用球阀或旋塞阀。

(3) 住宅和公共建筑的立管上端和最远燃具前水平管末端应设不小于 $DN15$ 放散管用堵头。

(4) 为便于拆装,螺纹连接的立管宜每隔一层距地 1.2~1.5m 处设一个活接头。遇有螺纹阀门时,在阀后设一个活接头。

（5）室内燃气管道穿过承重墙、地板或楼板时应加钢套管，套管的内径应大于管道外径 25mm。穿墙套管的两边应与墙的饰面平齐，穿楼板的套管上部应高出装饰地面 50mm，底部与楼板饰面平齐，套管内不得有接头。燃气管道与套管之间的缝隙应用柔性防腐防水材料填塞，热沥青封口。套管与墙、楼板之间的缝隙应用水泥砂浆堵严。

（6）室内燃气管道的防腐和涂色规定如下：

1）引入管理地部分按室外管道要求防腐。

2）室内管道采用焊接钢管或无缝钢管时，应除锈后刷两道防锈漆。

3）管道表面一般涂刷两道黄色油漆或按当地规定执行。

9. 室内燃气管道的试压、吹扫

室内燃气管道系统在投入运行前需进行试压、吹扫。

室内燃气管道只进行严密性试验。试验范围自调压箱起至灶前倒齿管止或引入管上总阀起至灶前倒齿管接头。试验介质为空气，试验压力（带表）为 5kPa，稳压 10min，压降值不超过 40Pa 为合格。

严密性试验完毕后，应对室内燃气管道系统吹扫。吹扫时可将系统末端用户燃烧器的喷嘴作为放散口，一般也用燃气直接吹扫，但吹扫现场严禁火种，吹扫过程中应使房屋通风良好，及时冲淡排除燃气。

思 考 题

1. 什么叫高温水，什么叫低温水，低温水的设计供回水温度为多少？

2. 什么是同程式系统，与异程式系统有什么区别？

3. 室内供暖管道安装的基本要求有什么？

4. 供暖系统中的排气装置和除污器有什么作用，一般都安装在系统的哪些地方？

5. 常用散热器有哪几种，安装要求是什么？

6. 室外供热管道有几种敷设方式，各用于什么场合？

7. 供热管道补偿器有几种，各有什么安装特点？

8. 燃气表安装有哪些要求？

9. 什么是地源热泵，地源热泵由哪几部分组成？

第3章 给水排水系统的安装

3.1 室内给水系统的分类及组成

给水系统是指通过管道及辅助设备，按照建筑物和用户的生产、生活和消防的需要，有组织的输送到用水地点的网络。其任务是满足建筑物和用户对水质、水量、水压、水温的要求，保证用水安全可靠。

3.1.1 室内给水系统的分类

室内给水系统按用途可分为三类。

（1）生活给水系统 满足各类建筑物内的饮用、烹调、盥洗、淋浴、洗涤用水，水质必须符合国家规定的饮用标准。

（2）生产给水系统 满足各种工业建筑内的生产用水，如冷却用水、锅炉给水等。

（3）消防给水系统 满足各类建筑物内的火灾扑救用水。

以上三类给水系统可独立设置，也可根据需要将其中二类或三类联合，构成生活消防给水系统、生产生活给水系统、生产消防给水系统、生活生产消防给水系统。

3.1.2 室内给水系统的组成

室内给水系统由以下几部分组成，如图3-1所示。

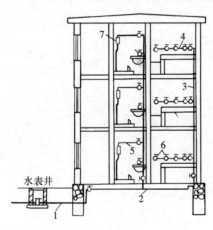

图3-1 室内给水系统的组成
1—引入管；2—干管；3—立管；4—横支管；
5—支管；6—水龙头；7—便器冲洗水箱

（1）引入管 引入管是由室外给水引入建筑物的管段。引入管可随供暖地沟进入室内，或在建筑物的基础上预留孔洞单独引入。必须对用水量进行计量的建筑物，应在引入管上装设水表，水表宜设在水表井内，并且水表前后应装置阀门。住宅建筑物应装设分户水表，且在水表前装置阀门。

（2）给水干管 给水干管是引入管到各立管间的水平管段。当给水干管位于配水管网的下部，通过连接的立管由下向上给水时，称为下行上给式，这时给水干管可直接埋地，或设在室内地沟内或地下室内。当给水干管位于配水管网的上部，通过连接的立管由上向下给水时，称为上行下给式，这时给水干管可明装于顶层的顶棚下面、窗口上面或暗装于吊顶内。

（3）给水立管 给水立管是干管到横支管或给水支管间的垂直管段。

给水立管一般设在用水量集中的位置，可明装也可暗装于墙、槽内或管道竖井内。暗装主要用于美观要求较高的建筑物内。

（4）给水横支管　给水横支管是立管到支管间的水平管段。

横支管不得穿越生产设备的基础、烟道、风道、卧室、橱窗、壁柜、木装修、卫生器具的池槽；不宜穿越建筑伸缩缝、沉降缝，如必须穿过时，应采取相应的技术措施。

（5）给水支管　给水支管是仅向一个用水设备供水的管段。

（6）给水附件　给水管道上的各种阀门和水龙头等。

（7）升压和贮水设备　当室外管网水压不足或室内对安全供水和稳定水压有要求时，需要设置各种辅助设备，如水泵、水箱（池）及气压给水设备等。

3.2　室内给水系统的给水方式

室内给水方式是根据建筑物的性质、高度、配水点的布置情况以及室内所需水压、室外管网水压和水量等因素而决定的给水系统的布置形式。一般常用的有以下几种：

1. 直接给水系统

建筑物内部只设给水管道系统，不设其他辅助设备，室内给水管道系统与室外给水管网直接连接，利用室外管网压力直接向室内给水系统供水，如图 3-2 所示。

这种给水系统具有系统简单，投资少，安装维修方便，充分利用室外管网水压，供水安全可靠的特点。适用于室外给水压力稳定，并能满足室内所需压力的场合。

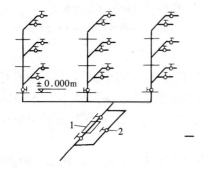

图 3-2　直接给水系统
1—水表；2—水表旁通管

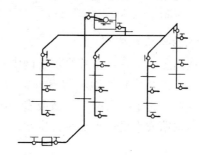

图 3-3　设有水箱的给水系统

2. 设有水箱的给水系统

建筑物内部除设有给水管道系统外，还在屋顶设有水箱，室内给水管道与室外给水管网直接连接。当室外给水管网水压足够时，室外管网直接向水箱供水，再由水箱向各配水点连续供水；当外网水压较小时，则由水箱向室内给水系统补充水量，如图 3-3 所示。如为下行上给式系统，为防止水箱造成的静压大于外网压力，而使水向外网倒流，需在引入管上安装止回阀。

这种给水系统具有系统比较简单，投资较省，维修安装方便，供水安全的优点，但因系统增设了水箱，会增大建筑荷载，影响建筑外形美观。适用于室外给水压力有少量波动，在一天中有少部分时间不能满足室内水压要求的场合。

3. 设有水池、水泵和水箱的给水系统

建筑物内除设有给水管道系统外，还增设了升压（水泵）和贮存水量（水池、高位水箱）的辅助设备。当室外给水管网压力经常性或周期性不足，室内用水不均匀时，多采用此种给水系统，如图3-4所示。

这种给水方式具有供水安全的优点，但因增设了较多辅助设备，使系统较复杂，投资及运行管理费用高，维修安装量较大。适用于一天中有大部分时间室外给水压力不能满足室内要求的场合，一般用于多层或高层建筑物内。

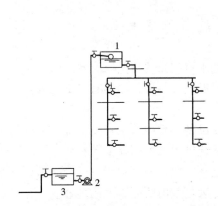

图3-4　设有水池、水泵、水箱的给水系统

1—水箱；2—水泵；3—水池

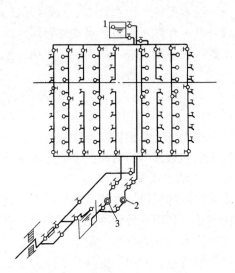

图3-5　竖向分区给水系统

1—水箱；2—生活水泵；3—消防水泵

4. 竖向分区给水系统

在多层或高层建筑中，室外给水管网中水压往往只能供到下面几层，而不能满足上面几层的需要，为了充分有效地利用室外给水管网中提供的水压，减少水泵、水箱的调节量，可将建筑物分为上、下两个区域或多个区域，如图3-5所示。下区可直接由室外管网供水，上区由水箱或水泵、水箱联合供水。

当设有消防系统时，消防水泵则需按上、下两区考虑。

5. 气压给水装置

气压给水装置是利用密闭罐内空气的可压缩性贮存、调节和将水压送至用水点的给水装置，其作用相当于高水箱或水塔。气压给水装置的构造如图3-6所示。

气压水罐（密闭钢罐）：作用是贮存水和空气。

水泵：向罐内充水。

空气压缩机：增加水面压力和补充空气

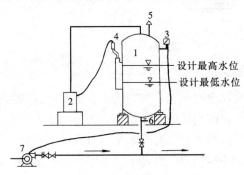

图3-6　气压给水装置

1—气压水罐；2—空压机；3—压力继电器；4—水位继电器；5—安全阀；6—泄水龙头；7—水泵

损耗。

控制部件：用以启动水泵或空气压缩机，如压力继电器和水位继电器等。

气压给水装置的工作过程是：罐内空气的起始压力高于管网所需的设计压力，水在压缩空气的作用下被送到室内管网。随着水量的减少，水位下降，罐内空气的容积增大，压力减小，当压力降到最小设计值时，水泵会在压力继电器的作用下自动启动，此时罐内压力上升到最大设计值，水泵又在压力继电器的作用下自动停转，如此往复地工作。

由于罐内水和空气的接触，空气会由于漏损和溶解于水中而逐渐减少，故需定期补充，否则会使水泵启动频繁。最常用的是用空气压缩机补气。当罐内空气减少时，水位上升到最大设计值，水泵和水位继电器触点接触而停泵，同时空气压缩机会自动启动，向罐内补充空气。随着罐内气压上升，水面会降低，当与水位继电器触点脱离时，空气压缩机会自动停止。对小型气压给水装置，可以不用空气压缩机补气，而用水泵压水管中积存的空气补气、水射器补气和定期泄空补气等方式。

在气压给水装置中，系统的给水压力是靠罐内压缩空气维持的。罐体的安装高度可不受限制。在不宜设置高位水箱和水塔的场所都可采用。它具有灵活性大，水质不易污染，投资周期短，便于实行自动控制和集中管理等优点。当然，气压给水装置也有给水压力变化大，日常维修费用较高，受停电影响较大等缺点，选用时均应予以考虑。

3.3　室内热水供应系统

热水供应系统是为满足人们在生活和生产过程中对水温的某些特定要求，而由管道及辅助设备组成的输送热水的网络。其任务是按设计要求的水量、水温和水质随时向用户供应热水。

3.3.1　室内热水供应系统的分类及组成

室内热水供应系统按作用范围大小可分为以下几种：

（1）局部热水供应系统　局部热水供应系统是利用各种小型加热器在用水场所就地将水加热，供给局部范围内的一个或几个用水点使用，如采用小型燃气加热器、蒸汽加热器、电加热器、太阳能加热器等，给单个厨房、浴室、生活间等供水。大型建筑物同样可采用很多局部加热器分别对各个用水场所供应热水。

这种系统的优点是系统简单，维护管理方便灵活，改建、增减较容易。缺点是加热设备效率低，热水成本高，使用上不方便，设备容量较大。因此，适用于热水供应点较分散的公共建筑和车间等工业建筑。

（2）集中热水供应系统　这种系统由热源、加热设备和热水管网组成，如图 3-7 所示。水在锅炉、加热器中被加热，通过热水管网向整幢或几幢建筑供水。

这种系统的特点是，加热器及其他设备集中，可集中管理，加热效率高，热水制备成本低，设备总容量小，占地面积小，但设备及系

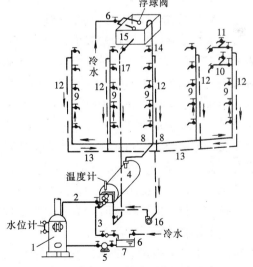

图 3-7　集中热水供应系统组成示意

1—锅炉；2—热媒上升管；3—热媒下降管；4—水加热器；5—给水泵（凝结水泵）；6—给水管；7—给水箱（凝结水箱）；8—配水干管；9—配水立管；10—配水支管；11—配水龙头；12—回水立管；13—回水干管；14—膨胀管；15—高位水箱；16—循环水泵；17—加热器给水管

统较复杂，基本建设投资较大，管线长，热损失大。适用于热水用量较大，用水量比较集中的场所。如高级宾馆、医院、大型饭店等公共建筑、居住建筑和布置较集中的工业建筑。

3.3.2 集中热水供应系统管道布置

热水管网配水干管的布置形式和给水干管的布置形式相同，有上供下回式和下供上回式两种。热水系统按循环管道的情况不同，可布置成以下三种系统。

(1) 全循环系统 这种系统如图3-8所示。热水管道的所有支管、立管和干管都设有循环管道，当整个管网停止配水时，所有支管、立管和干管中的水仍保持循环，使管网中的水温不低于设计温度。适用于对水温有较严格要求的供水场所。

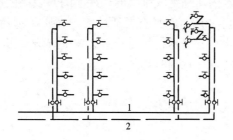

图3-8 全循环热水系统
1—配水干管；2—循环管

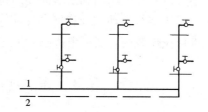

图3-9 半循环热水系统
1—配水干管；2—循环管

(2) 半循环系统 这种系统如图3-9所示。系统仅在配水干管上设置循环管道，只保证干管中的水温。适用于对水温要求不太高或配水管道系统较大的场所。

(3) 不循环系统 不循环系统就是不设置循环管道。适用于连续用水，定时集中用水和管道系统较小的场所。

3.3.3 热水供应系统的管道敷设

热水管道穿过建筑物的楼板、墙壁和基础时应加套管，热水管道穿越屋面及地下室外墙壁时应加防水套管。一般套管内径应比通过热水管的外径大2～3号，中间填不燃烧材料再用沥青油膏之类的软密封防水填料灌平。套管高出地面不少于20mm。

塑料热水管材质脆，刚度（硬度）较差，应避免撞击、紫外线照射，故宜暗设。对于外径$de \leqslant 25$mm的聚丁烯管、改性聚丙烯管、交联聚乙烯管等柔性管一般可以将管道直埋在建筑垫层内，但不允许将管道直接埋在钢筋混凝土结构墙板内。埋在垫层内的管道不应有接头。外径$de \geqslant 32$mm的塑料热水管可敷设在管井或吊顶内。塑料热水管明设时，立管宜布置在不受撞击处，如不能避免时应在管外加保护措施。

热水立管与横管连接时，为避免管道伸缩应力破坏管道，应采用乙字弯的连接方式。

热水横管的敷设坡度不宜小于0.003，以利于管道中的气体聚集后排放。上行下给式系统配水干管最高点应设排气装置，下行上给式配水系统可利用最高配水点排气。当下行上给式热水系统设有循环管道时，其回水立管应在最高配水点以下（约0.5m）与配水立管连接。上行下给式热水系统可将循环管道与各立管连接。

在系统最低点应设泄水装置，以便在维修时放空管道中的存水。

热水管道系统应采取补偿管道热胀冷缩的措施，常用的技术措施有自然补偿和伸缩器补偿。

3.4　室内给水系统管道安装

3.4.1　室内给水管道安装的基本技术要求

（1）建筑给水工程所使用的主要材料、成品、半成品、配件、器具和设备必须具有质量合格证明文件，规格、型号及性能检测报告应符合国家技术标准或设计要求。

（2）主要器具和设备必须有完整的安装使用说明书。

（3）地下室或地下构筑物外墙有管道穿过的，应采取防水措施。对有严格防水要求的建筑物，必须采用柔性防水套管。

（4）明装管道成排安装时，直线部分应互相平行。曲线部分：当管道水平或垂直并行时，应与直线部分保持等距；管道水平上下并行时，弯管部分的曲率半径应一致。

（5）管道支、吊、托架安装位置应正确，埋设应平整牢固，与管道接触要紧密。

钢管水平安装的支吊架间距不应大于表 3-1 的规定。

钢管管道支架的最大间距　　　　　　　　　表 3-1

公称直径（mm）		15	20	25	32	40	50	70	80	100	125	150	200	250	300
支架的最大间距（m）	保温管	2	2.5	2.5	2.5	3	3	4	4	4.5	6	7	7	8	8.5
	不保温管	2.5	3	3.5	4	4.5	5	6	6	6.5	7	8	9.5	11	12

给水及热水供应系统的塑料管及复合管垂直或水平安装的支架间距应符合表 3-2 的规定。

塑料管及复合管管道支架的最大间距　　　　　　　　　表 3-2

管　径（mm）			12	14	16	18	20	25	32	40	50	63	75	90	100
最大间距（m）	立　管		0.5	0.6	0.7	0.8	0.9	1.0	1.1	1.3	1.6	1.8	2.0	2.2	2.4
	水平管	冷水管	0.4	0.4	0.5	0.5	0.6	0.7	0.8	0.9	1.0	1.1	1.2	1.35	1.55
		热水管	0.2	0.2	0.25	0.3	0.3	0.35	0.4	0.5	0.6	0.7	0.8		

铜管垂直或水平安装的支架间距应符合表 3-3 的规定。

铜管管道支架的最大间距　　　　　　　　　表 3-3

公称直径（mm）		15	20	25	32	40	50	65	80	100	125	150	200
支架的最大间距（m）	垂直管	1.8	2.4	2.4	3.0	3.0	3.0	3.5	3.5	3.5	3.5	4.0	4.0
	水平管	1.2	1.8	1.8	2.4	2.4	2.4	3.0	3.0	3.0	3.0	3.5	3.5

（6）给水支管和装有 3 个或 3 个以上配水点的支管始端，均应安装可拆卸连接件。

（7）冷热水管道上下平行安装时热水管应在冷水管上方；垂直平行安装时热水管应在冷水管左侧。

3.4.2　室内给水管道的安装

室内生活给水、消防给水及热水供应管道安装的一般程序是：引入管→水平干管→立管→横支管→支管。

1. 引入管的安装

引入管敷设时，应尽量与建筑物外墙轴线相垂直，这样穿过基础或外墙的管段最短。在穿过建筑物基础时，应预留孔洞或预埋钢套管。预留孔洞的尺寸或钢套管的直径应比引入管直径大 100~200mm，引入管管顶距孔洞顶或套管顶应大于 100mm，预留孔与管道间的间隙应用黏土填实，两端用 1:2 水泥砂浆封口，如图 3-10 所示。当引入管由基础下部进入室内或穿过建筑物地下室进入室内时，其敷设方法如图 3-11 和图 3-12 所示。

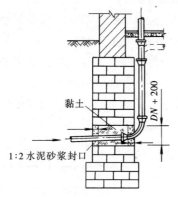

图 3-10　引入管穿墙基础图

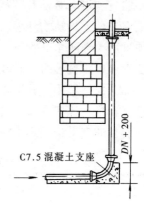

图 3-11　引入管由基础下部进室内大样图

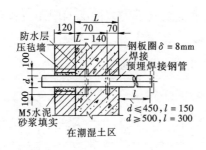

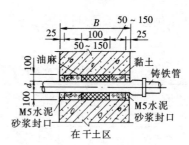

图 3-12　引入管穿地下室墙壁做法

敷设引入管时，其坡度应不小于 0.003，坡向室外。采用直埋敷设时，埋深应符合设计要求，当设计无要求时，其埋深应大于当地冬季冻土深度。

2. 干管的安装

干管的安装标高必须符合设计要求，并用支架固定。当干管布置在不供暖房间，并可能冻结时，应进行保温。

为便于维修时放空，给水干管宜设 0.002~0.005 的坡度，坡向泄水装置。

3. 立管的安装

立管因需穿过楼板，应预留孔洞。为便于检修时不影响其他立管的正常供水，每根立管的始端应安装阀门，阀门后面应安装可拆卸件。立管应用管卡固定。

4. 横支管的安装

横支管的始端应安装阀门，阀门后还应安装可拆卸件。还应设有 0.002~0.005 的坡度，坡向立管或配水点。

5. 支管的安装

支管应用托钩或管卡固定。

3.4.3　管道的试压与清洗

1. 给水管道

（1）室内给水管道的水压试验必须符合设计要求。当设计未注明时，各种材质的给水管道系统试验压力均为工作压力的 1.5 倍，但不得小于 0.6MPa。

检验方法：金属及复合管给水管道系统在试验压力下观测 10min，压力降不大于 0.02MPa，然后降到工作压力进行检查，应不渗不漏；塑料管给水管道系统应在试验压力下稳压 1h，压力降不得超过 0.05MPa，然后在工作压力的 1.15 倍状态下稳压 2h，压力降不得超过 0.03MPa，同时检查各连接处不得渗漏。

（2）给水系统交付使用前必须进行通水试验并做好记录。

检验方法：观察和开启阀门、水嘴等放水。

（3）生活给水管道在交付使用前必须消毒，并经有关部门取样检验，符合国家《生活饮用水标准》方可使用。

检验方法：检查有关部门提供的检测报告。

2. 热水供应管道

（1）热水供应系统安装完毕，管道保温之前应进行水压试验。试验压力应符合设计要求。当设计未注明时，热水供应系统水压试验压力应为系统顶点的工作压力加 0.1MPa，同时在系统顶点的试验压力不小于 0.3MPa。

检验方法：钢管或复合管道系统在试验压力下 10min 内压力降不大于 0.02MPa，然后降至工作压力检查，压力应不降，且不渗不漏；塑料管道系统在试验压力下稳压 1h，压力降不得超过 0.05MPa，然后在工作压力 1.15 倍状态下稳压 2h，压力降不得超过 0.03MPa，连接处不得渗漏。

（2）热水供应系统竣工后必须进行冲洗。

检验方法：现场观察检查。

3.5　室内消防给水系统安装

3.5.1　室内消防给水系统的分类及组成

室内消防给水系统有消火栓给水系统和自动喷水灭火系统。

室内消火栓给水系统可分为低层建筑室内消火栓给水系统和高层建筑室内消火栓给水系统。

低层建筑室内消火栓给水系统是指 9 层及 9 层以下的住宅（包括底层设置商业网点的住宅）、建筑高度 24m 以下（从地面算起至檐口或女儿墙的高度）的其他民用建筑，以及高度不超过 24m 的单层厂房、库房和单层公共建筑的室内消火栓给水系统。

高层建筑室内消火栓给水系统是指 10 层及 10 层以上的住宅建筑和建筑高度为 24m 以上的其他民用和工业建筑的消火栓给水系统。

室内消火栓给水系统由消火栓、水龙带、水枪、消防卷盘（消防水喉设备）、水泵接合器以及消防管道、水箱、增压设备、水源组成。

自动喷水灭火系统分为：湿式喷水灭火系统、干式喷水灭火系统、干湿式两用喷水灭火系统、预作用式喷水灭火系统、雨淋喷水灭火系统、水幕灭火系统和水喷雾灭火系统。

自动喷水灭火系统由管道、报警装置和喷头等组成。

3.5.2 室内消火栓给水系统

1. 消防管道

室内消防管道应采用镀锌钢管、焊接钢管，由引入管、干管、立管和支管组成。它的作用是将水供给消火栓，并且必须满足消火栓在消防灭火时所需水量和水压要求。消防管道的直径应不小于 50mm。

2. 消火栓

消火栓是消防用的龙头，是带有内扣式的角阀。进口向下和消防管道相连，出口与水龙带相接。直径规格有 50mm 和 65mm 两种规格，其常用类型为直角单阀单出口型（SN）、45°单阀单出口型（SNA）、单角单阀双出口型（SNS）和单角双阀双出口型（SNSS），其公称压力为 1.6MPa。

直角单阀单出口型（SN）结构如图 3-13 所示，45°单阀单出口型（SNA）结构如图 3-14 所示。

3. 消防水龙带

消防水龙带按材料分为有衬里消防水龙带（包括衬胶水龙带、灌胶水龙带）和无衬里消防水龙带（包括棉水龙带、苎麻

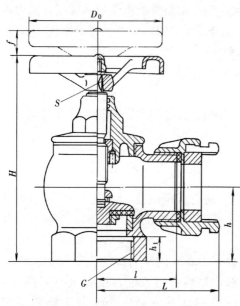

图 3-13 直角单阀单出口型

水龙带和亚麻水龙带）。

无衬里水龙带耐压低，内壁粗糙，阻力大，易漏水，寿命短，成本高，已逐渐淘汰。

消防水龙带的直径规格有 50mm 和 65mm 两种，长度有 10、15、20、25m 四种。

消防水龙带是输送消防水的软管，一端通过快速内扣式接口与消火栓、消防车连接，另一端与水枪相连。

4. 水枪

消防水枪是灭火的主要工具，其功能是将消防水带内水流转化成高速水流，直接喷射到火场，达到灭火、冷却或防护的目的。

目前在室内消火栓给水系统中配置

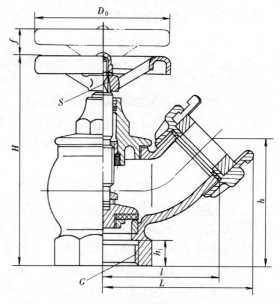

图 3-14 45°单阀单出口型

的水枪一般多为直流式水枪，有 QZ 型、QZA 型直流水枪和 QZG 型开关直流水枪，如图 3-15 所示，这种水枪的出水口（喷嘴）直径分别为 13、16、19 和 22mm 等。

　　5. 消火栓箱

　　消火栓箱是将室内消火栓、消防水龙带、消防水枪及电气设备集装于一体，并明装、暗装或半暗装于建筑物内的具有给水、灭火、控制、报警等功能的箱状固定式消防装置。

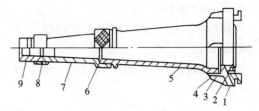

图 3-15　QZ 型直流水枪

1—管牙接口；2—密封圈；3—密封圈座；
4—平面垫圈；5—枪体；6—密封圈；
7—喷嘴；8—密封圈；9—13mm 喷嘴

　　消火栓箱按水龙带的安置方式有挂置式、盘卷式、卷置式和托架式四种。分别见图 3-16～图 3-19。

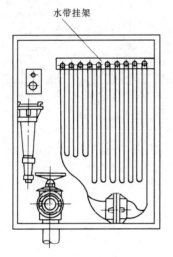

图 3-16　挂置式栓箱

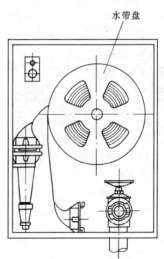

图 3-17　盘卷式栓箱

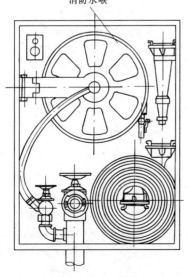

图 3-18　卷置式栓箱（配置消防水喉）

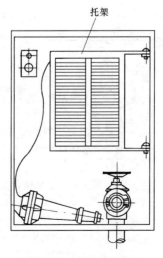

图 3-19　托架式栓箱

6. 消防水泵接合器

消防水泵接合器是为建筑物配套的自备消防设施,用以连接消防车、机动泵向建筑物的消防灭火管网输水。

消防水泵接合器有地上(SQ)、地下(SQX)和墙壁式(SQB)三种。其结构如图3-20~图3-22所示。

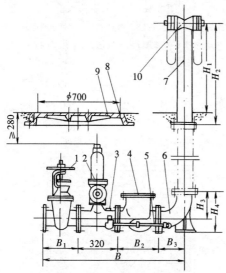

图 3-20 地上消防水泵接合器

1—楔式闸阀;2—安全阀;3—放水阀;

4—止回阀;5—放水管;6—弯头;7—本体;

8—井盖座;9—井盖;10—WSK型固定接口

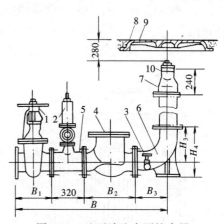

图 3-21 地下消防水泵接合器

1—楔式闸阀;2—安全阀;3—放水阀;4—止回阀;

5—丁字管;6—弯头;7—集水器;8—井盖座;

9—井盖;10—WSK型固定接口

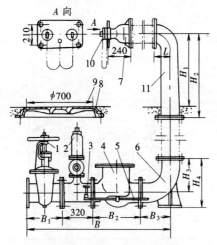

图 3-22 墙壁消防水泵接合器

1— 楔式闸阀;2—安全阀;3—放水阀;

4—止回阀;5—放水管;6—弯管;7—本体;

8—井盖座;9—井盖;10—WSK型固定接口;

11—法兰弯管

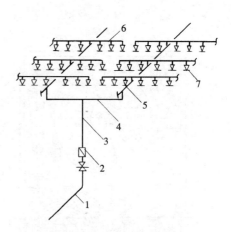

图 3-23 自动喷水灭火系统

1—引入管;2—信号阀;3—配水立管;

4—配水干管;5—配水支管;6—分布支

管;7—闭式洒水喷头

3.5.3　自动喷水灭火系统

自动喷水灭火系统是在火灾发生时，可自动地将水喷洒在着火物上，扑灭火灾或隔离着火区域，防止火灾蔓延，并同时自动报警的消防给水系统，如图 3-23 所示。

1. 喷头

喷头是自动喷水灭火系统的关键部件，担负着探测火灾、启动系统和喷水灭火的任务。

喷头按其结构分为闭式喷头和开式喷头。

闭式喷头的喷口是由感温元件组成的释放机构封闭型元件，当温度达到喷头的公称动作温度范围时，感温元件动作，释放机构脱落，喷头开启喷水灭火。易熔元件洒水喷头，如图 3-24 所示。玻璃球洒水喷头，如图 3-25 所示。

开式喷头的喷口是敞开的，喷水动作由阀门控制，按用途和洒水形状的特点可分为开式洒水喷头、水幕喷头和喷雾喷头三种。

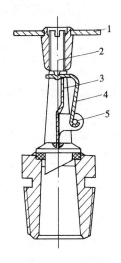

图 3-24　弹性锁片型易熔元件洒水喷头
1—溅水盘；2—调整螺钉；3—支撑片；
4—弹性片；5—易熔金属

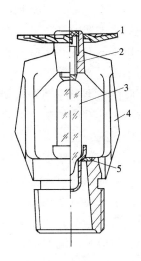

图 3-25　玻璃球洒水喷头
1—溅水盘；2—调整螺钉；
3—玻璃球；4—轭臂；5—密封垫

2. 报警控制阀

报警阀是自动喷水灭火系统中控制水源、启动系统、启动水力警铃等报警设备的专用阀门。

按系统类型和用途不同分为湿式报警、干式报警和雨淋报警三大类。

报警控制阀门的公称直径一般为 50、65、80、100、125、150、200mm 和 250mm 八种。

湿式报警阀用于湿式系统，当喷头开启喷水使管路中的水流动时，能自动打开，并使水流进入水力警铃发出报警信号。

干式报警阀用于干式系统，它的阀瓣将阀门分成两部分，出口侧与系统管路和喷头相连，内充压缩空气，进口侧与水源相连，利用两侧气压和水压作用在阀瓣上的力矩差控制阀瓣的封闭和开启。

3.5.4 室内消防给水系统安装

1. 室内消火栓给水系统的安装

（1）室内消防给水管道的安装

管道穿墙、楼板时应预留孔洞，孔洞位置应正确，孔洞尺寸应比管子直径大 50mm 左右。当管道穿越楼板为非混凝土、墙体为非砖砌体时，应设套管，穿墙套管长度不得小于墙体厚度，穿楼板套管应高出楼板面 50mm。消防管道的接口不得在套管内。套管与穿管之间间隙应用阻燃材料填塞。

消防管道系统的阀门一般采用闸阀或蝶阀，安装时应使手柄便于操作。

（2）消火栓箱的安装

消火栓箱采用暗装或半暗装时应预留孔洞。安装操作时，必须取下箱内的消防水龙带和水枪等部件。不允许用钢钎撬、锤子敲的办法将箱硬塞入预留孔内。

安装水龙带，水龙带与水枪和快速接头绑扎好后，应根据箱内构造将水龙带挂放在箱内的挂钉、托盘或支架上。

消火栓栓口应朝外，并不应安装在门轴侧，栓口应与安装墙面垂直，栓口中心距安装地面的高度为 1.1m。

消火栓箱应设在不会冻结处，如有可能冻结，应采取相应的防冻、防寒措施。

（3）室内消火栓系统的试射试验

室内消火栓系统安装完毕后应取屋顶层（或水箱间内）试验消火栓和首层取二处消火栓做试射试验，达到设计要求为合格。

检验方法：实地试射检查。

2. 自动喷水灭火系统的安装

（1）管道安装前应彻底清除管内异物及污物。

（2）系统管材应采用镀锌钢管，$DN \leqslant 100mm$ 时用螺纹连接，当管子与设备、法兰阀门连接时应采用法兰连接；$DN > 100mm$ 时均采用法兰连接，管子与法兰的焊接处应进行防腐处理。

（3）管道安装应符合设计要求，管道中心与梁、柱、顶棚的最小距离应符合表 3-4 的规定。

管道中心与梁、柱、顶棚的最小距离　　　　　　　　　　　　　　　表 3-4

公称直径（mm）	25	32	40	50	65	80	100	125	150	200
距离（mm）	40	40	50	60	70	80	100	125	150	200

（4）系统安装在具有腐蚀性的场所，安装前应对管子、管件进行防腐处理。

（5）螺纹连接的管道变径时宜用异径接头，在弯头处不得采用补芯，如必须采用补芯时，三通上只能用 1 个。

（6）水平横管的支、吊架安装应符合下列要求：

1）管道支、吊架间距应不大于表 3-1 的规定。

2）相邻两喷头之间的管段至少应设支（吊）架 1 个，当喷头间距小于 1.8m 时，可隔段设置，但支（吊）架的间距不应大于 3.6m。

3）沿屋面坡度布置配水支管，当坡度大于 1:3 时，应采取防滑措施，以防短立管与配水管受扭。

（7）为了防止喷水时管道沿管线方向晃动，故在下列部位应设防晃支架：

1）配水管一般在中点设 1 个（$DN{\leqslant}50$mm 可以不设）。

2）配水干管及配水管、配水支管的长度超过 15m 时，每 15m 长度内最少设 1 个（$DN{\leqslant}40$mm 的管段可不计算在内）。

3）管径 $DN{\geqslant}50$mm 的管道拐弯处（包括三通及四通的位置）应设 1 个。

4）竖直管道的配水干管应在其始端、终端设防晃支架，或用管卡固定，其安装位置距地面 1.5～1.8m；配水干管穿越多层建筑，应隔层设一个防晃支架。

（8）防晃支架的制作参考图 3-26，型钢用于防晃支架的最大长度见表 3-5。

（9）水平敷设的管道应有 0.002～0.005 的坡度，坡向泄水点。

（10）闭式喷头应从每批进货中抽 1%，但不得小于 5 只进行密封性能试验。试验压力为 3.0MPa，试验时间不得少于 3min，无渗漏、无损伤、无变形为合格。如只有一只不合格，再抽查 2%，但不得少于 10 只重做试验，如仍有一只不合格，则该批喷头不得使用。

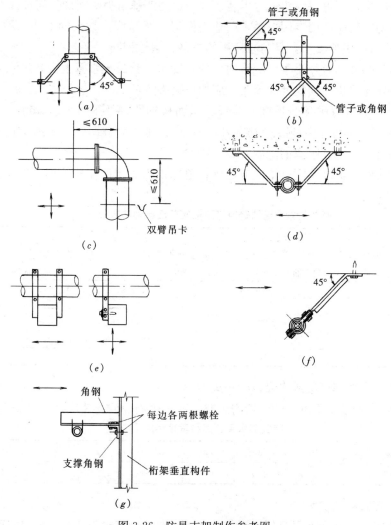

图 3-26　防晃支架制作参考图

(11) 喷头安装应符合下列要求:

1) 喷头安装应在系统管网试压、冲洗合格后进行。

型钢用于防晃支架的最大长度（mm）　　　表 3-5

型号规格	最大长度	型号规格	最大长度	附　注
角钢		扁钢		
45×45×6	1470	40×7	360	1. 型钢的长细比要求为: $L/R \leqslant 200$, 式中 L—支撑长度; R—最小截面回转半径 (i)
50×50×6	1980	50×7	360	
63×63×6	2130	50×10	530	
63×63×8	2490	钢管		
75×50×10	2690	DN25	2130	2. 如支架长度超过表中长度, 应按长细比要求, 确定型钢的规格
80×80×7	3000	DN32	2740	
圆钢		DN40	3150	
φ20	940	DN50	3990	
φ22	1090			

2) 安装喷头用的弯头、三通等宜用专用管件。

3) 安装喷头, 不得对喷头进行拆装、改动, 并严禁给喷头附加任何装饰性涂层。

4) 喷头的安装应使用专用扳手, 严禁用框架拧紧喷头, 喷头的框架、溅水盘变形或释放原件损伤时应更换喷头, 且与原喷头的规格、型号相同。

5) 当喷头的公称直径小于 10mm 时, 应在配水干管或配水管上安装过滤器。

6) 安装在易受机械损伤处的喷头, 应加设喷头防护罩。

7) 喷头溅水盘与吊顶、顶棚、楼板、屋面板的距离不宜小于 75mm, 并不宜大于 150mm。当楼板、屋面板为耐火极限不小于 0.5h 的非燃烧体时, 其距离不宜大于 300mm (吊顶型喷头可不受上述距离的限制)。

8) 当喷头溅水盘高于附近梁底或通风管道等顶板底部凸出腹面时, 喷头安装位置应符合表 3-6 的规定。

喷头与梁、通风管道等顶板底部凸出物的距离（mm）　　　表 3-6

喷头与梁、通风管道等顶板底部凸出物的水平距离	喷头溅水盘高于梁底、通风管道等顶板底部凸出物腹面的最大距离	喷头与梁、通风管道等顶板底部凸出物的水平距离	喷头溅水盘高于梁底、通风管道等顶板底部凸出物腹面的最大距离
305～610	25	1220～1370	178
610～760	51	1370～1530	229
760～915	76	1530～1680	280
915～1070	102	1680～1830	356
1070～1220	152		

9) 喷头与大功率灯泡或出风口的距离不得小于 0.8m。

10) 当喷头安装于不到顶的隔墙附近时, 喷头距隔墙的安装应符合表 3-7 的规定。

喷头的水平距离和垂直距离（mm）　　　表 3-7

水平距离	150	225	300	375	450	600	750	≥900
最小垂直距离	75	100	150	200	256	318	388	450

(12) 报警阀组的安装

1) 报警阀应安装在明显且便于操作的地点, 距地面高度宜为 1.2m, 应确保两侧距墙不小于 0.5m,正面距离不小于 1.2m,安装报警阀的地面应有排水设施。

2)压力表应安装在报警阀上便于观测的位置,排水管和试验阀应安装在便于操作的位置,水源控制阀应便于操作,且应有明显的启闭标志和可靠的锁定设施。

3.6 建筑中水系统安装

3.6.1 建筑中水的概念

建筑中水是建筑物中水和小区中水的总称。"中水"一词来源于日本,为节约水资源和减轻环境污染,20 世纪 60 年代日本生产出了中水系统。中水是指各种排水经过处理后,达到规定的水质标准,可在生产、市政、环境等范围内杂用的非饮用水。其水质比生活用水水质差,比污水、废水水质好。

中水系统是由中水原水的收集、储存、处理和中水供给等工程设施组成的有机结合体,是建筑物或建筑小区的功能配套设施之一。

中水系统在日本、美国、以色列、德国、印度、英国等国家都有广泛应用。

近年来我国也加大了对中水技术的研究利用,先后在北京、深圳、青岛等大中小城市开展了中水技术的应用,并制定了《建筑中水设计规范》GB 50336—2018,促进了我国中水技术的发展和建设,对节水节能,缓解用水矛盾,保持经济可持续发展十分有利。

3.6.2 建筑中水的用途

建筑中水可用于冲洗厕所、绿化、汽车冲洗、道路浇洒、空调冷却、消防灭火、水景、小区环境用水(如小区垃圾场地冲洗、锅炉湿法除尘等)。

由此可见,建筑中水系统是指以建筑的冷却水、淋浴排水、盥洗排水、洗衣排水等为水源,经过物理、化学方法的工艺处理,用于冲洗便器、绿化、洗车、道路浇洒、空调冷却及水景等的供水系统。

3.6.3 中水系统的基本类型

1. 建筑物中水系统

建筑物中水系统的原水取自建筑物内的排水,经处理达到中水水质指标后回用,是目前使用较多的中水系统。考虑到水量的平衡和事故,可利用生活给水补充中水水量。具有投资少,见效快的优点。如图 3-27 所示。

2. 建筑小区中水系统

建筑小区中水系统的原水取自居住小区的公共排水系统(或小型污水处理厂),经处

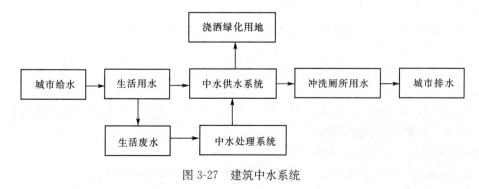

图 3-27 建筑中水系统

理后回用于建筑小区。在建筑小区内建筑物较集中时，宜采用此系统。考虑到设置雨水调节池或其他水源（如地面水或观赏水池等）以达到水量平衡。如图3-28所示。

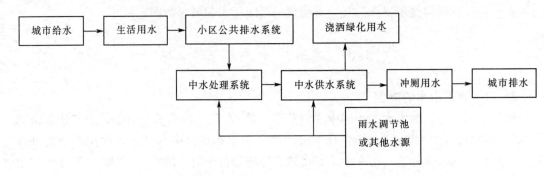

图 3-28　建筑小区中水系统

3. 城市区域中水系统

城市区域中水系统是将城市污水经二级处理后再经深度处理作为中水使用。目前采用较少。该系统中水的原水主要来自城市污水处理厂、雨水或其他水源作为补充水。如图3-29所示。

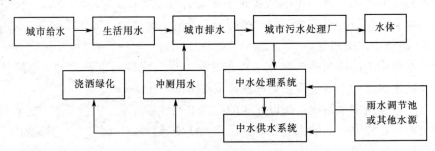

图 3-29　城市区域中水系统

3.6.4　建筑中水系统的组成

建筑中水系统由中水原水系统、中水原水处理系统、中水供水系统组成。

1. 中水原水系统

中水原水指被选作中水水源而未经处理的水。

中水原水系统包括室内生活污、废水管网，室外中水原水集流管网及相应分流、溢流设施等。

2. 中水原水处理系统

中水原水处理系统包括原水处理系统设施、管网及相应的计量检测设施。

3. 中水供水系统

中水供水系统包括中水供水管网及相应的增压、储水设备，如中水储水池、水泵、高位水箱等。

建筑物中水系统由中水管道（引入管、干管、立管、支管）及用水设备等组成。

3.6.5　建筑中水系统的安装

1. 建筑中水系统安装的一般要求

（1）中水系统中的原水管道管材及配件应使用塑料管、铸铁管或混凝土管。

（2）中水系统中的给水管道及排水管道的检验标准按室内给水系统和室内排水系统的有关规定执行。

（3）中水管道的干管始端、各支管的始端、进户管始端应安装阀门，并设阀门井，根据需要安装水表。

2. 建筑中水系统的安装

（1）中水供水系统必须独立设置。

（2）中水供水系统管材及附件应采用耐腐蚀的给水管材及附件。

（3）中水供水管道严禁与生活饮用水给水管道连接，并应采用下列措施：

1）中水管道外壁应涂浅绿色标志。

2）中水池（箱）、阀门、水表及给水栓均应有"中水"标志。

（4）中水管道不宜暗装于墙体和楼板内，如必须暗装于墙槽内时，必须在管道上有明显且不会脱落的标志。

（5）中水给水管道不得装设取水水嘴。便器冲洗宜采用密闭型设备和器具。绿化、浇洒、汽车清洗宜用壁式或地下式的给水栓。

（6）中水高位水箱应与生活高位水箱分设在不同房间内，如条件不允许只能设在同一房间时，与生活高位水箱的净距离应大于 2m。

（7）中水管道与生活饮用水管道、排水管道平行埋设时，其水平净距离不得小于0.5m；交叉埋设时，中水管道应位于生活饮用水管道下面，排水管道的上面，其净距离不应小于 0.15m。

3.7 室内排水系统安装

排水系统是指通过管道及辅助设备，把屋面雨水及生活和生产过程中所产生的污水、废水及时排放出去的网络。

3.7.1 室内排水系统的分类及组成

1. 室内排水系统的分类

室内排水系统按排除污（废）水的性质可分为以下三类：

（1）生活污（废）水系统

生活污（废）水排水系统是在住宅、公共建筑和工业企业生活间内安装的排水管道系统，用以排除人们日常生活中所产生的污水。其中含有粪便污水的称为生活污水，不含有粪便污水的称为生活废水。

（2）生产污（废）水系统

生产污（废）水系统排除被生产过程污染的（包括水温过高、排放后造成热污染的）、受轻微污染的以及未受污染但水温稍有升高的工业污（废）水。

（3）雨水和雪水系统

雨水和雪水系统排除屋面雨水和雪水。

以上三类污（废）水有分流制和合流制两种排水体制。如果建筑内部的生活污水与生活废水分别用不同的管道系统排放则称为分流制，如果建筑内部的生活污水与生活废水采用同一管道系统排放则称为合流制。

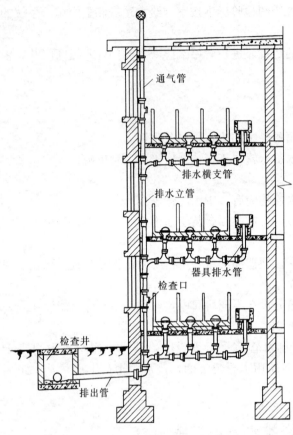

图 3-30　室内排水系统

2. 室内排水系统的组成

室内排水系统如图 3-30 所示，一般由以下部分组成：

（1）污（废）水收集器　用来收集污（废）水的器具，如各种卫生器具、生产污（废）水的排水设备及雨水斗。

（2）排水支管　连接卫生器具和排水横管之间的短管，除坐式大便器和地漏外，其余支管上均应安装存水弯。

（3）排水横管　收集器具排水管送来的污水，并输送到立管中去。

（4）排水立管　用来收集各横管来的污水，然后再把这些污水送入排出管。

（5）排出管　用来收集一根或几根立管排来的污水，并将其排至检查井和室外排水管网中去。

（6）通气管　通气管的作用是维持排水管道系统内的大气压力，保证水流畅通，防止器具水封被破坏，同时排出管内污染空气。

（7）清通装置　用于清通排水管道，常用的有检查口和清扫口等。

（8）抽升设备　在民用和公共建筑的地下室、人防建筑及工业建筑内部标高低于室外地坪的车间和其他用水设备的房间，其污水一般难以自流排至室外，需要抽升排泄。常见的抽升设备有水泵、空气扬水器和水射器等。

3. 屋面雨水排水系统

屋面的雨水和融化的雪水，必须迅速排除。屋面雨水系统按设计流态可划分为（虹吸式）压力流雨水系统、（87 型斗）重力流雨水系统、（堰流式斗）重力流雨水系统；按管道设置的位置，可分为内排水系统和外排水系统；按屋面的排水条件，可分为檐沟排水、天沟排水和无沟排水；按出户横管（渠）在室内部分是否存在自由水面，可分为密闭系统和敞开系统。根据建筑结构形式、气候条件及生产使用要求，在技术经济合理的条件下，屋面雨水应尽量采用外排水。

屋面雨水系统的主要类型：

（1）檐沟外排水系统

檐沟外排水系统由檐沟、雨水斗、雨水立管（水落管）等组成，如图 3-31 所示。檐沟外排水系统是目前使用最广泛的屋面雨水

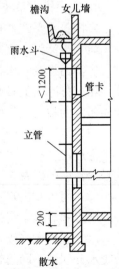

图 3-31　檐沟外排水

排除系统，适用于一般居住建筑、屋面面积较小且造型不复杂的公共建筑和单跨工业建筑。水落管目前常采用 ϕ75mm 和 ϕ110mm 的 UPVC 排水塑料管、镀锌钢管，间距一般为 8～16m。

（2）天沟外排水系统

天沟外排水系统由天沟、雨水斗、雨水立管等组成，如图 3-32 所示。天沟外排水是由天沟汇集雨水，雨水斗置于天沟内，屋面雨水经天沟、雨水斗和排水立管排至地面或雨水管。天沟一般以伸缩缝、沉降缝、变形缝为分水线。天沟坡度不小于 0.003，天沟一般伸出山墙 0.4m。天沟外排水适合多跨厂房、库房的屋面雨水排除。

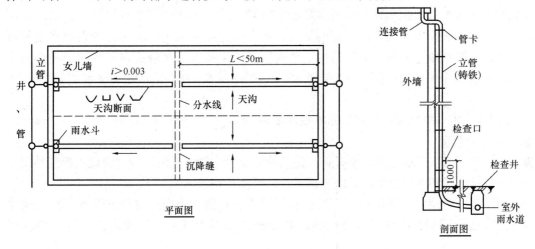

图 3-32　天沟外排水

（3）内排水系统

将雨水管道系统设置在建筑物内部的称为屋面雨水内排水系统，如图 3-33 所示。内

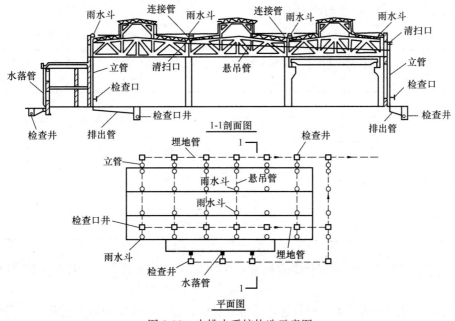

图 3-33　内排水系统构造示意图

排水系统由雨水斗、连接管、悬吊管、立管、排出管、检查井等组成。屋面雨水内排水系统用于不宜在室外设置雨水立管的多层、高层和大屋顶民用和公共建筑及大跨度、多跨工业建筑。内排水系统按每根雨水立管连接的雨水斗的个数，可以分为单斗和多斗雨水排水系统；按雨水管中水流的设计流态可分为重力流雨水系统和虹吸式压力流雨水系统。

重力流雨水系统是屋面雨水经雨水斗进入排水系统后，雨水以汽水混合状态依靠重力作用顺着立管排除，计算时按重力流考虑。由于是汽水混合物，所以管径计算都较大。虹吸式雨水系统采用防旋涡虹吸式雨水斗，当屋面雨水高度超过雨水斗高度时，极大地减少了雨水进入排水系统时所夹带的空气量，使得系统中排水管道呈满流状态，利用建筑物屋面的高度和雨水所具有的势能，在雨水连续流经雨水悬吊管转入雨水立管跌落时形成虹吸作用，并在该处管道内呈最大负压。屋面雨水在管道内负压的抽吸作用下以较高流速排至室外，提高了排水能力，即在排除相同雨水量时，雨水管道管径可缩小。

3.7.2 室内排水管道安装的基本技术要求

1. 一般规定

（1）生活污水管道应使用塑料管、铸铁管或混凝土管，成组洗脸盆或饮水器到共用水封之间的排水管和连接卫生器具的排水短管，可使用钢管。

（2）雨水管道宜使用塑料管、铸铁管、镀锌和非镀锌钢管或混凝土管等。悬吊式雨水管道应选用钢管、铸铁管或塑料管。易受振动的雨水管道（如锻造车间等）应使用钢管。

2. 排水管道及配件安装要求

（1）埋地的排水管道在隐蔽前必须做灌水试验。

（2）生活污水管道的坡度必须符合设计要求，设计无要求的，排水铸铁管和塑料管的坡度应符合表 3-8 与表 3-9 的规定。

生活污水铸铁管的坡度			表 3-8
项 次	管 径 (mm)	标准坡度 (‰)	最小坡度 (‰)
1	50	35	25
2	75	25	15
3	100	20	12
4	125	15	10
5	150	10	7
6	200	8	5

生活污水塑料管的坡度			表 3-9
项 次	管 径 (mm)	标准坡度 (‰)	最小坡度 (‰)
1	50	25	12
2	75	15	8
3	110	12	6
4	125	10	5
5	160	7	4

（3）排水塑料管必须按设计要求装设伸缩节。如设计无要求时，伸缩节间距不得大于 4m。

（4）高层建筑中明设排水塑料管道应按设计要求设置阻火圈或防火套管。

（5）排水主立管及水平干管管道应做通球试验，通球球径不小于排水管管径的 2/3，通球率必须达到 100%。

（6）在生活污水管道上设置的检查口或清扫口，当设计无要求时，应符合下列规定：

1）在立管上应每隔一层设置一个检查口，但在最底层和有卫生器具的最高层必须设置。如为两层建筑时，可仅在底层设置立管检查口；如有乙字弯管时，则在该层乙字弯管的上部设置检查。检查口中心高度距操作地面一般为 1m，允许偏差为 ±20mm；检查口的朝向应便于检修。暗装立管，在检查口处应安装检修门。

2）连接 2 个及 2 个以上大便器或 3 个以上卫生器具的污水横管上应设置清扫口。当污水管在楼板下悬吊敷设时，可将清扫口设在上一层楼地面上，污水管起点的清扫口到与管道相垂直的墙面距离不得小于 200mm；若污水管起点设置堵头代替清扫口时，与墙面距离不得小于 400mm。

3）在转角小于 135° 的污水横管上，应设置检查口或清扫口。

4）污水横管的直线管段，应按设计要求的距离设置检查口或清扫口。

（7）埋在地下或地板下的排水管道的检查口，应设在检查井内。井底表面标高与检查口的法兰相平，井底表面应有 5% 的坡度，坡向检查口。

（8）金属排水管道上的吊钩或卡箍应固定在承重结构上。固定件间距：横管不大于 2m，立管不大于 3m。楼层高度不大于 4m，立管可安装 1 个固定件。立管底部的弯管处应设支墩或采取固定措施。

（9）排水塑料管道支、吊架间距应符合表 3-10 的规定。

排水塑料管道支、吊架最大间距　　　　　　　　　　表 3-10

管径（mm）	50	75	110	125	160
立管（m）	1.2	1.5	2.0	2.0	2.0
横管（m）	0.5	0.75	1.1	1.3	1.6

（10）排水通气管不得与风道或烟道连接，且应符合下列规定：

1）通气管应高出屋面 300mm，但必须大于最大积雪厚度。

2）在通气管出口 4m 以内有门、窗时，通气管应高出门、窗顶 600mm 或引向无门、窗的一侧。

3）在经常有人停留的平屋顶上，通气管应高出屋面 2m，并应根据防雷要求设置防雷装置。

（11）安装在室内的雨水管道安装后应做灌水试验，灌水高度必须到每根立管上部的雨水斗。

（12）雨水管道如采用塑料管，其伸缩节安装应符合设计要求。

（13）悬吊式雨水管道的敷设坡度不得小于 5‰，埋地雨水管道的最小坡度应符合表 3-11 的规定。

（14）雨水管道不得与生活污水管道相连接。

（15）雨水斗的连接应固定在屋面承重结构上。雨水斗边缘与屋面相连处应严密不漏。连接管道当设计无要求时，不得小于 100mm。

地下埋设雨水排水管道的最小坡度　　　　　　表 3-11

项　次	管径（mm）	最小坡度（‰）	项　次	管径（mm）	最小坡度（‰）
1	50	20	4	125	6
2	75	15	5	150	5
3	100	8	6	200～400	4

（16）悬吊式雨水管道的检查口或带法兰堵口的三通的间距是：当 $DN \leqslant 150$mm 时，不超过 15m；当 $DN > 150$mm 时，不超过 20m。

3.7.3　排水管道的安装

室内排水管道安装的一般程序是：排出管→底层埋地排水横管→底层器具排水短管→排水立管→各楼层排水横管、器具短支管。

1. 排出管的安装

排出管一般铺设于地下或地下室。穿过建筑物基础时应预留孔洞，并设防水套管。当 $DN \leqslant 80$mm 时，孔洞尺寸为 300mm×300mm；$DN \geqslant 100$mm 时，孔洞尺寸为 $(300+d)$ mm×$(300+d)$ mm。管顶到洞顶的距离不得小于建筑物的沉降量，一般不宜小于 0.15m。

排出管直接埋地时，其埋深应大于当地冬季冰冻线深度。

为便于检修，排出管的长度不宜太长，一般自室外检查井中心至建筑物基础外边缘距离不小于 3m，不大于 10m。

2. 排水立管的敷设

排水立管应设在排水量最大，卫生器具集中的地点。不得设于卧室、病房等卫生、安静环境要求较高的房间，应尽可能远离卧室内墙。

排水立管如暗装于管槽或管道井内，在检查口处应设检修门。

排水立管因穿过楼板，因此应预留孔洞。

3. 排水横管的敷设

排水横管不得敷设在遇水易引起燃烧、爆炸或损坏生产原料的房间。不得穿越厨房、餐厅、贵重商品仓库、变电室、通风间等。不得穿越沉降缝、伸缩缝，如必须穿越时，应采取技术措施。穿过墙体和楼板时应预留孔洞。

4. 排水支管的敷设

排水支管穿墙或楼板时应预留孔洞，且预留位置应准确。与卫生器具相连时，除坐式大便器和地漏外均应设置存水弯。

5. 排水系统的灌水试验、通水试验

（1）灌水试验　隐蔽或埋地的排水管道在隐蔽前必须做灌水试验，其灌水高度应不低于底层卫生器具的上边缘或底层地面高度。

检验方法：满水 15min 水面下降后，再灌满观察 5min，液面不降，管道及接口无渗漏为合格。

安装在室内的雨水管道安装后应做灌水试验，灌水高度必须到每根立管上部的雨水斗。

检验方法：灌水试验持续 1h，不渗不漏。

（2）通水试验　排水系统安装完毕后，按给水系统的 1/3 配水点同时开放，检查各排水点，系统排水畅通，管子及接口无渗漏为合格。

3.7.4　卫生器具的安装

1. 卫生器具

卫生器具是用来满足日常生活中各种卫生要求，收集和排放生活及生产中产生的污水、废水的设备。

（1）便溺用卫生器具

便溺用卫生器具的作用是收集排除粪便污水。有大便器、大便槽、小便器、小便槽。

1）大便器

大便器按使用方法分为蹲式和坐式两种。

①蹲式大便器　分为高水箱冲洗、低水箱冲洗、自闭式冲洗阀冲洗三种。多设于公共卫生间、医院、家庭等一般建筑物内。其安装如图 3-34 所示。

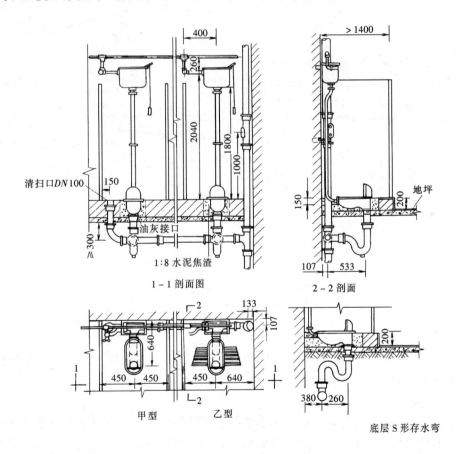

图 3-34　高水箱蹲式大便器安装

②坐式大便器　分为低水箱冲洗式和虹吸式两种。多用于住宅、宾馆等建筑物内。其安装如图 3-35、图 3-36 所示。

2）大便槽

大便槽因卫生条件差、冲洗耗水量大，目前多用于一般的公共厕所内，如图 3-37 所示。

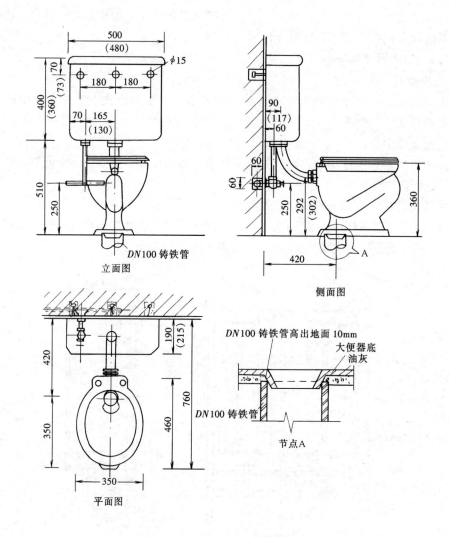

图 3-35　分体式坐便器的安装

3）小便器（斗）

小便器（斗）多装于公共建筑的男厕所内。有挂式和立式两种，冲洗方式多为水压冲洗。其安装如图 3-38、图 3-39 所示。

4）小便槽

由于小便槽在同样的设置面积下比小便器可容纳的使用人数多，并且建造简单经济，因此，在工业建筑、公共建筑和集体宿舍、教学楼的男厕中采用较多，安装如图 3-40 所示。

（2）盥洗淋浴用卫生器具

盥洗淋浴用卫生器具有洗脸盆、盥洗槽、淋浴器、浴盆、妇女卫生盆等。

1）洗脸盆

洗脸盆按安装分为墙架式、立柱式、台式三种。其安装如图 3-41～图 3-43 所示。

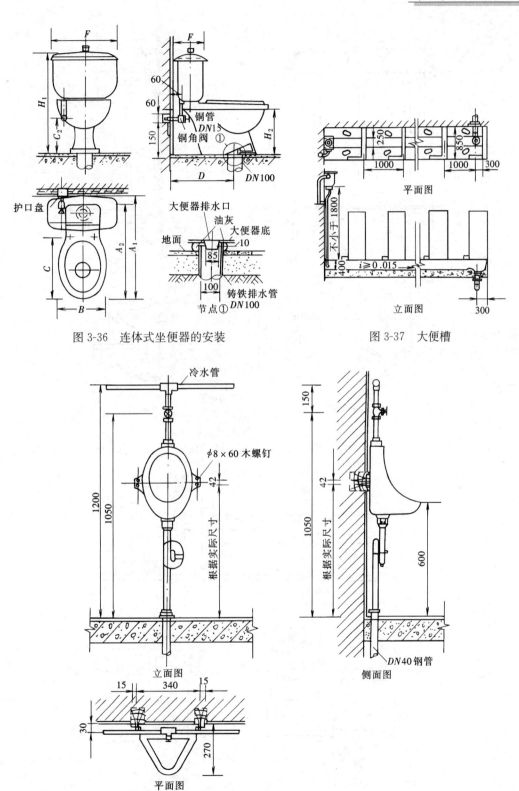

图 3-36　连体式坐便器的安装

图 3-37　大便槽

图 3-38　挂式小便斗安装

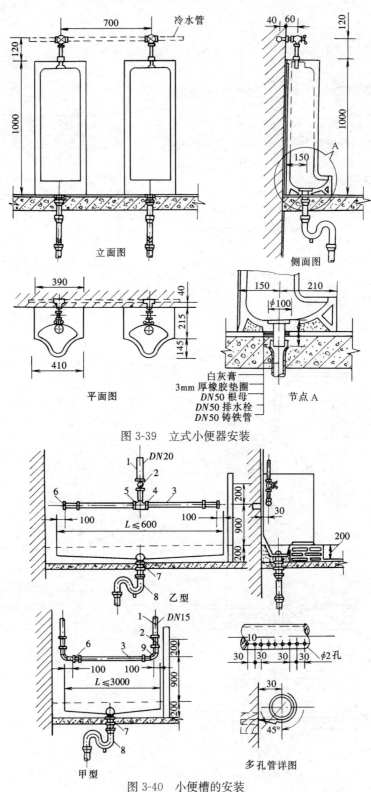

图 3-39　立式小便器安装

图 3-40　小便槽的安装

1—给水管；2—截止阀；3—多孔冲洗管；4—管补芯；5—三通；
6—管帽；7—罩式排水栓；8—存水弯；9—弯头；10—冲洗孔

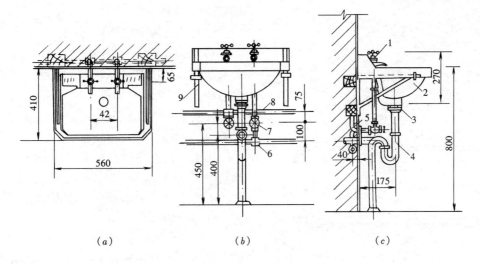

(a)　　　　　　　　　(b)　　　　　　　　　(c)

图 3-41　墙架式洗脸盆的安装

(a) 平面图；(b) 立面图；(c) 侧面图

1—水嘴；2—洗脸盆；3—排水栓；4—存水弯；5—弯头；6—三通；

7—角式截止阀及冷水管；8—热水管；9—托架

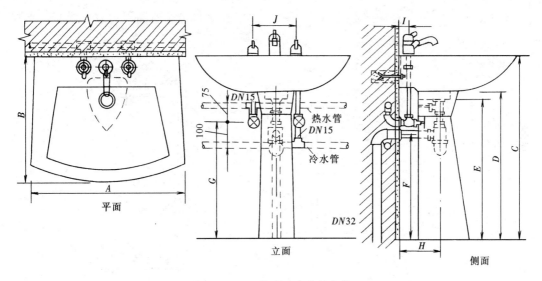

图 3-42　立柱式洗脸盆的安装

2）淋浴器

淋浴器具有占地面积小，设备费用低，耗水量小，清洁卫生的优点。因此，多用于集体宿舍、体育场馆、公共浴室内。其安装如图 3-44 所示。

3）浴盆

浴盆的种类及样式很多，但多为长方形和方形。多用于住宅、宾馆、医院等卫生间内及公共浴室内。其安装如图 3-45 所示。

4）妇女卫生盆

妇女卫生盆是专供妇女洗濯下身的设备，一般用于妇产医院、工厂女卫生间内。其安

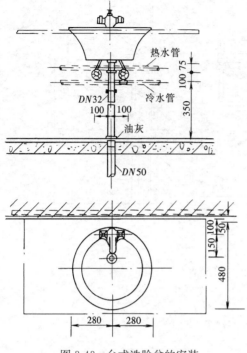

图 3-43　台式洗脸盆的安装

装如图 3-46 所示。

（3）洗涤用卫生器具

1）洗涤盆

洗涤盆是用作洗涤碗碟、蔬菜、水果等食物的卫生器具，设置于厨房或公共食堂内。其安装如图 3-47 所示。

2）污水池

污水池是用作打扫厕所、洗涤拖布或倾倒污水的卫生器具，设置于公共建筑的厕所、盥洗室内。多用水磨石或钢筋混凝土制造。其安装如图 3-48 所示。

（4）专用卫生器具

专用卫生器具是指专门设于化验室、实验室的卫生器具和地漏。

地漏用于收集和排除室内地面积水或池底污水。用铸铁、不锈钢或塑料制成，如图 3-49 所示。

安装地漏时，地漏周边应无渗漏，水封

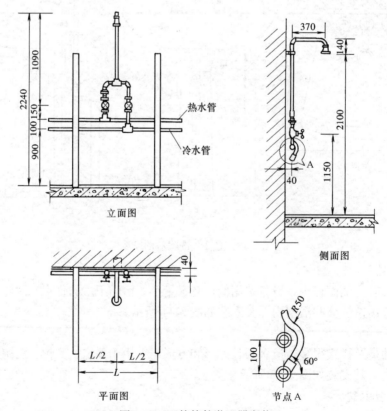

图 3-44　双管管件淋浴器安装

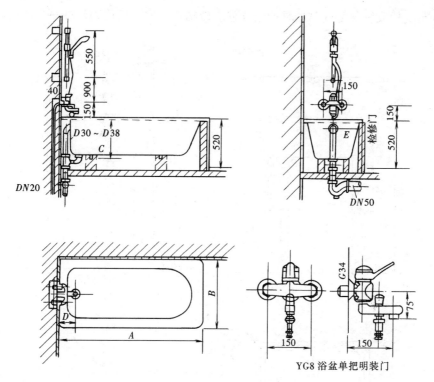

图 3-45　浴盆的安装

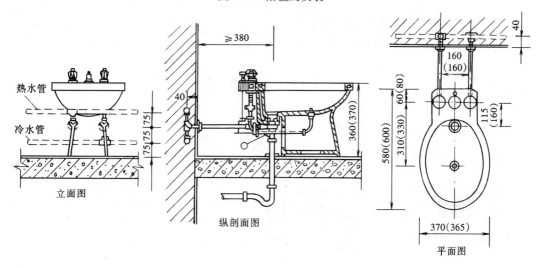

图 3-46　妇女卫生盆的安装

深度不得小于 50mm。地漏设于室内地面时，应低于地面 5～10mm，地面应有不小于 1%
的坡度坡向地漏。

卫生器具在安装完毕后应做满水和通水试验。检验方法是满水后各连接件不渗不漏；
通水试验给水、排水畅通。

2. 卫生器具安装的基本技术要求

卫生器具的基本技术要求是安装应位置正确，牢固，端正美观，严密不渗漏，便于拆卸，器具与支架或管子配件与器具的结合处应软结合，安装后应防污染与防堵塞。

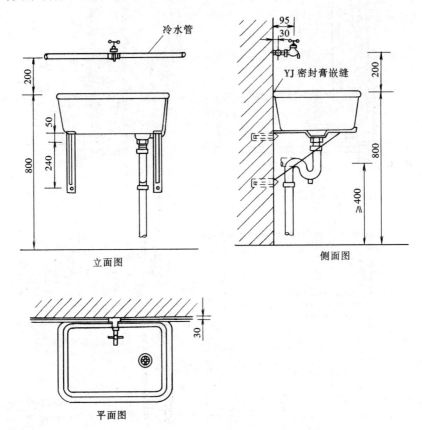

图 3-47 冷水洗涤盆安装

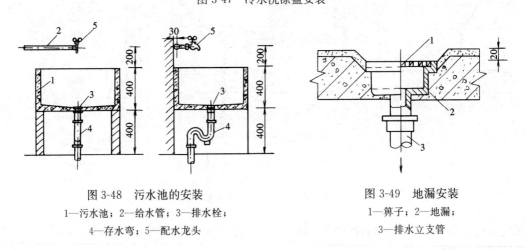

图 3-48 污水池的安装
1—污水池；2—给水管；3—排水栓；
4—存水弯；5—配水龙头

图 3-49 地漏安装
1—箅子；2—地漏；
3—排水立支管

3.8 室外给水排水管网安装

室外给水排水是指民用建筑群（住宅小区）及厂区的室外给水排水管网系统。除个别情况下采用管沟敷设外，大部分采用直埋敷设。其安装程序一般为：测量放线→开挖管沟

→沟底找坡、沟基处理→下管、上架→管道安装→试压、回填。

3.8.1　给水排水管道安装的基本技术要求

1. 管材

室外给水排水系统常用管材及连接方法见表 3-12。

表 3-12

室外给水排水管网常用管材

管　　材	用　　途	连接方式
给水铸铁管	$DN \geqslant 75mm$ 生活、消防、生产给水管	承插连接或法兰连接
可靠防腐处理钢管	生活给水管	$DN \leqslant 100mm$ 时螺纹连接，$DN > 100mm$ 时，法兰或卡套式连接
塑料管 复合管	生活给水管	橡胶圈接口、粘接接口、热熔连接、专用管件连接或法兰连接
混凝土管 钢筋混凝土管	生活污水管	承插连接或套箍连接
排水铸铁管	生活污水、雨水、工业废水管（$DN \leqslant$ 200mm）	承插口连接
排水塑料管	生活污水管	粘接接口

2. 埋设间距

室外给水排水管道与其他管道和构筑物的最小埋设间距应符合规定。给水管与排水管交叉时，给水管应在排水管上方。如因条件限制，给水管必须安装在排水管下方时，在交叉处应设保护套管。

3. 埋设深度

室外给水排水管道的埋设深度应考虑冰冻深度、地面荷载、管材强度、管道交叉、阀门高度等因素。

4. 附属构筑物

室外给水排水管网的附属构筑物有检查井、化粪池、阀门井、室外消火栓井、管道支墩等，这些构筑物的形状、构造尺寸可参考有关标准图集。

5. 排水管道的坡度

排水管道的坡度必须符合要求。

3.8.2　室外给水管网安装

1. 一般规定

（1）输送生活给水的管道应采用塑料管、复合管、镀锌钢管或给水铸铁管。塑料管、复合管或给水铸铁管的管材、配件，应是同一厂家的配套产品。

（2）架空或在地沟内敷设的室外给水管道安装要求按室内给水管道的安装要求执行。塑料管道不得露天架空铺设，必须露天架空铺设时应有保温和防晒等措施。

（3）消防水泵接合器及室外消火栓的安装位置、形式必须符合设计要求。

2. 给水管道的安装

（1）给水管道在埋地敷设时，应在当地的冰冻线以下，如必须在冰冻线以上铺设时，应做可靠的保温防潮措施。在无冰冻地区，埋地敷设时，管顶的覆土埋深不得小于

500mm，穿越道路部位的埋深不得小于 700mm。

（2）给水管道不得直接穿越污水井、化粪池、公共厕所等污染源。

（3）管道接口法兰、卡扣、卡箍等应安装在检查井或地沟内，不应埋在土层中。

（4）给水系统各种室内的管道安装，如设计无要求，井壁距法兰或承口的距离：管径不大于 450mm 时，不得小于 250mm；管径大于 450mm 时，不得小于 350mm。

（5）管网必须进行水压试验，试验压力为工作压力的 1.5 倍，但不得小于 0.6MPa。

检验方法：管材为钢管、铸铁管时，试验压力下 10min 内压力降不应大于 0.05MPa，然后降至工作压力进行检查，压力应保持不变，不渗不漏；管材为塑料管时，试验压力下，稳压 1h 压力降不大于 0.05MPa，然后降至工作压力进行检查，压力应保持不变，不渗不漏。

（6）钢管的埋地防腐必须符合设计要求，如设计无规定时，可按表 3-13 的规定执行。卷材与管材间应粘贴牢固，无空鼓、滑移、接口不严等。

管道防腐层种类　　　　　　　　　　　　　　表 3-13

防腐层层次	正常防腐层	加强防腐层	特加强防腐层
（从金属表面起）1	冷底子油	冷底子油	冷底子油
2	沥青涂层	沥青涂层	沥青涂层
3	外包保护层	加强包扎层	加强保护层
		（封闭层）	（封闭层）
4		沥青涂层	沥青涂层
5		外保护层	加强包扎层
6			（封闭层）
			沥青涂层
7			外包保护层
防腐层厚度不小于（mm）	3	6	9

（7）给水管道在竣工后，必须对管道进行冲洗，饮用水管道还要在冲洗后进行消毒，满足饮用水卫生要求。

检验方法：观察冲洗水的浊度，查看有关部门提供的检验报告。

（8）管道的坐标、标高、坡度，应符合设计要求。

（9）管道和金属支架的涂漆应附着良好，无脱皮、起泡、流淌和漏涂等缺陷。

（10）管道连接应符合工艺要求，阀门、水表等安装位置应正确。塑料给水管道上的水表、阀门等设施其重量或启闭装置的扭矩不得作用于管道上，当管径不小于 50mm 时必须设独立的支承装置。

（11）给水管道与污水管道在不同标高平行敷设，其垂直间距在 500mm 以内时，给水管管径不大于 200mm 的，管壁水平间距不得小于 1.5m；管径大于 200mm 的，不得小于 3m。

3. 消防水泵接合器及室外消火栓安装

（1）系统必须进行水压试验，试验压力为工作压力的 1.5 倍，但不得小于 0.6MPa。

检验方法：试验压力下，10min 内压力降不大于 0.05MPa，然后降至工作压力进行检查，压力保持不变，不渗不漏。

（2）消防管道在竣工前，必须对管道进行冲洗。

检验方法：观察冲洗出水的浊度。

（3）消防水泵接合器和消火栓的位置标志应明显，栓口的位置应方便操作。消防水泵接合器和室外消火栓当采用墙壁式时，如设计未要求，进、出水栓口的中心安装高度距地面应为 1.10m，其上方应设有防坠落物打击的措施。

（4）室外消火栓的消防水泵接合器的各项安装尺寸应符合设计要求。

（5）地下式消防水泵接合器顶部进水口或地下式消火栓的顶部出水口与消防井盖底面的距离不得大于 400mm，井内应有足够的操作空间，并设爬梯。寒冷地区井内应做防冻保护。

（6）消防水泵接合器的安全阀及止回阀安装位置和方向应正确，阀门启闭应灵活。

4. 管沟及井室

（1）管沟的基层处理和井室的地基必须符合设计要求。

（2）各类井室的井盖应符合设计要求，应有明显的文字标识，各种井盖不得混用。

（3）设在通车路面下或小区道路下的各种井室，必须使用重型井圈和井盖，井盖上表面应与路面相平，允许偏差为 ±5mm，绿化带上和不通车的地方可采用轻型井圈和井盖，井盖的上表面应高出地坪 50mm，并在井口周围以 2% 的坡度向外做水泥砂浆护坡。

（4）重型铸铁或混凝土井圈，不得直接放在井室的砖墙上，砖墙上应做不少于 80mm 厚的细石混凝土垫层。

（5）管沟的坐标、位置、沟底标高应符合设计要求。

（6）管沟回填土，管顶上部 200mm 以内应用砂子或无块石及冻土块的土，并不得用机械回填；管顶上部 500mm 以内不得回填直径大于 100 mm 的块石和冻土块；500mm 以上部分回填土中的块石或冻土块不得集中。上部用机械回填时，机械不得在管沟上行走。

（7）井室的砌筑应按设计或给定的标准图施工。井室的底标高在地下水位以上时，基层应为素土夯实；在地下水位以下时，基层应打 100mm 厚的混凝土底板。砌筑应采用水泥砂浆，内表面抹灰后应严密不透水。

（8）管道穿过井壁处，应用水泥砂浆分二次填塞严密、抹平，不得渗漏。

3.8.3 室外排水管网的安装

1. 一般规定

（1）室外排水管道应采用混凝土管、钢筋混凝土管、排水铸铁管或塑料管。其规格及质量必须符合现行国家标准及设计要求。

（2）排水管沟及井池的土方工程、沟底的处理、管道穿井壁处的处理、管沟及井池周围的回填要求等，均参照给水管沟及井室的规定执行。

（3）各种排水井、池应按设计给定的标准图施工，各种排水井和化粪池均应用混凝土做底板（雨水井除外），厚度不小于 100mm。

2. 排水管道安装

（1）排水管道的坡度必须符合设计要求，严禁无坡或倒坡。

检验方法：用水准仪、拉线和尺量检查。

（2）管道埋设前必须做灌水试验和通水试验，排水应畅通无堵塞，管接口无渗漏。

检验方法：按排水检查井分段试验，试验水头应以试验段上游管顶加 1m，时间不少于 30min，逐段观察。

（3）管道的坐标和标高应符合设计要求，安装的允许偏差应符合规定。

（4）排水铸铁管外壁在安装前应除锈，涂二遍石油沥青漆。

（5）承插接口的排水管道安装时，管道和管件的承口应与水流方向相反。

3. 排水管沟及井池

（1）沟基的处理和井池的底板强度必须符合设计要求。

（2）排水检查井、化粪池的底板及进、出水管的标高，必须符合设计要求，其允许偏差为±15mm。

（3）井、池的规格、尺寸和位置应正确，砌筑和抹灰符合要求。

（4）井盖选用应正确，标志应明显，标高应符合设计要求。

思 考 题

1. 室内给水按用途可分为哪三类，一般由哪几部分组成？

2. 室内给水管道安装的基本技术要求有哪些？

3. 室内消火栓给水系统由哪几部分组成，各组成部分的作用及规格有哪些？

4. 什么叫中水，有什么用途？

5. 室内排水管道安装的基本技术要求是什么？

6. 卫生器具的作用是什么，有哪四大类？

7. 污水分为哪几类，合流制与分流制如何区分？

8. 屋面雨水系统分为哪几类？

第4章 管道系统设备及附件安装

4.1 离心式水泵安装

4.1.1 离心式水泵的构造

离心式水泵的主要工作部分有泵轴、叶轮和泵壳，如图 4-1 所示。

（1）泵轴 泵轴的一端连接水泵的叶轮，另一端与电动机轴通过联轴器连接。

（2）叶轮 由轮盘和若干弯曲的叶片组成，叶片一般有6～12 片。

（3）泵壳 是一个蜗壳，其作用是将水吸入叶轮，然后将叶轮甩出的水汇集起来，压入出水管。泵壳还起到将所有固定部分连成一体的作用。

4.1.2 离心式水泵的分类

（1）按水泵叶轮的数量分为：单级泵（泵轴上只有一个叶轮）和多级泵（泵轴上连有两个或两个以上的叶轮，有几个叶轮就叫几级泵）。

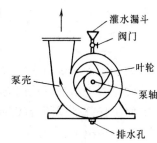

图 4-1 离心式水泵构造

（2）按水进入叶轮的形式分为：单吸式（叶轮只在一侧有吸水口，另一侧封闭）和双吸泵（叶轮两侧都有吸水口）。

（3）按水泵泵轴所处的位置分为：卧式泵（泵轴与水平面平行）和立式泵（泵轴与水平面垂直）。

$$常用离心泵按构造分类\begin{cases}卧式\begin{cases}单级（单吸、双吸）\\多级\end{cases}\\立式\begin{cases}单级\\多级（深井泵）\end{cases}\end{cases}$$

（4）按水泵的扬程大小分为：低压泵、中压泵和高压泵。

（5）按输送水的情况分为：清水泵、污水泵和热水泵。

4.1.3 离心式水泵的管路附件

离心式水泵的管路附件如图 4-2 所示。水泵的工作管路有压水管和吸水管两条。压水管是将水泵压出的水送到需要的地方，管路上应安装闸阀、止回阀、压力表；吸水管是水池至水泵吸水口之间的管道，将水由水池送至水泵内，管路上应安装吸水底阀和真空表，如水泵安装得比水池液面低时用闸阀代替吸水底阀，用压力表（正压表）代替真空表。

水泵工作管路附件可简称一泵、二表、三阀。

闸阀在管路中起调节流量和维护检修水泵、关闭管路的作用。

止回阀在管路中起到保护水泵，防止突然停电时水倒流入水泵中的作用。

水泵底阀起阻止吸水管内的水流入水池，保证水泵能注满水的作用。

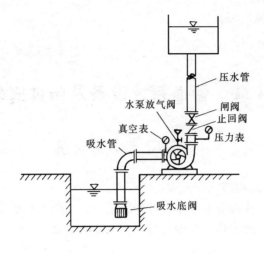

图 4-2　离心式水泵管路附件

压力表用于测量出水压力和真空度。

实际工程中水泵可根据需要，并联或串联工作。

并联工作就是用两台或两台以上的同型号水泵向同一压水管路供水。这种运行形式，在同一扬程情况下，可获得比单泵工作时大的流量，而且当系统中需要水量较少时，可以停开一台，进行调节，使运行费用降低。水泵的并联工作在工程中常用。

串联工作就是将两台同型号同规格的水泵头尾相接，串联起来。串联工作时可以提高扬程，但流量不变。

4.1.4　离心式水泵的安装

水泵按其安装形式有带底座水泵和不带底座水泵。带底座水泵是指水泵和电机一起固定在同一底座上，工程中多用带底座水泵。不带底座水泵是指水泵和电机分设基础，工程中不多用。

水泵的安装程序是安装前的准备、放线定位、基础预制、水泵安装、配管及附件安装和水泵的试运转。

1. 安装前的准备

（1）检查水泵基础尺寸、位置、标高是否符合设计要求，预留地脚螺栓孔位置是否准确，深度是否满足要求。

（2）检查核实水泵的零件和部件有无缺损和锈蚀等情况，转动部件应灵活，转动时无异常声响，管口保护物和堵盖应完好。

（3）核对泵的主要安装尺寸并与设计相符。

（4）核对水泵型号、性能参数是否符合设计要求。

2. 水泵安装

（1）水泵的基础

水泵就位前的基础混凝土的强度、坐标、标高、尺寸和螺栓孔位置必须符合设计要求，不得有麻坑、露筋、裂缝等缺陷。

（2）吊装就位

清除水泵底座底面泥土、油污等脏物，将水泵连同底座吊起，放在水泵基础上用地脚螺栓和螺母固定，在底座与基础之间放上垫铁。

（3）调整位置

调整底座位置，使底座上的中心点与基础的中心线重合。

（4）安装水平度

泵的安装水平度不得超过 0.01mm/m，用水平尺检查，用垫铁调平。

（5）调整同心度

调整水泵或电机与底座的紧固螺栓，使泵轴与电机轴同心。

（6）二次浇灌混凝土

水泵就位各项调整合格后，将地脚螺栓上的螺母拧好，然后将细石混凝土捣入基础螺栓孔内，浇灌地脚螺栓孔的混凝土强度等级应比基础混凝土强度等级高 1 级。

3. 配管及附件安装

（1）吸水管路

水泵吸水管直径不应小于水泵的入口直径，吸水管路宜短并尽力减少转弯。水泵入口前的直管段长度不应小于管径的 3 倍。

当泵的安装位置高于吸水液面，泵的入口直径小于 350mm 时，应设底阀；入口直径不小于 350mm 时，应设真空引入装置。自灌式安装时应装闸阀。

当吸水管路装设过滤网时，过滤网的总过滤面积不应小于吸水管口面积的 2～3 倍；为防止滤网阻塞，可在吸水池进口或吸水管周围加设拦污网或拦污格栅。

（2）压水管路

压水管路的直径不应小于水泵的出口直径，应安装闸阀和止回阀。

所有与水泵连接的管路应具有独立、牢固的支架，以削减管路的振动和防止管路的重量压在水泵上。高温管路应设置膨胀节，防止热膨胀产生的压力完全加在水泵上。水泵的进出水管多采用挠性接头连接，以防止泵的振动和噪声沿管路传播。

4. 水泵的试运转

水泵及管路安装完毕，具备试运转条件后，应进行试运转。

水泵在额定工况点连续试运转的时间不应小于 2h；高速泵及特殊要求的泵试运转时间应符合设计技术文件的规定。

水泵试运转的轴承温升必须符合设备说明书的规定。

4.2　阀门、水表及水箱安装

4.2.1　阀门安装

阀门的种类、型号、规格必须符合设计规定；启闭灵活严密，无破裂、砂眼等缺陷。安装前必须进行压力试验。

1. 阀门的强度和严密性试验

试验应在每批（同牌号、同型号、同规格）数量中抽查 10%，且不少于一个。对于安装在主干管上的起切断作用的闭路阀门，应逐个做强度和严密性试验。

阀门的强度和严密性试验，应符合以下规定：

阀门的强度试验压力为公称压力的 1.5 倍；严密性试验压力为公称压力的 1.1 倍；试

验压力在试验持续时间内应保持不变，且壳体填料及阀瓣密封面无渗漏。阀门试压的试验持续时间应不少于表 4-1 的规定。

阀门试验持续时间 表 4-1

公称直径（mm）	最短试验持续时间（s）		
	严密性试验		强度试验
	金属密封	非金属密封	
≤50	15	15	15
65～200	30	15	60
250～450	60	30	180

阀门的强度试验是指阀门在开启状态下试验，检查阀门外表面的渗漏情况。

阀门的严密性试验是指阀门在关闭状态下试验，检查阀门密封面是否渗漏。

2. 阀门安装的一般规定

（1）阀门与管道或设备的连接有螺纹和法兰连接两种。安装螺纹阀门时，为便于拆卸，一般一个阀门应配活接一只，活接设置位置应考虑便于检修；安装法兰阀门时，两法兰应相互平行且同心，不得使用双垫片。

（2）同一房间内、同一设备、同一用途的阀门应排列对称，整齐美观，阀门安装高度应便于操作。

（3）水平管道上阀门、阀杆、手轮不可朝下安装，宜向上安装。

（4）并排立管上的阀门，高度应一致整齐，手轮之间便于操作，净距不应小于 100mm。

（5）安装有方向要求的疏水阀、减压阀、止回阀、截止阀，一定要使其安装方向与介质的流动方向一致。

（6）换热器、水泵等设备安装体积和重量较大的阀门时，应单设阀门支架；操作频繁、安装高度超过 1.8m 的阀门，应设固定的操作平台。

（7）安装于地下管道上的阀门应设在阀门井内或检查井内。

（8）减压器和疏水器的安装：

1）减压阀的安装是以阀组的形式出现的。阀组由减压阀、前后控制阀、压力表、安全阀、冲洗管、冲洗阀、旁通管及螺纹连接的三通、弯头、活接头等管件组成。阀组则称为减压器。其安装组成如图 4-3 所示。

减压阀有方向性，安装时不得反装。

2）疏水器的安装。

疏水阀常由前后的控制阀、旁通装置、冲洗和检查装置等组成阀组，称为疏水器，其安装形式如图 4-4 所示。

4.2.2 水表安装

水表是一种计量用水量的仪表。目前使用较多的是流速式水表。其计量水量的原理是当管径一定时，通过水表的流量与水流速成正比，水表计量的数值为累计值。

流速式水表按叶轮构造不同分为旋翼式和螺翼式两类。如图 4-5 所示。

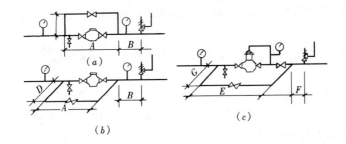

图 4-3 减压器的安装

（a）活塞式旁通管垂直安装；（b）活塞式旁通管水平安装；（c）薄膜式、波纹管式

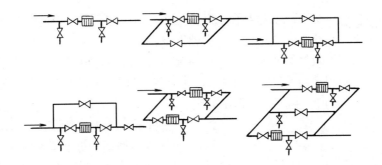

图 4-4 疏水器的安装形式

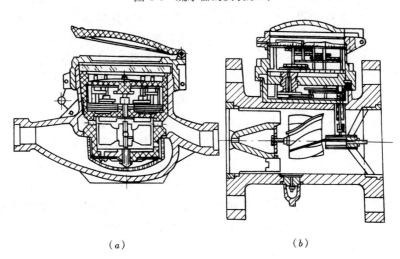

（a）   （b）

图 4-5 流速式水表

（a）旋翼式水表；（b）螺翼式水表

　　旋翼式水表的叶轮轴与水流方向垂直，阻力大，计量范围小，多为小口径水表。按计数机件所处状态分为湿式和干式两种。

　　螺翼式水表的叶轮轴与水流方向平行，阻力小，计量范围大，多为大口径水表。按其转轴方向可分为水平式和垂直式两种。垂直式均为干式水表；水平式有湿式和干式两种。

水表应安装在便于检修，不受暴晒、污染和冻结的地方。水表应水平安装，安装方向应与水流方向一致。

安装分户水表，表前应安装阀门。引入管上的水表前后均应安装阀门，以便于水表的检查和拆卸。

安装旋翼式水表，表前与阀门应有不小于8倍水表接口直径的直线管段。表外壳距墙表面净距为10~30mm；水表进水口中心标高按设计要求确定。安装螺翼式水表，表前阀门应全开，表前与阀门也应有8~10倍水表接口直径的直线管段，以不影响水表计量的准确性。

4.2.3 水箱安装

1. 膨胀水箱的安装

膨胀水箱在热水供暖系统中起着容纳系统膨胀水量，排除系统中的空气，为系统补充水量及定压的作用，是热水供暖系统重要的辅助设备之一。

膨胀水箱一般用钢板焊制而成，有矩形和圆形两种外形，以矩形水箱使用较多。一般置于水箱间内，水箱间净高不得小于2.2m，并应有良好的采光通风措施，室内温度不低于5℃，如有冻结可能时，箱体应做保温处理。

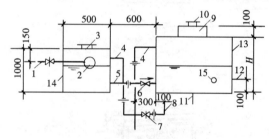

图4-6 带补给水箱的膨胀水箱配管
1—进水管；2—浮球阀；3—水箱盖；4—溢流管；
5—补水管；6—止回阀；7—阀门；8—排污管；
9—人孔；10—人孔盖；11—膨胀管；12—循环管；
13—膨胀水箱；14—补水箱；15—检查管

水箱安装应位置正确，端正平稳。所用枕木、型钢应符合国家标准。

膨胀水箱的管路配置情况，如图4-6所示。配管管径由设计确定。

当不设补给水箱时，膨胀水箱可和补给水泵连锁以自动补水，此时图4-6中检查管可不装，补给水管将和水泵送水管连接，当膨胀水箱置于供暖房间时，循环管可不装。

膨胀水箱配管时，膨胀管、溢流管、循环管上均不得安装阀门。膨胀管应接于系统的回水干管上，并位于循环水泵的吸水口侧。膨胀管、循环管在回水干管上的连接间距应不小于1.5~2.0m。排污管可与溢流管接通，并一起引向排水管道或附近的排水池槽。当装检查管时，只允许在水泵房的池槽检查点处装阀门，以检查膨胀水箱水位是否已降至最低水位而需补水。

2. 给水箱的安装

给水水箱在给水系统中起贮水、稳压作用，是重要的给水设备。多用钢板焊制而成，也可用钢筋混凝土制成。也有圆形和矩形两种。

给水水箱一般置于建筑物最高层的水箱间内，对水箱间及水箱保温要求与膨胀水箱相同。

给水水箱配管如图4-7和图4-8所示。其连接管道有：

（1）进水管 来自室内供水干管或水泵供水管，接管位置应在水箱一侧距箱顶200mm处，并与水箱内的浮球阀接通，进水管上应安装阀门以控制和调节进水量。

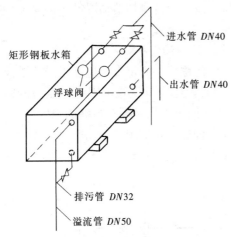

图 4-7　水箱管道安装示意图

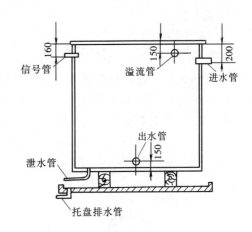

图 4-8　水箱托盘及排水

（2）出水管　位于水箱的一侧距箱底 100mm 处接出，连接于室内给水干管上。出水管上应安装阀门。当进水管和出水管连在一起，共用一根管道时，出水管的水平管段上应安装止回阀。

（3）溢流管　从水箱顶部以下 100mm 处接出，其直径比进水管直径大 2 号。溢流管上不得安装阀门，并应将管道引至排水池槽处，但不得与排水管直接连接。

（4）排污管　从箱底接出，一般直径应为 40～50mm，应安装阀门，可与溢流管相接。

（5）信号管　接在水箱一侧，其高度与溢流管相同，管路引至水泵间的池槽处，用以检查水箱水位情况，当信号管出水时应立即停泵。信号管管径一般为 25mm，管路上不装阀门。当水泵与水箱采用联锁自动控制时，可不设信号管。

膨胀水箱、给水水箱配管时，所有连接管道均应以法兰或活接头与水箱连接，以便于拆卸。水箱内外表面均应做防腐。

膨胀水箱、给水水箱的制作安装应符合国家标准。

3．水箱的满水试验和水压试验

敞口水箱的满水试验和密闭水箱的水压试验必须符合设计与施工规范的规定。

检验方法是：满水试验静置 24h 观察，不渗不漏；水压试验在试验压力下 10min 压力不下降，不渗不漏。

4.3　管道支架安装

管道的支承结构叫支架，是管道系统的重要组成部分。支架的安装是管道安装的重要环节。

支架的作用是支承管道，并限制管道位移和变形，承受从管道传来的内压力、外荷载及温度变形的弹性力，并通过支架将这些力传递到支承结构或地基上。

4.3.1　支架的类型及其结构

管道支架按支架材料不同分为钢结构、钢筋混凝土结构和砖木结构；按支架对管道的制约作用不同，分为固定支架和活动支架两种类型；按支架自身构造情况的不同又分为托架和吊架两种。

1. 固定支架

在固定支架上，管道被牢牢地固定住，不能有任何位移。固定支架应能承受管子及其附件、管内流体、保温材料等的重量（静荷载），同时，还应承受管道因温度压力的影响而产生的轴向伸缩推力和变形应力（动荷载），因此，固定支架必须有足够的强度。

常用固定支架有卡环式（U 形管卡）和挡板式两种形式，如图 4-9、图 4-10 所示。卡环式用于较小管径（$DN \leqslant 100\mathrm{mm}$）的管道，挡板式用于较大管径（$DN > 100\mathrm{mm}$）的管道，有单面挡板、双面挡板两种形式。

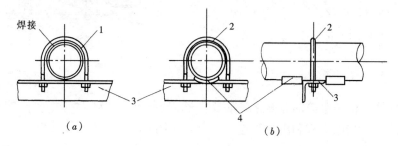

图 4-9　卡环式固定支架

（a）卡环式；（b）带弧形挡板的卡环式

1—固定管卡；2—普通管卡；3—支架横梁；4—弧形挡板

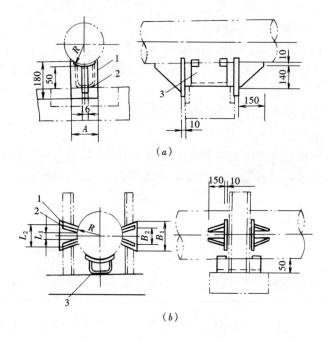

图 4-10　单、双面挡板式固定支架

（a）单面挡板式；（b）双面挡板式

1—挡板；2—肋板；3—曲面槽

2. 活动支架

活动支架有滑动支架、导向支架、滚动支架和吊架四种。

（1）滑动支架　管道可以在支承面上自由滑动。有低滑动支架（用于非保温管道）和高滑动支架（用于保温管道）两种，见图 4-11～图 4-13。

（2）导向支架　导向支架是为了限制管子径向位移，使管子在支架上滑动时，不至于偏移管子轴心线而设置的，如图 4-14 所示。

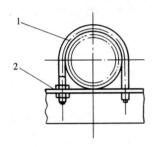

图 4-11　低滑动支架

1—管卡；2—螺母

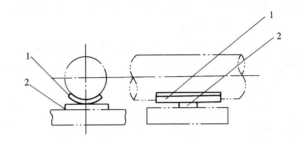

图 4-12　弧形板低滑动支架

1—弧形板；2—托架

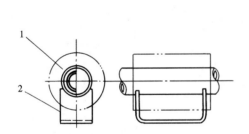

图 4-13　高滑动支架

1—绝热层；2—管子托架

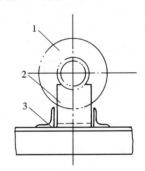

图 4-14　导向支架

1—保温层；2—管子
托架；3—导向板

（3）滚动支架　装有滚筒或球盘使管子在位移时产生滚动摩擦的支架。有滚柱和滚珠支架两种，如图 4-15 所示。

（4）吊架　吊挂管道的结构称为吊架，如图 4-16 所示。

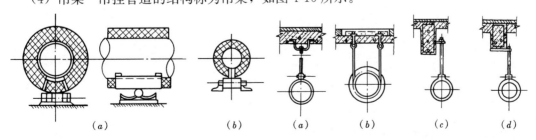

（a）　　　　　　（b）　　　　　　（a）　　　　（b）　　　　（c）　　　　（d）

图 4-15　滚动支架

（a）滚珠支架；（b）滚柱支架

图 4-16　管道吊装

（a）可在纵向及横向移动；（b）只能在纵向移动；
（c）焊接在钢筋混凝土构件里埋置的预埋件上；
（d）箍在钢筋混凝土梁上

4.3.2 支架安装

1. 支架的安装要求

（1）支架的安装位置应正确，安装应平整、牢固，与管子接触紧密。

（2）支架标高应正确，对有坡度要求的管道，支架的标高应满足坡度要求。

（3）无热位移的管道，吊架的吊杆应垂直安装，有热位移的管道，吊杆应在位移的相反方向，按位移的1/2倾斜安装。

（4）固定支架应严格按设计要求安装，并在补偿器预拉伸之前固定。在有位移的直管段上，必须安装活动支架。

（5）支、托、吊架上不允许有管道焊缝、管件。

（6）管道支、托、吊架间距应符合设计要求及施工规范规定。

2. 支架的安装方法

支架的安装方法有栽埋式安装、焊接式安装、膨胀螺栓安装、抱箍法安装和射钉式安装五种方法。

思 考 题

1. 离心泵的主要构件有哪几部分，各起什么作用？

2. 离心式水泵的管路有哪些附件，各起什么作用？

3. 阀门安装的一般规定是什么？

4. 减压器和疏水器的安装有哪些特点？

5. 膨胀水箱的作用是什么，有哪几根配管？

6. 常用水表有哪两类，安装时有什么要求？

7. 管道支架有什么作用，一般用哪些材料制作？

第5章 通风空调系统的安装

通风工程是送风、排风、除尘、气力输送以及防、排烟系统工程的总称。其任务是把室外的新鲜空气送入室内，把室内受到污染的空气排放到室外。它的作用在于消除生产过程中产生的粉尘、有害气体、高度潮湿和辐射热的危害，保持室内空气清洁和适宜，保证人的健康和为生产的正常进行提供良好的环境条件。

空调工程是空气调节、空气净化与洁净空调系统的总称。其任务是提供空气处理的方法，净化或者纯净空气，保证生产工艺和人们正常生活所要求的清洁度；通过加热或冷却、加湿或去湿，来控制空气的温度和湿度，并且不断地进行调节。它的作用是为工业、农业、国防、科技创造一定的恒温恒湿、高清洁度和适宜的气流速度的空气环境，也为人们的正常生活提供适宜的室内空气环境。

5.1 通风空调系统的分类及组成

5.1.1 通风系统的分类

建筑通风包括从室内排除污浊的空气（排风）和向室内补充新鲜空气（送风）。为实现排风或送风，所采用的一系列设备装置的总称叫通风系统。

1. 按通风系统的作用范围不同可分为局部通风和全面通风

局部通风的作用范围较小，仅限于车间（或房间）的个别地点或局部区域。其中，局部送风是将新鲜空气或经过处理的空气送到车间（或房间）的局部地点或局部区域；局部排风是将产生有害气体的局部地点（或设备）的污浊空气收集后直接排放或经过处理后排放到室外。

全面通风的作用范围是整个车间（或房间），是对整个车间（或房间）进行通风换气（排风或送风），使室内空气符合卫生标准的要求。

2. 按通风系统的工作动力不同可分为自然通风和机械通风

自然通风是利用空气的自然压力（风压或热压）使空气流动换气，如图5-1所示。

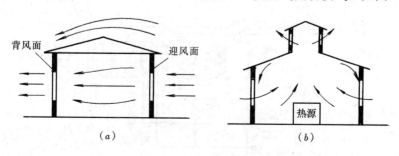

图5-1 自然通风

(a) 风压作用的自然通风；(b) 热压作用的自然通风

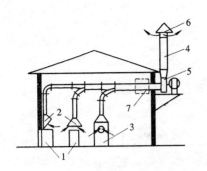
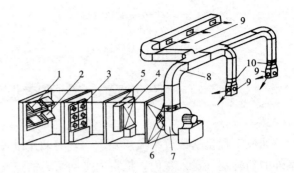

图 5-2　局部机械排风系统

1—工艺设备；2—局部排风罩；3—排风柜；

4—风管；5—风机；6—排风帽；

7—排风处理装置

图 5-3　全面机械送风系统

1—百叶窗；2—保温阀；3—过滤器；

4—空气加热器；5—旁通阀；6—启动阀；

7—风机；8—风管；9—送风口；10—调节阀

　　机械通风是利用风机产生的风压强制空气流动换气。局部机械排风系统如图 5-2 所示，全面机械送风系统如图 5-3 所示。

5.1.2　空调系统的分类及组成

　　当人或生产对空气环境要求较高，而送入未经处理、变化无常的室外空气不能满足要求时，必须对送入室内的空气进行净化、加热或冷却、加湿或去湿等各种处理，使空气环境在温度、湿度、速度及洁净度等方面控制在设计范围内。这种对室内空气环境进行控制的通风称为空气调节，又称空调。

　　空气调节系统是由冷热源、空气处理设备、空气输送管网、室内空气分配装置及调节控制设备等部分组成。

　　空气调节系统的分类方法有许多，按其空气处理设备设置的情况可分为集中式、分散式和半集中式空调三种类型。

　　1. 集中式空气调节系统

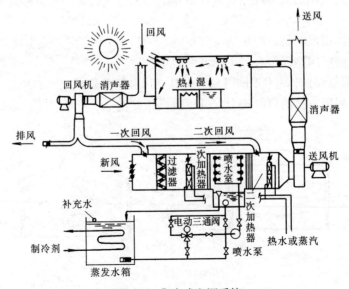

图 5-4　集中式空调系统

这种空调系统如图 5-4 所示，是将空气的处理设备全部集中到空气处理室，对空气进行集中处理后，再通过风管送至各个空调房间。主要用于工业建筑、公共建筑内的空气调节。

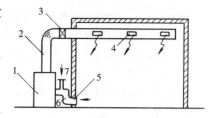

图 5-5　分散式空调系统

1—空调机组；2—送风管道；3—电加热器；4—送风口；5—回风口；6—回风管道；7—新风入口

2. 分散式空气调节系统

这种系统如图 5-5 所示，是利用空调机组直接在空调房间或其邻近地点就地处理空气。空调机组是将冷源、热源、空气处理、风机和自动控制等设备组装在一个或两个箱体内的定型设备，如窗式空调器、立式空调柜等。分散式空调系统主要用于办公楼、住宅等民用建筑的空气调节。

3. 半集中式空气调节系统

这种空调系统如图 5-6 所示，是将一部分空气处理设备集中到空气处理室，另一部分处理设备（末端装置）如风机盘管等设置到空调房间。多用于宾馆、办公楼等民用公共建筑的空气调节。

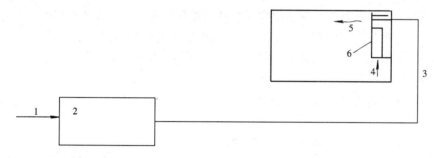

图 5-6　半集中式空调系统

1—新风；2—空气处理室；3—新风管；4—室内回风；5—送风；6—风机盘管

5.2　通风空调系统管道的安装

通风空调系统常用的管道材料有：金属材料，如普通薄钢板、镀锌钢板、不锈钢板及塑料复合钢板；非金属材料，如硬聚氯乙烯板、玻璃钢、混凝土、砖等。

在通风空调工程中，将采用金属、非金属薄板或其他材料制作而成，用于空气流通的管道称为风管。将采用混凝土、砖等建筑材料砌筑而成，用于空气流通的通道称为风道。

风管的截面有圆形和矩形两种。

一般通风空调系统的安装质量应符合《通风与空调工程施工质量验收规范》GB 50243—2002 的规定。

5.2.1　风管的加工制作

通风空调管道由风管、各种管件、附件和部件等部分组成。当风管和管件如弯头、三通、变径管等无成品供应时，需在施工现场或加工厂加工制作。

风管的加工制作包括放样下料、剪切、薄钢板的咬口、矩形风管的折方、圆形风管卷

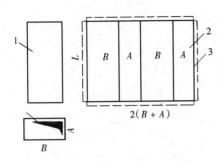

图 5-7　矩形风管的放样下料
1—矩形风管；2—展开图；3—接口余量

圆、合口及压实（较厚钢板合口后焊接）以及管端部安装法兰等操作过程。

1. 放样与剪切

（1）放样下料

风管及管件制作前，需画出风管及管件的形状及尺寸，然后画出其展开平面图，并留出咬口或接口余量。

1）矩形风管的放样下料　通常在操作平台上进行，以每块钢板的长度作为一节风管的长度，钢板的宽度作为周边长。为增加其强度，咬口闭合缝应设在角边上。当周边长度小于钢板宽度时，应设一个角咬口；当周边长度大于钢板宽度时，应设 2～4 个角咬口。画线时应留出咬口余量和与法兰连接时扳边余量。

矩形风管的放样下料如图 5-7 所示。

2）圆形风管的放样下料　也是在操作平台上进行，以每块钢板的长度作为一节风管的长度，钢板宽度作为通风管的圆周长，若一块钢板尺寸不够时，可用几块钢板拼接起来。画线时在风管的圆周长上应留出咬口余量或焊缝的宽度。在管节长度方向上，每节管的两端应留出与法兰连接的扳边余量，以不盖住法兰的螺栓孔为宜，一般为 8～10mm。较厚的钢板，每节风管的两端通常是与法兰采用焊接，不留余量。

圆形风管的放样下料如图 5-8 所示。

风管管件的下料参见《钣金工手册》。

（2）剪切

在放样下料完毕，并核查无误后即可按展开图的形状进行剪切。要求是切口平直，曲线圆滑。

常用的剪切方法有手工剪切和机械剪切两种。

1）手工剪切　手工剪切的工具有手剪和台剪两种。手剪分直线剪和弯剪两种。直线剪适用于剪切金属薄板的直线和曲线外圆；弯剪则用来剪切曲线的内圆。手工剪切厚度一般不大于 1.2mm。台剪能剪切的厚度为 3～4mm。

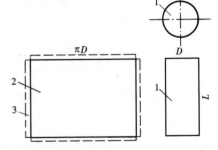

图 5-8　圆形风管的放样下料
1—圆风管；2—展开图；3—接口余量

2）机械剪切　主要用龙门剪板机剪切。操作时将切线对准刀片，脚踏开关，剪切机上刀片下行，钢板被切断。剪切板料的厚度为 3mm 以内，最大宽度为 1200mm。由于机械剪切速度快、质量好、剪口光洁，能剪割多种板材，因而在工厂化生产中被广泛采用。需要注意的是，使用剪切机时应严格按照操作规程操作，以防使用不当造成事故。

2. 接缝的连接

（1）咬口连接

将金属薄板边缘弯曲成一定形状，用于相互固定连接的构造就叫咬口。咬口连接是把需要互相结合的两个板弯成能互相咬合的钩形，钩接后压紧折边。这种连接方法不需要其他材料。适用于厚度 $\delta \leqslant 1.2$mm 的薄钢板及厚度 $\delta \leqslant 1.0$mm 的不锈钢板和厚度 $\delta \leqslant 1.5$mm

的铝板。

咬口的种类按接头构造分为单咬口、双咬口、联合角咬口、单角咬口与按扣式咬口、插条式咬口；根据其外形又分为平咬口与立咬口；根据其位置又分为纵咬口与横咬口；根据操作方法又分为手工咬口和机械咬口。

常用咬口形式及适用范围见表 5-1。

常用咬口形式及其适用范围　　　　　　　　　　　　表 5-1

名　称	形　式	适 用 范 围
单平咬口		用于板材的横接缝和圆风管的纵向缝
单立咬口		用于风管端头环向的接缝，如圆形弯头、圆形来回弯各管节间的接缝
单角咬口		用于矩形风管及配件的纵向转角缝和矩形弯管、三通的转角缝
联合角咬口		用于矩形风管、弯管、三通、四通、转角缝，应用在有曲率的矩形弯管的角缝连接更为合适
按扣式咬口		用于矩形风管、弯管、三通与四通的转角缝
插条式咬口		用于圆形三通或四通支管的连接、出屋面管的防水罩的连接及方、矩形风管延长段的连接

（2）焊接连接

金属风管和管件除用咬口连接外，还可以使用焊接。

焊接连接采用电焊或气焊，适用于非镀锌薄板厚度在 1.2mm 以上时的连接。

焊缝形式有对接焊缝、扳边焊缝和角焊焊缝，如图 5-9 所示。

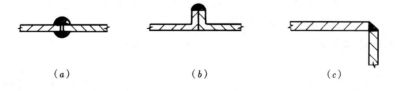

图 5-9　焊缝的形式

（a）对接焊缝；（b）扳边焊缝；（c）角焊焊缝

其中对接焊缝主要用于钢板与钢板的纵向和横向接缝以及风管的闭合缝等。扳边焊缝主要用于圆形风管弯头的节与节之间的接缝。角焊焊缝用于矩形风管以及矩形风管弯头的角缝。

3. 钢板的卷圆

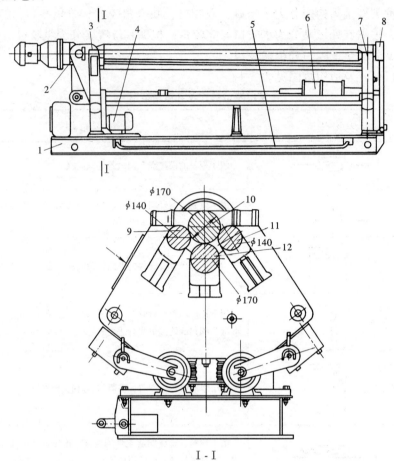

图 5-10 卷板机

1—焊接机架；2—转动轴轴颈；3—支柱；4—电动机；5—紧急踏板；6—气缸；7—支柱；
8—可放倒的轴承；9—侧滚轴；10—上滚轴；11—侧滚轴；12—下滚轴

圆形风管制作时，需将剪切好的钢板在卷板机上进行卷圆。卷圆时，应先将待卷圆钢板的两端打成弧形，放到卷板机的上下辊之间，然后开机，此时上下辊同时转动并带动钢板滚动（反复），直到卷成圆（弧）为止。

卷板机的构造如图 5-10 所示。

4. 钢板的折方

矩形风管制作时，需将剪切好的钢板在折方机上折方。折方时，将待折钢板置于折方机的上下压板之间，并对准折线，转动调节丝杠手轮将钢板压紧，然后向上扳动手柄，折成所需角度，再逆转调节丝杠手轮，使上压板升起，取出已折好的钢板。

折方机的构造如图 5-11 所示。

5. 风管法兰的制作

法兰用于风管之间及风管与配件、风管与部件之间的延长连接。法兰按其断面形状分为矩形和圆形两种。

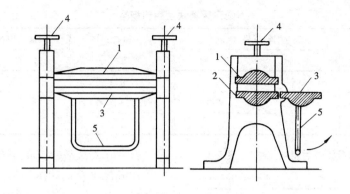

图 5-11　折方机

1—上压板；2—下压板；3—活动翻板；4—调节手轮；5—手柄

在钢板风管中，矩形法兰用等边角钢制作；圆形法兰当管径不大于 280mm 时用扁钢，其余均用等边角钢制作。

圆形、矩形风管法兰构造及节点构造如图 5-12 所示。用料规格见表 5-2、表 5-3。

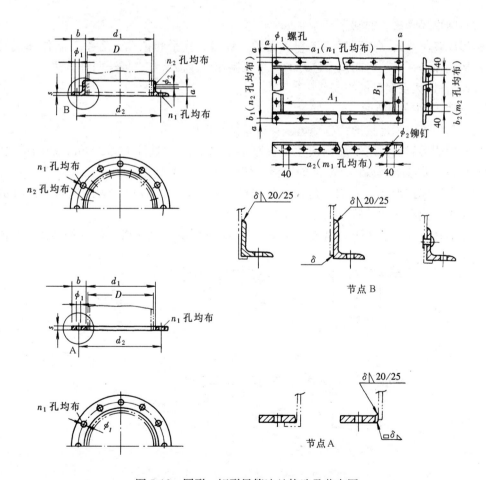

图 5-12　圆形、矩形风管法兰构造及节点图

圆形风管法兰用料规格   表 5-2

圆形风管直径（mm）	法兰用料规格（mm）		圆形风管直径（mm）	法兰用料规格（mm）	
	扁 钢	角 钢		扁 钢	角 钢
≤140	-20×4		530～1250		L30×4
250～280	-25×4		1320～2000		L40×4
300～500		L25×3			

矩形风管法兰用料规格　表 5-3

矩形风管最大边长（mm）	法兰用料规格（mm）
≤630	L25×3
800～1250	L30×4
1600～2000	L40×4

（1）矩形风管法兰的制作

在操作平台放样下料；对角钢进行清理调直后，分别找出螺栓孔和铆钉孔的中心位置线；在台钻或立钻上钻出螺栓孔和铆钉孔；按照尺寸在操作平台上画出矩形来，注意四角应严格角方，保证成 90°，矩形对角线应相等，矩形的长与宽的尺寸应大于风管外径 2～3mm，当确认无误后将角钢按线摆放进行点焊；待检查尺寸后将角钢平面朝上，把其他角钢摆放其上，进行点焊，直到制作完毕。

（2）圆形风管法兰的制作

圆形风管法兰的制作程序为下料、卷圆、焊接、找平和钻孔，有手工制作和机械制作。机械制作是在法兰弯曲机上进行的，手工制作有冷揻法和热揻法两种方法。

5.2.2　通风空调管道的安装

1. 法兰与风管的装配

法兰与风管装配连接形式有翻边、翻边铆接和焊接三种。

（1）翻边形式　适用于扁钢法兰与板厚小于 1.0mm、直径 $D≤200mm$ 的圆形风管、矩形不锈钢风管或铝板风管、配件的连接，如图 5-13（a）所示。

（2）翻边铆接形式　适用于角钢法兰与壁厚 $δ≤1.5mm$ 直径较大的风管及配件的连接。铆接部位应在法兰外侧，如图 5-13（b）所示。

（3）焊接形式　适用于角钢法兰与风管壁厚 $δ>1.5mm$ 的风管与配件的连接，并依风

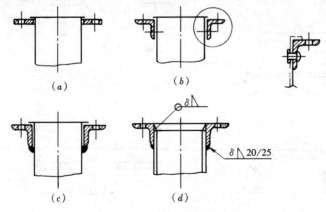

图 5-13　法兰与风管、配件的连接形式
（a）翻边形式；（b）翻边铆接形式；（c）翻边点焊形式；（d）满焊形式

管、配件断面的大小情况，采用翻边点焊或沿风管、配件周边进行满焊连接，如图 5-13 (c)、(d) 所示。

采用翻边及翻边铆接形式时，应注意翻边的宽度不得盖住法兰的螺栓孔。

另外，金属风管的加固应符合下列规定：

(1) 圆形风管（不包括螺旋风管）直径不小于 800mm，且其管段长度大于 1250mm 或总表面积大于 4m² 均应采取加固措施。

(2) 矩形风管边长大于 630mm、保温风管边长大于 800mm，管段长度大于 1250mm 或低压风管单边平面积大于 1.2m²，中、高压风管大于 1.0m²，均应采取加固措施。

非金属风管的加固除符合上述规定外，还应符合下列规定：

(1) 硬聚氯乙烯风管的直径或边长大于 500mm 时，其风管与法兰的连接处应设加强板，且间距不得大于 450mm。

(2) 有机及无机玻璃钢风管的加固，应为本体材料或防腐性能相同的材料，并与风管成一整体。

金属风管的加固一般采用对角线角钢法和压棱法，如图 5-14 所示。

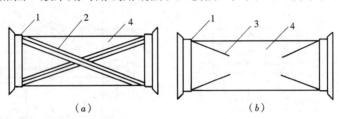

图 5-14 风管的加固
(a) 对角线角钢法；(b) 压棱法
1—法兰；2—角钢；3—棱；4—矩形风管

2. 风管支、吊架的安装

支、吊架是风管系统的重要附件，起着控制风管位置、保证管道的平直度和坡度、承受风管荷载的作用。

通风空调系统常用的支、吊架有托架、吊架。如图 5-15、图 5-16 所示。

风管的支、吊架应根据风管截面形状、尺寸，依据标准图在加工厂或现场加工。所用的型钢一般有角钢、槽钢、扁钢及圆钢。

支、吊架的间距应满足下列要求：

(1) 风管水平安装，直径或长边尺寸不大于 400mm，间距不应大于 4m；大于 400mm，不应大于 3m。螺旋风管的支、吊架间距可分别延长到 5m 和 3.75m；对于薄钢板法兰的风管，其支、吊架间距不应大于 3m。

(2) 风管垂直安装，间距不应大于 4m，单根直管至少应有 2 个固定点。非金属风管支架间距不应大于 3m。

(3) 当水平悬吊的主、干风管长度超过 20m 时，应设置防止摆动固定点，每个系统不应少于 1 个。

(4) 支、吊架不宜设置在风口、阀门、检查门的自控机构处，离风口或接管的距离不宜小于 200mm。

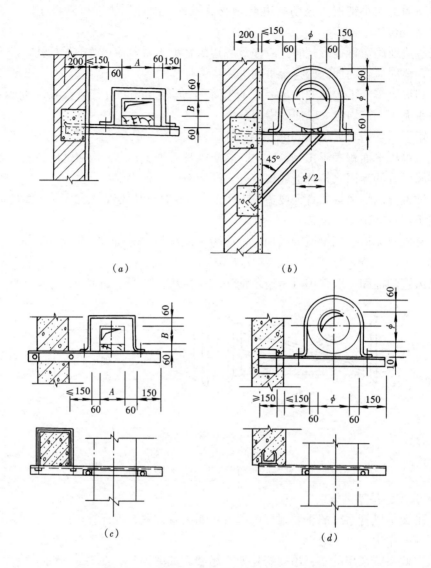

图 5-15　托架（支架）的结构及其安装方法

（a）单横梁悬臂型；（b）带斜支撑的悬臂型；（c）抱柱法
（沿柱安装的托架结构）；（d）预埋件焊接法（沿柱安装）

3. 风管的安装

（1）一般规定

1）输送湿空气的风管应按设计要求的坡度和坡向进行安装，风管底部不得设有纵向接缝。

2）设于易燃易爆环境中的通风系统，安装时应尽量减少法兰接口数量，并设可靠的接地装置。

3）风管内严禁其他管线穿越，不得将电线、电缆以及给水、排水和供热等管道安装在通风空调管道内。

4）楼板和墙内不得设可拆卸口。

5）风管穿出屋面时应设防雨罩，穿出屋面的垂直风管高度超出 1.5m 时应设拉索，拉索不得固定在法兰上，并严禁拉在避雷针、网上。在屋面洞口上安装防雨罩，其上端以扁钢抱箍与立管固定，下端将整个洞口罩住。

6）风管及支、吊架均应按设计要求进行防腐。通常是涂刷底、面漆各两道，对保温风管一般只刷底漆两道。

7）风管与墙、柱的表面净距，按设计要求及规范规定。

8）输送含有易燃、易爆气体或安装在易燃、易爆环境的风管系统必须设置可靠的防静电接地装置。

9）输送含有易燃、易爆气体的风管系统通过生活区或其他辅助生产房间时不得设置接口。

10）室外风管系统的拉索等金属固定件严禁与避雷针或避雷网连接。

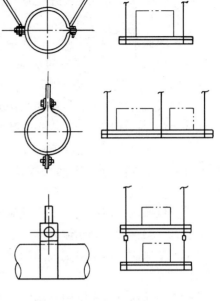

图 5-16　风管吊架

（2）风管的安装

在通风空调系统的风管、配件及部件已按加工安装草图的规划预制加工，风管支架已安装的情况下，风管的安装则可以进行。

风管的安装有组合连接和吊装两部分。

将预制好的风管及管件，按编号顺序排列在施工现场的平地上，组合连接成适当长度的管段。如用法兰连接，每组法兰中应设垫片。然后用起重吊装工具如手拉倒链等，将其吊装就位于支架上，找平找正后用管卡固定即可。

5.2.3　阀门的安装

通风空调工程中常用的阀门有：插板阀（包括平插阀、斜插阀和密闭阀等）、蝶阀、多叶调节阀（平行式、对开式）、离心式风机圆形瓣式启动阀、防火阀、止回阀等。

阀门产品制作均应符合国家标准。阀门安装时使其制动装置灵活。

成品风阀的制作应符合下列规定：

① 风阀应设有开度指示装置，并应能准确反映阀片开度。

② 手动风量调节阀的手轮或手柄应以顺时针方向转动为关闭。

③ 电动、气动调节阀的驱动执行装置，动作应可靠，且在最大工作压力下工作应正常。

④ 净化空调系统的风阀，活动件、固定件以及紧固件均应采取防腐措施，风阀叶片主轴与阀体轴套配合应严密，且应采取密封措施。

⑤ 工作压力大于 1000Pa 的调节风阀，生产厂应提供在 1.5 倍工作压力下能自由开关的强度测试合格的证书或试验报告。密闭阀应能严密关闭，漏风量应符合设计要求。

防火阀、排烟阀或排烟口的制作应符合现行国家标准《建筑通风和排烟系统用防火阀门》GB 15930 的有关规定，并应具有相应的产品合格证明文件。防爆系统风阀的制作材料应符合设计要求，不得替换。

单叶风阀的结构应牢固，启闭应灵活，关闭应严密，与阀体的间隙应小于 2mm。多叶风阀开启时，不应有明显的松动现象；关闭时，叶片的搭接应贴合一致。截面积大于 1.2m² 的多叶风阀应实施分组调节。

止回阀阀片的转轴、铰链应采用耐锈蚀材料。阀片在最大负荷压力下不应弯曲变形，启闭应灵活，关闭应严密。水平安装的止回阀应有平衡调节机构。

三通调节风阀的手柄转轴或拉杆与风管（阀体）的结合处应严密，阀板不得与风管相碰擦，调节应方便，手柄与阀片应处于同一转角位置，拉杆可在操控范围内做定位固定。

插板风阀的阀体应严密，内壁应做防腐处理。插板应平整，启闭应灵活，并应有定位固定装置。斜插板风阀阀体的上、下接管应成直线。

定风量风阀的风量恒定范围和精度应符合工程设计及产品。

1. 蝶阀

蝶阀是通风空调系统中常用的一种风阀，其断面形状有圆形、方形和矩形三种。调节方式有手柄式和拉链式两类。由短管、阀门、调节装置三个部分组成，如图 5-17 所示。

2. 多叶调节阀

对开多叶调节阀有手动式和电动式两种，如图 5-18 所示，这种调节阀装有 2~8 个叶片，每个叶片轴端装有摇柄，各摇柄的连动杆与调节手柄相连。操作手柄，各叶片就能同步开或合，调整完毕，拧紧蝶形螺母，就可以固定位置。如将调节手柄取消，把连动杆与电动执行机构相连，就成为电动式多叶调节阀，可以遥控和自动调节。

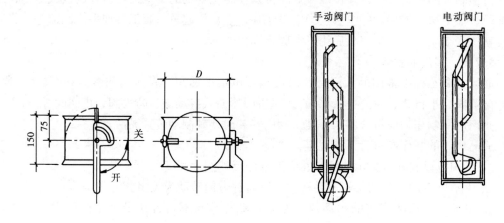

图 5-17　蝶阀　　　　　　　　　图 5-18　对开多叶调节阀

3. 三通调节阀

三通调节阀有手柄式和拉杆式两种，如图 5-19 所示。适用于矩形直通三通和裤叉管，不适用于直角三通。

4. 防火阀

防火阀有直滑式、悬吊式和百叶式三种，如图 5-20 所示。

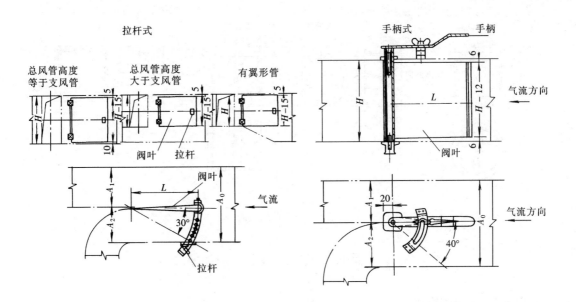

图 5-19　矩形三通调节阀

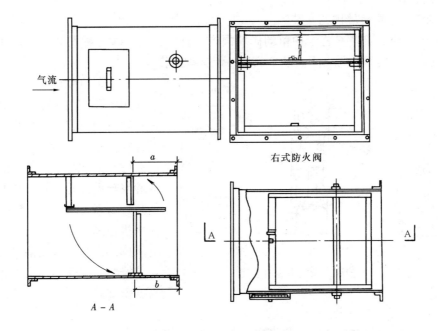

图 5-20　方、矩形风管防火阀

在民用建筑的空调系统中，防火阀已成为不可缺少的部件。当火灾发生时，切断气流，防止火灾蔓延。阀板开启与否应有信号指示，阀板关闭后不但有信号指示，还应有打开与风机连锁的接点，使风机停转。

5. 止回阀

止回阀常装于风机出口，防止风机停止运转后气流倒流，其结构如图 5-21 所示。

111

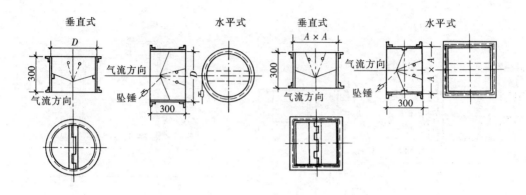

图 5-21　风管止回阀

5.3　通风空调系统设备的安装

5.3.1　风机的安装

通风空调工程中常用离心式和轴流式风机。其安装有基础上的安装、钢结构支架上的安装、砖墙内的安装三种形式。

1. 轴流式风机砖墙内的安装

轴流式风机一般多安装于预留的砖墙洞内。有甲、乙、丙三种安装形式。如图 5-22 所示。其中甲、丙型为无支座安装，乙型为带支座安装。

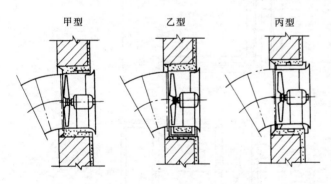

图 5-22　轴流式风机在墙内安装

（1）风机就位与找平。将风机嵌入预留孔洞内，用木塞或碎砖将风机轴或底座找平，风机机壳与墙洞缝隙找正。

（2）风机的稳固。用 1∶2 水泥砂浆辅助以碎石将风机与墙洞间的环形缝隙填实，并与墙面抹平，使风机稳固。

（3）出风弯管或活动金属百叶窗的安装。用螺栓将出风管或金属百叶窗安装牢固。

2. 风机基础上的安装

小型离心式风机和轴流式风机可安装在支架上。不同型号、不同传动方式的离心式风机都可以安装在混凝土基础上。部分长轴传动及皮带传动的轴流式风机也可以安装在混凝土基础上。

风机在基础上安装分为直接用地脚螺栓紧固在基础上的直接安装及通过减振器、垫的安装两种形式。离心式风机的几种基础形式如图 5-23 所示。

柔性短管是用帆布、软橡胶板、人造革等材料制成的，长度一般为 150～250mm，装于风机的出入口处，防止风机振动通过风管传至室内引起噪声。

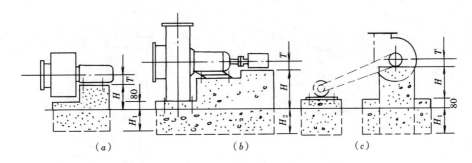

图 5-23　离心式风机的几种基础形式

(*a*) 直联式；(*b*) 联轴器传动式；(*c*) 皮带传动式

消声器有片式、管式、阻抗复合式等，用于系统的消声。

5.3.2　除尘器的安装

除尘器用于通风工程中，其作用是除去空气中的粉尘。

常用除尘器有旋风除尘器、湿式除尘器、布袋除尘器、静电除尘器等。其构造、工作原理及安装方法均不同。就其安装形式及方法而言，可归纳为除尘器在地面地脚螺栓上的安装、除尘器以钢结构支承直立于地面基础上的安装、除尘器在墙上的安装、除尘器在楼板孔洞内的安装。

1. 除尘器安装的基本技术要求

(1) 除尘器安装应位置正确，牢固平稳，进出口方向符合设计要求，垂直度不大于允许偏差。

(2) 除尘器的排灰阀、卸料阀、排泥阀的安装必须严密，并便于操作维修。

(3) 现场组装的布袋除尘器和静电除尘器应符合设计、产品要求及施工规范的规定。

2. 除尘器安装

(1) 除尘器的整体安装　用于自激式和冲击式湿式除尘机组以及脉冲袋式除尘机组，安装时是靠机组的支承底盘或支承脚架支承在地面基础的地脚螺栓上。

CCJ/A 型冲击式湿法除尘机组的安装如图 5-24 所示。

(2) 除尘器在地面钢支架上的安装　钢结构构件是由各类型钢制成的支架。选择何种类型的型钢、支架的结构、几何尺寸等要根据除尘器的类型、规格和设计要求确定。

除尘器在地面钢支架上的安装如图 5-25 所示。

除尘器在墙上的安装及在楼板洞内的安装应符合设计要求。

5.3.3　空气过滤器的安装

空气过滤器用于对空气的净化处理。产品有许多种类，总体分为粗效、中效和高效过滤器三类。

粗效过滤器采用化纤组合滤料制作和用粗中孔泡沫塑料制作，如图 5-26 所示。

中效过滤器是用中细孔泡沫或涤纶无纺布材料制成的袋式过滤器，如图 5-27 所示。

高效过滤器用玻璃纤维滤纸、石棉纤维滤纸等材料制成，如图 5-28 所示。

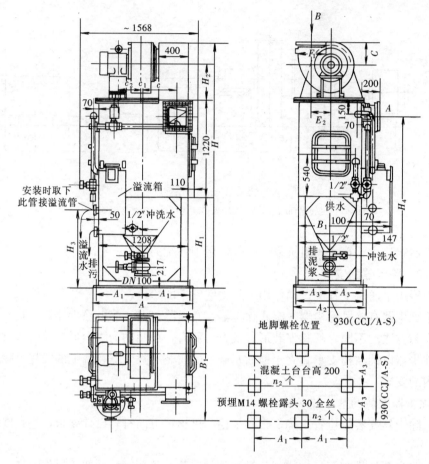

图 5-24　CCJ/A 型除尘机组的整体安装

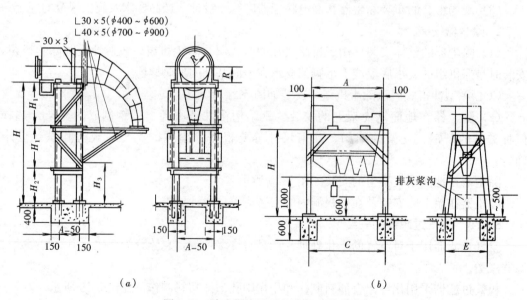

（a）　　　　　　　　　　　　　（b）

图 5-25　除尘器在地面钢支架上的安装

（a）XNX 旋风除尘器；（b）卧式旋风除尘器

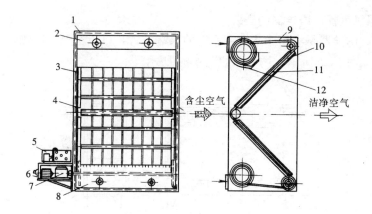

图 5-26　ZJK-1 型自动卷绕式粗效过滤器结构原理

1—连接法兰；2—上箱；3—滤料滑槽；4—改向棍；5—自动控制箱；6—支架；

7—减速器；8—下箱；9—滤料；10—挡料栏；11—压料栏；12—限位器

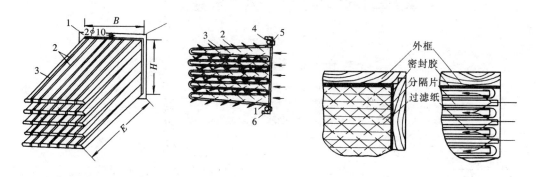

图 5-27　M 型泡沫塑料过滤器的外形和安装框架　　　　图 5-28　高效过滤器的构造示意

1—角钢边框；2—钢丝支撑；3—泡沫塑料滤层；

4—固定螺栓；5—螺母；6—现场安装框架

过滤器的安装应符合下列规定：

（1）过滤器串联使用时，安装应符合设计要求，应按空气依次通过粗效、中效、高效过滤器的顺序安装，同级过滤器可并联使用。

（2）空气过滤器应安装平整，牢固，方向正确。过滤器与框架、框架与围护结构之间应严密无缝隙。

（3）框架式或粗效、中效袋式空气过滤器的安装。过滤器四周与框架应均匀压紧，无可见缝隙，并应便于拆卸和更换滤料。

（4）卷绕式过滤器的安装。框架应平整；展开的滤料，应松紧适度；上下筒体应平行。

（5）安装前，应在清洁环境下进行外观检查，且不应有变形、锈蚀、漆膜脱落等现象。

（6）应在风机过滤器单元进风口设置功能等同于高中效过滤器的预过滤装置后，进行试运行，且应无异常。

5.3.4　风机盘管、诱导器的安装

风机盘管或诱导器是半集中式空调系统的末端装置，设于空调房间内。

风机盘管如图 5-29 所示，诱导器如图 5-30 所示。

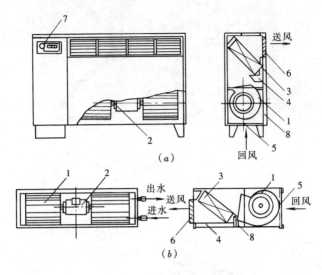

图 5-29　风机盘管机组

(a) 立式明装；(b) 卧式暗装

1—离心式风机；2—电动机；3—盘管；4—凝水盘；5—空气过滤器；
6—出风格栅；7—控制器（电动阀）；8—箱体

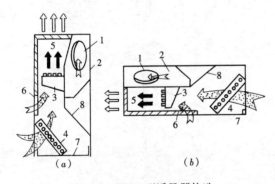

图 5-30　YD75 型诱导器构造

(a) 立式；(b) 卧式

1——次风连接管；2—静压箱；3—喷嘴；4—二次盘管；
5—混合段；6—旁通风门；7—凝水盘；8—导流板

1. 风机盘管的安装

风机盘管的安装步骤与方法是：根据设计要求确定安装位置；根据安装位置选择支、吊架的类型，并进行支、吊架的制作和安装；风机盘管安装并找平找正、固定。

安装时应使风机盘管保持水平；机组凝结水管不得受损，并保证坡度，以顺畅排除凝结水；各连接处应严密，不渗不漏；盘管与冷、热媒管道应在连接前清污，以免堵塞。

2. 诱导器安装

诱导器安装时应按设计要求的型号和规定位置安装，与一次风连接管处应严密无漏风；水管的接头方向和回风面的位置应符合设计；出风口或回风口的百叶格栅有效通风面积不能小于 80%，凝水管应保证坡度。

5.3.5　空气热交换器的安装

通风空调系统中常用的肋片管型空气热交换器，是用无缝钢管外部缠绕或镶接铜、铝片制成。当热交换器通入热水或水蒸气时即加热空气，称为空气加热器；当通入冷却水或低温盐水时即可冷却空气，称为表面冷却器。

116

空气热交换器有两排、四排、六排几种安装形式。安装时常用砌砖或焊制角钢支座支承，热交换器的角钢边框与预埋角钢安装框用螺栓紧固，且在中间垫以石棉橡胶板，与墙体及旁通阀连接处的所有不严密的缝隙，均应用耐热材料封闭严密。用于冷却空气的表面冷却器安装时，在下部应设有排水装置。如图 5-31 所示。

空气热交换器的支承框架如图 5-32 所示。与管路安装时应弄清进出口位置，切勿接错。

电加热器的安装必须符合下列规定：

① 电加热器与钢构架间的绝热层必须采用不燃材料，外露的接线柱应加设安全防护罩。

② 电加热器的外露可导电部分必须与 PE 线可靠连接。

③ 连接电加热器的风管的法兰垫片，应采用耐热不燃材料。

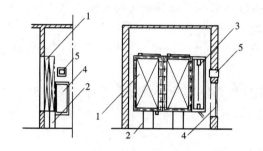

图 5-31　SYA 型空气加热器安装
1—空气加热器；2—加热器砖砌支架；3—旁通管；
4—钢板密封门；5—观察孔

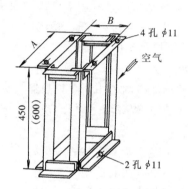

图 5-32　空气热交换器的支承框架

5.3.6　装配式空气处理室的安装

卧式装配式空气处理室由不同的空气处理段组成，如新风和一次风混合的混合段、中间室、空气过滤及混合段、一次加热段、淋水段、二次加热段等，如图 5-33 所示。

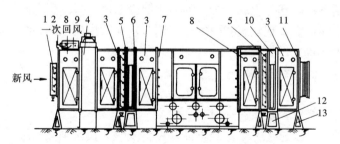

图 5-33　一次回风式空气处理室的安装
1—新风阀；2—混合室法兰盘；3—中间室；4—过滤器；5—混合阀；
6——次加热器；7—淋水室；8—混合室；9—回风阀；10—二次加
热器；11—风机接管；12—加热器支架；13—三角支架

安装时先做好混凝土基础，并将其吊装至基础上固定，安装应水平，与冷、热媒等各管道的连接应正确无误，严密不渗漏。

5.4　太阳能空调系统

5.4.1　太阳能空调

太阳能空调是利用先进的超导传热贮能技术,集成了太阳能、生物质能、超导地源制冷系统等优点的、高效节能的冷暖空调系统。

组合式空调机组、新风机组的安装应符合下列规定:

① 组合式空调机组各功能段的组装应符合设计的顺序和要求,各功能段之间的连接应严密,整体外观应平整。

② 供、回水管与机组的连接应正确,机组下部冷凝水管的水封高度应符合设计或设备技术文件的要求。

③ 机组与风管采用柔性短管连接时,柔性短管的绝热性能应符合风管系统的要求。

④ 机组应清扫干净,箱体内不应有杂物、垃圾和积尘。

⑤ 机组内空气过滤器(网)和空气热交换器翅片应清洁、完好,安装位置应便于维护和清理。

太阳能空调利用太阳集热器为吸收式制冷机提供其发生器所需要的热媒水进行制冷。热媒水的温度越高,则制冷机的性能系数越高,这样空调系统的制冷效率也越高,制冷量越大。

太阳能空调的季节适应性好,系统制冷能力随着太阳辐射能的增加而增大,这正好与夏季人们对空调的迫切要求一致;压缩式制冷机以氟利昂为介质,对大气层有极大的破坏作用,而吸收式制冷机以无毒、无害的水或溴化锂为介质,它对保护环境十分有利;太阳能空调系统可以将夏季制冷、冬季供暖和其他季节提供热水结合起来,显著地提高了太阳能系统的利用率和经济性。

5.4.2　太阳能空调系统的组成和分类

太阳能空调系统由太阳能集热系统、热力制冷系统、蓄能系统、空调末端系统、辅助能源系统以及控制系统六部分组成。分为太阳能制冷系统(指利用太阳能提供动力来驱动制冷机制取冷量,并最终实现建筑物内的空气调节)和太阳能供暖系统(利用太阳能集取热量直接或间接为建筑提供热量)。

5.4.3　太阳能空调系统安装

1. 施工准备

(1) 设计文件齐备,且已审查通过。

(2) 施工组织设计及施工方案已经批准,设备安装人员必须熟悉施工图纸,焊接专项施工方案做好技术和安全方面的交底工作。

(3) 现场的水电、场地和道路满足施工要求,并准备好必要的工具和测量器具。

(4) 开箱时应进行详细的验收,按照随机文件对各种零配件、备件都应清点齐全,无损坏、锈蚀,封堵完好等。

2. 设备基础检查、处理

(1) 基础应符合要求。

(2) 基础高度不符合要求时,过高时可采用扁铲铲低;过低时可将基础一面打毛后,再补灌原强度等级的混凝土或采用坐浆法修补。

（3）基础中心偏差较大时，可借改变地脚螺栓的位置来补救。

（4）基础的地脚螺栓预留孔偏差过大，可采用扩大或重新凿孔来加以校正。

（5）对合格或处理过已达到要求的基础表面应用凿子凿毛，对渗透在基础上的油垢表面进行处理。

3. 地脚螺栓与垫铁放置

（1）地脚螺栓、螺母和垫圈规格应符合设计及规范要求，安装前应进行检查，同时核对地脚螺栓长度与基础预留孔的深度是否配合，应符合要求。

（2）基础预留孔地脚螺栓的设置应符合设计或规范要求。

（3）垫铁的装设应符合设计或规范要求。

4. 二次灌浆

（1）二次灌浆前基础表面应凿成麻面，油沾染的混凝土应铲除，灌浆时必须吹扫干净，平处不得有水。

（2）灌浆应设模板，竖横板至设备底座面外缘的距离不小于 60mm。

（3）设备底座下全部灌浆层需承受设备负荷时，应设内模板，内模板至设备底座面外缘的距离应大于 100mm，并不小于设备低座宽度。

5. 放线、就位、找平及找正

（1）设备就位前，按施工图依据有关建筑物的轴线、边缘或标高线放出装基准线。

（2）平面位置安装的基准线对基础的实际轴线距离的允许偏差为 ±20mm。

（3）基础平面较长、标高不一致时，应采用拉线的方法或用经纬仪确定中心点后，再画出纵横基准线，两线应比设备底长 300～500mm。

（4）固定在地坪上的整体或刚性连接设备，不应跨越地坪伸缩缝及沉降缝。

（5）设备就位前对设备临时放置，应根据建筑结构设计放在相应的地方，不得随意乱放。

（6）对吊装设备的起重机械要认真检查，确认能满足设备吊装要求后才能起吊。

（7）设备吊装应做好吊装施工方案，按照施工方案进行。

（8）设备上作为定位基准的面、线和点对安装基准线的平面位置及标高的允许偏差应符合要求。

（9）设备找平找正时，安装基准的水平度允许偏差必须符合有关专业规范和设备技术文件规定。一般横向水平度的允许偏差为 0.1mm/m，纵向水平度的允许偏差为 0.05mm/m。

6. 设备安装的拆卸和清洗

（1）拆卸设备前必须熟悉设备内部的构造、设备特性和每个部件的用途和相互间的关系。

（2）拆卸时，应了解拆卸零件的步骤以及所应用的工具及方法。

（3）拆卸时，应测量被拆卸件的装配间隙与有关零部件的相对位置，做出标记，标记应打在侧面，不得打在工作面上。

（4）拆卸下的零部件应分别放置在专用的零件箱内，按原来结构连在一起，放置时不得堆压，并有防尘措施。

（5）凡经拆卸后可能降低质量的零部件，不宜拆卸，标明不准拆卸的应严禁拆卸。

(6) 热装配的零件,应将零件均匀加热至规定温度时方可拆卸。

(7) 在拆卸过程中,应注意安全,使用的拆卸工具必须牢固,操作必须准确。

(8) 拆卸部件吊离时应符合相关规定。

(9) 设备安装时,应对需要装配或组装的零部件按装配顺序分别进行彻底检查和清洗后方可进行安装。

(10) 设备清洗过程中,必须认真细致,以便及时发现或处理制造上的缺陷。

7. 设备的装配

(1) 装配人员必须了解所装机械设备的用途、构造、工作原理及有关的技术要求,熟悉并掌握装配工作中各项技术规范。

(2) 装配前,必须进行彻底的清洗。对较长的水、汽、油孔道和管路应用压缩空气吹净,并应按图纸对零件、部件的尺寸精度、形状、位置精度等要求进行技术检查,确认符合要求后,方可装配。应注意倒角和清除毛刺。

(3) 对所有耦合件和不能互换的零件,应按拆卸时所作的记号进行装配。

(4) 准备刀、各种铜皮、铁皮、保险垫付片、弹簧垫圈、止动铁丝等(不能重复使用)纸垫;软木垫及毛毡的油封等均应换新。名种垫料在装配时不应涂油漆和黄油,但可用机油。

(5) 所有皮质油封在装配必须浸入已回热至66℃的机油和煤油各半的混合液中浸泡5~8min。橡胶油封应在摩擦部件涂以机油。

(6) 采用不同的装配方法应遵守相应装配方法的有关规定或要求。

(7) 各种不同的机械进行安装时,应符合相应的安装规定和技术要求,如水泵加减振垫厚度、规格等,并应达到相应的质量标准。

8. 压力试验与冲洗

(1) 太阳能空调系统安装完毕后,在管道保温之前,应对压力管道、设备及阀门进行水压试验。水压试验压力为工作压力的1.5倍。非承压管路和设备应做灌水试验。当设计未注明时,水压试验和灌水试验应按现行国家标准《建筑给水排水及采暖工程施工质量验收规范》GB 50242—2002 的相关要求进行。当环境温度低于0℃进行水压试验时,应采取可靠的防冻措施。

(2) 吸收式和吸附式制冷机组安装完毕后应进行水压试验。系统水压试验合格后,应对系统进行冲洗直至排出的水不浑浊为止。

9. 系统调试

(1) 系统安装完毕投入使用前,应进行系统调试,系统调试应在设备、管道、保温、配套电气等施工全部完成后进行。

(2) 设备单机、部件调试包括:

1) 检查水泵安装方向、电磁阀安装方向。

2) 温度、温差、水位、流量等仪表显示正常。

3) 电气控制系统应达到设计要求功能,动作准确。

4) 剩余电流保护装置动作准确可靠。

5) 防冻、防过热保护装置工作正常。

6) 各种阀门开启灵活,密封严密。

7) 制冷设备正常运转。

（3）系统联动调试应包括：

1）调整系统各个分支回路的调节阀门，各回路流量应平衡，并达到设计流量。

2）根据季节切换太阳能空调系统工作模式，达到制冷、供暖或热水供应的设计要求。

3）调试辅助能源装置，并与太阳能加热系统相匹配，达到系统设计要求。

4）调整电磁阀控制阀门，电磁阀的阀前阀后压力应处在设计要求的压力范围内。

5）调试监控系统，计量监测设备和执行机构应工作正常，对控制参数的反馈及动作应正确、及时。

联动调试完成后，系统应连续 3 天试运行。

5.5　通风空调系统的调试

5.5.1　通风空调系统调试目的和内容

通风空调系统安装完毕后，必须进行系统调试。调试的目的是检验设备单机的运转是否正常、系统的联合试运转是否正常，以发现存在的问题并进行排除，确保通风空调系统的正常运行，达到设计要求。

调试的主要内容有设备单机试运转及调试、系统无生产负荷下的联合试运转及调试。

5.5.2　设备单机试运转

1. 风机的试运转

（1）通风机、空调机组中的风机叶轮旋转方向要正确，运转平衡，无异常振动与声响。配套电机的运行功率应符合设备技术文件的规定。

（2）风机的试运转时间不得少于 2h。

（3）风机在额定转速下连续运转 2h 后，滑动轴承外壳最高温度不得超过 70℃，滚动轴承不得超过 80℃。

（4）风机、空调机组、风冷热泵等设备运行时，产生的噪声不宜超过性能说明书的规定值。

（5）风机盘管机组的三速开关、温控器的动作应正确，并与机组运行状态一一对应。

2. 水泵的试运转

（1）水泵叶轮旋转方向正确，无异常振动和声响，紧固连接部位无松动。其电机运行功率应符合设备技术文件的规定。

（2）水泵连续运转 2h 后，滑动轴承外壳最高温度不得超过 70℃；滚动轴承外壳最高温度不得超过 70℃。

（3）水泵运行时不应有异常振动和声响，壳体密封处不得渗漏，紧固连接部位不应松动，轴封的温度应正常，在无特殊要求的情况下，普通填料泄漏量不应大于 60mL/h，机械密封的不应大于 5mL/h。

3. 冷却塔的试运转

（1）冷却塔本体应稳固，无异常振动，其噪声应符合设备技术文件的规定。

（2）冷却塔风机与冷却水循环系统运行时间不少于 2h，运行应无异常情况。

5.5.3　系统无生产负荷下的联合试运转及调试

通风空调工程系统无生产负荷的联合试运转及调试，应在制冷设备和通风空调设备单机试运转合格后进行。空调系统带冷（热）源的正常联合试运转不应少于 8h，当竣工季节与设计条件相差较大时，仅做不带冷（热）源试运转。通风、除尘系统的连续试运转不应小于 2h。

空调工程系统无生产负荷的联合试运转及调试还应符合下列规定：

（1）空调工程水系统应冲洗干净、不含杂物，并排除管道系统中的空气；系统连续运行应达到正常、平稳；水泵的压力和水泵电机的电流不应出现大幅波动。系统平衡调整后，各空调机组的水流量应符合设计要求，允许偏差为 20%。

（2）各种自动计量监测元件和执行机构的工作应保证正常，满足建筑设备自动化系统对被测定参数进行监测和控制的要求。

（3）多台冷却塔并联运行时，各冷却塔的进、出水量应达到均衡一致。

（4）空调室内噪声应符合设计规定要求。

（5）有压差要求的房间、厅堂与其他相邻房间之间的压差，舒适性空调正压为 0～25Pa；工艺性空调应符合设计规定。

通风工程系统无生产负荷的联合试运转及调试应符合下列规定：

（1）系统联合试运转中，设备及主要部件的联动必须符合设计要求，动作协调，正确，无异常现象。

（2）系统经过平衡调整，各风口或吸风罩的风量与设计风量的允许偏差不应大于 15%。

（3）湿式除尘器的供水与排水系统运行应正常。

通风与空调系统总风量调试结果与设计风量的偏差不应大于 10%；空调冷热水、冷却水总流量测试结果与设计流量偏差不应大于 10%；舒适空调的温度、相对湿度应符合设计的要求。恒温、恒湿房间室内空气温度、相对湿度及波动范围应符合设计规定。

5.6 通风空调节能工程施工技术要求

通风空调节能工程施工质量应符合《建筑节能工程施工质量验收规范》GB 50411—2007 的规定。

5.6.1 主控项目

（1）通风与空调系统节能工程所使用的设备、管道、阀门、仪表、绝热材料等产品进场时，应按设计要求对其类型、材质、规格及外观等进行验收，并应对下列产品的技术性能参数进行核查。验收与核查的结果应经监理工程师（建设单位代表）检查认可，并应形成相应的验收、核查记录。各种产品和设备的质量证明文件和相关技术资料应齐全，并应符合国家现行标准和规定。

1）组合式空调机组、柜式空调机组、新风机组、单元式空调机组、热回收装置等设备的冷量、热量、风量、风压、功率及额定热回收效率。

2）风机的风量、风压、功率及其单位风量耗功率。

3）成品风管的技术性能参数。

4）自控阀门与仪表的技术性能参数。

（2）风机盘管机组和绝热材料进场时，应对其下列技术性能参数进行复验，复验应为见证取样送验。

　　1）风机盘管机组的供冷量、供热量、风量、出口静压、噪声及功率。

　　2）绝热材料的导热系数、密度、吸水率。

　　（3）通风与空调节能工程中的送、排风系统及空调风系统、空调水系统的安装，应符合下列规定：

　　1）各系统的形式，应符合设计要求。

　　2）各种设备、自控阀门与仪表应按设计要求安装齐全，不得随意增减和更换。

　　3）水系统各分支管路水力平衡装置、温控装置与仪表的安装位置、方向应符合设计要求，并便于观察、操作和调试。

　　4）空调系统应能实现设计要求的分室（区）温度调控功能，对设计要求分栋、分区或分户（室）冷、热计量的建筑物，空调系统应能实现相应的计量功能。

　　（4）风管的制作与安装应符合下列规定：

　　1）风管的材质、断面尺寸及厚度应符合设计要求。

　　2）风管与部件、风管与土建风道及风管间的连接应严密、牢固。

　　3）风管的严密性及风管系统的严密性检验和漏风量，应符合设计要求或现行国家标准《通风与空调工程施工质量验收规范》GB 50243—2016 的有关规定。

　　4）需要绝热的风管与金属支架的接触处、复合风管及需要绝热的非金属风管的连接和内部支撑加固等处，应有防热桥的措施，并应符合设计要求。

　　（5）组合式空调机组、柜式空调机组、新风机组、单元式空调机组的安装应符合下列规定：

　　1）各种空调机组的规格、数量应符合设计要求；

　　2）安装位置和方向应正确，且与风管、送风静压箱、回风箱的连接应严密可靠；

　　3）现场组装的组合式空调机组各功能段之间连接应严密，并应做漏风量的检测，其漏风量应符合现行国家标准《组合式空调机组》GB/T 14294—2008 的规定；

　　4）机组内的空气热交换器翅片和空气过滤器应清洁、完好，且安装位置和方向必须正确，并便于维护和清理。

　　（6）风机盘管机组的安装应符合下列规定：

　　1）规格、数量应符合设计要求。

　　2）位置、高度、方向应正确，并便于维护和保养。

　　3）机组与风管、回风箱及风口的连接应严密、可靠。

　　4）空气过滤器的安装便于拆卸和清理。

　　（7）通风与空调系统中风机的安装应符合下列规定：

　　1）规格、数量应符合设计要求。

　　2）安装位置及进、出口方向应正确，与风管的连接应严密、可靠。

　　（8）带热回收功能的双向换气装置和集中排风系统中的排风回收装置的安装应符合下列规定：

　　1）规格、数量及安装位置应符合设计要求。

　　2）进、排风管的连接应正确、严密、可靠。

　　3）室外进、排风口的安装位置、高度及水平距离应符合设计要求。

(9) 空调机组回水管上的电动两通调节阀、风机盘管机组回水管上的电动两通（调节）阀、空调冷热水系统中的水量平衡阀、冷（热）量计量装置等自控阀门与仪表的安装应符合下列规定：

1) 规格、数量应符合设计要求。

2) 方向应正确、位置应便于操作和观察。

(10) 通风与空调系统应随施工进度对与节能有关的隐蔽部位或内容进行验收，并应有详细的文字记录和必要的图像资料。

(11) 通风与空调系统安装完毕，应进行通风机和空调机组等设备的单机试运转和调试，并应进行系统的风量平衡调试。单机试运转和调试结果应符合设计要求；系统的总风量与设计风量的允许偏差不应大于 10%，风口的风量与设计风量的允许偏差不应大于 15%。

5.6.2 一般项目

(1) 空气风幕机的规格、数量、安装位置和方向应正确，纵向垂直度和横向水平度的偏差均不应大于 2‰。

(2) 变风量末端装置与风管连接前宜做动作试验，确认运行正常后再封口。

思 考 题

1. 什么叫通风工程，怎样分类？

2. 什么叫空气调节，按处理设备的设置情况可分为哪三类？

3. 风管的常用咬口形式及适用范围是什么？

4. 通风空调工程中常用的风阀有哪几种，各起什么作用？

5. 常用风机有哪两种，有几种安装形式？

6. 通风空调系统中有哪些常用设备？

7. 通风空调系统调试的目的和内容是什么？

8. 什么是太阳能空调，太阳能空调由哪几部分组成？

9. 说说太阳能空调的安装程序。

第6章　管道防腐与绝热保温

6.1　管　道　防　腐

金属管道（设备）的腐蚀有化学腐蚀和电化学腐蚀。碳钢管（设备）的腐蚀在管道工程中是最经常、最大量的腐蚀。

影响腐蚀的因素主要有：材料性能、空气湿度、环境中含有的腐蚀性介质的多少、土壤的腐蚀性和均匀性及杂散电流的强弱。

由于受到腐蚀，金属管道和设备的使用寿命会缩短，因此，应对其做防腐处理。常用的防腐措施有：

（1）合理地选用管材　工程中应根据使用环境条件和状况，合理地选用耐腐蚀的管道材料。

（2）涂覆保护层　地下管道采用防腐蚀绝缘层或涂料层，地上管道采用各种耐腐蚀的涂料。

（3）添加衬里　在管道或设备内贴衬耐腐蚀的管材和板材。

（4）电镀　在金属管道表面镀锡、镀铬等。

（5）采取电化学保护　广泛用于海水中及地下金属设施的腐蚀。

6.1.1　管道（设备）常用防腐涂料

涂料主要由液体材料、固体材料和辅助材料三部分组成。用于涂覆至管道、设备和附件等表面上构成薄薄的液态膜层，干燥后附着于被涂表面起到防腐保护作用。

1. 涂料的分类

我国目前将涂料产品分为 18 大类，见表 6-1。

涂　料　分　类　　　　　　　　　　表 6-1

序　号	代　号	发　音	名　　称	序　号	代　号	发　音	名　　称
1	Y	衣	油脂	10	X	希	乙烯树脂
2	T	特	天然树脂	11	B	玻	丙烯酸树脂
3	F	佛	酚醛树脂	12	Z	资	聚酯树脂
4	L	勒	沥青	13	H	喝	环氧树脂
5	C	雌	醇酸树脂	14	S	思	聚氨基甲酸酯
6	A	阿	氨基树脂	15	W	乌	元素有机聚合物
7	Q	欺	硝基树脂	16	J	基	橡　胶
8	M	摸	纤维素及醚类	17	E	鹅	其　他
9	G	哥	过氯乙烯树脂	18			辅助材料

辅助材料按不同用途分为 5 类，见表 6-2。

辅助材料代号表 表 6-2

序 号	代 号	辅助材料名称	序 号	代 号	辅助材料名称
1	X	稀释剂	4	T	脱漆剂
2	F	防潮剂	5	H	固化剂
3	G	催干剂			

2. 涂料的作用

(1) 防腐保护作用　涂料涂覆于管道上，防止或减缓金属管材、设备的腐蚀，延长系统的使用寿命。

(2) 警告及提示作用　色彩不同给人产生的视觉感受不同，如红色标志用以表示危险或提示请注意这里的装置。

(3) 区别介质的种类　不同介质涂以不同的颜色，以示区别。

(4) 美观装饰作用　漆膜光亮美观、鲜明艳丽，可根据需要选择色彩类型，改变环境色调。

3. 常用涂料

涂料按其作用一般可分为底漆和面漆，先用底漆打底，再用面漆罩面。防锈漆和底漆均能防锈，都可以用于打底，它们的区别在于：底漆的颜料成分高，可以打磨，漆料着重在对物体表面的附着力；而防锈漆料偏重在满足耐水、耐碱等性能的要求。

(1) 防锈漆　防锈漆有硼钡酚醛防锈漆和铝粉硼酚醛防锈漆、铝粉铁红酚醛醇酸防锈漆、云母氧化铁酚醛防锈漆、红丹防锈漆、铁红油性防锈漆、铁红酚醛防锈漆和酚醛防锈漆等。

(2) 底漆　底漆有 7108 稳化型带锈底漆、X06-1 磷化底漆、G06-1 铁红醇酸底漆、F06-9 铁红纯酚醛底漆、H06-2 铁红环氧底漆、G06-4 铁红环氧底漆。

(3) 沥青漆　常用于设备、管道表面，防止工业大气和土壤水的腐蚀。常用的沥青漆有 L50-1 沥青耐酸漆、L01-6 沥青漆、L04-2 铝粉沥青磁漆等。

(4) 面漆　面漆用来罩光、盖面，用作表面保护和装饰，常用面漆的性能和用途见表 6-3。

常用面漆的性能及用途 表 6-3

名　称	型　号	性　能	耐温（℃）	主　要　用　途
各色厚漆（铝油）	Y02-1	涂膜较软，干燥慢，在炎热而潮湿的天气有发黏现象	60	用清油稀释后，用于室内钢铁、木材表面打底或盖面
各色油漆调合漆	Y03-1	附着力强，耐候性较好，不易粉化、龟裂，在室外使用优于磁性调合漆	60	作室内外金属、木材、建筑物表面防护和装饰用
银粉漆	C01-2	银白色，对钢铁与铝表面具有较强的附着力，涂膜受热后不易起泡	150	作供暖管道及散热器面漆
各色酚醛调合漆	F03-1	附着力强，光泽好，耐水，漆膜坚硬，但耐候性稍差	60	作室内外金属和木材的一般防护面漆
各色醇酸调合漆	C03-1	附着力强，涂膜坚硬光亮，耐候性、耐久性和耐油性都比油性调合漆好	60	作室外金属防护面漆
生漆（大漆）	—	附着力好，涂膜坚硬，耐多种酸、耐水，但毒性大	200	作钢铁、木材表面的防潮、防腐
过氧乙烯防腐漆	G52-1	有良好的防腐性，能耐酸、碱和化工介质腐蚀，并能防毒防潮	60	用于钢铁和木材表面，以喷涂为佳
漆酚树脂漆（自干漆）		与钢铁附着力强，涂膜坚韧、耐酸、耐水，是生漆脱水、聚缩、稀释而成，改变了生漆毒性大、干燥等缺点	200 以下	由于它保持了生漆耐腐蚀的优点，适宜于金属表面作防腐涂剂

6.1.2　管道（设备）的防腐施工

1. 防腐施工的一般要求

防腐施工应掌握好涂装现场的温湿度等环境因素。在室内涂装的适宜温度为 20～25℃，相对湿度为 65% 以下为宜。在室外施工时应无风沙、细雨，气温不宜低于 5℃，不宜高于 40℃，相对湿度不宜大于 85%，涂装现场应有防风、防火、防冻、防雨等措施；对管道表面应进行严格的除锈、除灰土、除油脂、除焊渣处理；表面处理合格后，应在 3h 内涂罩第一层漆；控制好各涂料的涂装间隔时间，把握涂层之间的重涂适应性，必须达到要求的涂膜厚度，一般以 150～200μm 为宜；操作区域应有良好的通风及通风除尘设备，防止中毒事故发生，根据涂料的性能，按安全技术操作规程进行施工，并定期检查及维护。

2. 管道的除锈

管道（设备）表面的除锈是防腐施工中的重要环节，其除锈质量的高低，直接影响到涂膜的寿命。

除锈方法有手工除锈、机械除锈和化学除锈。

（1）手工除锈　用刮刀、手锤、钢丝刷以及砂布、砂纸等手工工具磨刷管道表面的锈和油垢等。

（2）机械除锈　利用机械动力的冲击摩擦作用除去管道表面的锈蚀，是一种较先进的除锈方法。可用风动钢丝刷除锈、管子除锈机除锈、管内扫管机除锈、喷砂除锈。

（3）化学除锈　利用酸溶液和铁的氧化物发生反应将管子表面锈层溶解、剥离的除锈方法。

3. 防腐涂料的一般施工方法

防腐涂料常用的施工方法有刷、喷、浸、浇等。施工中一般多采用刷和喷两种方法。

（1）手工涂刷　用刷子将涂料均匀地刷在管道表面上。涂刷的操作程序是自上而下，自左至右纵横涂刷。

（2）喷涂　利用压缩空气为动力，用喷枪将涂料喷成雾状，均匀地喷涂于管道表面上。

6.2　管道绝热保温

为减少输热管道（设备）及其附件向周围环境传热，或为减少环境向输冷管道（设备）传递热量，防止低温管道和设备外表面结露，而在管道（设备）外表面包覆保温材料。因此，对输热（冷）管道和设备进行保温的主要目的是减少热（冷）量损失，提高用热（冷）的效能。

6.2.1　常用保温材料

保温材料的导热系数 $\lambda \leqslant 0.12W/(m \cdot K)$，用于保冷的材料导热系数 $\lambda \leqslant 0.064W/(m \cdot K)$。

保温材料可分为珍珠岩类、蛭石类、硅藻土类、泡沫混凝土类、软木类、石棉类、玻璃纤维类、泡沫塑料类、矿渣棉类、岩棉类 10 大类。

常用保温材料有：

（1）膨胀珍珠岩类　这类材料密度小，导热系数小，化学稳定性强，不燃烧，耐腐蚀，无毒无味，价廉，产量大，资源丰富，适用广泛。

（2）泡沫塑料类　这类材料密度小，导热系数小，施工方便，不耐高温，适用于60℃以下的低温水管道保温。

聚氨酯泡沫塑料可现场发泡浇注成型，强度高，但成本也高，此类材料可燃烧，防火性差，分自熄型和非自熄型两种，应用时需注意。

（3）泡沫混凝土类　这类材料密度大，导热系数大，可现场自行制作。

（4）普通玻璃棉类　这类材料耐酸，抗腐蚀，不烂，不怕蛀，吸水率小，化学稳定性好，无毒无味，价廉，寿命长，导热系数小，施工方便，但刺激皮肤。

（5）超细玻璃棉类　这类材料密度小，导热系数小，其余特性同普通玻璃棉。

（6）超轻微孔硅酸钙类　这类材料含水率小于3‰～4‰，耐高温。

（7）蛭石类　这类材料适用于高温场合，强度大，价廉，施工方便。

（8）矿渣棉类　这类材料密度小，导热系数小，耐高温，价廉，货源广，填充后易沉陷，施工时刺激皮肤，并且尘土大。

（9）硅酸铝纤维类　这类材料密度小，导热系数小，耐高温，但价格高。

（10）石棉类　这类材料耐火，耐酸碱，导热系数较小。

（11）岩棉类　这类材料密度小，导热系数小，适用温度、范围广，施工简单，但刺激皮肤。

6.2.2　保温结构的形式及施工方法

1. 保温结构的组成

管道保温结构由绝热层（保温层）、防潮层、保护层三个部分组成。

保温层是管道保温结构的主体部分，根据工艺介质需要、介质温度、材料供应、经济性和施工条件来选择。

防潮层主要用于输送冷介质的保冷管道，地沟内、埋地和架空敷设的管道。常用防潮层有：沥青胶或防水冷胶料玻璃布防潮层，沥青玛蹄脂玻璃布防潮层、聚氯乙烯膜防潮层、石油沥青油毡防潮层。

保护层应具有保护保温层和防水的性能。应具有重量轻、耐压强度高、化学稳定性好、不易燃烧、外形美观的特性。

常用保护层有：

（1）金属保护层　常用镀锌薄钢板、铝合金板、不锈钢板等轻型材料制作，适用于室外保温管道。

（2）包扎式复合保护层　常用玻璃布、改性沥青油毡、玻璃布铝箔或阻燃牛皮纸夹筋铝箔、沥青玻璃布油毡、玻璃钢、玻璃钢薄板、玻璃布乳化沥青涂层、玻璃布CPU涂层、玻璃布CPU卷材等制作，也属轻型结构，适用于室内外及地沟内的保温管道。

（3）涂抹式保护层　常用沥青胶泥和石棉水泥等材料制作，仅适用于室内及地沟内保温管道。

2. 保温结构的施工方法

管道保温结构的施工方法有涂抹法、绑扎法、预制块法、缠绕法、填充法、粘贴法、浇灌法、喷涂法等。

（1）涂抹法　用膨胀珍珠岩粉或石棉纤维等不定型保温材料，加入胶粘剂如水泥、水玻璃等，按一定配料比加水拌合成塑性泥团，用手或工具涂抹到管道上即可。每层涂抹厚度为 10～20mm，在前一层完全干燥后再涂抹下一层，直到符合设计要求厚度。其保温结构如图 6-1 所示。

（2）绑扎法　用成型布状或毡状的管壳、管筒或弧形毡状块直接包覆在管道上，再用镀锌钢丝网或包扎带，把保温材料固定在管道上。适用于岩棉、玻璃棉、矿渣棉、石棉等保温材料，如图 6-2 所示。绑扎法需根据管径大小，分别用 $\phi1.2～\phi2.0$ 的镀锌钢丝绑扎固定。

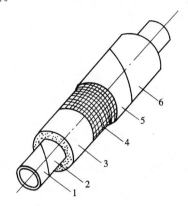
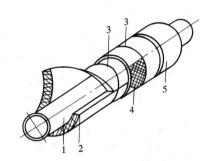

图 6-1　涂抹法保温结构

1—管道；2—防锈漆；3—保温层；

4—钢丝网；5—保护层；6—防腐层

图 6-2　绑扎结构

1—管道；2—绝热毡或布；3—镀锌钢丝；

4—镀锌钢丝网；5—保护层

对于软质半硬质材料厚度要求在 80mm 以上时，应采用分层绝热结构。分层施工时，第一层和第二层的纵缝和横缝均应错开，并且水平管道的绝热纵横缝应布置在管道轴线的左右侧，而不应布置在上下侧。

矩形风管板材用绑扎法保温的结构如图 6-3 所示。

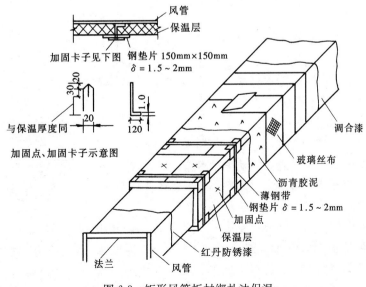

图 6-3　矩形风管板材绑扎法保温

(3) 预制块法 预制块法是将保温材料由专门的工厂或在施工现场预制成梯形、弧形或半圆形瓦块,包覆在管道表面并用镀锌钢丝将其捆扎。如图 6-4 所示。

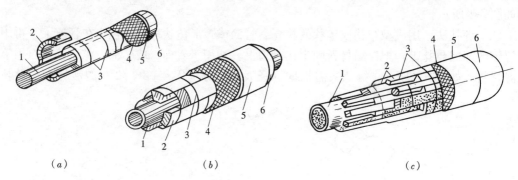

图 6-4 预制品保温结构

(a) 半圆形管壳;(b) 弧形瓦;(c) 梯形瓦

1—管道;2—保温层;3—镀锌钢丝;4—镀锌钢丝网;5—保护层;6—油漆

安装时应注意预制块纵横接缝错开,并用石棉胶泥或同质保温材料胶泥粘合,使接缝处没有缝隙,当管径 $DN > 200mm$ 时,因使用的瓦块较小,此时应用网孔为 30mm×30mm~50mm×50mm 的镀锌钢丝网捆扎。

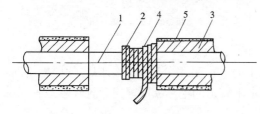

图 6-5 缠绕法保温结构

1—管道;2—法兰;3—保温层;

4—石棉绳;5—石棉水泥保护壳

(4) 缠绕法 一般用石棉绳、石棉布、高硅氧绳和铝箔等保温材料,缠绕在小直径管道或热工仪表管道外面。

缠绕时每圈材料要贴紧,不松动。起止端用镀锌钢丝扎牢,外层一般以玻璃布包缠刷漆。

缠绕法保温结构如图 6-5 所示。

(5) 填充法 填充式保温是用钢筋或扁钢做一个支撑环套在管道上,在支撑环外面包镀锌钢丝网,中间填充散装保温材料,其保温结构如图 6-6 所示。

(6) 粘贴法 先用胶粘剂涂刷在管壁上,然后将保温材料粘贴上去,再用胶粘剂代替对缝灰浆勾缝粘结,最后再加设保护层,其保护层可采用金属保护壳或缠玻璃丝布。

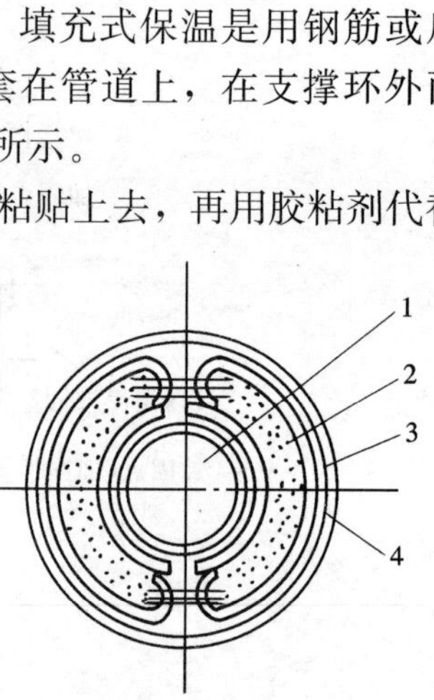

粘贴保温结构如图 6-7 所示。

(7) 钉贴法 目前在空调风管上大都采用钉贴法保温(冷),这种保温结构所用保温材料为复合铝箔玻璃纤维。在风管外表面按规范要求粘贴保温钉,保温钉的材质有钢的、尼龙的,也有用镀锌薄钢板制成的,如图 6-8 所示。

施工时,先用胶粘剂将保温钉粘贴在风管表面上,间距为:用玻璃棉板保温时,下面及侧面为 10 只/m²;顶面为 5 只/m²;用岩棉板保温时,风管下面和侧面为 20 只/m²,顶面为 10 只/m²。待保温钉粘结牢固后,将保温板平铺在保

图 6-6 填充保温结构

1—管道;2—保温材料;

3—支撑环;4—保护壳

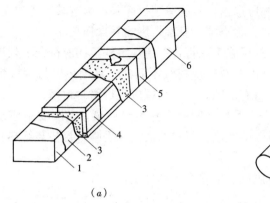
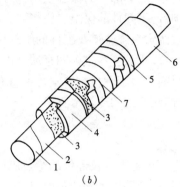

图 6-7　粘贴保温结构

1—风管（水管）；2—防锈漆；3—胶粘剂；4—保温材料；

5—玻璃丝布；6—防腐漆；7—聚乙烯薄膜

温钉上，铺保温板时应仔细地将拼缝对准对齐，再轻轻放上，用手或木板轻轻拍打保温板，使保温钉钉进并穿出保温板，待整个保温板都紧贴在保温面上后，把露出的钉头上套上垫片，扳倒钉头，压紧垫片即把保温板钉固在风管上。

（8）套筒法　套筒法保温是将矿渣纤维保温材料加工成筒形管直接套在管子上。施工时只要将保温筒上轴向切口扒开，借助矿渣纤维材料的弹性便可将保温筒紧紧地套在管道上。

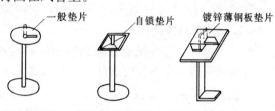

图 6-8　保温钉

（9）浇灌法　浇灌式保温所用材料多为泡沫混凝土，浇灌时多采用分层浇灌的方式，分有模浇灌和无模浇灌两种。适用于无沟敷设和不通行管沟内的热力管道的保温。

（10）喷涂法　喷涂法多用于现场发泡的聚氨酯泡沫塑料。喷涂时可先在管外做一个保温层胎具，然后喷涂成型。直埋热力管道一般采用喷涂法。

（11）装配法　它的保温层和保护壳均由生产厂家制成成品，在施工现场装配。

3. 保温层（绝热层）施工的技术要求

保温层的施工应在管道（设备）试压合格及防腐合格后进行。保温前必须除去管道（设备）表面的脏物和铁锈，刷两道防锈漆。按先保温层后保护层的顺序进行。

（1）供暖管道保温层的施工应符合下列规定：

1）保温层应采用不燃或难燃材料，其材料、规格及厚度等应符合设计要求。

2）保温管壳的粘贴应牢固、铺设应平整；硬质或半硬质的保温壳每节至少应用防腐金属丝或难腐织带或专用胶带进行捆扎或粘贴两道，其间距为 300~350mm，且捆扎、粘贴应严密，无滑动、松弛及断裂现象。

3）松散或软质保温材料应按规定的密度压缩其体积，疏密应均匀；毡类材料在管道上包扎时，搭接处不应有空隙。

4) 阀门及法兰部位的保温层结构应严密，且能单独拆卸并不影响其操作功能。

5) 过滤器等配件的保温层应严密、无空隙、且不得影响其操作功能。

(2) 空调水系统管道及配件的绝热层施工除符合上述规定外，还应符合下列规定：

1) 空调冷热水管穿楼板和穿墙处的绝热层应连续不间断，且绝热层与穿楼板和穿墙处的套管之间应用不燃材料填实，不得有空隙，套管两端应进行密封封堵。

2) 空调水系统的冷热水管道与支、吊架之间应设置绝热衬垫，其厚度不应小于绝热层厚度，宽度应不大于支、吊架支承面的宽度。衬垫的表面应平整，衬垫与绝热材料之间应填实无缝隙。

(3) 空调风管系统及部件的绝热层施工应符合下列规定：

1) 绝热层应采用不燃或难燃材料，其材质、规格及厚度等应符合设计要求。

2) 绝热层与风管、部件及设备应紧密粘合，无裂缝、空隙等缺陷，且纵、横向的接缝应错开。

3) 绝热层表面应平整，当采用卷材或板材时，其厚度允许偏差为 5mm；采用涂抹或其他方式时，其厚度允许偏差为 10mm。

4) 风管法兰部位绝热层的厚度，不应低于风管绝热层厚度的 80%。

5) 风管穿楼板和穿墙处的绝热层应连续不断。

6) 风管系统部件的绝热，不得影响其操作功能。

6.2.3 防潮层的施工

对保冷管道及室外保温管道架空露天敷设时，均需增设防潮层。目前常用的防潮材料：石油沥青油毡和沥青胶或防水冷胶玻璃布及沥青玛琋脂玻璃布等。

1. 沥青胶或防水冷胶玻璃布及沥青玛琋脂玻璃布防潮层施工方法

此方法先在保温层上涂抹沥青或防水冷胶料或沥青玛琋脂，厚度均为 3mm，再将厚度为 0.1~0.2mm 的中碱粗格平纹玻璃布贴在沥青层上，其纵向、环向缝搭接不应小于 50mm，搭接处必须粘贴密封，然后用 16~18 号镀锌钢丝捆扎玻璃布，每 300mm 捆扎一道。待干燥后在玻璃布表面上再涂抹厚度为 3mm 的沥青胶或防水冷胶料，最后将玻璃布密封。

2. 石油沥青油毡防潮层施工方法

先在保温层上涂沥青玛琋脂，厚度为 3mm，再将石油沥青毡贴在沥青玛琋脂上，油毡搭接宽度 50mm，然后用 17~18 号镀锌钢丝或铁箍捆扎油毡，每 300mm 捆扎一道，在油毡上涂厚度 3mm 的沥青玛琋脂，并将油毡封闭。

3. 供暖管道及空调水系统管道防潮层的施工要求

(1) 防潮层应紧密粘贴在保温层上，封闭良好，不得有虚粘、气泡、褶皱、裂缝等缺陷。

(2) 防潮层的立管应由管道的低端向高端敷设，环向搭接缝应朝向低端；纵向搭接缝应位于管道的侧面，并顺水。

(3) 卷材防潮层采用螺旋形缠绕的方式施工时，卷材的搭接缝宽度为 30~50mm。

4. 空调风管系统防潮层的施工要求

(1) 防潮层（包括绝热层的端部）应完整，且密封良好，其搭接缝应顺水。

(2) 带有防潮层隔汽层绝热材料的拼缝处，应用胶带封严，粘胶带的宽度不应小于 50mm。

6.2.4 保护层的施工

无论是保温结构还是保冷结构，均应设置保护层。施工方法因保护层的材料不同而不同。

1. 包扎式复合保护层的施工

（1）油毡玻璃布保护层施工

1）包油毡：将 350 号石油沥青油毡卷在保温层（或防潮层）外。

2）捆扎：用 18 号镀锌钢丝捆扎，两道钢丝间距为 250～300mm（适用于管径 $DN \leqslant 100mm$）；或用宽度 15mm、厚 0.4mm 的钢带扎紧，钢带间距 300mm（适用于管径 DN 为 450～1000mm 时）。

3）缠玻璃布：将中碱玻璃布以螺旋状紧绕在油毡层外，布带两端每隔 3～5m 处，用 18 号镀锌钢丝或宽度为 15mm、厚度为 0.4mm 的钢带捆扎。

4）涂漆：油毡玻璃布保护层外面，应刷涂料或沥青冷底子油。室外架空管道油毡玻璃布保护层外面，应涂刷油性调合漆两道。

（2）玻璃布保护层施工

1）在保温层外贴一层石油沥青油毡，然后包一层六角镀锌钢丝网，钢丝网接头处搭接宽度不应大于 75mm，并用 16 号镀锌钢丝绑扎平整。

2）涂抹湿沥青橡胶粉玛琋脂 2～3mm 厚。

3）用厚度为 0.1mm 玻璃布贴在玛琋脂上，玻璃布纵向和横向搭接宽度应不小于 50mm。

4）在玻璃布外面刷调合漆两道。

2. 金属薄板保护层施工

金属薄板保护层常用厚度为 0.5～0.8mm 的镀锌薄钢板或铝合金薄板。安装前金属薄板两边先压出两道半圆凸缘，对设备保温时，为加强金属薄板的强度，可在每张金属薄板的对角线上压两道交叉拆线。

施工时，将金属薄板按管道保温层（或防潮层）外径加工成型，再套在保温层上，使纵向横向搭接宽度均保持 30～40mm，纵向接缝朝向视向背面，接缝一般用螺栓固定，可先用手提电钻打孔，孔径为螺栓直径的 0.8，再穿入螺栓固定，螺栓间距为 200mm 左右。禁止用手工冲孔。对有防潮层的保温管不能用自攻螺栓固定，而应用镀锌皮卡具扎紧保护层接缝。

保护层施工不得损伤保温层或防潮层。用涂抹法施工的保护层应平整光滑，无明显裂缝。用包扎法施工的保护层应搭接均匀、松紧适度。用金属薄板作室外管道保护层时，连接缝应顺水流方向，以防渗漏。

思 考 题

1. 管道和设备常用的防腐涂料有哪些，怎样施工？

2. 管道保温的主要目的是什么，有哪些保温材料？

3. 管道的保温结构由哪三部分组成，施工的方法有哪些？

第7章 暖卫通风工程施工图

施工图是工程的语言，是施工的依据，是编制施工图预算的基础。因此，暖卫与通风空调工程施工图必须以统一规定的图形符号和文字说明，将其设计意图正确明了地表达出来，并用以指导工程的施工。

7.1 暖卫工程施工图

暖卫工程施工图有室内、室外两个部分，涉及的专业内容有室内给水系统、室内排水系统、小区或庭院（厂区）给水及排水管网；室内供暖系统、生活热水供应系统、小区或庭院（厂区）供热管网、供热锅炉房等施工图。

7.1.1 暖卫工程施工图组成

暖卫工程施工图一般由以下部分组成：

1. 首页

首页一般有图纸目录、设计与施工总说明两部分内容。

（1）图纸目录 是将全部施工图纸按其编号（设施-X）、图名，顺序填入图纸目录表格，同时在表头上标明建设单位、工程项目、分部工程名称、设计日期等，装订于封面。其作用是核对图纸数量，便于识图时查找。

（2）设计与施工总说明 一般用文字（图文）表明工程概况（建筑类型、建筑面积、设计热负荷、热介质的种类及设计参数、系统阻力等）；设计中用图形无法表示的一些设计要求（管道材料、防腐及涂色、保温材料及厚度、管道及设备的试压要求、管道的清洗要求、设备类型、材料厂家等的特殊要求）以及施工中应遵循和采用的规范、标准图号；应特别注意的事宜等。

图文是设计的重要组成部分，必须认真识读，反复对照，严格执行，才可以确保施工无误。

2. 系统平面图

平面图是在水平剖切后，自上而下垂直俯视的可见图形，又称俯视图。

平面图是最基本的施工图纸，其主要的作用是确定暖卫设备及管道的平面位置，为设备、管道安装定位。

平面图中的定位方法有：

（1）坐标定位 这种方法多用于室外管网总平面图。在图形中室外管网涉及范围内的庭院（厂区）平面以纵横坐标方格网绘制，均由 X、Y 轴坐标标注。识图及施工时，必须学会将坐标换算为施工尺寸数值。

（2）建筑轴线定位 这种方法是用建筑的某一轴线表明暖卫管道和设备的安装平面位置。

(3) 尺寸定位　尺寸定位多用于暖卫设备安装的平面定位。

(4) 图形定位　对于施工规范、操作规程已明确的常规安装方法，多用图形定位。如成排安装的锅炉、大便器、盥洗槽，成排安装的水龙头，沿外窗下安装的散热器等。

平面图的另一个特点是不能表现立面图，没有高度的意义。管道和设备的安装高度问题必须借助其他类型的图纸（如剖面图、系统图等）予以辅助确定。

3. 剖面图

暖卫工程图中，剖面图多用于锅炉房、室外管道工程。剖面图是在某一部位垂直剖切后，沿剖切视向的可见图形，其主要作用在于表明设备和管道的立面形状，安装高度及立面设备与设备、管道与设备、管道与管道之间的布置与连接关系。

4. 系统图（轴测图）

系统图用来反映管道及设备的空间位置关系。在系统图中，管道系统的平、立面布局及其与设备的具体连接关系、设备的类型、数量等均有清楚的图形表明。因此，系统图反映了工程的全貌。

系统图可用正等轴测投影或斜轴测投影法绘制。

5. 工艺流程图

流程图也是工程全貌图，它和系统图一样绘有系统全部管道和设备，并清楚地表明了设备和管道的连接关系。流程图和系统图的本质区别在于，系统图是以平面图为基础，在设备和管道均已布置定位后，用轴测投影原理，按比例绘制的。而流程图则是无比例的、不规则的全貌图，其主要作用为在设备和管道较为复杂、连接错误将导致较严重后果的情况下（例如锅炉房工程），强调设备和管道的正确连接，保证工艺流程正常，防止连接错误造成的运行事故。因此，识读工艺流程图一定要彻底搞清管道与设备的正确连接方法，不可有安装上的错误和疏漏。

暖卫工程施工图中，流程图一般只在锅炉房的设计图中才有，其他工程中应用面不广。

6. 节点图与大样图

(1) 节点详图　节点详图就是节点图，用来将工程中的某一关键部位，或某一连接较复杂、在小比例的平面及系统图中无法更清楚表达的部位，单独编号绘出节点详图，以便清楚地表达设计意图，指导正确的施工。

(2) 大样图　对设计采用的某些非标准化的加工件如管件、零部件、非标准设备等，应绘出加工件的大样图，且应采用较大比例的图形如 1∶5、1∶10、1∶1 等比例，以满足加工、装配、安装的实际要求。

节点图、大样图在暖卫工程中经常使用，成为平面图、剖面图、系统图等施工图纸重要的辅助性图纸。

7. 施工说明与设备材料明细表

施工说明与设备材料明细表是"文图"类型的图纸，是施工图纸的重要组成部分，应反复阅读、对照，严格执行。

8. 标准图

标准图又称通用图。是统一施工安装技术要求，具有一定的法令性的图纸，设计时不再重复制图，只需选出标准图号即可，施工中应严格按照指定图号的图样进行施工安装。

标准图可采用三视图或二视图（如卫生器具的安装等）、轴测投影图（如供热系统的入口装置）、剖面图等图形类型绘制，可按比例或不按比例绘制。

7.1.2 给水排水施工图

1. 给水排水施工图的一般规定

给水排水施工图的一般规定应符合《建筑给水排水制图标准》GB/T 50106—2010中的规定。

（1）比例

给水排水施工图选用的比例，宜符合表 7-1 的规定。

给水排水施工图选用的比例 表 7-1

名　　称	比　　例	备　注
建筑给水排水平面图	1：200、1：150、1：100	宜与建筑专业一致
建筑给水排水轴测图	1：150、1：100、1：50	宜与相应图纸一致
详图	1：50、1：30、1：20、1：10 1：5、1：2、1：1、2：1	—
水处理构筑物、设备间、卫生间、泵房平、剖面图	1：100、1：50、1：40、1：30	—

（2）标高

1）给水排水施工图中标高应以 m 为单位，一般应注写到小数点后第二位。小区或庭院（厂区）给水排水施工图中可注写到小数点后第二位。

2）沟渠、管道应标注起点、转角点、连接点、变坡点和交叉点的标高；沟渠宜标注沟内底标高；压力管道宜标注管中心标高；重力管道（排水管道）宜标注管内底标高；必要时，室内架空敷设重力管道可标注管中心标高，但在图中应加以说明。

3）室内管道应标注相对标高；室外管道宜标注绝对标高，当无绝对标高资料时，可标相对标高，但应与各专业中的标高相一致。

4）管道标高在平面图、系统图中的标注如图 7-1 所示，剖面图中的标注如图 7-2 所示。

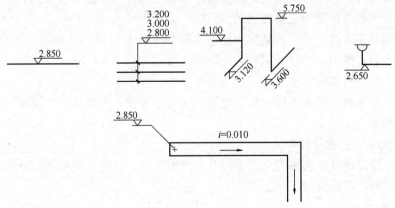

图 7-1　平面图、系统图中管道及沟渠标高标注法

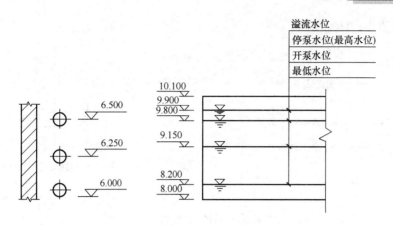

图 7-2　剖面图中管道及水位标高标注法

（3）管径

1）管径尺寸应以 mm 为单位。

2）管径表示方法　水煤气输送钢管（镀锌或非镀锌）、铸钢管，管径以公称直径 DN 表示（如 $DN15$、$DN50$）；无缝钢管、焊接钢管（直缝或螺旋缝）、钢管、不锈钢管等管材，管径以外径 $D \times$ 壁厚 δ 表示（如 $D108 \times 4$、$D159 \times 4.5$ 等）；钢筋混凝土（或混凝土）管、陶土管、耐酸陶瓷管、缸瓦管等管材，管径以内径 d 表示（如 $d230$、$d380$ 等）；塑料管材，管径按产品标注的方法表示；铜管、薄壁不锈钢管等管材，管径宜以公称外径 D_{ω} 表示；建筑给水排水塑料管材，管径宜以公称外径 d_{n} 表示；当设计中均采用公称直径 DN 表示管径时，应有公称直径 DN 与相应产品规格对照表。管径的标注方法如图 7-3 所示。

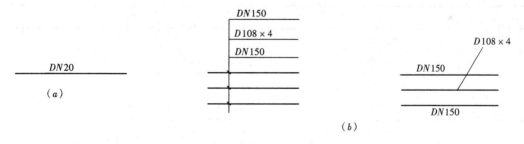

图 7-3　管径的标注方法

（a）单管管径表示法；（b）多管管径表示法

（4）编号

1）为便于使平面图与轴测图对照起见，管道应按系统加以标记和编号，给水系统以每一条引入管为一个系统，排水系统以每一条排出管或几条排出管汇集至室外检查井为一个系统。当建筑物的给水引入管或排水排出管的数量超过 1 根时，宜进行编号。

系统编号的标志是在直径为 10～12mm 的圆圈内过中心画一条水平线，水平线上面是用大写的汉语拼音字母表示管道的类别，下面用阿拉伯数字编号，如图 7-4（a）所示。

2）给水排水立管在平面图上一般用小圆圈表示，建筑物内穿越的立管，其数量超过 1 根时，宜进行编号。

标注方法是管道"类别代号-编号"，如 3 号给水立管标记为 JL-3，2 号排水立管标记为 PL-2，如图 7-4 (b) 所示。

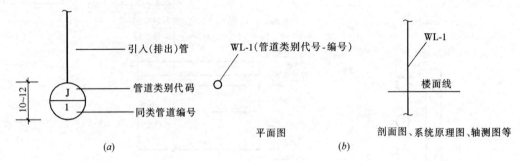

图 7-4　管道编号表示法
(a) 给水排水进出口编号表示法；(b) 立管编号表示法

3）给水排水附属构筑物（如阀门井、水表井、检查井、化粪池）多于一个时，应进行编号，宜用构筑物代号后加阿拉伯数字方法编号，即构筑物代号-编号。并应符合下列规定：

①编号方法应采用构筑物代号加编号表示；

②给水构筑物的编号顺序宜为从水源到干管，再从干管到支管，最后到用户；

③排水构筑物的编号顺序宜为从上游到下游，先干管后支管。

2. 给水排水施工图常用图例

给水排水施工图图例，详见《建筑给水排水制图标准》GB/T 50106—2010，现摘录常用图例见表 7-2。

给水排水常用图例　　　　　　　　　　表 7-2

序　号	名　称	图　例	备　注
一	管道图例		
1	生活给水管	—— J ——	
2	热水给水管	—— RJ ——	
3	热水回水管	—— RH ——	
4	中水给水管	—— ZJ ——	
5	循环给水管	—— XJ ——	
6	循环回水管	—— XH ——	
7	热媒给水管	—— RM ——	
8	热媒回水管	—— RMH ——	
9	蒸汽管	—— Z ——	
10	凝结水管	—— N ——	
11	废水管	—— F ——	
12	压力废水管	—— YF ——	
13	通气管	—— T ——	
14	污水管	—— W ——	

续表

序 号	名 称	图 例	备 注
15	压力污水管	——YW——	
16	雨 水 管	—— Y ——	
17	压力雨水管	——YY——	
18	虹吸雨水管	——HY——	
19	膨 胀 管	—— PZ ——	
20	保 温 管		
21	多 孔 管		
22	地 沟 管		
23	防护套管		
24	管道立管	XL-1 平面　XL-1 系统	X：管道类别 L：立管　1：编号
25	伴 热 管		
26	空调凝结水管	——KN—— KN——	
27	排水明沟	坡向　—→	
28	排水暗沟	坡向　—→	
二	管道附件		
1	管道伸缩器		
2	方形伸缩器		
3	刚性防水套管		
4	柔性防水套管		
5	波 纹 管		
6	可曲挠橡胶接头	单球　双球	
7	管道固定支架		
8	立管检查口		

序　号	名　称	图　例	备　注
9	清扫口	平面　　　系统	
10	通气帽	成品　　　蘑菇形	
11	雨水斗	YD-平面　　YD-系统	
12	排水漏斗	平面　　　系统	
13	圆形地漏		通用。如为无水封，地漏应加存水弯
14	方形地漏		
15	自动冲洗水箱		
16	挡墩		
17	减压孔板		
18	Y形除污器		
19	毛发聚集器	平面　　　系统	
20	倒流防止器		
21	吸气阀		
22	真空破坏器		
23	防虫网罩		
24	金属软管		
三	管道连接		
1	法兰连接		

序 号	名 称	图 例	备 注
2	承插连接		
3	活接头		
4	管 堵		
5	法兰堵盖		
6	盲板		
7	弯折管	高 低　低 高	
8	管道丁字上接	高 / 低	
9	管道丁字下接	高 / 低	
10	管道交叉	低 / 高	在下方和后面的管道应断开
四	阀门		
1	闸 阀		
2	角 阀		
3	三 通 阀		
4	四 通 阀		
5	截 止 阀		
6	蝶 阀		
7	电 动 阀		
8	液 动 阀		
9	气 动 阀		

序　号	名　称	图　例	备　注
10	电动蝶阀		
11	液动蝶阀		
12	气动蝶阀		
13	减压阀		左侧为高压端
14	旋塞阀	平面　　系统	
15	底阀		
16	球阀		
17	隔膜阀		
18	气开隔膜阀		
19	气闭隔膜阀		
20	电动隔膜阀		
21	温度调节阀		
22	压力调节阀		
23	电磁阀		
24	止回阀		
25	消声止回阀		
26	持压阀		

续表

序　号	名　　称	图　例	备　注
27	泄压阀		
28	弹簧安全阀		左侧为通用
29	平衡锤安全阀		
30	自动排气阀	平面　　系统	
31	浮球阀	平面　　系统	
32	水力液位控制阀	平面　　系统	
33	延时自闭冲洗阀		
34	感应式冲洗阀		
35	吸水喇叭口	平面　　系统	
36	疏水器		
五	给水配件		
1	水嘴	平面　　系统	
2	皮带水嘴	平面　　系统	
3	洒水（栓）水嘴		
4	化验水嘴		

序 号	名 称	图 例	备 注
5	肘式水嘴		
6	脚踏开关水嘴		
7	混合水水嘴		
8	旋转水水嘴		
9	浴盆带喷头 混合水嘴		
10	蹲便器脚踏开关		
六	消防设施		
1	消火栓给水管	——XH——	
2	自动喷水灭火给水管	——ZP——	
3	雨淋灭火给水管	——YL——	
4	水幕灭火给水管	——SM——	
5	水炮灭火给水管	——SP——	
6	室外消火栓		
7	室内消火栓（单口）	平面 系统	白色为开启面
8	室内消火栓（双口）	平面 系统	
9	水泵接合器		
10	自动喷洒头（开式）	平面 系统	
11	自动喷洒头（闭式）	平面 系统	下喷
12	自动喷洒头（闭式）	平面 系统	上喷
13	自动喷洒头（闭式）	平面 系统	上下喷

续表

序 号	名 称	图 例	备 注
14	侧墙式自动喷洒头	平面 ○— ▽系统	
15	水喷雾喷头	●— 平面 ▼ 系统	
16	直立型水幕喷头	⊘— 平面 系统	
17	下垂型水幕喷头	⊘— 平面 系统	
18	干式报警阀	◎ 平面 系统	
19	湿式报警阀	◉ 平面 系统	
20	预作用报警阀	◑ 平面 系统	
21	雨淋阀	⊕ 平面 系统	
22	信号闸阀		
23	信号蝶阀		
24	消防炮	平面 系统	
25	水流指示器	—Ⓛ—	
26	水力警铃		
27	末端试水装置	◎ 平面 系统	

续表

序　号	名　称	图　例	备　注
28	手提式灭火器		
29	推车式灭火器		
七	管件		
1	偏心异径管		
2	同心异径管		
3	乙字管		
4	喇叭口		
5	转动接头		
6	S形存水弯		
7	P形存水弯		
8	90°弯头		
9	正三通		
10	TY三通		
11	斜三通		
12	正四通		
13	斜四通		
14	浴盆排水管		
八	卫生设备及水池		
1	立式洗脸盆		
2	台式洗脸盆		
3	挂式洗脸盆		

续表

序　号	名　　称	图　　例	备　　注
4	浴盆		
5	化验盆、洗涤盆		
6	厨房洗涤盆		不锈钢制品
7	带沥水板洗涤盆		
8	盥洗槽		
9	污水池		
10	妇女卫生盆		
11	立式小便器		
12	壁挂式小便器		
13	蹲式大便器		
14	坐式大便器		
15	小便槽		
16	淋浴喷头		
九	仪表		
1	温度计		
2	压力表		

序　号	名　　称	图　例	备　注
3	自动记录压力表		
4	压力控制器		
5	水表		
6	自动记录流量表	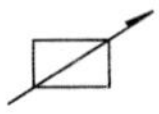	
7	转子流量计	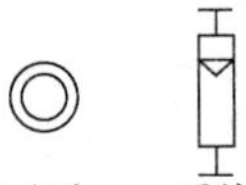 平面　　系统	
8	真空表		

3. 室内给水排水施工图

(1) 室内给水排水施工图的组成

室内给水排水施工图一般由设计施工说明、给水排水平面图、给水排水系统图、详图等几部分组成。

(2) 室内给水排水施工图的内容

1) 设计施工说明　阐述的主要内容有给水排水系统采用的管材及连接方法、消防设备的选型、阀门型号、系统防腐保温做法、系统试压的要求及未说明的各项施工要求。

设计施工说明阐述的内容没有特定的条条框框,应视工程的具体情况,以能交代清楚设计意图为原则。

2) 平面图　平面图的主要内容有建筑平面的形式;各用水设备及卫生器具的平面位置、类型;给水排水系统的出、入口位置、编号,地沟位置及尺寸;干管走向、立管及其编号、横支管走向和位置及管道安装方式(明装或暗装)等。

平面图一般有2~3张,分别是地下室或底层平面图、标准层平面图或顶层平面图。

3) 系统图　系统图的主要内容有各系统的编号及立管编号、用水设备及卫生器具的编号;管道的走向,与设备的位置关系;管道及设备的标高;管道的管径、坡度;阀门种类及位置等。

系统图一般为1~2张,即给水系统图1张,排水系统图1张。较大系统也许超过2张图,较小系统可绘制在同一张图纸上。

4) 大样图与详图　大样图与详图可由设计人员在图纸上绘出,也可能引自有关安装图集。其内容应反映工程实际情况。

4. 小区或庭院（厂区）给水排水施工图

小区或庭院（厂区）给水排水施工图一般由平面图、剖面图和详图等组成。

（1）平面图

平面图的主要内容有小区建筑总平面情况。包括建筑物、构筑物和道路的位置，室外地形标高、等高线的分布，建筑标高及建筑物底层室内地面标高等；市政给水排水干管的平面位置；小区给水排水管道的平面位置、走向、管径、标高、管线长度；小区给水管道附件如室外消火栓、水表、阀门及相关的井室构筑物的布置、编号；小区排水管道的构筑物如检查井、化粪池、雨水口及其他污水局部处理构筑物的分布情况及编号等。

（2）剖面图

剖面图可沿室外给水排水管道的纵向或横向剖开，即构成纵剖面图和横剖面图。主要内容有地面标高、管顶标高；给水管道如采用地沟敷设时，还应反映沟顶与沟底标高、给水管与其他管道及地沟四周的距离；管径、管线长度、坡度、构筑物编号等。

（3）详图

室外给水排水施工图详图和大样图主要反映各井室构筑物的构造、管道附件的做法、支管与干管的接法等。

7.1.3 供暖施工图

1. 供热施工图的一般规定

室内供暖施工图与室外供热施工图一般应符合《暖通空调制图标准》GB/T 50114—2010 和《供热工程制图标准》CJJ/T 78—2010 的规定。

（1）比例

室内供暖施工图的比例一般为 1∶200、1∶100、1∶50。锅炉房及室外供热施工图的比例，宜符合表 7-3 的规定。

常 用 比 例 　　　　　　　　　　　　　表 7-3

图 名	比 例
锅炉房、热力站和中继泵站图	1∶20、1∶25、1∶30、1∶50、1∶100、1∶200
热网管线施工图	1∶500、1∶1000
管线纵剖面图	铅垂方向 1∶50、1∶100　水平方向 1∶500、1∶1000
管线横剖面图	1∶10、1∶20、1∶50、1∶100
管线节点、检查室图	1∶20、1∶25、1∶30、1∶50
详图	1∶1、1∶2、1∶5、1∶10、1∶20

（2）标高

水、汽管道所注标高未予说明时，表示管中心标高。如标注管外底或顶标高时，应在数字前加"底"或"顶"字样。

（3）管径

管径的标注方法如图 7-3 所示。

（4）系统编号

1）室内供暖系统以系统入口数量编号，当系统入口数量有两个或两个以上时，应进行编号。编号由系统代号和顺序号组成。系统代号由大写拉丁字母表示（室内供暖系统用

"N"表示),顺序号由阿拉伯数字表示,如图7-5(a)所示。当一个系统出现分支时,可采用图7-5(b)所示的画法。

系统编号宜标注在系统总管处。

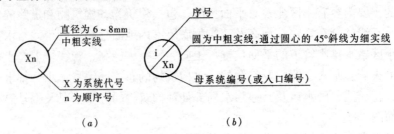

（a）   （b）

图7-5 系统代号、编号的画法

（a）系统代号的画法；（b）分支系统的编号画法

2) 竖向布置的垂直管道系统应标注立管号,如图7-6所示。在不引起误解时,可只标注序号,但应与建筑轴线编号有明显区别。

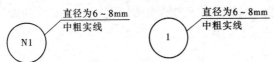

图7-6 立管号的画法

2. 供暖施工图常用图例

供暖施工图图例详见 GB/T 50114—2010 和 CJJ/T 78—2010 标准的规定。摘录的部分常用图例见表7-4。

供暖系统常用图例   表7-4

序号	名　称	图　例	备　注
一	管　道		
	供暖供水（汽）管 回（凝结）水管	——— — — —	
二	补偿器		
1	管道补偿器	⊢□⊣	
2	方形补偿器	⊓	
3	套管补偿器	⊐	
4	波纹管补偿器	◇	
5	弧形补偿器	⌒	
6	球形补偿器	◎	
三	支架		
1	导向支架	═	
2	固定支架	✕　✕‖‖✕	
3	活动支架	┴	

续表

序号	名　称	图　例	备　注
四	阀门		
1	柱塞阀		
2	快开阀		
3	平衡阀		
4	定流量阀		
5	定压差阀		
6	自动排气阀		
7	集气阀		
8	节流阀		
9	膨胀阀		
10	安全阀		
11	散热器放风门		
12	手动排气阀		
13	自动排气阀		
五	换热器		
1	换热器（通用）		
2	套管式换热器		
3	管壳式换热器		
4	容积式换热器		

序号	名　称	图　例	备　注
5	板式换热器		
六	其他		
1	阻火器		
2	节流孔板、减压孔板		
3	快速接头		
4	介质流向	→ 或 ⇒	在管道断开处时，流向符号宜标注在管道中心线上，其余可同管径标注位置
5	坡度及坡向	$i=0.003$ 或 $i=0.003$	坡度数值不宜与管道起止点标高同时标注，标注位置同管径标注位置
6	散热器		
7	金属软管		
8	可曲挠橡胶软接头		
9	Y形过滤器		
10	电动水泵		
11	调速水泵		
12	真空水泵		
13	离心式风机		
14	除污器（通用）		

序号	名　称	图　例	备　注
15	过滤器		
16	闭式水箱		
17	开式水箱		
18	消声器		

3. 室内供暖工程施工图

（1）室内供暖工程施工图的组成

室内供暖施工图一般由设计施工说明、平面图、系统图、详图等组成。

（2）室内供暖施工图的内容

1）设计施工说明　主要阐述供暖系统的热负荷、热媒种类及参数、系统阻力；采用的管材及连接方法；散热设备及其他设备的类型；管道的防腐保温做法；系统水压试验要求及其他未说明的施工要求等。

2）供暖平面图　主要内容有供暖系统入口位置、干管、立管、支管及立管编号；室内地沟的位置及尺寸；散热器的位置及数量；其他设备的位置及型号等。

供暖平面图一般有建筑底层（或地下室）平面、标准层平面、顶层平面图 3 张。

3）供暖系统图　主要内容有供暖系统入口编号及走向、其他管道的走向、管径、坡度、立管编号；阀门种类及位置；散热器的数量（也可不标注）及管道与散热器的连接形式等。

供暖系统图应在 1 张图纸上反映系统全貌，除非系统较大、较复杂，一般不允许断开绘制。

4）供暖详图　与给水排水施工详图相同，可以由设计人员在图纸上绘制，也可引自安装图集。

4. 地面辐射供暖工程施工图

地面辐射供暖工程施工图设计文件的内容和深度，应符合下列要求：

（1）施工图设计文件应以施工图纸为主，包括图纸目录、设计说明、加热管或发热电缆平面布置图、温控装置图及分水器、集水器、地面构造示意图等内容。

（2）设计说明中，应详细说明供暖室内外计算温度、热源及热媒参数或配电方案及电力负荷、加热管或发热电缆技术数据及规格；标明使用的具体条件如工作温度、工作压力或工作电压以及绝热材料的导热系数、密度、规格及厚度等。

（3）平面图应绘出加热管或发热电缆的具体布置形式，标明敷设间距、加热管的管径、计算长度和伸缩缝要求等。

5. 室外供热管网施工图

室外供热管网施工图一般也是由平面图、剖面图（纵剖面、横剖面）和详图等组成。

（1）室外供热管网平面图

主要内容有小区总平面情况。包括已建及拟建建筑物、道路、绿化带的位置，建筑物层数及底层室内地面标高；室外地形标高、等高线的分布等；热源或换热站位置；供热管网的敷设方式及走向、管径；补偿器的类型及位置；泄水排气点的位置、阀门类型及位置、固定支架的位置；检查井等构筑物的位置及编号等。

（2）室外供热管网剖面图

当室外供热管网采用直埋或地沟敷设时，应绘制沿管线纵向或横向的剖面图。纵剖面图的主要内容有地面标高、沟顶标高、管道标高、沟底标高、管径、坡度、管段长度、泄水排气点位置及补偿器、检查井的编号及位置等。横剖面图的主要内容有地沟断面构造及尺寸、管道位置间距及与地沟四壁的施工安装尺寸、支架构造等。

（3）室外供热管网详图

详图主要反映热力入口、管道附件、检查井等构筑物的做法及其干管与支管的连接情况等。可用单线绘制的管道表示，也可用双线绘制的管道表示。

7.1.4 供暖锅炉房施工图

1. 供暖锅炉房的分类

供暖锅炉房是供暖系统的热源，将供暖回水（或凝结水）加热成热水（高温水或低温水）或蒸汽（高压蒸汽或低压蒸汽）。

（1）按燃料种类分 有燃煤、燃油、燃气锅炉。

（2）按锅炉生产的热介质种类分 有热水锅炉和蒸汽锅炉。

（3）按锅炉工作压力分 有低压锅炉、中压锅炉、高压锅炉。

（4）按锅炉出厂形式分 有快装锅炉（出厂时已组装成整体，安装至锅炉基础上即可）、散装锅炉（锅炉各部件在现场组装成整体）。

2. 锅炉的基本参数

锅炉由"汽锅"与"炉子"组成。

锅炉的基本参数有蒸发量或产热量、压力、温度。

（1）蒸发量或产热量

蒸发量是指蒸汽锅炉每小时产生的额定蒸汽量，单位为 t/h；产热量是指热水锅炉每小时的额定热量，单位为 kJ/h 或 kW。

蒸发量或产热量表示锅炉的容量。

（2）压力

压力是指锅炉出口蒸汽或热水的额定压力，单位是 MPa。

（3）温度

温度是指锅炉出口蒸汽或热水的温度，单位为℃。

3. 锅炉房的工艺系统

为保证锅炉本体正常工作，锅炉房内除锅炉本体外，还需设置下列工艺系统。

（1）汽、水系统 汽、水系统包括水处理设备、水泵、水箱和管道等。其流程为水由软化设备来、经水泵注入锅炉、生产的蒸汽或热水送至分汽缸或分水器，最后送到热用户。

（2）送、引风系统 送、引风系统包括送、引风机，风道，除尘设备，烟囱等。其流程为空气经送风机、风道进入锅炉炉膛内，产生的烟气经烟道、除尘器、引风机由烟囱排入大气。

（3）运煤除渣系统　运煤除渣系统包括煤的破碎、筛选、垂直提升、水平输送、煤仓等设备，另外还有灰斗、除渣器等。其流程为燃煤由输送设备经煤斗送入炉排、燃烧后形成的灰渣排入灰斗车（坑）内，最后送往堆灰场。

（4）仪表控制系统　仪表控制系统包括温度计、压力表、水位计、安全阀、水位报警器、主汽阀、排污阀、风压计、流量计及自动装置等。设置仪表控制系统的目的是监测锅炉安全运行。

锅炉房内的工艺系统，不一定配备得非常齐全，应视实际情况由设计决定。

4. 供暖锅炉房施工图

锅炉房施工图一般由设计说明、平面图、剖面图和工艺流程图组成。

（1）锅炉房的平面图

锅炉房平面图的主要内容有锅炉房建筑的平面尺寸、门窗位置及开启方向、房间布局及名称；锅炉及锅炉房设备的平面位置、编号及定位尺寸；水、汽管道，烟、风管道平面、尺寸、布置位置、走向等。

锅炉房的平面图应分层绘制。

（2）锅炉房的流程图

锅炉房的流程图可不按比例绘制。主要内容包括设备和管道的相对关系以及过程进行的顺序；全部设备及流程中有关构筑物编号；管道代号及规格、介质的流动方向；管道与阀门、设备的接口方位等。

（3）锅炉房的剖面图

锅炉房剖面图主要内容包括锅炉房建筑梁底、屋架下弦底标高及多层建筑的楼层标高；设备及设备基础标高；管道代号及标高；管沟及排水沟断面尺寸等。锅炉房的剖面图一般有锅炉房的剖面图、系统剖面图（如送、引风系统管道剖面图，运煤、除渣系统剖面图）

锅炉房的平面图与剖面图应按比例绘制。

（4）详图

锅炉房系统中非标准设备、需要详尽表达的部位和零部件应绘制详图。

7.1.5　暖卫施工图的识读

1. 室内给水排水施工图的识读

在识读室内给水排水施工图时，应首先对照图纸目录，核对整套图纸是否完整，各张图纸的图名是否与图纸目录所列的图名相吻合，在确认无误后再正式识读。

识读时必须分清系统，各系统不能混读。将平面图与系统图对照起来看，以便相互补充和相互说明，建立全面、完整、细致的工程形象，以全面地掌握设计意图。对某些卫生器具或用水设备的安装尺寸、要求、接管方式等不了解时，还必须辅以相应的安装详图。

识读的方法是以系统为单位。给水系统应按水流方向先找系统的入口，按总管及入口装置、干管、立管、支管到用水设备或卫生器具的进水接口的顺序识读。排水系统应按水流方向以卫生器具排水管、排水横支管、排水立管及排出管的顺序识读。

识图举例：某三层办公楼给水排水施工图如图 7-7～图 7-9 所示。

（1）本工程的设计施工说明

1）室外给水管接入部分，由建设单位（甲方）自行考虑接入。

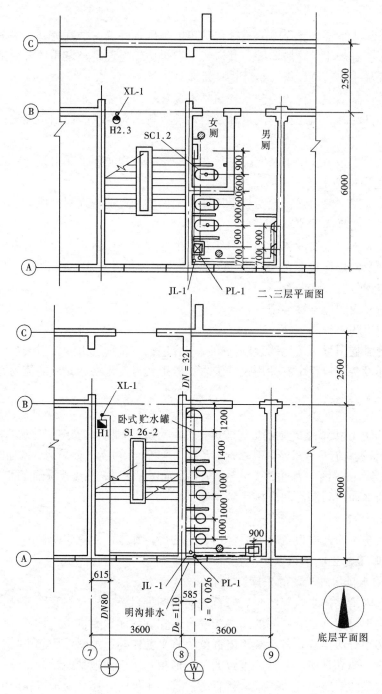

图 7-7　给水排水平面图

2) 系统给水管采用 UPVC 管，粘接连接，埋地部分采用给水铸铁管，承插连接；热水管采用热镀锌钢管，螺纹连接；消防给水管采用热镀锌钢管，$DN \leqslant 100$mm 时为螺纹连接，$DN > 100$mm 时为法兰连接。

3) 室内消防系统采用 SG18/S50 型消防箱，内配 SN50 型消火栓、消防按钮各一个，25m 衬胶水龙带一条；消火栓中心距地面 1.10m。

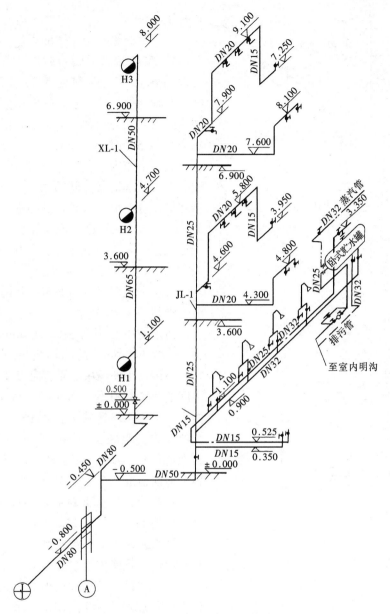

图 7-8 给水及热水系统图

4）管道穿楼板应设套管。卫生间套管顶应高出装饰地面 50mm，其他房间套管顶应高出装饰地面 20mm。

5）卫生器具的安装详见《卫生设备安装》09S304。

6）给水、消防及热水系统，管道安装完毕后应做水压试验，试验压力为 0.6MPa。给水系统应做消毒冲洗，水质符合卫生标准；消防系统安装完毕后做试射试验；排水系统做通球和灌水试验。

7）热水采用蒸汽间接加热方式，在卧式贮水罐内加热。

8）管道均明装，埋地部分管道刷石油热沥青两道（塑料管道除外）。

9）其余未说明事宜按《建筑给水排水及采暖工程施工质量验收规范》GB 50242—2002

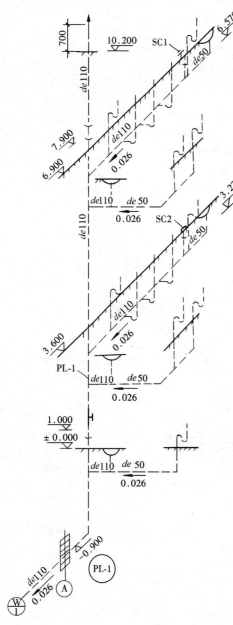

图 7-9　排水系统图

执行。

（2）室内给水施工图的识读

1）室内给水平面图的识读　从图 7-7 中可以看出，卫生间在建筑的 Ⓐ～Ⓑ 轴线和 ⑧～⑨ 轴线处，位于建筑物的南面，其西侧为楼梯间，北侧为走廊，卫生间和楼梯间的进深均为 6m，开间均为 3.6m。

底层浴室内设有四组淋浴器，淋浴器沿轴线 ⑧ 布置，淋浴器的间距为 1000mm，在淋浴器北侧设有一个贮水罐，罐的中心线距Ⓑ轴线为 1200mm，在靠近Ⓐ轴线外墙处设有地漏和洗脸盆各一个，洗脸盆的中心距轴线 ⑨ 为 900mm。

二层和三层卫生间的布置相同，男厕所内沿⑧轴线设有污水池一个、高水箱蹲便器两套，污水池中心距Ⓐ轴线 700mm，与大便器中心距为 900mm。沿⑨轴线墙面设有两个挂式小便器，小便器中心距Ⓐ轴及小便器中心线之间的距离分别为 700mm 和 900mm。女厕所内设有高位水箱蹲式大便器和洗脸盆各一套，大便器中心距隔墙中心线为 600mm，与洗脸盆中心间距为 900mm。另外，男、女厕所均各有地面地漏一个。

各层消火栓上下对应，均设于楼梯间内，其编号为 H_1、H_2 和 H_3。

给水系统入口自建筑物南面引入，分别供给生活给水及消防给水。

2）室内给水系统图的识读 从图 7-8 中看出，该给水系统为生活消防给水，干管位于建筑物±0.00 以下，属下行上给式系统，系统编号为 $\dfrac{J}{1}$，引入管管径为 $DN80$，埋深为 $-0.8m$。

引入管进入室内后分成两路，一路由南向北沿轴线接消防立管 XL-1，干管直径为 $DN80$，标高为 $-0.45m$；另一路由西向东沿轴线接给水立管 JL-1，干管直径为 $DN50$，标高为 $-0.50m$。

立管 JL-1 设在Ⓐ轴线与⑧轴线的墙角处，自底层 $-0.50m$ 至 $7.90m$。该立管在底层分为两路供水，一路由南向北沿⑧轴线墙面明装，管径为 $DN32$，标高为 $0.90m$，经四组淋浴器后与贮水罐底部的进水管相接；另一路由西向东沿Ⓐ轴线墙面明装向洗脸盆供水，管径为 $DN15$，标高为 $0.35m$；JL-1 立管在二楼卫生间内也分两路供水，一路由西向东，管径为 $DN20$，标高为 4.30m，至⑨轴线上翻到标高 4.8m 转弯向北，为两个小便器供水；另一路由南向北沿墙面明装，标高为 4.60m，管径为 $DN20$，接水龙头为污水池供水，然后上翻至标高 5.80m，为蹲便器高水箱供水，再返下至标高 3.95m，管径变为 $DN15$，为洗脸盆供水。三楼给水管道的走向、管径、器具设置与二楼相同。

消防立管 XL-1 设于⑧轴线与⑦轴线相交的墙角处，管径为 $DN50$，在标高 1.00m 处设闸阀一个，并在每层距地面 1.10m 处设置消火栓，其编号分别为 H_1、H_2、H_3。

3）室内热水平面图和系统图的识读 由图 7-7、图 7-8 可以看出，本工程的热水是在贮水罐中间接加热的，贮水罐上有五路管线与之连接，罐端部的上口是 $DN32$ 蒸汽管进口、下口是 $DN25$ 凝水管出口，罐底是 $DN32$ 冷水管进口及 $DN32$ 排污管至室内地面排水明沟，罐顶部是 $DN32$ 热水管出口。

热水管（用点画线表示）从罐顶接出，至标高 3.35m 转弯向南，加设截止阀后转弯向下，至标高 1.10m 再水平自北向南，沿墙布置，为四组淋浴器供应热水，并继续向前至④轴线内墙面下拐至标高 0.525m，然后转弯向东为洗脸盆供应热水。热水管的管径从罐顶出来至前两组淋浴器为 $DN32$，后两组淋浴器热水干管管径为 $DN25$，至洗脸盆的一段管径为 $DN15$。

（3）室内排水施工图的识读

由图 7-7、图 7-9 可以看出，本工程的排水管沿轴线排出建筑物，系统编号为 $\dfrac{P}{1}$，排出管的管径为 $de110$，标高为 -0.90m，坡度为 $i=0.026$，坡向室外。

三楼的排水横管有两路：一路是从女厕所的地漏开始，自北向南沿楼板下面敷设，排水管的起点标高为 6.57m，中间接纳由洗脸盆、大便器、污水池排除的污水，并排至立管 PL-1，在排水横管上设有一个清扫口，其编号为 SC1，清扫口之前的管径为 $de50$，之后的管径为 $de110$，坡度为 0.026，坡向立管。另一路是两个小便器和地漏组成的排水横管，地漏之前的管径为 $de50$，之后的管径为 $de110$，坡度为 $i=0.026$，坡向立管 PL-1。

二楼排水横管的布置、走向、管径、坡度与三楼完全相同。

底层淋浴器由洗脸盆和地漏组成排水横管，属直埋敷设，地漏之前的管径为 $de50$，之后的管径为 $de110$，坡度为 0.026，坡向立管。

排水立管的编号为 PL-1，管径为 $de110$，在底层及三层距地面高度为 1.00m 处设有立管检查口各一个。立管上部伸出屋面的通气管伸出屋面 700mm，管径为 $de110$，出口设有风帽。

2. 高层建筑给水排水施工图的识读

高层建筑给水排水施工图如图 7-10 所示。

该大厦为超高层建筑（高度超过 100m），地下有 2 层，地上有 50 层，建筑高度为 180m。

给水系统采用竖向分区并联给水方式，各区供水方式结合大楼实际情况采用不同的形式，主要保证大楼供水安全、经济，如图 7-10（a）所示。

消防给水系统采用并联供水结合减压的给水方式，节约建筑面积，减少控制环节，提高给水安全性，并且消火栓均带自救式水喉；自动喷水灭火系统采用双立管环网供水，满足了安全性及消防部门的要求，为使各层喷水强度控制在规范规定的上下不超过设计值的 20%，竖向进行分区，裙房部分面积较大，水平方向采用环网布置，如图 7-10（b）、（c）所示。

　　热水供应系统的分区与给水系统相同，热媒为蒸汽，换热器分设于地下1层及30层。

　　室内排水为分流制，粪便污水经化粪池处理，厨房含油脂废水隔油后排入市政污水管，为使管道不堵塞，隔油池设于各厨房制作中心，室内排水系统设主通气立管，卫生器具设器具通气管，如图7-10（d）。

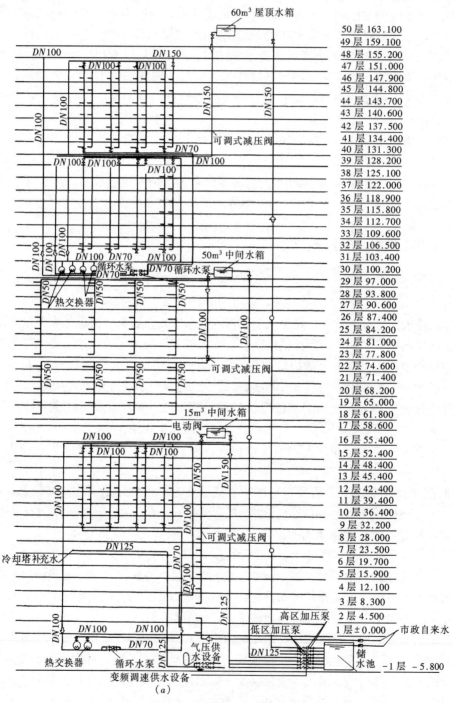

图 7-10　某大厦给水排水施工图
（a）给水系统图

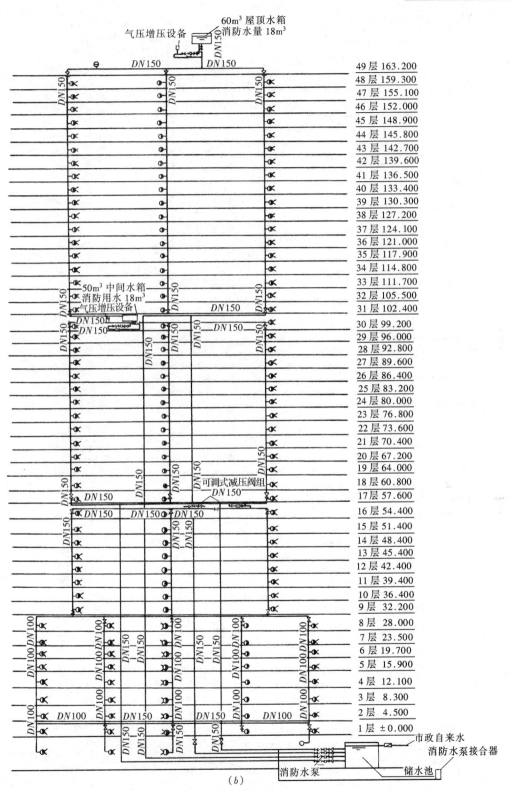

图 7-10 某大厦给水排水施工图

(b) 消防系统图

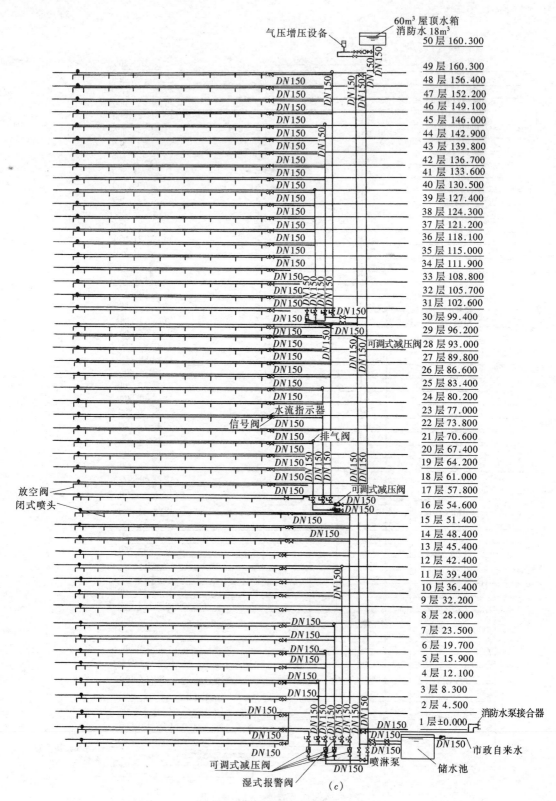

图 7-10 某大厦给水排水施工图

(c) 自动喷淋给水系统图

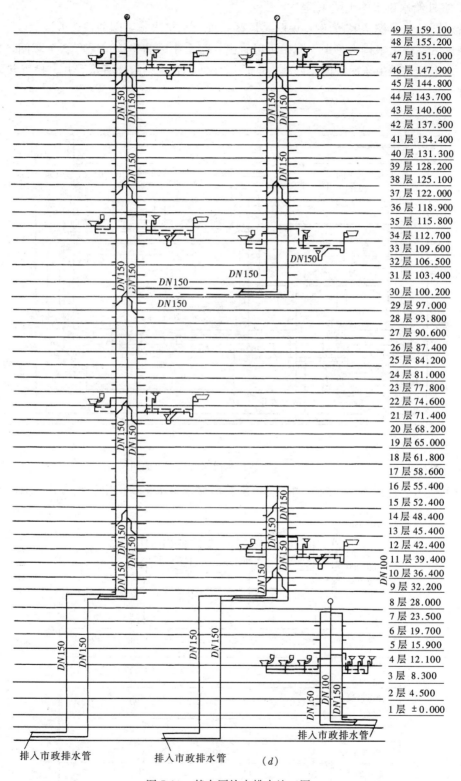

楼层	标高
49 层	159.100
48 层	155.200
47 层	151.000
46 层	147.900
45 层	144.800
44 层	143.700
43 层	140.600
42 层	137.500
41 层	134.400
40 层	131.300
39 层	128.200
38 层	125.100
37 层	122.000
36 层	118.900
35 层	115.800
34 层	112.700
33 层	109.600
32 层	106.500
31 层	103.400
30 层	100.200
29 层	97.000
28 层	93.800
27 层	90.600
26 层	87.400
25 层	84.200
24 层	81.000
23 层	77.800
22 层	74.600
21 层	71.400
20 层	68.200
19 层	65.000
18 层	61.800
17 层	58.600
16 层	55.400
15 层	52.400
14 层	48.400
13 层	45.400
12 层	42.400
11 层	39.400
10 层	36.400
9 层	32.200
8 层	28.000
7 层	23.500
6 层	19.700
5 层	15.900
4 层	12.100
3 层	8.300
2 层	4.500
1 层	±0.000

排入市政排水管　　排入市政排水管　　(*d*)

排入市政排水管

图 7-10　某大厦给水排水施工图

(*d*) 排水系统图

163

3. 室外给水排水施工图识读

现以图 7-11、图 7-12 为例，说明某厂区室外给水排水施工图的识读方法。

在厂区室外给水排水总平面图中可以看出，整个小区的建筑情况有 5 个车间，1 个锅炉房。地形变化是由东南方向至西北方向逐渐变低。管线构筑物有水表井、检查井、排污降温池。

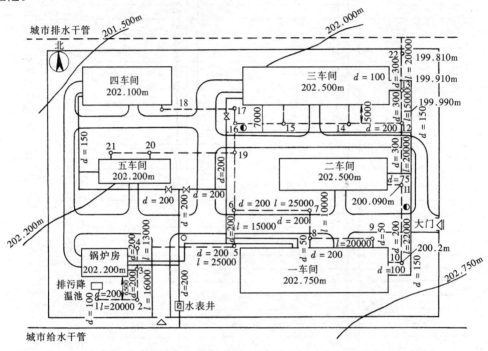

图 7-11　某厂区给水排水管道总平面图

城市给水干管位于厂区的南侧，总给水管由城市给水干管接出经水表井，沿给水管道

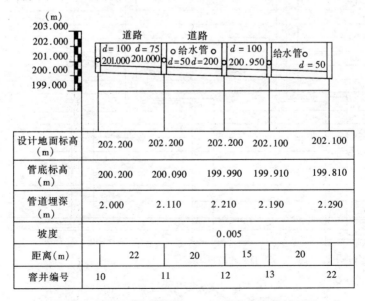

	道路	道路		
$d=100$ $d=75$			$d=100$	给水管
201.000 201.000	$d=50$ $d=200$		200.950	$d=50$

设计地面标高 (m)	202.200	202.200	202.200	202.100	202.100
管底标高 (m)	200.200	200.090	199.990	199.910	199.810
管道埋深 (m)	2.000	2.110	2.210	2.190	2.290
坡度			0.005		
距离(m)	22	20	15	20	
窨井编号	10	11	12	13	22

图 7-12　某厂区排水管道 10～22 号井管段纵剖面图

（用实线绘制）分配至各车间及锅炉房，其各管段的管径已标在平面图上。

城市排水干管位于厂区的北侧，各车间及锅炉房内排水经排水管网（用虚线绘制）、检查井排至城市排水管网，各管道的管径、检查井的编号已标在平面图上。

10～22 号检查井之间的管段纵剖面见图 7-12。从图中可以看出，该厂区给水排水管道均采用直埋敷设，地面标高、管底标高、坡度、距离、检查井编号均可由该图反映出来。

4. 供暖施工图的识读

（1）室内供暖施工图的识读

室内供暖施工图的识读方法与给水排水施工图的识读方法基本相同。即先找到系统入口（热力入口），按水流方向看即可。

现以图 7-13～图 7-16 所示的某建筑室内供暖施工图为例，说明其识读方法。

该建筑为六层，热负荷为 200kW，与供热外网直接连接，供暖热媒为热水，供回水设计温度为 95/70℃；管道材质为非镀锌钢管，$DN \leqslant 32mm$ 采用螺纹连接，$DN > 32mm$ 采用焊接；阀门均采用闸阀；散热器采用四柱 760 型铸铁散热器，并落地安装；管道与散热器均明装，并刷防锈漆二道，调合漆二道；敷设在地沟内的供回水干管均刷防锈漆二道，并做保温；系统试验压力为 0.3MPa；其他按现行施工验收规范执行。

1）室内供暖平面图　如图 7-13 所示，为底层供暖平面图。系统供回水总管设置在 1/14 轴线右侧，管径为 DN80，供水干管上装有流量计。供水总管标高为 -1.50m，回水总管标高为 -1.80m。在建筑物内供暖系统分成另外四个环路，供回水干管在室内地沟内敷设，供水干管末端标高为 -0.59m，回水干管始端标高为 -0.89m。系统采用的是双管下供下回式系统。

在一层平面图中，可以看出供回水干管的管径和坡度、供回水立管的位置、立管的编号、散热器的位置及标注的散热器数量等。

图 7-14 所示是二至六层部分供暖平面图。图上标注了供回水立管的编号，可以看到各组散热器的位置及数量。

2）室内供暖系统图　如图 7-15、图 7-16 所示，供暖热水自总供水管开始，按水流方向依次经供水干管在系统内形成分支，经供水立管、支管到散热器，再由支管、回水立管到回水干管流出室内并汇集到室外回水管网中。

由图 7-15 所示，可以看出供水总管标高为 -1.50m，回水总管标高为 -1.80m，管径均为 DN80。图 7-15 所示是某一分支环路，供水干管管径为 DN50～DN20，由 8 根供水立管把热水供给二至六层的散热器，热水在散热器中散热后，经回水支管、立管到回水干管，回水干管始末端的管径分别为 20～50mm，各分支汇集后从回水总管流至外网。

由系统图上还可看出，供回水干管的坡度为 0.003，坡向供暖系统入口。供回水立管支管分别为 DN20×15，各层散热器供水支管上装设了阀门，用于调节热水流量，图中还标注了各组散热器的数量，卫生间内使用闭式钢串片散热器，图例内标注的为散热器的长度规格。为便于排气，在五、六层散热器上均安装了放气阀。

（2）室外供热管网施工图的识读

室外供热管网施工图的识读方法与室外给水排水施工图的识读方法基本相同，在此配以图 7-17～图 7-20 供识读训练。

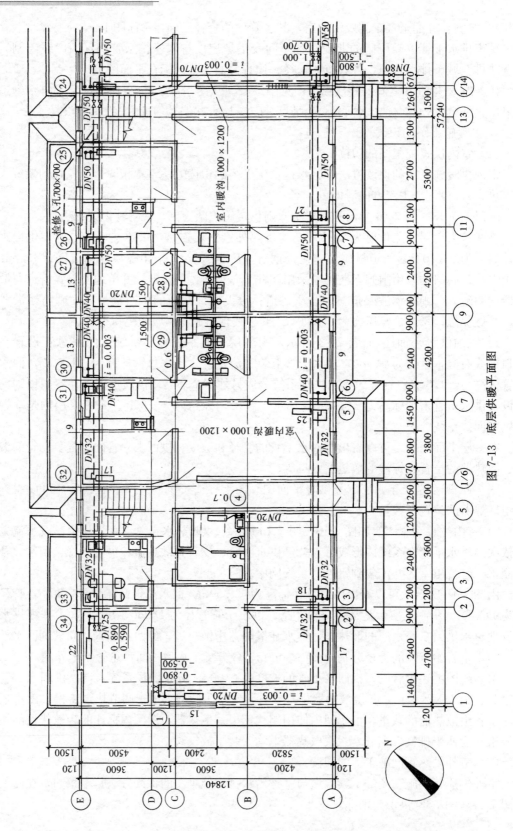

图 7-13 底层供暖平面图

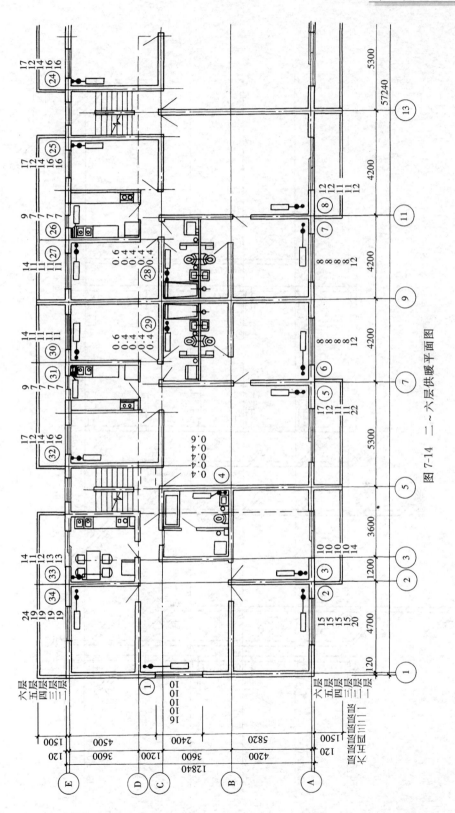

图 7-14　三～六层供暖平面图

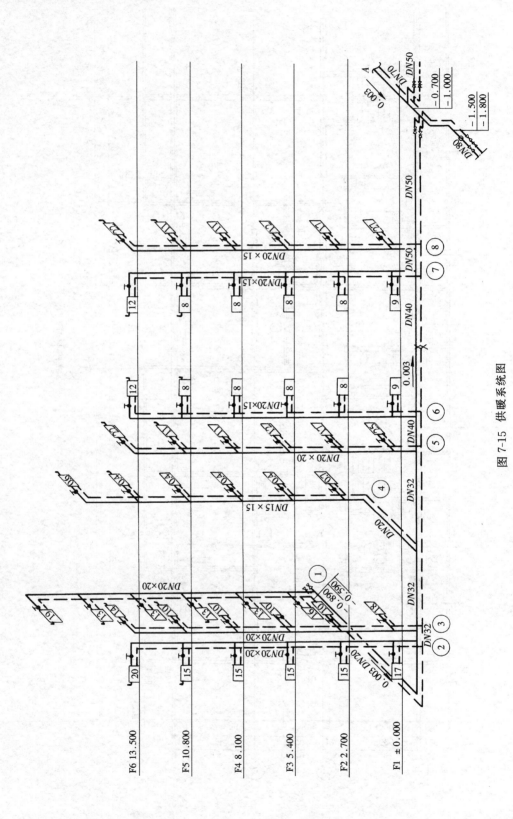

图 7-15　供暖系统图

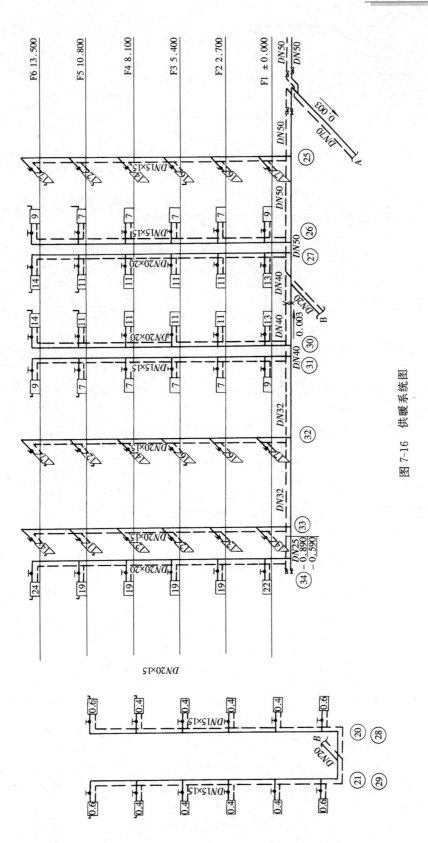

图 7-16　供暖系统图

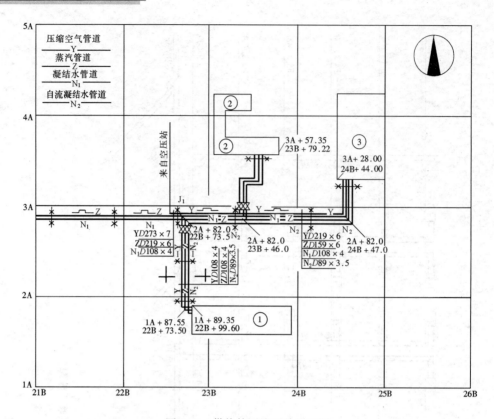

图 7-17 供热外网施工总平面图

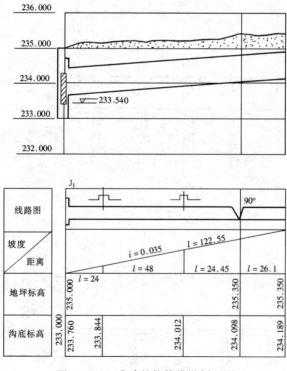

图 7-18 J₁-①建筑物管线纵剖面图

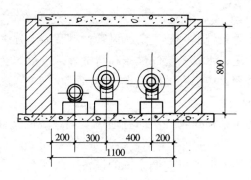

图 7-19　Ⅰ-Ⅰ横剖面图

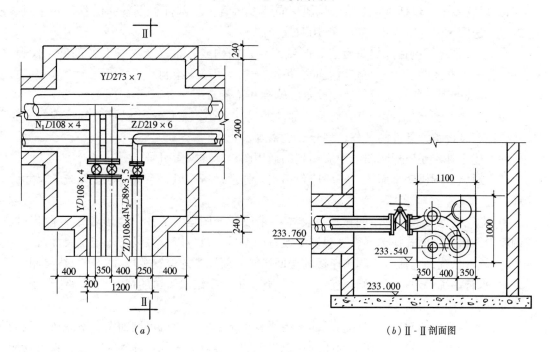

（a）

（b）Ⅱ-Ⅱ剖面图

图 7-20　J₁检查井节点详图

7.2　通风空调工程施工图

7.2.1　通风空调工程施工图的组成

通风空调工程施工图与暖卫工程施工图相同,其施工图也是由图文与图纸两部分组成。

图文部分包括图纸目录、设计施工说明、设备材料明细表。

图纸部分包括通风空调系统平面图、剖面图、系统图（轴测图）、原理图、详图等。

图纸目录和设备材料明细表在暖卫施工图中已作过介绍。

1. 设计施工说明

设计施工说明主要包括通风空调系统的建筑概况；系统采用的设计气象参数；房间的设计条件（冬季、夏季空调房间的空气温度、相对湿度、平均风速、新风量、噪声等级、

171

含尘量等);系统的划分与组成(系统编号、服务区域、空调方式等);要求自控时的设计运行工况;风管系统和水管系统的一般规定、风管材料及加工方法、管材、支吊架及阀门安装要求、保温、减振做法、水管系统的试压和清洗等;设备的安装要求;防腐要求;系统调试和试运行方法和步骤;应遵守的施工规范等。

2. 通风空调系统平面图

通风空调系统平面图包括建筑物各层面各通风空调系统的平面图、空调机房平面图、制冷机房平面图等。

(1) 系统平面图 主要说明通风空调系统的设备、风管系统、冷热媒管道、凝结水管道的平面布置。

1) 风管系统 包括风管系统的构成、布置及风管上各部件、设备的位置,并注明系统编号、送回风口的空气流向。一般用双线绘制。

2) 水管系统 包括冷热水管道、凝结水管道的构成、布置及水管上各部件、仪表、设备位置等,并注明各管道的介质流向、坡度。一般用单线绘制。

3) 空气处理设备 包括各处理设备的轮廓和位置。

4) 尺寸标注 包括各管道、设备、部件的尺寸大小、定位尺寸以及设备基础的主要尺寸,还有各设备、部件的名称、型号、规格等。

除上述之外,还应标明图纸中应用到的通用图、标准图索引号。

(2) 通风空调机房平面图 一般应包括空气处理设备、风管系统、水管系统、尺寸标注等内容。

1) 空气处理设备 应注明按产品样本要求或标准图集所采用的空调器组合段代号,空调箱内风机、表面式换热器、加湿器等设备的型号、数量以及该设备的定位尺寸。

2) 风管系统 包括与空调箱连接的送回风管、新风管的位置及尺寸。用双线绘制。

3) 水管系统 包括与空调箱连接的冷热媒管道、凝结水管道的情况。用单线绘制。

3. 通风空调系统剖面图

剖面图与平面图对应,因此,剖面图主要有系统剖面图、机房剖面图、冷冻机房剖面图等,剖面图上的内容应与在平面图剖切位置上的内容对应一致,并标注设备、管道及配件的标高。

4. 通风空调系统图

通风空调系统图应包括系统中设备、配件的型号、尺寸、定位尺寸、数量以及连接于各设备之间的管道在空间的曲折、交叉、走向和尺寸、定位尺寸等,并应注明系统编号。系统图可用单线绘制也可用双线绘制。

5. 空调系统的原理图

空调系统的原理图主要包括系统的原理和流程;空调房间的设计参数、冷热源、空气处理及输送方式;控制系统之间的相互连接;系统中的管道、设备、仪表、部件;整个系统控制点与测点之间的联系;控制方案及控制点参数;用图例表示的仪表、控制元件型号等。

7.2.2 通风空调系统施工图

1. 通风空调系统施工图的一般规定

通风空调系统施工图的一般规定应符合《建筑给水排水制图标准》GB/T 50106—

2010、《暖通空调制图标准》GB/T 50114—2010、《供热工程制图标准》CJJ/T 78—2010的规定。

通风空调工程施工图的总平面图、平面图的比例，宜与工程项目设计的主导专业一致，其余可按表7-5选用。

（1）比例

通风空调工程施工图的比例，宜选用表7-5中所列比例。

通风空调工程施工图常用比例 表7-5

图　名	常用比例	可用比例
剖面图	1：50、1：100	1：150、1：200
局部放大图、管沟断面图	1：20、1：50、1：100	1：25、1：30、1：150、1：200
索引图、详图	1：1、1：2、1：5、1：10、1：20	1：3、1：4、1：15

（2）风管规格标注

风管规格对圆形风管用管径"ϕ"表示（如$\phi360$）；对矩形风管用断面尺寸"宽×高"表示（如$400×120$），单位均为mm。

（3）风管标高标注

标高对矩形风管为风管底标高，对圆形风管为风管中心标高。

2. 通风空调系统施工图常用图例

通风空调系统施工图常用图例见表7-6。

通风空调工程施工图常用图例 表7-6

序　号	名　称	图　例	附　注
一	风管、风口		
1	矩形风管	***×***	宽×高（mm）
2	圆形风管	ϕ***	ϕ直径（mm）
3	风管向上		
4	风管向下		
5	天圆地方		左接矩形风管，右接圆形风管
6	软风管		
二	风口		
1	方形风口		

序　号	名　称	图　例	附　注
2	条缝形风口		
3	矩形风口		
4	圆形风口		
5	侧面风口		
6	防雨百叶窗		
7	检修门		
8	气流方向		左为通用表示法，中表示送风，右表示回风
三	阀门		
1	蝶阀		
2	插板阀		
3	止回风阀		
4	余压阀		
5	三通调节阀		
6	防烟、防火阀		＊＊＊表示防烟、防火阀名称代号，代号说明详见规范
四	设备		
1	变风量末端		
2	空调机组加热、冷却盘管		从左到右分别为加热、冷却及双功能盘管

续表

序　号	名　　称	图　　例	附　注
3	空气过滤器		从左至右分别为粗效、中效及高效
4	挡水板		
5	加湿器		
6	电加热器		
7	板式换热器		
8	立式明装风机盘管		
9	立式安装风机盘管		
10	卧式明装风机盘管		
11	卧式安装风机盘管		
12	窗式空调器		
13	分体空调器	室内机 室外机	
14	射流诱导风机		
15	减振器		左为平面图画法，右为剖面图画法
五	调控装置及仪表		
1	控制器	C	
2	吸顶式温度感应器	T	
3	温度计		
4	压力表		

序　号	名　　称	图　例	附　注
5	流量计	 FM	
6	能量计	 EM	
7	记录仪	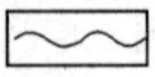	
8	电磁（双位）执行机构		
9	电动（双位）执行机构		
10	电动（调节）执行机构		

3. 通风空调系统施工图的识读

通风空调系统施工图有其自身的特点，其复杂性要比暖卫施工图大，识读时要切实掌握各图例的含义，把握风系统与水系统的独立性和完整性。识读时要搞清系统，摸清环路，分系统阅读。

（1）识读方法与步骤

1）认真阅读图纸目录　根据图纸目录了解该工程图纸张数、图纸名称、编号等概况。

2）认真阅读领会设计施工说明　从设计施工说明中了解系统的形式、系统的划分及设备布置等工程概况。

3）仔细阅读有代表性的图纸　在了解工程概况的基础上，根据图纸目录找出反映通风空调系统布置、空调机房布置、冷冻机房布置的平面图，从总平面图开始阅读，然后阅读其他平面图。

4）辅助性图纸的阅读　平面图不能清楚、全面地反映整个系统情况，因此，应根据平面图上提示的辅助图纸（如剖面图、详图）进行阅读。

对整个系统情况，可配合系统图阅读。

5）其他内容的阅读　在读懂整个系统的前提下，再回头阅读施工说明及设备材料明细表，了解系统的设备安装情况、零部件加工安装详图，从而把握图纸的全部内容。

（2）识图举例

1）空调施工图的识读

图 7-21～图 7-23 所示是某建筑多功能厅空调系统的平面图、剖面图及系统图。

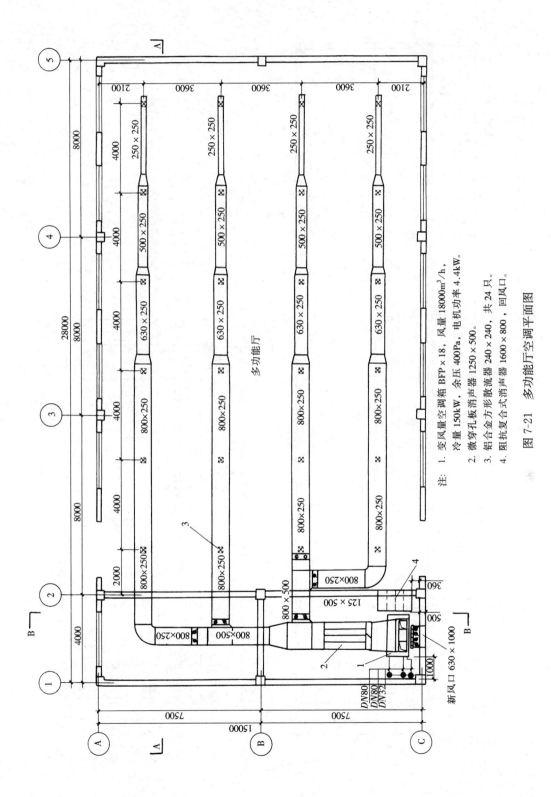

注: 1. 变风量空调箱 BFP×18, 风量 18000m³/h,
冷量 150kW, 余压 400Pa, 电机功率 4.4kW。
2. 微穿孔板消声器 1250×500。
3. 铝合金方形散流器 240×240, 共 24 只。
4. 阻抗复合式消声器 1600×800, 回风口。

图 7-21 多功能厅空调平面图

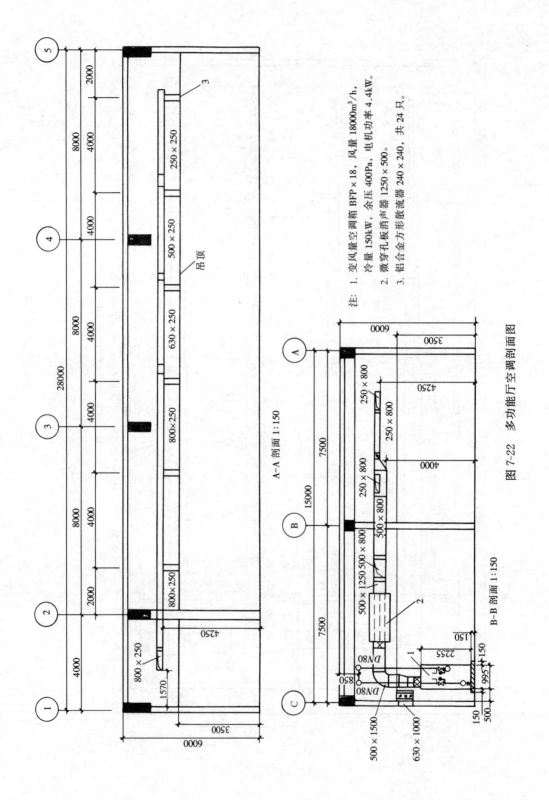

注: 1. 变风量空调箱 BFP×18，风量 18000m³/h，
冷量 150kW，余压 400Pa，电机功率 4.4kW。
2. 微穿孔板消声器 1250×500。
3. 铝合金方形散流器 240×240，共 24 只。

图 7-22　多功能厅空调剖面图

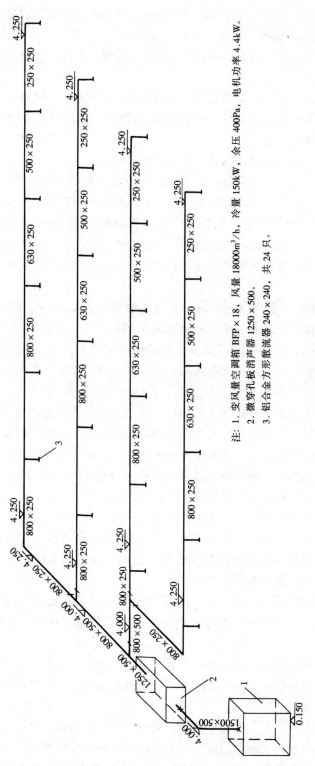

注: 1. 变风量空调箱 BFP×18，风量 18000m³/h，冷量 150kW，余压 400Pa，电机功率 4.4kW。
　　2. 微穿孔板消声器 1250×500。
　　3. 铝合金方形散流器 240×240，共 24 只。

图 7-23　多功能厅空调系统图

从图中可以看出，该空调系统的空调箱设在机房内，空调机房ⓒ轴外墙上有一带调节风阀的风管，即新风管，管径为 630mm×1000mm。空调系统的新风由室外经新风管补充到室内。

在空调机房②轴内墙上，有一消声器 4，这是回风管，室内大部分空气经此消声器吸入，并回到空调机房。

空调机房内有一空调箱 1，从剖面图 7-22 看出在空调箱侧下部有一个接风管的进风口，新风与回风在空调机房内混合后，被空调箱由此进风口吸入，经冷热处理后，经空调箱顶部的出风口送至送风干管。

送风经过防火阀，然后经消声器 2，流入管径为 1250mm×500mm 的送风管，在这里分支出管径为 800mm×500mm 的第一个分支管；继续向前，经管径为 800mm×500mm 的管道，分支出第二个分支管，管径为 800mm×250mm，还往前走又分支出管径为 800mm×250mm 的第三个分支管，在各分支管上有管径为 240mm×240mm 方形散流器（送风口）3 共 6 只，通过散流器将送风送入多功能厅。然后，大部分回风经消声器 4 回到空调机房，与新风混合被吸入空调箱 1 的进风口，完成一次循环。另一小部分室内空气经门窗缝隙渗至室外。

由 A-A 剖面图看出，房间高度为 6m，吊顶距地面高度为 3.5m，风管暗装在吊顶内，送风口直接开在吊顶面上，风管底距地面高度为 4.25m，气流组织为上送下回。

由 B-B 剖面图看出，送风管通过软接头直接从空调箱上接出，沿气流方向高度不断减小，由 500mm 变为 250mm。从该剖面图上还可以看到三个送风支管在总风管上的接口位置，支管断面尺寸分别为 500mm×800mm、250mm×800mm、250mm×800mm。

系统图则清楚地表明了该空调系统的构成、管道的走向及设备位置等内容。

将平面图、剖面图、系统图对应起来看，就可以清楚地了解这个带有新、回风的空调系统的情况，首先是多功能厅的空气从地面附近通过消声器 4 被吸入空调机房，同时新风也从室外被吸入到空调机房，新风与回风混合后从空调箱进风口吸入到空调箱内，经过空调箱处理后经送风管送至多功能厅送风方形散流器风口，空气便送入了多功能厅。这显然是一个一次回风（新风与室内回风在空调箱内混合一次）的全空气系统。

2）金属空调箱详图的识读　看详图时，一般是在概括了解这个设备在管道系统中的地位、用途和工作情况后，从主要的视图开始，找出各视图间的投影关系，并参考明细表，再进一步了解它的构造及零件的装配情况。

图 7-24 所示为叠式金属空调箱，它的构造是标准化的，详细构造可由《全国通用采暖通风标准图集》（T905）的图样查阅。本图所示为空调箱的总图，分别为 A-A、B-B、C-C 剖面图。

从三个剖面图及标注的零、部件名称来看，这个空调箱总的分为上、下两层，每层有三段，总共有六段。制造时也分成六段，分别用型钢、钢板等制成箱体，再装上各类配件，分段制造完成后再拼装成整体。

上层的三段分别是：①左面的为中间段，它是一个空的箱体，里面没有设备，只供空气从此通过。②中间一段为加热和过滤段，本段比较大并且作用重要。它的左方是装加热器的部位（本工程中因不需要而没装）；中部顶上有两个带法兰盘的矩形管，是用来与新风管和送风管相连接的，两管中间的下方用钢板把箱体隔开；右部装设过滤器，过滤器装

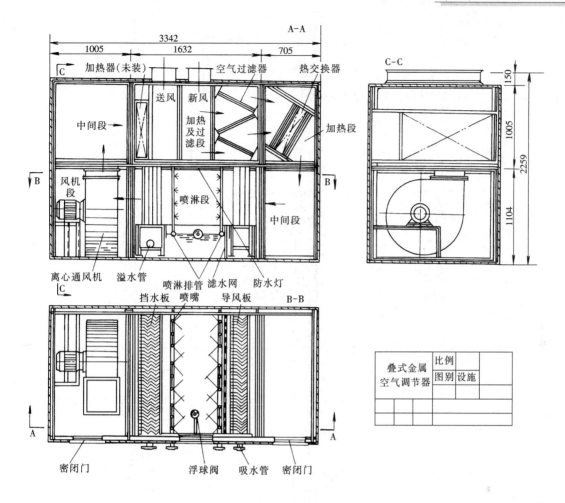

图 7-24　叠式金属空调箱总图

成之字形以增加空气流通的面积。③右段为加热段，热交换器倾斜装在角钢托架上。

　　下层的三段分别是：①右面的为中间段，里面没有设备，只供空气流通。②中段为喷淋段，是很重要且构造较复杂的一段。右部装有导流风板，中部为二根 DN50 的水平冷水管，每根水平管上装有三根 DN40 的立管，每根立管上有六根 DN15 的水平支管，支管上装有喷嘴，喷淋段入口和出口均装有挡水板，其作用是挡水并使空气均匀地流入和流出喷淋段。喷淋段的下部设有水池，喷淋后的冷水经过滤网过滤，由吸水管吸出送回到制冷机房的冷水箱以备循环使用，作去湿处理时水池内的水面上升，至控制高度水位时，则由设在左侧的溢水槽溢出回到冷水管，备循环使用，如果水池水位过低，则可以从浮球阀控制的给水管补给。③左部为风机段，内部安装有离心式风机。

　　可见空调箱的总的情况是新风从上层中间顶部的新风口进入，转向右面经过滤器过滤，再经热交换器加热或冷却，之后进入下层中间段，转变流向进入喷淋段处理后经风机段，由风机压送到上层左部向上方送风口送出，再由与空调箱相连的送风管道到空调房间。

　　3）冷热媒管道施工图的识读

　　对空调送风系统而言，处理空气的空调需供给冷冻水、热水或蒸汽。制造冷冻水就必

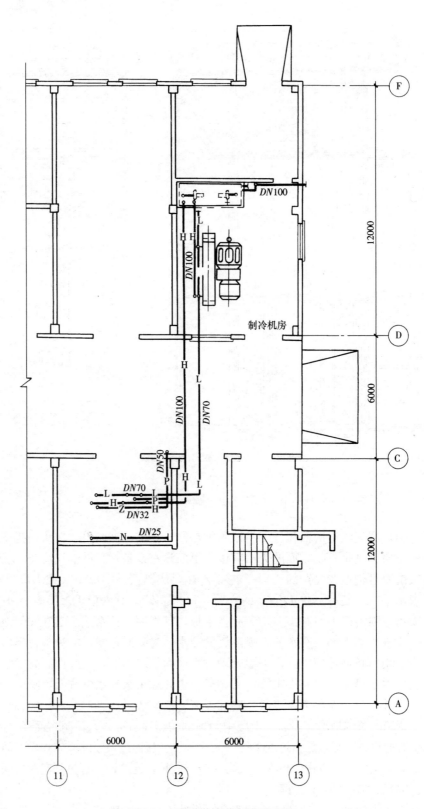

图 7-25 冷热媒管道底层平面图

须设置制冷系统。

　　安装制冷设备的房间称为制冷机房。制冷机房制造的冷冻水，通过管道送至机房内的空调箱中，使用过的冷水则需送回机房经处理后循环使用。

　　由此可见，制冷机房和空调机房内均有许多冷、热媒管道，分别与相应的设备相连接。在多数情况下，可以利用已在空调机房和制冷机房的有关剖面图中所表达到的一些有关部分，而省去专门绘制的剖面图，只用平面图和系统图表示。一般用单线绘制即可。

　　现以图 7-25～图 7-27 为例，说明冷热媒管道施工图的识读方法。

　　图 7-25、图 7-26 所示为冷热媒管道系统的底层平面图和二层平面图。由图 7-25 中可以看出，从制冷机房接出的两条长的管子即冷水供水管（L）与冷水回水管（H），水平转弯后，就垂直向上走。在这个房间内还有蒸汽管（Z）、凝结水管（N）、排水管（P），它们都吊装在该房间靠近顶相同的位置上，与设置在二层的空调箱相连。对照图 7-

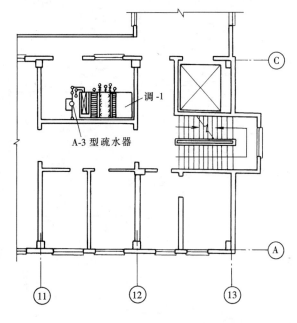

图 7-26　冷热媒管道二层平面图

26 二层平面中调-1 空调机房的布置情况，它们和一层中的管道是相对应的，并可以看出各类管道的布置情况。在制冷机房平面图中还有冷水箱、水泵及相连的各种管道。

　　各管道在空间方向的情况，可由图 7-27 所示冷热媒管道的系统图来表示。

　　从图中可以看到制冷机房和空调机房的设备与管路的布置、冷热媒系统的工作运行情况。由调-1 空调箱分出三根支管，一、二分支管把冷冻水分别送到二排喷水管的喷嘴喷出。为表明喷水管，假想空调箱箱体是透明的，可以看到其内部的管道情况。第三分支管通往热交换器，使热交换器表面温度降低，导致经换热器的空气得到冷却降温。如需要加热，则关闭冷水供水管（L）上的阀门，打开蒸汽开关（Z）上的阀门将蒸汽供给热交换器；从热交换器出来的冷水经冷水回水管（H），并与空调箱下部接出的二根回水管汇合（这二根回水管与空调箱的吸水管和溢水管相接），用管径为 $DN100$ 的管道接到冷水箱。冷水箱中的水要进行再降温时，由水箱下面的冷水回水管（H）接至水泵，送到制冷机组进行降温。

　　当空调系统不使用时，冷水箱和空调箱水池中存留的水都经排水管（P）排净。

　　总之，暖卫及通风空调工程施工图的识读，只要在掌握各系统的基本原理、基本理论，掌握各系统施工图的投影与视图的基本理论，掌握正确识图方法的基础上，再经过较长时间的识图实践锻炼，一定会达到比较熟练的程度。

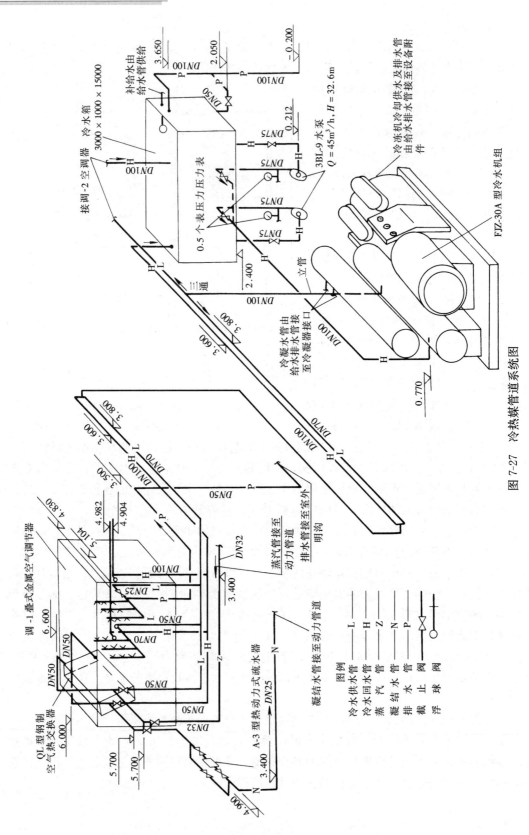

图 7-27　冷热媒管道系统图

思 考 题

1. 暖卫施工图由哪几部分组成?
2. 怎样识读暖卫工程施工图?
3. 通风空调系统施工图由哪几部分组成?
4. 怎样识读通风空调系统施工图?
5. 识别下列图例。

序号	图例	名称	序号	图例	名称
1	高/低		7		
2			8	平面 系统	
3			9		
4			10		
5			11		
6			12		

6. 识别下列图例。

序号	图例	名称	序号	图例	名称
1			5		
2			6	*** ***	
3			7		
4			8		

第8章 电气工程常用材料

8.1 常用导电和信号传输材料及其应用

导电和信号传输材料的主要用途是输送和传导电流，有时也用作产生热、光及化学反应。

对导电材料的基本要求是电阻低、熔点高、机械性能好、电阻温度系数小、密度小。建筑配电系统中常用的导电材料主要以铜、铝、钢为主，铜的导电性能优于铝和钢。为减少配电线路中电能传输时引起的线路损耗，减少导线阻抗，以铜为导电材料的使用量大于铝和钢。常用导电材料性能特点及用途见表8-1。

下列情况下，应采用铜芯线缆：

(1) 特等建筑，如具有重大纪念、历史或意义的各类建筑。

(2) 重要的公共建筑和居住建筑。

(3) 重要的资料室（如档案室、书库等）、重要库房、银行金库等。

(4) 大型商场、车站、码头、航空港、影剧院、体育馆等人员聚集较多的场所。

(5) 连接与移动设备或敷设于剧烈震动的场所。

(6) 特别潮湿场所和对铝材有严重腐蚀的线路。

(7) 应急系统、包括消防设施的线路。

(8) 有特殊规定的其他城市和易燃、易爆的措施。

常用导电材料性能特点及用途　　　　　　　　　　表8-1

材料名称	性 能 特 点	主 要 用 途
铜	铜电阻率小，延展性强，耐腐蚀 铜材可分为硬铜和软铜。硬铜经冷态延拉而成，机械强度高；软铜由硬铜通过450～600℃退火而成，韧性较好	硬铜常用作架空电力线、电车滑触线、配电装置的母线、电机换向器片等 软铜常用作电线电缆的线芯
铝	铝导电性能仅次于铜，机械强度为铜的一半，耐腐蚀性较铜差、延展性好、易加工，资源丰富。铝的长期工作温度不宜超过90℃，短期工作温度不宜超过120℃	铝价格较铜低，资源丰富，因此对无特殊要求的场所，应优先采用铝作为导电材料 铝可用作电线电缆线芯、母线及电缆保护层等
钢	钢是铁碳合金的一种，其含碳量小于2%，机械强度高，但导电性能低于铜和铝，不耐腐蚀，在潮湿和热环境下极易氧化生锈	钢常用于小功率架空电力线和接地装置中的接地线，也用于制作钢芯铝绞线

8.1.1 常用导线

导线又称为电线，常用导线可分为绝缘导线和裸导线。导线线芯要求导电性能好、机械强度大、质地均匀、表面光滑、无裂纹、耐蚀性好。导线的绝缘层要求绝缘性能好，质地柔韧且具有一定的机械强度，能耐酸、碱、油、臭氧的侵蚀。

1. 裸导线

裸导线只有导体部分，没有绝缘层和保护层，裸导线主要由铝、铜、钢等制成。裸导线按股数可分为裸单线（单股线）和裸绞线（多股绞合线）两种，按材料分为铝绞线、钢芯铝绞线、铜绞线；按线芯的性能可分为硬裸导线和软裸导线。硬裸导线主要用于高、低压架空电力线路输送电能，软裸导线主要用于电气装置的接线、元件的接线及接地线等。裸导线文字符号标注中，铜用字母"T"表示；铝用字母"L"表示；钢用字母"G"表示。导线的截面积用数字表示。如 LJ-35 表示截面积为 35mm^2 的硬铝绞线，LGJ-70 表示截面积为 70mm^2 的钢芯铝绞线。

（1）裸单线

单根圆形的裸导线称为圆单线，常用的圆单线有铜质、铝质两类。铜质圆单线有 TY、TR 及 TRX 等；铝质圆单线有 LY、LR 等。圆单线一般用来作电线、电缆的线芯。

（2）裸绞线

裸绞线是将多根圆单线绞合在一起的合股线，裸绞线较柔软并有足够的机械强度，在架空电力线路和电缆芯线中大都采用裸绞线。裸绞线可用芯线结构表示法或标称截面来表示，如 7×2.11 或 25mm^2。

（3）裸导线的规格

硬裸导线的规格为（mm^2）：10、16、25、35、50、70、95、120、150、185、240、300、400、500、600、700、800 等。软裸导线的规格为（mm^2）：0.012、0.03、0.06、0.12、0.20、0.30、0.40、0.50、0.75、1.0、1.5、2.0、2.5、4、6、10、16、25、35、50、70、95、120、150、185、240、300、400、500、600、700、800 等。常用裸导线型号、特点及用途见表 8-2。

2. 绝缘导线

绝缘导线是在裸导线外层包有绝缘材料的导线。绝缘导线按线芯材料分为铜芯和铝芯；按结构分为单芯、双芯、多芯等；按线芯股数分为单股和多股；按绝缘材料分为橡皮绝缘导线和塑料绝缘导线两类。橡皮绝缘导线是在单股或多股裸导线外包一层橡皮，或再敷一层棉纱或玻璃丝编织层作保护层，并经过防潮处理，一般用于室内敷设。塑料绝缘导线是用聚氯乙烯作绝缘包层，具有耐油、耐酸、耐腐蚀、防潮、防霉等特点，工程中主要用于室内照明线路。绝缘导线文字符号含义见表 8-3。常用绝缘导线型号及适用场所见表 8-4。

（1）绝缘导线的规格

绝缘导线的规格为（mm^2）：0.012、0.03、0.06、0.12、0.20、0.30、0.40、0.50、0.75、1.0、1.5、2.0、2.5、4、6、10、16、25、35、50、70、95、120、150、185、240、300、400、500、600、700 等。

（2）橡皮绝缘导线

橡皮绝缘导线主要用于室内外敷设。长期工作温度不得超过＋60℃，额定电压≤250V 的橡皮绝缘导线用于照明线路。如：BLXF-10 表示导线截面为 10mm^2 的铝芯氯丁橡皮线。BX-2.5 表示导线截面为 2.5mm^2 的铜芯橡皮线。

常用裸导线型号、特点及用途　　　　　　　　　　　表 8-2

名　称	型　号	特点	用途	名　称	型　号	特点	用　途
硬圆铜线	TY	硬线抗拉强度大，软线延伸率高，半硬线介于两者之间 导电性能、力学性能良好，钢芯铝绞线拉断力大，钢绞线柔软	硬线主要用作架空导线，软线、半硬线主要用作电线、电缆、电磁线的线芯，也用于电气产品用于高、低压架空电力电路，铜软绞线引出线、接地线及电子元器件线引出线	硬扁铜线	TBY	铜、铝扁线和母线的机械特性和圆线相同，扁线、母线的结构形状均为矩形	铜、铝扁线主要用于制造电机、电器的线圈。铝母排主要用作汇流排
软圆铜线	TR			软扁铜线	TBR		
硬圆铝线	LY			硬扁铝线	LBY		
半硬圆铝线	LYB			半硬扁铝线	LBBY		
软圆铝线	LR			软扁铝线	LBR		
镀银软圆铜线	TRV			硬铝母线	LMY		
铝镁硅系合金圆线	LHA			软铝母线	LMR		
	LHB			铜电刷线	TS	柔软，耐振动、耐弯曲	用于电刷连接线
扬声器音圈接线	TZ-4				TSX		
	TZX-4				TSR		
	TZ-4-1				TSXR		
铝绞线	LJ			软铜编织线	QC	柔软	用作汽车、拖拉机蓄电池连接线
钢芯铝绞线	LGJ						
铜绞线	TJ						

绝缘导线文字符号含义　　　　　　　　　　　表 8-3

性能		分类代号或用途		线芯材料		绝缘		护套		派生	
符号	意义	符号	意义	符号	意义	符号	意义	符号	意义	符号	意义
ZR NH	阻燃 耐火	A	安装线			V	聚氯乙烯	V	聚氯乙烯	P	屏蔽
		B	布电线			F	氟塑料	H	橡套	R	软
		Y	移动电器线	T	铜（省略）	Y	聚乙烯	B	编织套	S	双绞
		T	天线	L	铝	X	橡皮	N	尼龙套	B	平行
		HR	电话软线			F	氯丁橡皮	SK	尼龙丝	D	带行
		HP	电话配线			ST	天然丝	L	腊克	P1	缠绕屏蔽

（3）塑料绝缘导线

塑料绝缘导线具有耐油、耐酸、耐腐蚀、防潮、防霉等特点，常用作 500V 以下室内照明线路，可穿管敷设及直接敷设在空心板或墙壁上。

常用绝缘导线型号及适用场所　　　　　　　　　　　表 8-4

名　称	型　号	适 用 场 所
铜芯塑料线 铝芯塑料线	BV BLV	用于交流 500V 以下，直流 1000V 以下电气设备和照明装置的连接
阻燃铜芯塑料线 耐火铜芯塑料线	ZR-BV NH-BV	用于交流 500V 以下，直流 1000V 以下室内较重要措施固定敷设
铜芯塑料软线 铝芯塑料软线	BVR BLVR	用于交流 500V 以下，要求电线较柔软的场所固定敷设
铜芯塑料护套线 铝芯塑料护套线	BVV BLVV	用于交流 500V 以下，直流 1000V 以下室内固定敷设

名　　称	型　号	适　用　场　所
铜芯平行塑料连接软线 铜芯双绞塑料连接软线 铜芯塑料连接软线	RVB RVS RV	用于交流 250V，室内连接小型电器，移动或半移动敷设时使用
铜芯橡皮线 铝芯橡皮线	BX BLX	用于交流 500V 及以下，直流 1000V 及以下的户内外架空、明设、穿管固定敷设的照明及电气设备电路
铜芯橡皮软线	BXR	用于交流 500V 及以下，直流 1000V 及以下电气设备及照明装置要求电线比较柔软的室内安装
铜芯氯丁橡皮线	BXF	用于交流 500V 及以下，直流 1000V 及以下的户内外架空、明设、穿管固定敷设的照明及电气设备电路（尤其适用于室外）

如：ZR-BV-4 表示导线截面为 4mm^2 的阻燃铜芯塑料线，BLVV-10 表示导线截面为 10mm^2 的铝芯塑料护套线。

8.1.2　常用电缆

电缆是一种多芯导线，即在一个绝缘软套内裹有多根相互绝缘的线芯。电缆的基本结构是由缆芯、绝缘层、保护层三部分组成。

电缆的种类较多，按导线材质可分为：铜芯电缆、铝芯电缆；按用途可分为：电力电缆、控制电缆、通信电缆、其他电缆；按绝缘可分为：橡皮绝缘、油浸纸绝缘、塑料绝缘；按芯数可分为：单芯、双芯、三芯、四芯及多芯电缆。电缆线路与一般线路比较，一次性成本较高，维修困难，但绝缘能力、力学性能好，运行可靠，不易受外界影响。电缆型号的组成和含义见表 8-5。

电缆型号的组成和含义　　　　　　　　　　　　　　　　表 8-5

性　能	类　别	电缆种类	线芯材料	内护层	其他特征	外护层	
						第一个数字	第二个数字
ZR—阻燃 NH—耐火	电力电缆 不表示 K—控制电缆 Y—移动式软电缆 P—信号电缆 H—室内电话电缆	Z—纸绝缘 X—橡皮 V—聚氯乙烯 Y—聚乙烯 YJ—交联聚乙烯	T—铜(省略) L—铝	Q—铅护套 L—铝护套 H—橡套 (H)F—非燃性橡套 V—聚氯乙烯护套 Y—聚乙烯护套	D—不滴流 F—分相铝包 P—屏蔽 C—重型	2—双钢带 3—细圆钢丝 4—粗圆钢丝	1—纤维护套 2—聚氯乙烯护套 3—聚乙烯护套

1. 电力电缆

电力电缆是用来输送和分配大功率电能的导线。通常采用导电性能良好的铜、铝作为缆芯；绝缘层用高绝缘的材料保证芯线之间绝缘，要求绝缘性能良好，有一定耐热性能；保护层用于保护绝缘层和缆芯，分为内护层和外护层两部分，内护层用于保护绝缘层不受潮气侵入并防止电缆浸渍剂外流，外护层用来保护内护层不受外力机械损伤和化学腐蚀。

电缆外护层具有"三耐"和"五防"功能。"三耐"是指耐寒、耐热、耐油;"五防"是指防潮、防雷、防蚁、防鼠、防腐蚀。根据需要,电力电缆又设有铠装和无铠装电缆,无铠装电缆适用于室内、电缆沟内、电缆桥架内和穿管敷设,但不可承受压力和拉力。钢带铠装电缆适用于直埋敷设,能承受一定的正压力,但不能承受拉力。电力电缆剖面图如图8-1所示。

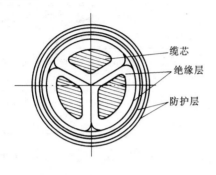

图 8-1 电力电缆剖面

常用的电力电缆有:

(1)油浸纸绝缘电力电缆。这种电缆耐压强度高、耐热性能好、介质损耗低、使用寿命长,但它的制造工艺复杂,敷设时弯曲半径大,低温敷设时,需预先加热,施工困难,且电缆两端水平差不宜过大,民用建筑内配电不宜采用。

(2)聚氯乙烯电力电缆。该电缆制造工艺简单,没有敷设高差限制,重量轻,弯曲性能好,敷设、连接及维护都比较方便,抗腐蚀性能好,不延燃,价格便宜,在民用建筑低压电气配电系统中得到广泛应用。

(3)橡胶绝缘电力电缆。此类电缆弯曲性能好,耐寒能力强,尤其适用于水平高差大和垂直敷设的场合,但其允许运行温度低,耐压及耐油性能差,价格较贵,一般室内配点使用不多。

(4)预制分支电缆。预制分支电缆是电力电缆的新品种。预制分支电缆不用在现场加工制作电缆分支接头和电缆绝缘穿刺线夹分支,而是由电缆生产厂家根据设计要求在制造电缆时直接从主干电缆上加工制作出分支电缆。预制分支电缆的特点是供电可靠,施工方便。预制分支电缆的型号是由 YFD 加其他电缆型号组成。

(5)低烟无卤阻燃及耐火型电线、电缆。低烟无卤系列电线、电缆是一种新型导电材料,在常温下可连续工作 30 年,在 135℃ 温度下可持续工作 6～8 年。低烟无卤系列电线、电缆比一般电线、电缆的性能有明显的提高,近年来得到了广泛的应用。

(6)交联聚乙烯、绝缘聚乙烯护套电力电缆。该电缆绝缘性能强,工作电压可达 35kV,耐热性能好,工作温度可达 80℃,抗腐蚀,重量轻,载流量大,但价格较贵,且有延燃性,适用于电缆两端水平高差较大的场合。

(7)矿物绝缘电缆。矿物绝缘电缆简称 MI 电缆,国内习惯称为氧化镁电缆或防火电缆,它是由矿物材料氧化镁粉作为绝缘的铜芯铜护套电缆。矿物绝缘电缆由铜导体、氧化镁、铜护套两种无机材料组成。该电缆绝缘性能强,载流量大,防火、防水、防爆性好,寿命长,无卤无毒;耐过载,铜护套可以作接地线。矿物绝缘电缆广泛应用于高层建筑、石油化工、机场、隧道、船舶、海上石油平台、航空航天、钢铁冶金、购物中心、停车场等场合。

(8)合金电缆。合金电缆即铝合金电力电缆,这种铝合金电缆采用高延伸率铝合金材料,在纯铝中通过加入铁等材料,并经过紧压绞合工艺及特殊的退火处理,将合金铝中的空隙"挤压"干净减少截面积,使电缆具有较好的柔韧性。合金电力电缆弥补了以往纯铝电缆的不足,提高了电缆的导电性能、弯曲性能、抗蠕变性能和耐腐蚀性能等,能够保证电缆在长时间过载和过热时保持连续性能稳定，在满足同等电气性能的前提下，使用铝合金电缆的重量是铜芯电缆的一半，其截面是传统铜芯电缆的 1.1～1.25 倍，价格比传统的铜芯电缆低 30%～50%。

常用电力电缆的型号及用途见表 8-6 所列。

常用电力电缆的型号及用途表　　　　　　表 8-6

型号 铜芯	型号 铝芯	名　称	用　途
VV	VLV	聚氯乙烯绝缘及护套电力电缆	敷设在室内、沟道中及管子内，耐腐蚀、不延燃，但不能承受机械外力
VY	VLY	聚氯乙烯绝缘聚乙烯护套电力电缆	
VV22	VLV22	聚氯乙烯绝缘钢带铠装聚氯乙烯护套电力电缆	敷设在室内、沟道中、管子内及土中，耐腐蚀，不延燃，能承受一定机械外力，但不能承受压力
VV23	VLV23	聚氯乙烯绝缘细钢带铠装聚氯乙烯护套电力电缆	
VV32	VLV32	聚氯乙烯绝缘细钢带铠装聚氯乙烯护套电力电缆	可用于垂直及高落差处，敷设在水下或土中，耐腐蚀，不延燃，能承受一定机械压力和拉力
VV33	VLV33	聚氯乙烯绝缘细钢带铠装聚氯乙烯护套电力电缆	
YJV	YJLV	交联聚氯乙烯绝缘聚氯乙烯护套电力电缆	敷设于室内、隧道、电缆沟及管道中，也可埋在松散的土中，不能承受机械外力，但可承受一定敷设牵引力
YJY	YJLY	交联聚氯乙烯绝缘聚乙烯护套电力电缆	
YJV22	YJLV22	交联聚氯乙烯绝缘钢带铠装聚氯乙烯护套电力电缆	适用于室内、隧道、电缆沟及地下直埋敷设，能承受机械外力，但不能承受大的拉力
YJV23	YJLV23	交联聚氯乙烯绝缘钢带铠装聚氯乙烯护套电力电缆	
WL-BYJ(F)		铜芯辐照交联低烟无卤阻燃聚乙烯绝缘布电线	
WL-RYJ(F)		多股软铜芯辐照交联低烟无卤阻燃聚乙烯绝缘电线	
WL-YJ(F)V		辐照交联低烟无卤聚乙烯绝缘护套电力电缆	
	ZA-AC90（—40）	自锁铠装铝合金电缆	可应用于非潮湿环境的明线或暗线敷设，并具备与管道方式敷线的相同性能。电缆已在工厂用高柔韧性的联锁型铝合金铠装组装完毕，不需要管道及其附件和人工密集的拉线、扣纹和成管等工序
	ZB-ACWU90（—40）	高柔韧性连锁型铝合金铠装合金电缆	可应用于干燥和潮湿环境的明线或暗线敷设，可直接埋地敷设，并适用于腐蚀环境中

完整的电缆表示方法是型号、芯数×截面、工作电压、长度。如 VV_{22}-4×70+1×25 表示 4 根截面为 70mm² 和 1 根截面为 25mm² 的铜芯聚乙烯绝缘钢带铠装聚氯乙烯护套电力电缆；VV_{23}-3×50-10-500，即表示聚氯乙烯绝缘细钢带铠装聚氯乙烯护套电力电缆，3 芯 50mm² 电力电缆，工作电压为 10kV，电缆长度为 500m。

YFD-ZR-VV-4×185+1×95 表示主干电缆为 4 芯 185mm² 和 1 芯 95mm² 的铜芯阻燃聚氯乙烯绝缘聚氯乙烯护套电力电缆。

WL-BYJ(F)-16 表示导线截面为 16mm² 的铜芯辐照交联低烟无卤阻燃聚乙烯绝缘固定敷设导线。

2. 控制电缆

控制电缆用于配电装置、继电保护和自动控制回路中，作为控制、测量、信号、保护回路中传送控制电流、连接电气仪表及电气元件用。是一种低压电缆，其构造与电力电缆相似，一般运行电压为交流 380V、220V；直流 48V、110V、220V（图 8-2）。芯数为几芯到几十芯不等，截面为 1.5～10mm²，多采用铜导体。常用控制电缆的型号及名称见表8-7。

图 8-2　控制电缆剖面图

控制电缆的型号及名称　　　　　　　　　　　　　　　　表 8-7

型　　号	名　　称
KVV	铜芯聚氯乙烯绝缘聚氯乙烯护套控制电缆
KVV$_{22}$	铜芯聚氯乙烯绝缘钢带铠装聚氯乙烯护套控制电缆

例：KVV-10×1.5 表示 10 根截面为 1.5mm² 的铜芯聚氯乙烯绝缘聚氯乙烯护套控制电缆。

3. 通信电缆

通信电缆按结构类型可分为对称式通信电缆、同轴通信电缆及光缆；按使用范围可分为室内通信电缆、长途通信电缆和特种通信电缆。

常用通信电缆和同轴电缆有：铜芯聚乙烯绝缘聚乙烯护套电话电缆（HYY）；铜芯聚乙烯绝缘聚氯乙烯护套电话电缆（HYV）；铜芯聚乙烯绝缘屏蔽型聚氯乙烯护套电话电缆（HYVP）；常用射频电缆有：半空气—绳管绝缘射频同轴电缆（STV-75-4）；半空气—泡沫绝缘射频同轴电缆（SYFV-135-5）；实芯聚乙烯绝缘聚氯乙烯护套射频同轴电缆（SYV 系列）。

8.1.3　常用母排

母排（又称汇流排）是用来汇集和分配电流的导体，按材质可分为铜母线、铝母线、钢母线和母线槽。铜的电阻率小，导电性能好，有较好的抵抗大气影响及化学腐蚀的性能，但因价格较贵，故一般除特殊要求外较少使用。铝的电阻率仅次于铜，使用比较广泛。钢价格便宜，机械强度好，但电阻率大，且钢是磁性材料，当交流电流通过时，会产生较大的涡流损失、功率损耗和电压降，所以不宜用来输送大电流，通常多用来作零母线和接地母线。母线按其软硬程度可分为硬母线和软母线，软母线用在 35kV 及以上的高压配电装置中，硬母线用在工厂高、低压配电装置中，其截面形状有矩形、管形、槽形等。为防止母线腐蚀和便于识别相序，母线安装后应按表 8-8 涂色或作色别标记。

母 线 涂 色　　　　　　　　　　　　　　表 8-8

母线类别	L1	L2	L3	正极	负极	中线	接地线
涂漆颜色	黄	绿	红	赭	蓝	紫	紫底黑条

注：铜、铝母线的型号由字母和表示规格的数字组成，第一个字母表示材质，T—铜，L—铝；第二个字母 M—母线；第三个字母 Y—硬母线，R—软母线。如 TMY 表示硬铜母线，LMR 表示软铝母线。

8.2　常用绝缘材料及其应用

绝缘材料又称电介质，是一种不导电的物质。绝缘材料的主要作用是把带电部分与不带电部分及电位不同的导体相互隔开。绝缘材料应具有较高的绝缘电阻和耐压强度，并具有一定的耐热性能。

绝缘材料按化学性质分为无机绝缘材料（如云母、石棉、大理石、瓷器、玻璃、硫磺等）、有机绝缘材料（如树脂、橡胶、棉纱、纸、麻、丝、塑料等）和混合绝缘材料。

8.2.1　塑料和橡胶

1. 塑料

塑料是由天然树脂或合成树脂、填充剂、增塑剂、着色剂、固化剂和少量添加剂配制而成的绝缘材料。其特点是相对密度小、机械强度高、介电性能好，耐热、耐腐蚀、易加工。塑料可分为热固性塑料和热塑性塑料两类。

（1）热固性塑料

热固性塑料主要用来制作低压电器、接线盒、仪表等的零部件。

（2）热塑性塑料

热塑性塑料常用的有 ABS 工程塑料、聚乙烯和聚氯乙烯塑料等。ABS 工程塑料表面硬度较高，易于机械加工和成型，表面可镀金属，主要用于制作各种仪表外壳、支架、电动工具外壳、结构件和装饰件等。

聚乙烯塑料主要用作高频电缆、水下电缆等的绝缘材料。热塑性塑料吹塑后可制成薄膜，挤压后可制成绝缘板、绝缘管等成型制品。聚氯乙烯的硬质制品可制成板、管材等；软质制品主要用于制作低压电力电缆、导线的绝缘层和防护套等。

2. 橡胶

（1）橡胶

橡胶是一种具有弹性的绝缘材料，在较大的温度范围内具有优良的弹性、电绝缘性耐热耐寒和耐腐蚀性。橡胶分天然橡胶和人工合成橡胶。天然橡胶是橡胶树干中分泌出的乳汁经加工而制成的，其可塑性、工艺加工性好，机械强度高，但耐热、耐油性差，硫化后可用来制作各类电线、电缆的绝缘层及电器的零部件等。人工合成橡胶是碳氢化合物的合成物，其耐磨性、耐热性、耐油性都优于天然橡胶，但造价较高。常用的有氯丁、丁腈和有机硅橡胶等，可制作橡皮、电缆的防护层及导线的绝缘层等。

（2）橡皮

橡皮是由橡胶经硫化处理而制成的，分硬质橡皮和软质橡皮两类。硬质橡皮主要用来制作绝缘零部件及密封剂和衬垫等。软质橡皮主要用于制作电缆和导线绝缘层、橡皮包布和安全保护用具等。

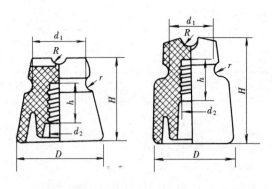

图 8-3 低压针式绝缘子

8.2.2 电瓷

电瓷是用各种硅酸盐或氧化物的混合物制成的，其性质稳定、机械强度高、绝缘性能好、耐热性能好。主要用于制作各种绝缘子、绝缘套管、灯座、开关、插座、熔断器底座等的零部件。

1. 低压绝缘子

（1）低压针式绝缘子

低压绝缘子用于绝缘和固定 1kV 及以下的电气线路。低压针式绝缘子的钢脚形式有木担直角、铁担直角和弯脚三种，外形如图 8-3 所示。规格为 PD-1、PD-2、PD-3（P 表示针式绝缘子；D 表示低压；数字 1、2、3 表示产品尺寸大小）。

（2）低压蝶式绝缘子

低压蝶式绝缘子用于固定 1kV 及以下线路的终端、耐张、转角等。其外形如图 8-4 所示。规格为 ED-1、ED-2、ED-3（E 表示蝶式绝缘子；D 表示低压；数字 1、2、3 表示产品尺寸大小）。

（3）低压布线绝缘子

低压布线绝缘子用于绝缘和固定室内低压配电线路和照明线路，有鼓形绝缘子和瓷夹板两种。鼓形绝缘子外形如图 8-5 所示。规格为 G-30、G-35、G-38、G-50（G 表示鼓形绝缘子；字母后面的数字表示绝缘子高度）。瓷夹板外形如图 8-6 所示。规格为 N-240、N-251、N-364、N-376（N 表示瓷夹板；字母后面第一位数字表示槽数；后二位数字为产品长度）。

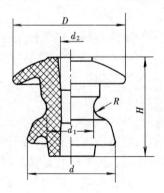

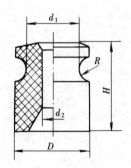

图 8-4 低压蝶式绝缘子　　　　图 8-5 鼓形绝缘子

2. 高压绝缘子

高压绝缘子用于绝缘和支持高压架空电气线路。

（1）高压针式绝缘子

高压针式绝缘子按电压等级分为 6、10、15、20、25、35kV 六种，其主要区别在于铁脚的长度，电压越高、铁脚尺寸越长，瓷裙直径也越大。高压针式绝缘子用于支持相应电压的高压线路。外形如图 8-7 所示。

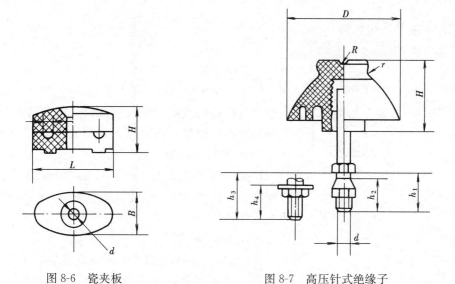

图 8-6　瓷夹板　　　　　　图 8-7　高压针式绝缘子

（2）高压蝶式绝缘子

高压蝶式绝缘子用于支持高压线路，外形如图 8-8 所示。

（3）高压悬式绝缘子

高压悬式绝缘子用于悬挂高压线路，其上端固定在横担上，下端用线夹悬挂导线，可多个串接使用，其外形如图 8-9 所示。规格为 X1-2、X-3、X-4.5、X-7、X2-2C、X2-3C、X2-4.5C［X 表示悬式绝缘子；字母后面数字 1、2 表示设计顺序；一字线后的数字 2、3、4、5、7 为一小时机电负荷（t）；C 表示槽型连接（球型连接不表示）］。

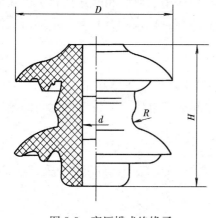

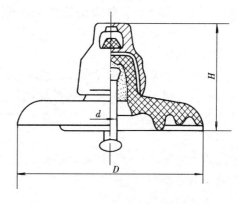

图 8-8　高压蝶式绝缘子　　　　　图 8-9　高压悬式绝缘子

3．拉紧绝缘子和瓷管

（1）拉紧绝缘子

拉紧绝缘子主要用于电杆拉线的对地绝缘，其外形如图 8-10 所示。

（2）瓷管

瓷管在导线穿过墙壁、楼板以及导线交叉敷设时起保护管作用。瓷管分为直瓷管、弯头瓷管和包头瓷管三种，长度有 152mm 和 305mm 两种，内径有 9、15、19、25、38mm 五种。

8.2.3 其他绝缘材料

1. 电工漆和电工胶

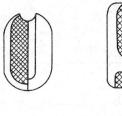

图 8-10　拉紧绝缘子

（1）电工漆

电工漆主要分为浸渍漆和覆盖漆。浸渍漆主要用来浸渍电气设备的线圈和绝缘零部件，填充间隙和气孔，以提高绝缘性能和机械强度。常用的有 1030 醇酸浸渍漆、1032 三聚氰胺醇酸浸渍漆。覆盖漆主要用来涂刷经浸渍处理过的线圈和绝缘零部件，形成绝缘保护层，以防机械损伤和气体、油类、化学药品等的侵蚀，提高表面绝缘强度。

（2）电工胶

常用的电工胶有电缆胶和环氧树脂胶。电缆胶由石油沥青、变压器油、松香脂等原料按一定比例配制而成，可用来灌注电缆接头和漆管、电器开关及绝缘零部件。环氧树脂胶一般需现场配制，按照不同的配方可制得分子量大小不同的产物，其中：分子量低的是黏度小的半液体物，用于电器开关、零部件作浇注绝缘；中等分子量的是稠状物，用于配制高机械强度的胶粘剂；高分子量的是固体物，用于配制各种漆等。配制环氧树脂灌注胶和胶粘剂时，应加入硬化剂，如乙二胺等，使其变成不溶的结实整体。

2. 绝缘布（带）和层压制品

（1）绝缘布（带）

绝缘布（带）主要用途是在电器制作和安装过程中作槽、匝、相间连接和引出线的绝缘包扎。要求其电气性能及耐油性、防潮性良好，机械性能高，并具有一定的防震性能。

（2）层压制品

层压制品是由天然或合成纤维、纸或布浸（涂）胶后，经热压卷制而成，常制成板、管、棒等形状，用于制作绝缘零部件和用作带电体之间或带电体与非带电体之间的绝缘层，其特点是介电性能好，机械强度高。

3. 绝缘油

绝缘油主要用来充填变压器、油开关的空气空间和浸渍电缆等，常用的有变压器油、油开关油和电容器油。

（1）变压器油

变压器油起绝缘和散热作用，常用的有 10 号、25 号和 45 号三种型号。

（2）油开关油

油开关油起绝缘、散热、排热和灭弧作用，常用的有 45 号。

（3）电容器油

电容器油同样起绝缘和散热作用，常用的型号有 1 号、2 号两种，1 号用于电力电容器，2 号用于电信电容器。

8.3　常用安装材料

电气设备的安装材料主要分为金属材料和非金属材料两类。金属材料中常用的有各种类型的钢材及铝材，如水煤气管、薄壁钢管、角钢、扁钢、钢板、铝板等。非金属材料常用的有塑料管、瓷管等。

8.3.1　常用导管

在配线施工中，为了使导线免受腐蚀和外来机械损伤，常把绝缘导线穿在导管内敷设，配线常用的导管有金属导管和绝缘导管。《建筑电气工程施工质量验收规范》GB 50303—2002中对导管的定义如下：在电气安装中用来保护电线或电缆的圆形或非圆形的一部分，导管有足够的密封性，使电线电缆只能从纵向引入，而不能从横向引入。由金属材料制成的导管称为金属导管。没有任何导电部分（不管是内部金属衬套还是外部金属网、金属涂层等均不存在），由绝缘材料制成的导管称为绝缘导管。

1. 金属导管

（1）厚壁钢管

厚壁钢管又称焊接钢管或水煤气管，用于线缆的保护药管，有镀锌和不镀锌之分。适用于有机械外力或有轻微腐蚀气体的场所作明敷设或暗敷设。也可沿建筑物、墙壁或支吊架敷设。

（2）薄壁钢管

薄壁钢管又称电线管，其管壁较薄（1.5mm 左右），管子的内、外壁均涂有一层绝缘漆，适用于干燥场所敷设。目前较常用的有 KBG 管和 JDG 管。薄壁钢管规格见表8-9。

KBG 管（套接扣压式薄壁镀锌钢导管）和 JDG 管（套接紧定式薄壁镀锌钢导管）是取代 PVC 管和 SC 管等各类传统电线导管的换代产品，KBG 管和 JDG 管均采用优质冷轧带钢，经高频焊管机组自动焊接成型，该管材双面镀锌，具有良好的防腐性能，加工方便，施工便捷，在 1kV 及以下建筑电气工程中得到广泛应用。

KBG 管套接方式以新颖的扣压连接取代了传统的螺纹连接或焊接施工，而且无需再做跨接，即可保证管壁有良好的导电性。省去了多种施工设备和施工环节，简化了施工，提高了工效。

JDG 管采用镀锌钢管和薄壁钢管的跨接接地线，只需将直管接头连接管与管，螺纹管接头连接管与接线盒，定位后用专用工具拧紧（拧断）螺钉即可，与接线盒连接处用锁母紧定即可。管路转弯处用弯管器可现场弯曲相应的弧度。

JDG 管克服了普通金属导管的施工复杂、施工损耗大的缺点，同时也解决了 PVC 管耐火性差、接地困难等问题。由于 JDG 管材较普通管材成本上有所增加，所以在施工中多局部用于综合布线、消防布线等施工。

（3）金属软管

金属软管又称金属波纹管或蛇皮管。金属软管由厚度为 0.5mm 以上的双面镀锌薄钢带加工压边卷制而成，轧缝处有的加石棉垫，有的不加。金属软管具有机械强度，又有很好的弯曲性，常用于弯曲部位较多的场所及设备的出线口等处。

（4）普利卡金属套管

普利卡金属套管是电线电缆保护管的新型材料，属于可挠性金属管，具有重量轻、耐腐蚀、屏蔽性好、长度不受限等特点。管外面有螺纹，可现场切割，施工方便，并具有较好的强度和良好的绝缘。可用于各种场合的明、暗敷设和现浇混凝土内暗敷设。常用的型号有 LZ-4、LZ-5、LZ-5z 等。

LZ-4 基本型可挠金属电线保护套管，外层为镀锌钢带，中间层为钢带，里层为电工纸。主要用于消防、仪器仪表、电气设备安装、室内干燥场所装修等场合。

LZ-5 防水包挠金属电线保护套管，用特殊方法在 LZ-4 金属套管表面包覆了一层具有良好柔韧性软质聚氯乙烯，该产品除具有 LZ-4 特点外，还具有优异的耐水性、耐腐蚀性、耐化学性，适用于潮湿场所暗埋和直埋地下配管。

LZ-5z 阻燃包塑可挠金属电线保护套管，其结构与 LZ-5 相同，防火能力强，适用于室内外潮湿、防火要求较高的电气施工、仪器仪表、设备安装配管等场所。

薄壁钢管规格及参数 表8-9

公称口径（mm）	外径（mm）	外径允许偏差（mm）	壁厚（mm）	理论重量（kg/m）	公称口径（mm）	外径（mm）	外径允许偏差（mm）	壁厚（mm）	理论重量（kg/m）
16	15.88	±0.20	1.60	0.581	38	38.10	±0.20	1.80	1.611
19	19.05	±0.25	1.80	0.766	51	50.80	±0.30	2.00	2.407
25	25.40	±0.20	1.80	1.048	64	63.50	±0.30	2.25	3.760
32	31.75	±0.20	1.80	1.329	76	76.20	±0.20	3.20	5.7961

2. 绝缘导管

绝缘导管有硬塑料管、半硬塑料管、软塑料管、塑料波纹管等。其特点是常温下抗冲击性能好，耐碱、耐酸、耐油性能好，但易变形老化，机械强度不如钢管。硬型管适用于腐蚀性较强的场所作明敷设和暗敷设，软型管质轻、刚柔适中，用作电气导管。

（1）PVC 塑料管

PVC 硬质塑料管适用于民用建筑或室内有酸、碱腐蚀性介质的场所。在经常发生机械冲击、碰撞、摩擦等易受机械损伤和环境温度在 40℃ 以上的场所不应使用。PVC 硬质塑料管的规格见表8-10。

PVC 硬质塑料管的规格 表8-10

标准直径（mm）	16	20	25	32	40	50	63
标准壁厚（mm）	1.7	1.8	1.9	2.5	2.5	3.0	3.2
最小内径（mm）	12.2	15.8	20.6	26.6	34.4	43.1	55.5

（2）半硬塑料管

半硬塑料管多用于一般居住和办公建筑等干燥场所的电气照明工程中，暗敷设配线。半硬塑料管可分为难燃平滑塑料管和难燃聚氯乙烯波纹管。

（3）线槽、桥架

将导线敷设于塑料线槽或金属线槽内的配线方式，称为线槽配线。线槽按材质分有塑料和金属之分，塑料线槽采用非燃性塑料制成，由槽体和槽盖两部分组成，槽盖和槽体挤压结合。塑料线槽价廉、轻便、加工方便、防腐能力强，安装、维修及更换导线方便，适用于正常环境的室内场所，特别是潮湿及酸碱腐蚀的场所，但在高温和易受机械损伤的场所不宜使用。金属线槽多由厚度为 0.4~1.5mm 的钢板或镀锌薄钢板制成，其特点是机械强度好、耐热能力强、不易变形、坚固耐用，适用于正常环境的室内场所明配，但不适用于有严重腐蚀的场所。线槽按敷设方式分有明敷和暗敷之分，在简易的工棚、仓库或临时用房大多采用塑料线槽明敷。在吊顶、竖井、电梯井道等场所一般采用金属线槽明敷。在大型的商场或大开间办公室的地面大多采用地面金属线槽。

电缆桥架是由槽式、托盘式或梯级式的直线段、弯通、三通、四通组件以及托臂（臂式支架）吊架等构成具有密接支撑电缆的刚性结构系统之全称。

电缆桥架结构简单，安装快速灵活，维护方便，桥架的主要配件均实现标准化、系列化、通用化而易于配套使用。桥架及配件通过氯磺化聚乙烯防腐处理，具有耐腐蚀、抗酸碱等性能。电缆桥架的种类很多，按结构分，有梯级式、托盘式、槽、组合式和封闭式；按材料分，有钢制桥架、铝合金桥架和玻璃钢制桥架等；按镀锌情况分，有镀锌桥架和非镀锌桥架。电缆桥架适用面非常广，如电气竖井、架空层、设备层、变配电室及走廊顶棚等都比较适合采用桥架。

8.3.2　电工常用成型钢材

钢材具有强度高、韧性好、品质均匀、抗拉、抗压、抗冲击等特点，并且具有良好的可焊、可铆、可切割、可加工性，便于运输、安装、装配等特点，在电气设备安装工程中得到广泛的应用。

1. 扁钢

扁钢是断面呈矩形的钢材，分为镀锌扁钢和不镀锌扁钢。扁钢的规格以"边长×边厚"：的毫米数表示。如—40×4。扁钢可用来制作各种抱箍、撑铁、拉铁和配电设备的零配件、接地母线及接地引线等。

2. 角钢

角钢俗称角铁，是两边互相垂直成直角的长条钢材。有等边角钢和不等边角钢之分。等边角钢其规格以边宽×边宽×边厚的毫米数表示。如∟ 40×40×3。

也可用型号来表示，型号是边宽的厘米数，如∟ 3 号。型号不表示同一型号中不同边厚的尺寸，在合同等单据上填写时应将边宽、边厚尺寸填写齐全，避免单独用型号表示。

角钢可作单独构件或组合使用，广泛用于桥梁、建筑、输电塔构件、横担、撑铁、接户线中的各种支架及电气安装底座、接地体等。

3. 工字钢

工字钢由两个翼缘和一个腹板构成。其规格以腹板高度 h×腹板厚度 d（mm）表示，型号以腹高（cm）数表示。如 10 号工字钢，表示其腹高为 10cm。工字钢广泛用于各种电气设备的固定底座、变压器台架等。

4. 圆钢

圆钢主要用来制作各种金具、螺栓、接地引线及钢索等。其规格以直径的毫米数表示，如 $\phi40$ 表示直径为 40mm 的圆钢。

5. 槽钢

槽钢规格的表示方法与工字钢基本相同，槽钢一般用来制作固定底座、支撑、导轨等。常用槽钢的规格有 5 号、8 号、10 号、16 号等。

6. 钢板

薄钢板分镀锌钢板（白铁皮）和不镀锌钢板（黑铁皮）。钢板可制作各种电气设备的零部件、平台、垫板、防护壳等。

7. 铝板

铝板常用来制作设备零部件、防护板、防护罩及垫板等。铝板的规格以厚度表示，其常用规格有（mm）：1.0、1.5、2.0、2.5、3.0、4.0、5.0 等，铝板的宽度为 400～2000mm 不等。

8.3.3 常用紧固件

1. 操作面固定件

被连接件与地面、墙面、顶板面之间的固定常采用以下三种方法。

（1）塑料胀管

塑料胀管加木螺钉用于固定较轻的构件，常用的有 6、8、10mm 的塑料胀管。该方法多用于砖墙或混凝土结构，不需用水泥预埋，具体方法是用冲击钻钻孔，孔的大小及深度应与塑料胀管的规格匹配，在孔中填入塑料胀管，然后靠木螺钉的拧进，使胀管胀开，从而拧紧后使元件固定在操作面上。

（2）膨胀螺栓

膨胀螺栓用于固定较重的构件，常用的有 M8、M10、M12、M16 等。该方法与塑料胀管固定方法基本相同。钻孔后将膨胀螺栓填入孔中，通过拧紧膨胀螺栓的螺母使膨胀螺栓胀开，从而拧紧螺母后使元件固定在操作面上。

（3）预埋螺栓

预埋螺栓用于固定较重的构件。预埋螺栓一头为螺扣，一头为圆环或燕尾，分别可以预埋在地面内、墙面及顶板内，通过螺扣一端拧紧螺母使元件固定。

2. 两元件之间的固定件

（1）六角头螺栓

一头为螺母，一头为丝扣螺母，将六角螺栓穿在两元件之间，通过拧紧螺母固定两元件。

（2）双头螺栓

两头都为丝扣螺母，将双头螺栓穿在两元件之间，通过拧紧两端螺母固定两元件。

（3）自攻螺钉

用于元件与薄金属板之间的连接。

（4）木螺钉

用于木质件之间及非木质件与木质件之间的连接。

（5）机螺钉

用于受力不大，且不需要经常拆装的场合。其特点是一般不用螺母，而把螺钉直接旋入被连接件的螺纹孔中，使被连接件紧密地连接起来。

8.3.4 电气工程常用材料进场验收

电气工程主要材料、成品和半成品应进场验收合格，并应做好验收记录和验收资料归档。当设计有技术参数要求时，应核对其技术参数，并应符合设计要求。

实行生产许可证或强制性认证（CCC 认证）的产品，应有许可证编号或 CCC 认证标志，并应抽查生产许可证或 CCC 认证证书的认证范围、有效性及真实性。

新型电气器具和材料进场验收时应提供安装、使用、维修和试验要求等技术文件。

进口电气器具和材料进场验收时应提供质量合格证明文件，性能检测报告以及安装、使用、维修、试验要求和说明等技术文件；对有商检规定要求的进口电气设备，尚应提供商检证明。

当主要材料、成品和半成品的进场验收需进行现场抽样检测或因有异议送有资质试验室抽样检测时，应符合下列规定：

（1）现场抽样检测：对于母线槽、导管、绝缘导线、电缆等，同厂家、同批次、同型号、同规格的，每批至少应抽取 1 个样本；对于灯具、插座、开关等电器设备，同厂家、同材质、同类型的，应各抽检 3％，自带蓄电池的灯具应按 5％抽检，且均不应少于 1 个（套）。

（2）因有异议送有资质的试验室而抽样检测：对于母线槽、绝缘导线、电缆、梯架、托盘、槽盒、导管、型钢、镀锌制品等，同厂家、同批次、不同种规格的，应抽检 10％，且不应少于 2 个规格；对于灯具、插座、开关等电器设备，同厂家、同材质、同类型的，数量 500 个（套）及以下时应抽检 2 个（套），但应各不少于 1 个（套），500 个（套）以上时应抽检 3 个（套）。

（3）对于由同一施工单位施工的同一建设项目的多个单位工程，当使用同一生产厂家、同材质、同批次、同类型的主要设备、材料、成品和半成品时，其抽检比例宜合并计算。

（4）当抽样检测结果出现不合格，可加倍抽样检测，仍不合格时，则该批设备、材料、成品或半成品应判定为不合格品，不得使用。

（5）应有检测报告。

绝缘导线、电缆的进场验收应符合下列规定：

（1）查验合格证：合格证内容填写应齐全、完整。

（2）外观检查：包装完好，电缆端头应密封良好，标识应齐全。抽检的绝缘导线或电缆绝缘层应完整无损，厚度均匀。电缆无压扁、扭曲，铠装不应松卷。绝缘导线、电缆外护层应有明显标识和制造厂标。

（3）检测绝缘性能：电线、电缆的绝缘性能应符合产品技术标准或产品技术文件规定。

（4）检查标称截面积和电阻值：绝缘导线、电缆的标称截面积应符合设计要求，其导体电阻值应符合现行国家标准《电缆的导体》GB/T 3956 的有关规定。当对绝缘导线和电缆的导电性能、绝缘性能、绝缘厚度、机械性能和阻燃耐火性能有异议时，应按批抽样送有资质的试验室检测。检测项目和内容应符合国家现行有关产品标准的规定。

导管的进场验收应符合下列规定：

（1）查验合格证：钢导管应有产品质量证明书，塑料导管应有合格证及相应检测报告。

(2) 外观检查：钢导管应无压扁，内壁应光滑；非镀锌钢导管不应有锈蚀，油漆应完整；镀锌钢导管镀层覆盖应完整、表面无锈斑；塑料导管及配件不应碎裂、表面应有阻燃标记和制造厂标。

(3) 应按批抽样检测导管的管径、壁厚及均匀度，并应符合国家现行有关产品标准的规定。

(4) 对机械连接的钢导管及其配件的电气连续性有异议时，应按现行国家标准《电气安装用导管系统》GB 20041 的有关规定进行检验。

(5) 对塑料导管及配件的阻燃性能有异议时，应按批抽样送有资质的试验室检测。

金属镀锌制品的进场验收应符合下列规定：

(1) 查验产品质量证明书：应按设计要求查验其符合性；

(2) 外观检查：镀锌层应覆盖完整、表面无锈斑，金具配件应齐全，无砂眼；

(3) 埋入土壤中的热浸镀锌钢材应检测其镀锌层厚度不应小于 $63\mu m$；

(4) 对镀锌质量有异议时，应按批抽样送有资质的试验室检测。

思 考 题

1. 简述裸导线的定义、分类及主要用途。

2. 指出绝缘导线的定义和分类。

3. 简述铜芯橡皮线和铜芯塑料线的用途。

4. 电缆按导线材质、用途、绝缘、芯数等可分为几种？

5. 指出电力电缆的作用，无铠装电缆和钢带铠装电缆适用于什么场合？

6. 预制分支电缆有何特点，型号、规格如何表示？

7. 简述矿物绝缘电缆和合金电缆的特点及适用场合。

8. 指出母线的作用和分类。

9. 指出绝缘材料的作用，按化学性质绝缘材料可分为几种？

10. 简述低压绝缘子的种类及用途。

11. 简述高压绝缘子的种类及用途。

12. 简述线槽的分类及用途。

13. 简述桥架的组成及分类、适用场合。

14. 简述绝缘导管的种类及用途。

15. 简述金属导管的种类及用途。

16. 简述 KBG 管和 JDG 管的区别。

17. 简述电工常用成型钢材的种类及用途。

第9章 变配电设备安装

9.1 建筑供配电系统的组成

9.1.1 供配电系统的组成

电能由发电厂产生，通常把发电机发出的电压经变压器变换后再送至用户。由发电、变电、送配电和用电构成的一个整体，即电力系统。建筑供配电系统是电力系统的组成部分，该系统确保建筑物所需电能的供应和分配。

从发电厂到电力用户的送电过程如图 9-1 所示。

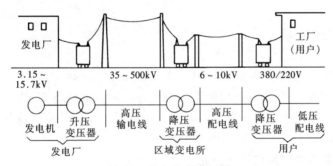

图 9-1 发电送变电过程

1. 发电厂

发电厂是把其他形式的能量，如水能、热能、太阳能、风能、核能等转换成电能的工厂。根据所利用的能量形式不同，发电厂可分为水力发电厂、火力发电厂、风力发电厂、核能发电厂、地热发电厂等。

2. 变电所

变电所是接受电能和变换电压的场所，主要由电力变压器和控制设备等组成。变电所是电力系统的重要组成部分，一般可分为升压变电所和降压变电所。只接受电能而不改变电压，并进行电能分配的场所叫配电所。

3. 电力线路

电力线路是输送电能的通道，其任务是把发电厂生产的电能输送并分配到用户，把发电厂、变配电所和电能用户联系起来。电力线路由不同电压等级和不同类型的线路构成。

建筑供配电线路的额定电压等级多为 10kV 线路和 380V 线路，通常分为架空线路和电缆线路。

4. 配电系统

低压配电系统由配电装置（配电盘）及配电线路组成。配电方式有放射式、树干式及混合式等，如图 9-2 所示。

放射式配电方式的优点是各个负荷独立受电，供电可靠。缺点是设备和材料消耗量大。放射式配电一般多用于对供电可靠性要求高的负荷或大容量设备。

树干式配电方式的优点是节省设备和材料。缺点是供电可靠性较低，干线发生故障时，对系统影响范围大。树干式配电在机加工车间中使用较多，可采用封闭式母线，灵活方便且比较安全。

放射式和树干式相结合的配电方式即为混合式配电，该方式综合了放射式和树干式的优点，故得到了广泛的应用。

5. 电力负荷分级

电力负荷根据其重要性和中断供电后在政治上、经济上所造成的损失或影响的程度分为三级，即一级负荷、二级负荷、三级负荷。

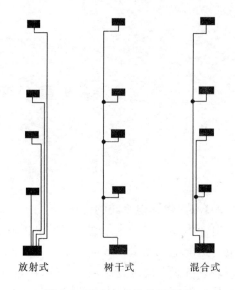

图 9-2　配电方式分类示意图

9.1.2　供电电压等级

国际电工委员会标准 IEC439-1 规定：

AC≤1kV，DC≤1.5kV 为低压；AC>1kV，DC>1.5kV 为高压。6～10kV 电压用于向输电距离为 10km 左右的工业与民用建筑供电，380V 电压用于建筑物内部或向工业生产设备供电，220V 电压多用于向生活设备、小型生产设备及照明设备供电。采用三相四线制供电方式可得到 380/220V 两种电压。

9.1.3　电力系统的中性点运行方式

在三相电力系统中，发电机和变压器的中性点有三种运行方式：即中性点不接地系统；中性点经阻抗接地系统；中性点直接接地系统。前两种合称小接地电流系统，后一种称大接地电流系统。

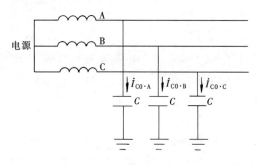

图 9-3　中性点不接地的电力系统

1. 中性点不接地的三相系统

中性点不接地的电力系统如图 9-3 所示。

2. 中性点经消弧线圈接地系统

中性点经消弧线圈接地的电力系统如图 9-4 所示。

3. 中性点直接接地系统

中性点直接接地的电力系统如图 9-5 所示。

当发生单相接地时，故障相由接地点通过大地形成单相短路，单相短路电流很大，故又称其为大接地电流系统。

在低压配电系统中，我国广泛采用中性点直接接地的运行方式，从系统中引出中性线（N）、保护线（PE）或保护中性线（PEN）。

低压配电系统按保护接地形式分为 TN 系统、TT 系统和 IT 系统。其中 TN 系统又

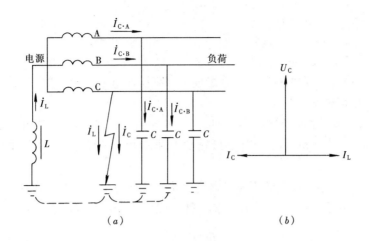

图 9-4　中性点经消弧线圈接地的电力系统

分为：TN—C 系统、TN—S 系统和 TN—C—S 系统。

《供配电系统设计规范》GB 50052—2009 中规定：

TN 系统——在此系统内，电源有一点与地直接连接，负荷侧电气装置的外露可导电部分则通过 PE 线与该点连接。

TN——S 系统——在 TN 系统中，整个系统的中性线与保护线是分开的。

TN-C-S 系统——在 TN 系统中，系统中有一部分中性线与保护线是合一的。

TN-C 系统——在 TN 系统中，整个系统的中性线与保护线是合一的。

在 TN-C、TN-S 和 TN-C-S 系统中，为确保 PE 线或 PEN 线安全可靠，除电源中性点直接接地外，对 PE 线和 PEN 线还必须设置重复接地。低压配电 TN 系统如图 9-6 所示。

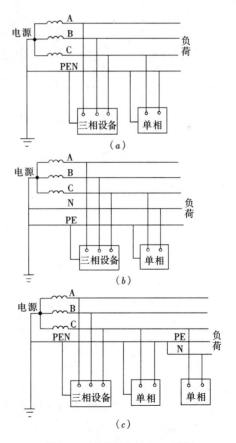

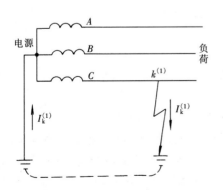

图 9-5　中性点直接接地的电力系统

图 9-6　低压配电的 TN 系统

（a）TN-C 系统；（b）TN-S 系统；（c）TN-C-S 系统

9.2 室内变电所的布置

6～10kV 室内变电所主要由三部分组成：即高压配电室、变压器室、低压配电室。

9.2.1 高压配电室

高压配电室是安装高压配电设备的房间，其布置方式取决于高压开关柜的数量和型式，运行维护时的安全和方便。当台数较少时采用单列布置；当台数较多时采用双列布置。

架空进出线时，进出线套管至室外地面距离应不低于 4m，进出线悬挂点对地距离一般不低于 4.5m。固定式高压开关柜净空高度一般为 4.5m 左右，手车式开关柜净高一般为 3.5m。

高压配电室布置如图 9-7 所示。

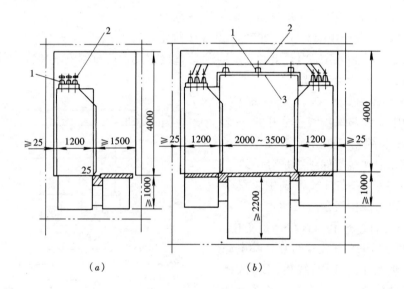

图 9-7 高压配电室布置

(a) 单列布置；(b) 双列布置

1—高压支柱绝缘子；2—高压母线；3—母线桥

9.2.2 变压器室

变压器室是安装变压器的房间。变压器室的结构形式与变压器的形式、容量、安放方向、进出线方位及电气主接线方案等有关。

每台油量为 100kg 及以上的变压器，应安装在单独的变压器室内。

变压器在室内安放的方向根据设计来确定，通常有宽面推进和窄面推进。宽面推进的变压器低压侧宜向外；窄面推进的变压器油枕宜向外。变压器室的地坪有抬高和不抬高两种。地坪抬高的高度一般有 0.8、1.0、1.2m 三种，相应变压器室高度应增加到 4.8～5.7m。

变压器室布置如图 9-8 所示。

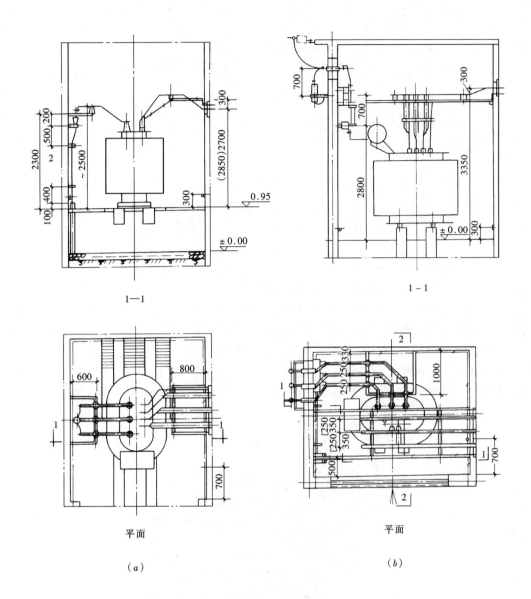

图 9-8 变压器室布置

（a）变压器窄面推进式（电缆进线）；（b）变压器宽面推进式（架空进线）

9.2.3 低压配电室

低压配电室是安装低压开关柜（低压配电屏）的房间，其布置方式取决于低压开关柜的数量和形式，以及运行维护时的安全和方便。根据低压开关柜数量的不同可采用单列布置或双列布置。

当低压配电室与地坪抬高的变压器室相邻时，高度为 4～4.5m；与地坪不抬高的变压器室相邻时，高度为 3.5～4m；低压配电室为电缆进线时，高度为 3m。低压配电室布置如图 9-9 所示。

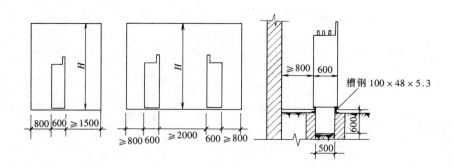

图 9-9　低压配电室布置

9.3　10/0.4kV 电力变压器的安装

电力变压器是用来变换电压等级的设备，是变电所设备的核心。建筑供配电系统中的配电变压器均为三相电力变压器，分为油浸式和干式。

10kV 油浸式电力变压器的容量有 250、500、1000、2000、4000、8000、10000kVA 等（图 9-10）。干式变压器的容量有 100、250、500、800、1000、2000、2500kVA 等。

环氧树脂浇铸干式变压器（简称干变）的主要特点是耐热等级高、可靠性高、安全性好、无爆炸危险、体积小、重量轻，因此在国内高层建筑中，10kV 电压等级的变压器普遍采用干式变压器。干式变压器采用风机冷却。

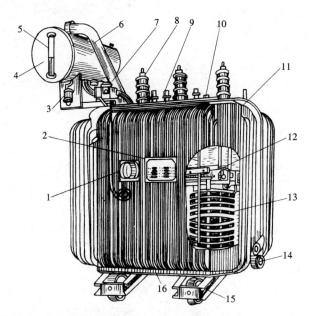

图 9-10　三相油浸式电力变压器

1—信号温度计；2—铭牌；3—吸湿器；4—油枕（储油柜）；5—油位指示器（油标）；

6—防爆管；7—瓦斯继电器；8—高压套管；9—低压套管；10—分接开关；

11—油箱；12—铁心；13—绕组及绝缘；14—放油阀；

15—小车；16—接地端子

9.3.1　油浸式变压器的安装要求

油浸式变压器的安装形式有：杆上安装、户外露天安装、室内变压器安装等。

杆上安装应位置正确，附件齐全，油浸变压器油位正常，无渗油现象。

杆上安装是将变压器固定在电杆上，用电杆作为骨架，离地面架设，如图 9-11 所示。

户外露天安装是将变压器安装在户外露天，固定在钢筋混凝土基础上。如图 9-12 所示。

室内变压器安装是将变压器安装在室内。变压器安装应位置正确，附件齐全，油浸变压器油位正常，无渗油现象。

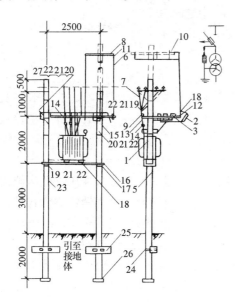

图 9-11　杆上变压器安装形式

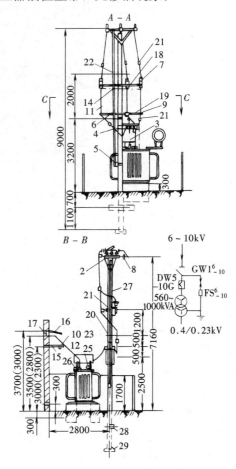

图 9-12　户外变压器安装形式

装接高、低压母线时，母线中心线应与套管中心线相符。母线与变压器套管连接时，应用两把扳手。一把扳手固定套管压紧螺母，另一把扳手旋转压紧母线螺母，以防止套管中的连接螺栓跟着转动。应特别注意不能使套管端部受到额外拉力。在母线连接前，都要进行母线接触面处理。铜母线要打好孔后搪锡；铝母线要做好铜、铝过渡接触面处理，达到接触面接触良好。

9.3.2　干式变压器的安装要求

干式变压器结构示意图，如图 9-13 所示。

干式变压器安装前应先进行设备开箱检查。检查时应对照设备装箱单检查附件，检查外观无碰伤变形，用扳手检查铁芯紧固件紧固无松动，铁芯接地良好。打开夹件与铁芯接地片用兆欧表检查铁芯绝缘电阻。绕阻检查要求：绕组接线应牢固正确、绕组表面无放电痕迹及裂纹、绝缘良好。引出线绝缘层无损伤、裂纹，裸露导体外观无毛刺尖角，防松件齐全、完好。引线支架固定牢固、无损伤。干式变压器安装时，由厂家配合将变压器箱体

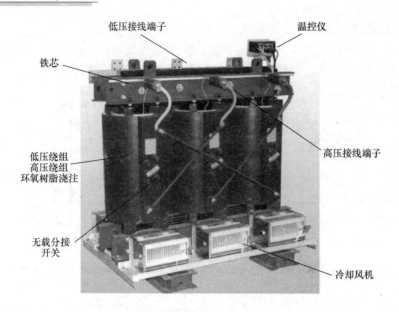

铁芯

低压接线端子

温控仪

低压绕组
高压绕组
环氧树脂浇注

高压接线端子

无载分接
开关

冷却风机

图 9-13　10kV 级 SCB10 型干式变压器结构示意图

组合安装好，箱底四角与基础槽钢焊接固定，焊接长度 20～40mm 长，变压器本体及外壳接地牢固。变压器本体与盘柜前面应平齐，与配电盘柜体靠紧，不应有缝隙。温控装置动作可靠、指示正确，风机系统牢固、转向正确，相色标志齐全、正确。温控器、风机、开启门接地，应采用软导线，且应导通良好。

母线安装搭接面应光滑、平整，相序标识清晰。连接母线时，应从变压器低压侧出线排连接母线至配电柜主母线，母线接合面要均匀涂抹电力复合脂，紧固螺栓为镀锌件，平垫、弹簧垫齐全，规格、数量符合规范要求，用力矩扳手检查螺栓紧固力矩符合规范要求，螺栓露扣长度一致，在 2～3 扣之间，母线固定金具及支柱绝缘子应紧固。

安装零序电流互感器，应采用扁钢将变压器中性点接地。零序电流互感器应固定牢固。扁钢一端与基础槽钢焊接，一端与零母线用螺栓固定。扁钢与母线接合面要搪锡处理。

安装完成后，应检查带电体相间及对地距离符合规范要求，变压器通风情况应良好，焊接部位先刷防锈漆等干后再刷面漆。

9.3.3　安装程序

变压器安装程序包括基础施工、变压器吊装、变压器的高低压接线、接地线的连接等。

变压器基础施工完成后，检查各种基础施工项目是否和本变压器室设计相符，确认无误后可进行变压器吊装。吊装时将变压器搬运至基础就位，如有底架，则连底架一起就位至基础轨道上。

《电气设备安装工程预算定额》GYD-202—2000 中明确指出，油浸电力变压器安装程序为：开箱、检查、本体就位、套管、油枕及散热器清洗，油柱试验，风扇油泵电机解体检查接线，附件安装，垫铁止轮器制作、安装，补充注油及安装后整体密封试验，接地，补漆，配合电气试验。

干式变压器安装程序为：开箱、检查、本体就位，垫铁及止轮器制作、安装，附件安装，接地，补漆，配合电气试验。

9.3.4　变压器试验

新装电力变压器试验的目的是验证变压器性能是否符合有关标准和技术文件的规定，制造上是否存在影响运行的各种缺陷，在交换运输过程中是否遭受损伤或性能发生变化。

变压器试验项目主要有线圈直流电阻的测量、变压比测量、线圈绝缘电阻和吸收比的测量、接线组别试验、交流耐压试验、变压器油的耐压试验等。

9.3.5　变压器试运行

变压器安装工作全部结束后，在投入试运行之前应进行全面的检查和试验，确认其符合运行条件时，方可投入试运行。

变压器试运行，是指变压器开始通电，并带一定负荷即可能的最大负荷运行 24h 所经历的过程。试运行是对变压器质量的直接考验。

新装电力变压器如在试运行中不发生异常情况，方可正式投入生产运行。

变压器第一次投入通常采用全电压冲击合闸，冲击合闸时一般可由高压侧投入。接于中性点接地系统的变压器，在进行冲击合闸时，其中性点必须接地。

变压器第一次受电后，持续时间应不少于 10min，如变压器无异常情况，即可继续进行。一般变压器应进行 5 次全电压冲击合闸，应无异常情况，励磁涌流不应引起保护装置误动。

冲击合闸正常后带负荷运行 24h，无任何异常情况，则可认为试运行合格。

9.4　箱式变电所的安装

箱式变电所又称户外成套变电所，也称作组合式变电所、预装式变电所，由高压配电装置、电力变压器和低压配电装置三部分组成。常用高压电压为 6~35kV，低压为 0.4/0.23kV。箱壳内的高、低压室设有照明灯。其功能组合灵活，运输、迁移、安装方便，施工周期短、运行费用低、无污染、免维护，且具有防雨、防晒、防锈、防尘、防潮、防凝露等优点。

9.4.1　型号及结构形式

箱式变电所型号含义如下：

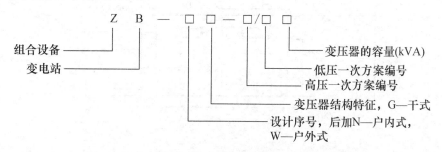

箱式变电所的高压室一般由隔离开关、真空断路器或少油断路器（小容量的由负荷开关和高压熔断器）组成。变压器一般选择油浸式、干式或气体绝缘式、无载调压式或有载调压式变压器等。散热有自然冷却和自动风冷散热两种类型。低压室主要装设自动空气断路器，采用多路负荷馈电、电缆输出。根据需要可在双路和环路供电增设自动减载备用互

投电源,以减少停电事故;或装设无功补偿电容柜,以提高功率因数。

9.4.2 箱式变电所的箱体安装

箱式变电所的安装工艺流程:测量定位→基础施工→开箱检查→设备就位→设备安装→接线→试验及验收。

开箱检查包括技术资料的检查和外观检查。检查相关技术文件、合格证、产品质量承诺和相关法律责任书一应齐全。按照变压器、高低压配电设备、计量设备等的检查项目进行检查,并应符合相关规定及技术要求。箱式变电所内外涂层完整、无损伤,有通风口的风口防护网完好。

箱式变电所及落地式配电箱的基础应高于室外地坪,周围排水通畅,一般距人行道边不小于1m,距主体建筑不小于1.5m。用地脚螺栓固定的螺母齐全,拧紧牢固;自由安放的应垫平放正。利用底座的吊装孔进行吊装,就位后用地脚螺栓固定。在安装过程中应保证室内设备安全。

箱式变电所的高低压柜内部接线完整,低压每个输出回路标记清晰,回路名称准确。接线应按设计图样和技术要求进行,一般采用电缆方式,应按电缆技术要求进行制作和敷设。

接地装置引出的接地干线与变压器的低压侧中性点直接连接;接地干线与箱式变电所的 N 母线和 PE 母线直接连接;变压器箱体、干式变压器的支架或外壳应接地(PE)。所有连接应可靠,紧固件及防松零件齐全。金属箱式变电所及落地式配电箱,箱体应接地(PE)或接零(PEN)可靠,且有标识。

安装示意图如图 9-14 所示。

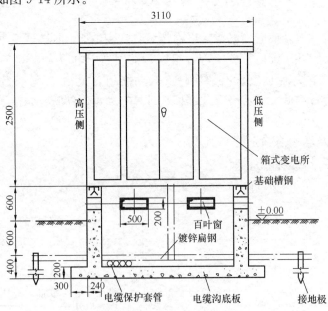

图 9-14 箱式变电所安装

9.4.3 箱式变电所的交接试验

《建筑电气工程施工质量验收规范》GB 50303—2015 对箱式变电所的交接试验有以下规定:

1. 由高压成套开关柜、低压成套开关柜和变压器三个独立单元组合成的箱式变电所高压电气设备部分，高压的电气设备和布线系统及继电保护系统的交接试验，必须符合现行国家标准《电气装置安装工程 电气设备交接试验标准》GB 50150—2006 的规定交接试验合格。

2. 高压开关、熔断器等与变压器组合在同一个密闭油箱内的箱式变电所，交接试验按产品提供的技术文件要求执行；

3. 低压成套配电柜交接试验应符合：

(1) 每路配电开关及保护装置的规格、型号，应符合设计要求；

(2) 相间和相对地间的绝缘电阻值应大于 0.5MΩ；

(3) 电气装置的交流工频耐压试验电压为 1kV，当绝缘电阻值大于 10MΩ 时，可采用 2500V 兆欧表摇测替代，试验持续时间 1min，无击穿闪络现象。

《建筑电气工程施工质量验收规范》GB 50303—2015 对箱式变电所的交接试验有以下规定：

1. 由高压成套开关柜、低压成套开关柜和变压器三个独立单元组合成的箱式变电所高压电气设备部分，必须完成交接试验且合格；

2. 对于高压开关、熔断器等与变压器组合在同一个密闭油箱内的箱式变电所，交接试验应按产品提供的技术文件要求执行；

3. 低压成套配电柜和馈电线路的每路配电开关及保护装置的相间和相对地间的绝缘电阻值不应小于 0.5MΩ；当国家现行产品标准未做规定时，电气装置的交流工频耐压试验电压应为 1000V，试验持续时间应为 1min，当绝缘电阻值大于 10MΩ 时，宜采用 2500V 兆欧表摇测。检查数量：全数检查。检查方法：用绝缘电阻测试仪测试、试验并查阅交接试验记录。

9.5　高压电器的安装

9.5.1　高压隔离开关和高压负荷开关的安装

高压隔离开关主要用于隔离高压电源，以保证其他设备和线路的安全检修。隔离开关没有灭弧装置，所以不能带负荷操作，否则可能发生严重的事故。隔离开关按极数可分为单极和三极；按装设地点分为户内和户外；按电压分为低压和高压。

户内三极隔离开关由开关本体和操作机构组成；常用的隔离开关本体有 GN 型等，操作机构为 CS6 型手动操作机构等。户内隔离开关的安装如图 9-15 所示。

高压负荷开关具有简单的灭弧装置，专门用在高压装置中通断负荷电流，但因灭弧能力不够，故不能切断短路电流。高压负荷开关必须和高压熔断器串联使用，短路时由熔断器切断短路电流。

常用的户内负荷开关有 FN2 型和 FN3 型。如 FN2-10R 型负荷开关，带有 KN1 型熔断器，其常用的操作机构有手动的 CS4 型或电动的 CS4-4T 型等。户内负荷开关的安装如图 9-16 所示。高压隔离开关和高压负荷开关安装程序如图 9-17 所示。

9.5.2　高压断路器的安装

高压断路器是电力系统中最重要的控制保护设备。正常时用以接通和切断负载电流。

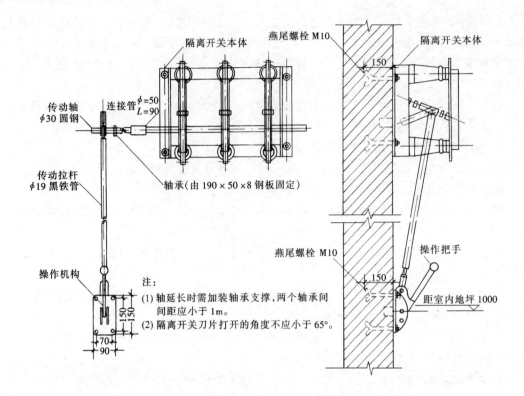

图 9-15　户内高压隔离开关安装示意图

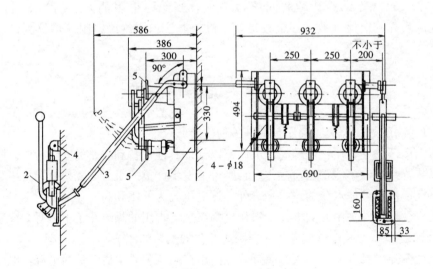

图 9-16　户内高压负荷开关安装示意图

在发生短路故障或严重过负载时，在保护装置作用下自动跳闸，切除短路故障，保证电网的无故障部分正常运行。

　　高压断路器按其采用的灭弧方式不同可分为：油断路器、空气断路器、六氟化硫断路器、真空断路器等。其中使用最广泛的是油断路器，在高层建筑内则多采用真空断路器。高压断路器分为户外式和户内式。油断路器安装程序如图 9-18 所示。

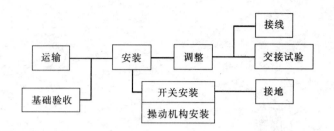

图 9-17　高压隔离开关和高压负荷开关安装程序图

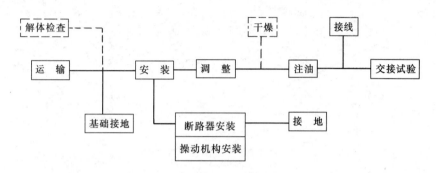

图 9-18　油断路器安装施工程序

9.5.3　高压熔断器的安装

高压熔断器主要用作高压电力线路及其设备的短路保护。按其使用场所不同可分为户内式和户外式，在 6～10kV 系统中，户内广泛采用 RN1、RN2 型管式熔断器，户外则广泛采用 RW4 等跌落式熔断器。

RN 型高压熔断器安装比较方便，安装时根据底座的固定要求，用螺栓牢固地装在已固定好的构架上，再根据电路的连接要求，把高压进线和出线与接线端子可靠地连接。

RW 型高压熔断器的安装高度和安装尺寸可根据设计图纸确定，其转动部分应灵活，熔管跌落时不应碰及其他物体而损坏熔管，高压熔断器如图 9-19 所示。

9.5.4　支持绝缘子和穿墙套管安装

1. 户内支持绝缘子的安装

支持绝缘子用于变配电装置中，作为导电部分的绝缘和支持的作用。根据安装地点的不同，绝缘子分户内和户外两种。按其结构形式分：户内支持绝缘子有内胶装式和外胶装式两类。户内支持绝缘子外形如图 9-20 所示。

（1）绝缘子安装前的准备

绝缘子安装前应进行外观检查，检查绝缘子的规格、型号是否符合设计要求，表面有无破损和裂纹，铁件表面是否锈蚀。如铁件已生锈，可用蘸有汽油或煤油的抹布擦净。

安装前应测量绝缘子绝缘电阻或做交流耐压试验。测量绝缘电阻时用 2500V 摇表测得绝缘电阻值不低于 300MΩ。交流耐压试验往往和母线测试同时进行。

（2）绝缘子安装

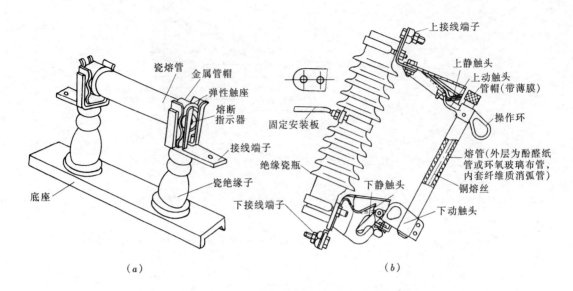

图 9-19　高压熔断器

（a）户内式；（b）户外式（跌落保险）

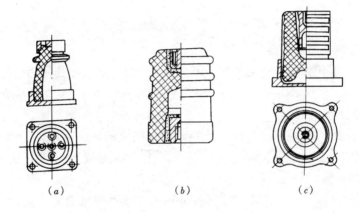

图 9-20　高压户内支持绝缘子外形

（a）外胶装；（b）内胶装；（c）联合胶装

　　支持绝缘子大多数固定在墙上、金属支架或混凝土平台上。应根据绝缘子的安装孔尺寸做好基础螺栓预埋或金属支架加工。

　　安装时将绝缘子法兰孔套入基础螺栓或对准支架上的孔眼，套上螺母拧紧即可。如果要求安装的绝缘子是在同一直线上，一般应先安装首尾两个，然后拉一直线，依此直线安装其他绝缘子，以保证各个绝缘子都在同一中心线上。

　　在安装绝缘子的过程中，要严防绝缘子损坏。安装完毕，对绝缘子底座、顶盖以及金属支架都要刷一层绝缘漆，颜色一般为灰色。

　　2. 高压穿墙套管

　　高压套管和穿墙板是高低压引入（出）室内或导电部分穿越建筑物或其他物体时的引导元件。

　　穿墙套管分户内、户外两类，按结构分为软导线穿墙套管和硬母线穿墙套管。根据额定电压、额定电流和机械强度不同，穿墙套管规格形式有多种类型。其基本结构都是由瓷套、安装法兰及导电部分装配而成。外形如图 9-21 所示。

穿墙套管的安装方法通常有两种：方法一是在土建施工时，把套管螺栓直接预埋在墙上，并预留三个套管圆孔，将套管直接固定在墙上。

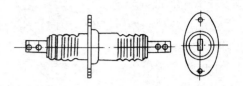

方法二是土建施工时在墙上留一长方孔，将角钢框装在长方孔上，用以固定钢板，套管固定在钢板上。

图 9-21　CL 系列穿墙套管外形

3. 低压母线过墙板

低压母线过墙时要经过过墙隔板，过墙隔板由石棉水泥板或电工胶木板制成，分上下两部分，下部石棉板开槽，母线从槽中通过。

低压母线过墙板的安装与穿墙套管的安装方法类似，即预留洞埋设角钢框架，将过墙板用螺栓固定在角钢框架上，角钢框架应作接地处理。

9.5.5　互感器安装

互感器是一种特殊的变压器。互感器分为电流互感器和电压互感器。

1. 电流互感器安装

电流互感器的作用是将一次回路的大电流变换为二次回路的小电流，提供测量仪表和继电保护装置用的电流电源。电流互感器二次侧电流均为 5A。电流互感器按原绕组的匝数分为单匝（母线式、芯柱式、套管式）和多匝（线圈式、线环式、串级式）；按绝缘形式分为瓷绝缘、浇注绝缘、树脂浇注等；按一次电压分为高压和低压两大类；按用途分为测量用和保护用两类；按准确度等级分为 0.1、0.2、0.5、1.0、3.0、10 等。电流互感器外形如图 9-22 所示。

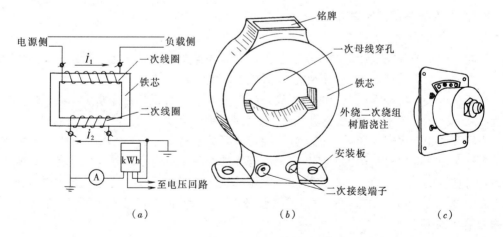

图 9-22　电流互感器
(a) 原理电路；(b) 0.5kV；(c) 10kV

电流互感器一般安装在成套配电柜、金属构架上，也可安装在母线穿过墙壁或楼板处。电流互感器可直接用基础螺栓固定在墙壁或楼板上，或者用角钢做成矩形框架埋入墙壁或楼板中，将与框架同样大小的钢板用螺栓固定在框架上，再将电流互感器固定在钢板上。电流互感器二次侧严禁开路。

2. 电压互感器安装

电压互感器的作用是将一次回路的高电压变换为二次回路的低电压，提供测量仪表和继电保护装置用的电压电源。电压互感器二次侧电压均为 100V。

电压互感器按绝缘及冷却方式分为干式和油浸式；按相数分为单相和三相；按安装地点分为户内式和户外式。电压互感器外形如图 9-23 所示。

电压互感器一般安装在成套配电柜内或直接安装在混凝土台上。混凝土台应干固并达到一定强度后才能安装电压互感器。安装前应对电压互感器本身作做细检查，合格方能安装。电压互感器二次侧严禁短路。

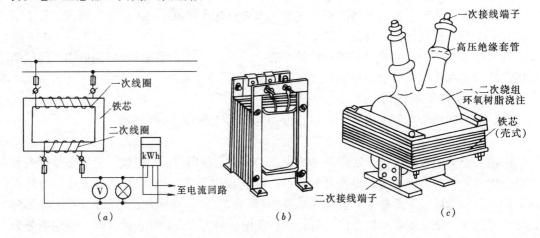

图 9-23　电压互感器
(a) 原理电路；(b) 0.5kV；(c) 10kV

9.5.6　高压开关柜的安装

1. 开关柜的分类

把同一回路的开关电器、测量仪表、保护电器和辅助设备都装配在全封闭或半封闭的金属柜内，称为开关柜。将开关柜组合构成成套配电装置。

成套配电装置可分为三类：即低压成套配电装置（又称低压配电屏）、高压成套配电装置（又称高压开关柜）、六氟化硫（SF$_6$）全封闭组合电器。

高压开关柜有固定式和手车式之分。固定式开关柜是将开关和各种元件固定安装在配电柜内。手车式高压开关柜中的某些主要电器元件如高压断路器、电压互感器和避雷器等安装在可移开的手车上面。近年来高压开关柜新型产品不断问世，且技术指标均达到国际电工委员会（IEC）的标准，如 JYN-10 型、KYN-10 型和 KGN-10G 型等。高压开关柜结构如图 9-24 所示。

2. 开关柜的安装

开关柜的安装施工程序为：设备开箱检查→二次搬运→基础型钢制作安装→柜（盘）母线配制→柜（盘）二次回路接线→试验调整→送电运行验收。

开关柜通常是安装在槽钢或角钢制成的基础上，如图 9-25 所示。在土建施工时应按图纸要求把槽钢与角钢埋设在混凝土中。埋设前将型钢调直除锈，按图要求下料钻孔，再按规定的标高固定，并进行水平校正。

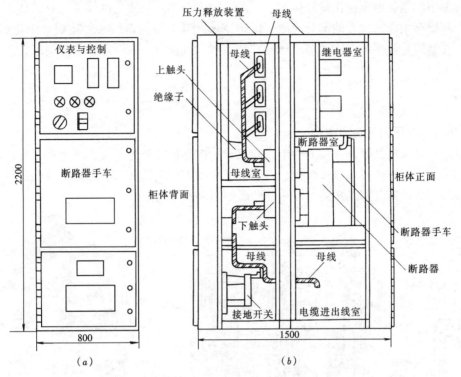

图 9-24　高压开关柜结构

（a）正视图；（b）侧视图

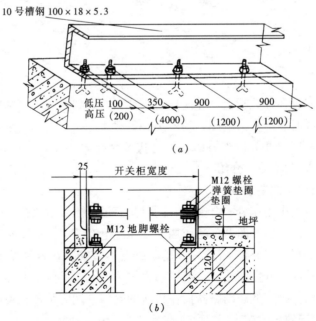

图 9-25　开关柜底脚安装示意图

（a）槽钢与地基的固定；（b）地基槽钢与箱体的另一种固定方法

浇筑基础型钢的混凝土凝固以后，即可将开关柜就位。开关柜多用螺栓固定或焊接固定。开关柜的基础型钢应作良好接地，一般采用扁钢将其与接地网焊接，且接地不应少于两处。基础型钢露出地面的部分应涂一层防锈漆，开关柜的接线必须按设计图正确进行。开关柜安装固定和接线、接地等工作全部结束后，可进行柜内设备和总体调试。

9.6　低压电器的安装

9.6.1　低压刀开关的安装

低压刀开关按其操作方式分为单投和双投；按其极数分为单极、双极和三极；按其灭弧结构分为不带灭弧罩和带灭弧罩。刀开关又称闸刀开关。常用的刀开关有 HD 系列单掷刀开关和 HS 系列双掷刀开关。刀开关外形如图 9-26 所示。

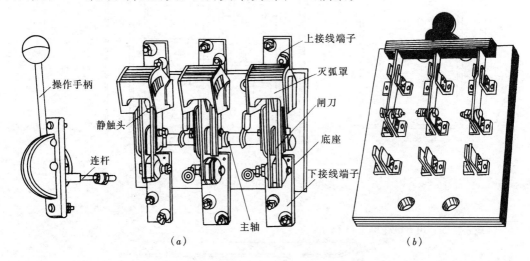

图 9-26　三相刀开关
(a) 单掷刀开关；(b) 双掷刀开关

刀开关应垂直安装在开关板上，并使静触头在上方。如果倒装，则在刀开关断开时容易发生误合闸。接线时静触头接电源、动触头接负载。

控制电路中除常用刀开关以外，还有开启式负荷开关（HK）、铁壳开关（HH）、组合开关（HZ）等，在此不一一介绍。

9.6.2　低压断路器的安装

低压断路器在电路中用作分、合电路，同时具有过电流、过负荷、失压保护功能，并能实现远程控制分闸。低压断路器广泛应用于低压配电系统中。低压断路器有装置式和框架式两种形式，其外形如图 9-27 所示。低压断路器不宜安装在容易振动的地方，以免振动使开关内部零件松动。低压断路器一般应垂直安装，灭弧罩位于上部。裸露在箱体外部的导线端子应加绝缘保护。低压断路器操作机构的安装调试应符合有关要求。

9.6.3　低压熔断器的安装

1. 熔断器分类

低压熔断器是低压配电系统中用于保护电气设备免受短路电流损害的一种保护电器。

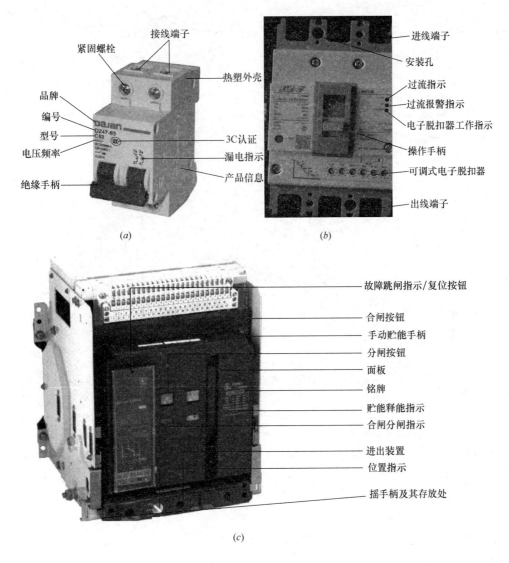

图 9-27　低压断路器

(a) 普通塑壳式；(b) 电子塑壳式；(c) 框架式（万能式）

常用的低压熔断器有瓷插式（RCIA 型）、螺旋式（RL1 系列）和管式（RM10、RTO 系列）等。

　　瓷插式熔断器用于交流 380/220V 的低压电路中，作为电气设备的短路保护。螺旋式熔断器用于交流 500V 以下，电流至 200A 的电路中，作为短路保护元件。管式熔断器的断流能力大，保护性能好，作为短路保护用。熔断器结构如图 9-28 所示。

　　2. 熔断器安装

　　（1）熔断器及熔丝的容量应符合设计要求，并核对所保护电气设备的容量，使其与熔体容量相匹配。

　　（2）熔断器安装位置及相互之间的距离要合适，应便于更换熔体。

　　（3）安装具有几种规格的熔断器时，应在底座旁标明规格。

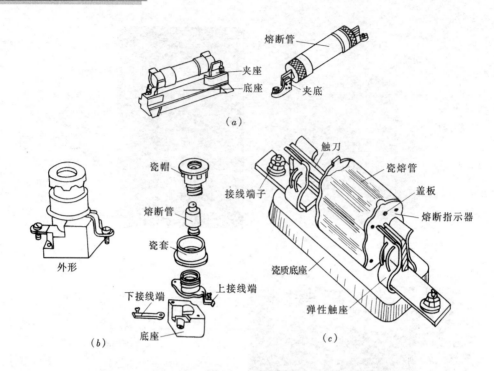

图 9-28　熔断器

(a) 无填料封闭管式熔断器；(b) 螺旋式熔断器；(c) 有填料封闭管式熔断器

（4）带有接线标志的熔断器，电源线应按标志进行接线。

9.6.4　低压配电屏的安装

低压配电屏适用于三相交流系统中，额定电压 500V、额定电流 1500A 及以下低压配电室的电力及照明配电等。

低压配电屏有离墙式、靠墙式及抽屉式三种类型。低压配电屏的新型产品有：低压抽式开关柜 GCS 型、GDL8 组合型等。

低压配电屏与高压开关柜的安装类似，在此不再重复。

9.7　变配电系统调试

9.7.1　电力变压器系统调试

电力变压器系统调试的工作内容包括：变压器、断路器、互感器、隔离开关、风冷及油循环冷却系统电气装置、常规保护装置等一、二次回路的调试及空投试验。

1. 三相电力变压器的调试

（1）绝缘电阻和吸收比的测量

变压器绝缘电阻一般用兆欧表测量，1kV 以下变压器选用 500～1000V 兆欧表，1kV 及以上变压器选用 2500V 兆欧表。

吸收比是用兆欧表分别测 60s 和 15s 时的绝缘电阻来确定。

（2）直流电阻的测量

测量三相电力变压器绕组的直流电阻，其目的是检查分接开关、引线和高低压套管等载流部分是否接触良好，绕组导线规格和导线接头的焊接质量是否符合设计要求，三相绕组匝数是否相等。通常采用直流电桥测量法，如被测电阻 $R_X \leqslant 10\Omega$ 时，选用直流双臂电桥；如 $R_X > 10\Omega$ 时，可选用直流单臂电桥。

（3）绕组连接组别的测试

在施工现场常采用直流校验法来判断变压器的连接组别。校验时只需将测试的一组结果与变压器连接组别规律表对照，结合被测变压器铭牌给出的绕组接法，即可判断其连接组别。

（4）变压器的变比

测量变压器变比是两台及两台以上变压器能否并联运行的重要条件之一。测量变压器变比通常采用变压比电桥法和双电压表法。

（5）变压器空载试验

变压器空载试验是在低压侧施加额定电压，高压侧开路时测量空载电流 I_0 和空载功率损耗 P_0。三相变压器空载损耗可采用"三瓦特表法"和"二瓦特表法"测量。

（6）工频交流耐压试验

工频交流耐压试验主要检查电力变压器主绝缘性能及其耐压能力，进一步检查变压器是否受到损伤或绝缘存在缺陷。在试验过程中，如果测量仪表指示稳定且被测变压器无放电声及其他异常现象时，则表明变压器试验合格。否则，将可能存在变压器主绝缘损坏，或油内含有气泡杂质和铁芯松动等故障，必须进行吊芯检查处理。

（7）额定电压冲击合闸试验

变压器制造厂用冲击高压发生器模拟雷击引起的大气过电压做冲击合闸试验，以检验变压器主绝缘的绝缘强度。当变压器现场安装及上述试验完成后，还需进行额定电压冲击合闸试验。

2. 互感器的调试

（1）电压互感器的交接试验

电压互感器的交接试验包括：电压互感器的绝缘电阻测试；电压互感器的变压比测定；电压互感器工频交流耐压试验。

（2）电流互感器的交接试验

电流互感器的交接试验包括：电流互感器的绝缘电阻测试；电流互感器变流比误差的测定；电流互感器的伏安特性曲线测试。

3. 室内高压断路器调试

（1）少油高压断路器调试

少油高压断路器的调试包括：断路器安装垂直度检查；总触杆总行程和接触行程检查调整；三相触头同期性的调整；少油高压断路器的交接试验。

（2）高压断路器操作机构调试

高压断路器操作机构的调试包括：支持杆的调整；分、合闸铁芯的调整；断路器及操作机构的电气检查试验。

9.7.2　送配电装置系统调试

送配电装置系统调试的工作内容包括：自动开关或断路器、隔离开关、常规保护装置、电测量仪表、电力电缆等一、二次回路系统的调试。

1. 低压断路器调试

低压断路器调试包括：欠压脱扣器的合闸、分闸电压测定试验；过电流脱扣器的长延时、短延时和瞬时动作电流的整定试验。

2. 线路的检测与通电试验

线路的检测与通电试验包括：绝缘电阻试验；测量重复接地装置的接地电阻；检查电度表接线；线路通电检查。

思 考 题

1. 简述低压配电方式的分类及特点。

2. 简述 TN 系统的分类及特点。

3. 室内变电所由几部分组成？指出各部分的作用及布置要求。

4. 简述高压电器的分类及用途。

5. 简述低压电器的分类及用途。

6. 互感器分为几种，其主要作用是什么？

7. 简述开关柜的安装施工程序。

8. 电力变压器系统调试有哪些内容？

9. 送配电装置系统如何划分，调试的工作内容包括哪些？

10. 简述箱式变电所交接试验有哪些内容。

第10章 配 线 工 程

10.1 线 槽 配 线

10.1.1 线槽配线的一般规定

配线前应将线槽内的杂物和灰尘清理干净；线槽明敷设时应配合土建结构施工预埋保护套管及预留孔洞；塑料线槽必须采用阻燃性硬聚氯乙烯工程塑料挤压成型的产品，其含氧指数不低于27％，并具有产品合格证和产品检验报告。

金属线槽及其附件应采用表面镀锌或静电喷涂的定型产品，其规格型号应符合设计要求，并有产品合格证等。

线槽内敷设导线的线芯最小允许截面为：铜芯 $1.0mm^2$，铝芯 $2.5mm^2$。

10.1.2 金属线槽配线

金属线槽多由厚度为 0.4～1.5mm 的钢板制成，金属线槽明敷设施工工艺流程一般为：线槽选择→弹线定位→固定支架→线槽安装→线槽连接→线槽接地→线槽内布线。其配线应符合如下规定：

（1）金属线槽配线一般适用于正常环境的室内场所明配，但不适用于有严重腐蚀的场所。具有槽盖的封闭式金属线槽，其耐火性能与钢管相似，可敷设在建筑物的顶棚内。

（2）金属线槽施工时，线槽的连接应连续无间断；每节线槽的固定点不应少于两个；应在线槽的连接处、首端、终端、进出接线盒、转角处设置支转点（支架或吊架）。线槽敷设应平直整齐。金属线槽在墙上安装如图 10-1 所示。

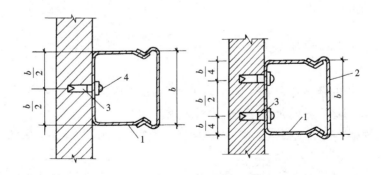

图 10-1 金属线槽安装示意图

1—金属线槽；2—槽盖；3—塑料胀管；4—8×35 半圆头木螺栓

（3）金属线槽配线不得在穿过楼板或墙壁等处进行连接。由线槽引出的线路，可采用金属导管、塑料导管、可弯曲金属导管、金属软导管或电缆等配线方式。金属线槽还可采用托架、吊架等进行固定架设。如图10-2所示。

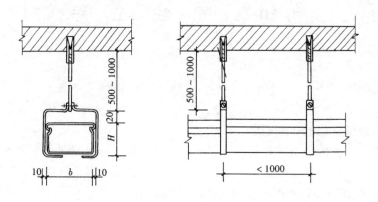

图10-2　金属线槽用吊架安装

（4）金属线槽配线时，在线路的连接、转角、分支及终端处应采用相应的附件。

（5）导线或电缆在金属线槽中敷设时应注意：

1）同一回路的所有相线和中性线应敷设在同一金属线槽内；

2）同一路径无防干扰要求的线路，可敷设在同一金属线槽内；

3）线槽内导线或电缆的总截面不应超过线槽内截面的40%，载流导线不宜超过30根。当设计无规定时，包括绝缘层在内的导线总截面积不应大于线槽截面积的60%。控制、信号或与其相类似的线路，导线或电缆截面积总和不应超过线槽内截面的50%，导线和电缆的根数不作限定。

（6）除专用接线盒内外，电线或电缆在金属线槽内不宜有接头，但在易于检查的场所，可允许在线槽内有分支接头，电线、电缆和分支接头的总截面积（包括外护层）不应超过该点线槽内截面的75%。

（7）母线槽的金属外壳等外露可导电部分应与保护导体可靠连接，并应符合下列规定：

1）每段母线槽的金属外壳间应连接可靠，且母线槽全长与保护导体可靠连接不应少于2处；

2）分支母线槽的金属外壳末端应与保护导体可靠连接；

3）连接导体的材质、截面积应符合设计要求。

（8）金属梯架、托盘或槽盒本体之间的连接应牢固可靠，与保护导体的连接应符合下列规定：

1）梯架、托盘和槽盒全长不大于30m时，不应少于2处与保护导体可靠连接；全长大于30m时，每隔20~30m应增加一个连接点。起始端和终点端均应可靠接地。

2）非镀锌梯架、托盘和槽盒本体之间连接板的两端应跨接保护联结导体，保护联结导体的截面积应符合设计要求。

3）镀锌梯架、托盘和槽盒本体之间不跨接保护联结导体时，连接板每端不应少于 2 个有防松螺帽或防松垫圈的连接固定螺栓。

10.1.3 地面内暗装金属线槽配线

地面内暗装金属线槽配线，适用于正常环境下大空间且隔断变化多、用电设备移动性大或敷有多种功能线路的室内场所。该配线方式是将电线或电缆穿在经过特制的壁厚为 2mm 的封闭式金属线槽内，直接敷设在混凝土地面，现浇钢筋混凝土楼板或预制混凝土楼板的垫层内。暗装金属线槽组合安装如图 10-3 所示。地面内暗装金属线槽配线施工工艺流程：线槽选择→线槽与支架组装→线槽连接→线槽安装→线槽接地→线槽内布线。

地面内暗装金属线槽配线的规定如下：

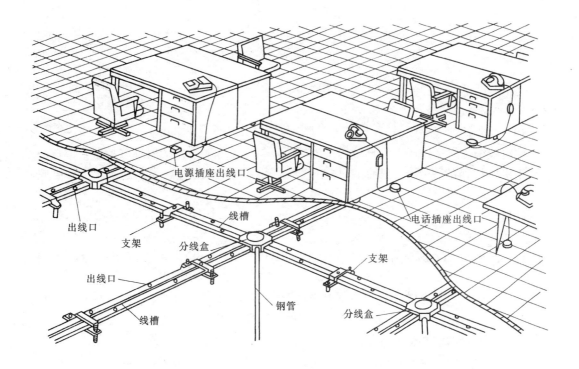

图 10-3 地面内暗装金属线槽示意图

（1）地面内金属线槽应采用配套的附件；线槽在转角、分支等处应设置分线盒；线槽的直线段长度超过 6m 时宜加装接线盒。线槽出线口与分线盒不得凸出地面，且应做好防水密封处理。金属线槽及金属附件均应镀锌。

（2）由配电箱、电话分线箱及接线端子箱等设备引至线槽的线路，宜采用金属配线方式引入分线盒，或以终端连接器直接引入线槽。

（3）同一回路的所有导线应敷设在同一线槽内。同一路径无防干扰要求的线路可敷设于同一线槽内。线槽内电线或电缆的总截面积（包括外护层）不应超过线槽内截面积的 40%。

（4）当暗装线槽敷设在现浇混凝土楼板内时，楼板厚度不应小于 200mm；当敷设在楼板垫层内时，垫层的厚度不应小于 70mm，并避免与其他管路相互交叉。

（5）采用地面内金属线槽布线时，应将电力线路、非电力线路分槽或加隔板敷设，两路线路交叉处应设置有屏蔽分线板的分线盒。线槽支架安装如图 10-4 所示。

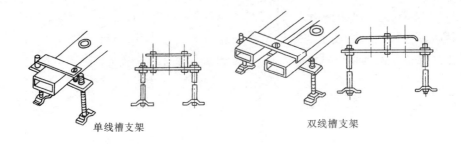

单线槽支架　　　　双线槽支架

图 10-4　单、双线槽支架安装示意图

无论是明装还是暗装金属线槽均应可靠接地或接零，但不应作为设备的接地导线。

10.1.4　塑料线槽配线

塑料线槽配线适用于正常环境的室内场所，特别是潮湿及酸碱腐蚀的场所，但在高温和易受机械损伤的场所不宜使用。弱电线路可采用难燃型带盖塑料线槽在建筑顶棚内敷设。

塑料线槽配线施工工艺流程：弹线定位→线槽底板固定→线槽内布线→线槽盖盖板。塑料线槽配线的规定如下：

（1）塑料线槽必须经阻燃处理，外壁应有间距不大于 1m 的连续阻燃标记和制造厂标。

（2）强、弱电线路不应同敷于一根线槽内。线槽内电线或电缆总截面不应超过线槽内截面的 20%，载流导线不宜超过 30 根。当设计无此规定时，包括绝缘层在内的导线总截面不应大于线槽截面积的 60%。

（3）导线或电缆在线槽内不得有接头。分支接头应在接线盒内连接。

（4）在可拆卸盖板的线槽内，包括绝缘层在内的导线接头处所有导线截面积之和，不应大于线槽截面积的 75%；在不易拆卸盖板的线槽内，导线的接头应置于线槽的接线盒内。

（5）从室外引进室内的导线在进入墙内一段应使用橡胶绝缘导线，严禁使用塑料绝缘导线。

（6）线槽敷设应平直整齐。塑料线槽配线，在线路的连接、转角、分支及终端处应采用相应附件。塑料线槽一般为沿墙明敷设，如图 10-5 所示。各种固定方式，如图 10-6 所示。线槽、接线箱外形示意，如图 10-7 所示。

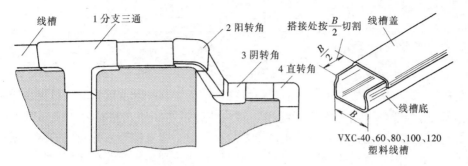

线槽　1分支三通　2阳转角　3阴转角　4直转角　搭接处按 $\dfrac{B}{2}$ 切割　线槽盖　线槽底

VXC-40、60、80、100、120
塑料线槽

干线线槽沿墙壁敷设示意

1分支三通
外形示意

2阳转角
外形示意

3阴转角
外形示意

4直转角
外形示意

图 10-5　塑料线槽配线示意图

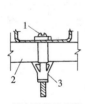

用伞形螺栓安装

塑料
胀管

用塑料胀管安装

用木砖安装

图 10-6　各种固定方式
安装示意图

1—机螺钉；2—石膏垫板；
3—伞形螺栓；4—木螺钉；
5—垫圈；6—木砖

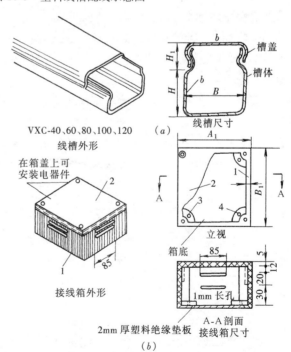

VXC-40、60、80、100、120
线槽外形

在箱盖上可
安装电器件

接线箱外形

2mm厚塑料绝缘垫板

线槽尺寸　（a）

立视

箱底

A-A剖面
接线箱尺寸

（b）

图 10-7　线槽、接线箱外形示意图

（a）线槽；（b）接线箱

1—箱框；2—箱盖；3—箱盖固定孔；4—固定孔

10.2 塑料护套线配线

10.2.1 配线要求

采用铝片线卡固定塑料护套线的配线方式，称为塑料护套线配线。塑料护套线具有防潮和耐腐蚀等性能，可用于比较潮湿和有腐蚀性的特殊场所。塑料护套线多用于照明线路，可以直接敷设在楼板、墙壁等建筑物表面上，但不得直接埋入抹灰层内暗设或建筑物顶棚内。室外受阳光直射的场所不宜明配塑料护套线。塑料护套线配线规定如下：

(1) 塑料护套线的型号、规格必须严格按设计图纸规定。铝片卡规格为 0、1、2、3、4、5 号等。铝片卡的固定如图 10-8 所示。

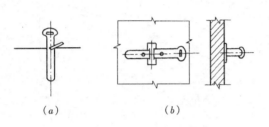

图 10-8 铝片卡的固定方法

(a) 铁钉固定；(b) 粘接固定

(2) 塑料护套线的分支接头和中间接头，应做在接线盒中。当护套线穿过建筑物的伸缩缝、沉降缝时，在跨缝的一段导线两端，应可靠固定，并做成弯曲状留有一定裕量。

(3) 塑料护套线配线穿过墙壁和楼板时，应加保护管，保护管可用钢管、塑料管或瓷管。当导线水平敷设距地面低于 2.5m，垂直敷设距地面低于 1.8m 时，应加套管保护。

(4) 在地下敷设塑料护套线时必须穿管。另外，塑料护套线与不发热的管道及接地导体紧贴交叉时，要加装绝缘保护管。在易受机械损伤的场所，要加装金属管保护。

10.2.2 施工程序

塑料护套线一般是在木结构，砖、混凝土结构，沿钢索上敷设，以及在砖、混凝土结构上粘接。

塑料护套线在砖、混凝土结构上敷设的施工程序是：测位、划线、打眼、埋螺钉、下过墙管、上卡子、装盒子、配线、焊接线头。其他的基本类似。塑料护套线配线如图 10-9 所示。

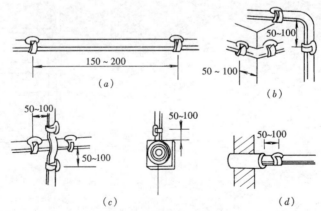

图 10-9 塑料护套线配线做法

(a) 直线部分；(b) 转角部分；(c) 十字交叉；(d) 进入木台

10.2.3 塑料护套线质量控制

塑料护套线的固定应符合下列规定:

1. 塑料护套线严禁直接敷设在建筑物顶棚内、墙体内、抹灰层内、保温层内或装饰面内。

2. 塑料护套线与保护导体或不发热管道等紧贴和交叉处及穿梁、墙、楼板处等易受机械损伤的部位,应采取保护措施。

3. 当塑料护套线侧弯或平弯时,其弯曲处护套和导线绝缘层均应完整无损伤,侧弯和平弯弯曲半径应分别不小于护套线宽度和厚度的 3 倍。

4. 护套线应采用线卡固定,固定点间距应均匀、不松动,固定点间距宜为 150~200mm。

5. 在终端、转弯和进入盒(箱)、设备或器具等处,均应装设线卡固定,线卡距终端、转弯中点、盒(箱)、设备或器具边缘的距离宜为 50~100mm。

6. 塑料护套线的接头应设在明装盒(箱)或器具内,多尘场所应采用 IP5X 等级的密闭式盒(箱),潮湿场所应采用 IPX5 等级的密闭式盒(箱),盒(箱)的配件应齐全,固定应可靠。

10.3 导 管 配 线

将绝缘导线穿在管内敷设,称为导管配线。导管配线安全可靠,可避免腐蚀性气体的侵蚀和机械损伤,更换导线方便。

导管配线通常有明配和暗配两种。明配管是将导管敷设于墙壁、桁架等建筑物的表面明露处,绝缘导线穿在导管内的配线方式。要求横平竖直、整齐美观。普遍应用于重要公用建筑和工业厂房中,以及易燃、易爆和潮湿的场所。

暗配管敷设就是在建筑土建工程施工过程中将管子预先埋入建筑物的墙壁、顶棚、地板及楼板内,再将导线穿入管内。这种敷设方式不影响建筑物的美观整洁,而且能防潮和防止导线受到机械损伤和有害气体的侵蚀。该配线方式管材耗费高,一次性投资大,安装费用高,由于导线穿在管内,管子又是暗敷设,施工、维护困难。暗配管敷设主要用于新建筑物、装修要求较高及易引起火灾和爆炸的特殊场所。

10.3.1 导管的选择

导管的选择,应根据敷设环境和设计要求决定导管材质和规格。明配管常用的导管有塑料管(PVC 管)、水煤气管、薄壁钢管、金属软管和瓷管等。暗配管所用管材一般有钢管、PVC 阻燃硬塑料管、半硬塑料管、波纹塑料管等。导管规格的选择应根据管内所穿导线的根数和截面和决定,一般规定管内导线的总截面积(包括外护层)不应超过管子截面积的 40%。

进场导管导线质量要求。电线进场验收时应符合下列规定:

(1)按批查验合格证,合格证应有生产许可证编号。

(2)外观检查:包装完好;抽检的电线绝缘层完整无损、厚度均匀;耐热、阻燃的电线外护层有明显标识和制造厂标。

(3)按制造标准,现场抽样检测绝缘层厚度和圆形线芯的直径。线芯直径误差应不大于标称直径的 1%。

（4）对电线绝缘性能、导电性能和阻燃性能有异议时，按批抽样送有资质的试验室检测。

10.3.2　导管的加工

需要敷设的导管，应在敷设前进行一系列的加工，如除锈、涂漆、切割、套丝和弯曲。

1. 除锈、涂漆

涂漆为防止钢管生锈，在配管前应对管子进行除锈、刷防腐漆。钢管外壁刷漆要求与敷设方式及钢管种类有关。

（1）钢管明敷时，焊接钢管应刷一道防腐漆，一道面漆（若设计无规定颜色，一般用灰色漆）。

（2）埋入有腐蚀的土层中的钢管，应按设计规定进行防腐处理。电线管一般因为已刷防腐黑漆，故只需在管子焊接处和连接处以及漆脱落处补刷同样色漆。

2. 切割、套丝

在配管时，应根据实际情况对导管进行切割。导管切割时严禁用气割，应使用钢锯或电动无齿锯进行切割。导管和导管的连接，导管和接线盒及配电箱的连接，都需要在管子端部进行套丝。

3. 弯曲

根据线路敷设的需要，导管改变方向需要将导管弯曲。在线路中管子弯曲多会给穿线和维护换线带来困难。因此，施工时要尽量减少弯头。为便于穿线，管子的弯曲角度，一般不应大于 90°。管子弯曲可采用弯管器、弯管机或用热煨法。

为了穿线方便，在电线管路长度和弯曲超过下列数值时，中间应增设接线盒。

（1）管子长度每超过 30m，无弯曲时；

（2）管子长度每超过 20m，有一个弯时；

（3）管子长度每超过 15m，有二个弯时；

（4）管子长度每超过 8m，有三个弯时；

（5）暗配管两个接线盒之间不允许出现四个弯。

10.3.3　导管连接

钢管不论是明敷还是暗敷，一般都采用管箍连接，或套管熔焊，特别是潮湿场所及埋地和防爆导管。《建筑电气工程施工质量验收规范》GB 50303—2002 中强制规定，金属导管严禁对口熔焊连接；镀锌和壁厚不大于 2mm 的钢导管不得套管熔焊连接。

钢管采用管箍连接时，要用圆钢或扁钢作跨接线焊在接头处，使管子之间有良好的电气连接，以保证接地的可靠性。如图 10-10 所示。

跨接线焊接应整齐一致，焊接面长度 L 不得小于接地线直径 D 的 6 倍。跨接线的规格有 6、8、10 的圆钢和 25×4 的扁钢。

采用 JDG 管连接时，管与管的连接采用直管接头接线连接，无需做跨接地线，应注意不同规格的钢管应选用不同规格的与其配套的管接头。

采用 KBG 管连接时，导管电线管路连接，应采用专用工具进行，不应敲打形成压点，严禁熔焊连接。导管电线管路连接处，管与套接管件连接紧密，内、外壁应光滑，无毛刺，导管电气管路连接处的扣压点位置，应在连接处中心。扣压后，接口的缝隙，应采用封堵措施（可采用电力复合脂）。

　　钢管进入灯头盒、开关盒、接线盒及配电箱时，暗配管可用焊接固定，管口露出盒（箱）应小于 5mm；明配管应用锁紧螺母或护帽固定，露出锁紧螺母的丝扣为 2～4 扣。塑料波纹管一般情况下很少需要连接。当必须连接时，应采用管接头连接。如图 10-11 所示。

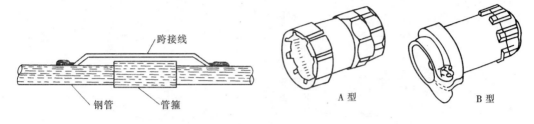

图 10-10　钢管连接处接地　　　　　图 10-11　管接头示意图

　　当波纹管进入箱、盒时，必须用管接头连接。导管进接线盒操作步骤如图 10-12 所示。

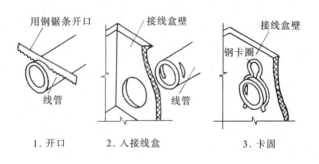

图 10-12　导管进接线盒操作步骤示意图

10.3.4　导管敷设

　　导管敷设一般从配电箱开始，逐段配至用电设备处，或者可从用电设备端开始，逐段配至配电箱处。

　　1. 暗配管

　　钢管在现浇混凝土楼板、柱、墙内暗敷设时，应在土建钢筋绑扎完毕后进行。

　　钢管暗设施工程序如下：

　　熟悉图纸→选管→切断→套丝→煨弯→按使用场所刷防腐漆→进行部分管与盒的连接→配合土建施工逐层逐段预埋管→管与管和管与盒（箱）连接→接地跨接线焊接。

　　在现浇混凝土构件内敷设导管，可用钢丝将导管绑扎在钢筋上，也可以用钉子将导管钉在木模板上，将管子用垫块垫起，用钢线绑牢，如图 10-13 所示。

　　当电线管路遇到建筑物伸缩缝、沉降缝时，应装设补偿盒。如图 10-14 所示。波纹管由地面引至墙内时安装如图 10-15 所示。

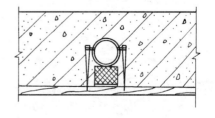

图 10-13　木模板上导管的固定方法

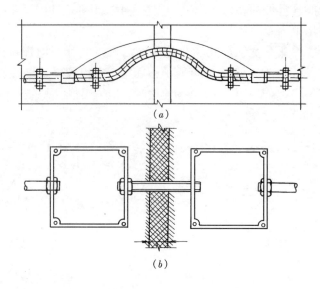

图 10-14   导管经过伸缩缝补偿装置
(a) 软管补偿;(b) 装设补偿盒补偿

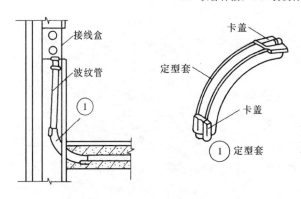

图 10-15   波纹管引至墙内做法

暗配管时,配管不得穿越设备基础,如必须穿过基础时应设置套管进行保护,埋入墙体和混凝土内的管线,离表面层的净距应不小于15mm,塑料电线管在砖墙内剔槽敷设时必须用强度等级不小于 M10 水泥砂浆抹面保护,其厚度不小于15mm。进入灯头盒、开关盒及插座盒的线管数量不宜超过 4 个,否则应选用大型盒。

2. 明配管

明配管应排列整齐、美观,固定点间距均匀。导管进接线盒如图 10-16 所示,明配钢管应采用丝扣连接。

明配钢管经过建筑物伸缩缝时,可采用软管进行补偿。硬塑料管沿建筑物表面敷设时,在直线段上每隔 30m 要装设一只温度补偿装置,以适应其膨胀性。明配硬塑料管在穿楼板易受机械损伤的地方应用钢管保护,其保护高度距楼板面不应低于 500mm。

10.3.5   扫管穿线

管内穿线工作一般应在管子全部敷设完毕及土建地坪和粉刷工程结束后进行。在穿线前应将管中的积水及杂物清除干净。

在较长的垂直管路中,为防止由于导线的自重拉断导线或拉松接线盒中的接头,导线每超过下列长度,应在管口处或接线盒中加以固定:导线截面 50mm² 以下为 30m;导线截面 70~95mm² 为 20m;导线截面 120~240mm² 为 18m。垂直导线的固定如图 10-17 所示。

导线穿好后,应留有适当余量,一般在盒内留线长度不小于 0.15m,箱内留线长度为盒的半周长，出户线处导线预留 1.5m，以便日后接线。

　　钢管与设备连接时，应将钢管敷设到设备内；如不能直接进入时，可在钢管出口处加金属软管或塑料软管引入设备。金属软管和接线盒等的连接要用软管接头，如图 10-18 所示。

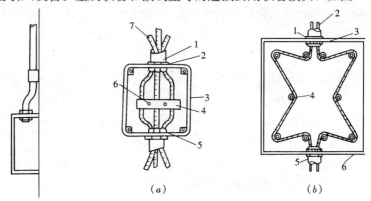

图 10-16　导管进接线盒　　　　图 10-17　垂直导线的固定

(a) 固定方法之一

1—电线管；2—根母；3—接线盒；4—木制线夹；

5—护口；6—M6 机螺栓；7—电线

(b) 固定方法之二

1—根母；2—电线；3—护口；4—瓷瓶；

5—电线管；6—接线盒

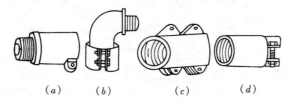

图 10-18　金属软管的各种管接头

(a) 外螺栓接头；(b) 弯接头；(c) 软管接头；(d) 内螺栓接头

　　《建筑电气工程施工质量验收规范》GB 50303—2015 中对穿线有明确规定：

　　(1) 同一交流回路的导线应穿于同一金属导管内，且管内电线不得有接头。

　　(2) 爆炸危险环境照明线路的电线和电缆额定电压不得低于 750V，且导线必须穿于钢导管内。

　　(3) 电线、电缆穿管前，应清除管内杂物和积水。管口应有保护措施。不进入接线盒（箱）的垂直管口穿入电线、电缆后，管口应密封。

　　(4) 不同回路、不同电压、直流和交流回路不应穿于同一根管内，但下列情况除外：

　　电压为 65V 及以下；

　　同一设备或同一联动系统设备的电力回路和无防干扰要求的控制回路；

　　同类照明的几个回路。但管内导线根数不应多于 8 根（住宅例外）。

　　(5) 绝缘导线接头应设置在专用接线盒（箱）或器具内，盒（箱）的设置位置应便于检修。

10.3.6 导管配线质量控制

金属导管应与保护导体可靠连接，并应符合下列规定：

1. 镀锌钢导管、可弯曲金属导管和金属柔性导管不得熔焊连接；

2. 当非镀锌钢导管采用螺纹连接时，连接处的两端应熔焊焊接保护联结导体；

3. 镀锌钢导管、可弯曲金属导管和金属柔性导管连接处的两端宜采用专用接地卡固定保护联结导体；

4. 机械连接的金属导管，管与管、管与盒（箱）体的连接配件应选用配套部件，其连接应符合产品技术文件要求，当连接处的接触电阻值符合现行国家标准《电气安装用导管系统 第1部分：通用要求》GB/T 20041.1 的相关要求时，连接处可不设置保护联结导体，但导管不应作为保护导体的接续导体；

5. 金属导管与金属梯架、托盘连接时，镀锌材质的连接端宜用专用接地卡固定保护联结导体，非镀锌材质的连接处应熔焊焊接保护联结导体；

6. 以专用接地卡固定的保护联结导体应为铜芯软导线，截面积不应小于 $4mm^2$；以熔焊焊接的保护联结导体宜为圆钢，直径不应小于 6mm，其搭接长度应为圆钢直径的 6 倍；

7. 钢导管不得采用对口熔焊连接；镀锌钢导管或壁厚小于或等于 2mm 的钢导管，不得采用套管熔焊连接；

8. 明配导管的弯曲半径不宜小于管外径的 6 倍，当两个接线盒间只有一个弯曲时，其弯曲半径不宜小于管外径的 4 倍；埋设于混凝土内的导管的弯曲半径不宜小于管外径的 6 倍，当直埋于地下时，其弯曲半径不宜小于管外径的 10 倍。

导管配线质量要求，见表 10-1。

导管配线质量要求 表 10-1

项 目	验 收 要 求				
埋地导管的选择与埋深	室外埋地敷设的导管埋深不应小于 0.7m；壁厚不大于 2mm 的钢制电线导管不应埋设于室外土中				
导管管口设置与处理	室外导管的管口应设置在盒、箱内；落地式配电箱内管口，箱底无封板时，管口应高出基础面 50～80mm；所有管口在穿入电线后应作密封处理；由箱式变电所和落地式配电箱引向建筑物的导管，建筑物一侧导线管口应设在建筑物内				
金属导管的防腐	金属导管内外壁应作防腐处理；埋设于混凝土内的导管内壁应作防腐处理，外壁可以不作防腐处理				
柜、台、箱、盘内导管管口高度	室内进入落地柜、台、箱、盘内的导管管口，应高出基础面 50～80mm				
暗配管埋深和明配管规定	暗配导管埋设深度与建筑物表面的距离不应小于 15mm；明配导管应排列整齐，固定点间距均匀，安装牢固；中断、弯头中点或距柜、台、箱、盘等边缘距离为 150～500mm 之间应设管卡，中间直线段管卡间最大距离应符合下表规定				

敷设方式	导管种类	导管直径（mm）				
		15～20	25～32	32～40	50～65	65 以上
		管卡间最大距离（mm）				
支架敷设或沿墙明敷设	壁厚>2mm 钢管	1.5	2.0	2.5	2.5	3.5
	壁厚≤2mm 钢管	1.0	1.5	2.0		
	硬质绝缘导管	1.0	1.5	1.5	2.0	2.0

项　　目	验　收　要　求
防爆导管的连接、接地、固定和防腐	防爆导管敷设应符合下列规定： 1) 导管间以及与灯具、开关、线盒等的螺纹连接处紧密牢固，除设计有特殊要求外，连接处不跨接接地线，在螺纹上涂以电力复合脂或导电性防锈脂 2) 安装牢固顺直，镀锌层锈蚀或剥落处作防腐处理
绝缘导管的连接和保护	绝缘导管敷设应符合下列规定： 1) 管口平整光滑，管与管、管与盒等器件采用插入法连接时，连接处结合面涂以专用胶粘剂，接口牢固密封 2) 直埋于地下或楼板内的硬质绝缘导管，在穿出地面或楼板易受机械损伤的一段应采取保护措施 3) 当设计无要求时，埋设于墙内或混凝土内的绝缘导管，宜采用中型以上的导管 4) 沿建筑物表面和支架上敷设的硬质绝缘导管，按设计要求装设温度补偿装置
柔性导管的长度、连接和接地	金属、非金属柔性导管敷设应符合下列规定： 1) 刚性导管经柔性导管与电气设备、器具连接时，柔性导管的长度在动力工程中不大于0.8m，在照明工程中不大于1.2m 2) 可挠金属管或其他柔性导管与刚性导管或电气设备、器具间的连接采用专用接头；复合型可挠金属或其他柔性导管的连接处应密封良好，防潮覆盖层完整无损 3) 可挠金属导管和金属柔性导管不能作接地或接零的接续导体
导管在建筑物变形缝处的处理	导管在建筑物变形缝处，应作补偿装置
电线管内清扫和管口处理	电线穿管前，应清除管内杂物和积水；管口应有保护措施，不进入接线盒的垂直管口在穿入电线后管口应密封

10.4　电　缆　配　线

10.4.1　电缆敷设的一般要求

电缆配电线路的特点是受外界环境影响小，人为损失少，供电可靠性高；电缆阻抗小，供电容量大；有利于美化环境；材料和安装成本高，造价约为架空线路的 10 倍。

电缆的敷设方式很多，但不论哪种敷设方式，都应遵守以下规定：

（1）电缆敷设施工前应检验电缆电压系列、型号、规格等是否符合设计要求，表面有无损伤等。对 6kV 以上的电缆，应做交流耐压和直流泄漏试验，6kV 及以下的电缆应测试其绝缘电阻，500V 电缆其绝缘电阻值应大于 0.5MΩ，1000V 及以上电缆绝缘电阻值应大于 1MΩ/1kV。

（2）电缆进入电缆沟、建筑物、配电柜及穿管的出入口时均应进行封闭。敷设电缆时应留有一定余量的备用长度，用作温度变化引起变形时的补偿和安装检修。

（3）电缆敷设时，不应破坏电缆沟、隧道、电缆井和人井的防水层。并联使用的电力电缆，应采用型号、规格及长度都相同的电缆。

（4）电缆敷设时，应将电缆排列整齐，不宜交叉，并应按规定在一定间距上加以固定，及时装设标志牌。

（5）在三相四线制系统中使用的电力电缆，不得采用三芯电缆外加一根单芯电缆或导线，也不可将电缆金属护套线作为中性线。

（6）电缆在屋内、电缆沟、电缆隧道和电气竖井内明敷时，不应采用易延燃的外保护层。

（7）电缆不应在易燃、易爆及可燃的气体管道或液体管道的隧道或沟道内敷设。当受条件限制需要在这类隧道或沟道内敷设电缆时，应采取防爆、防火的措施。

（8）电力电缆不宜在有热力管道的隧道或沟道内敷设。当需要敷设时，应采取隔热措施。

（9）露天敷设的有塑料或橡胶外护层的电缆，应避免日光长时间的直晒；当无法避免时，应加装遮阳罩或采用耐日照的电缆。

10.4.2 电缆的敷设方法

电缆的敷设方式有直接埋地敷设、电缆隧道敷设、电缆沟敷设、电缆桥架敷设、电缆排管敷设、穿钢管、混凝土管、石棉水泥管等管道敷设，以及用支架、托架、悬挂方法敷设等。具体采用哪种敷设方式，应根据电缆的根数、电缆线路的长度以及周围环境条件等因素决定。

1. 电缆直埋敷设

在同一路径上敷设的室外电缆根数超过6根，且场地有条件时，宜采用直埋电缆敷设方式。电缆直接埋设在地下，不需要复杂的结构设施，故施工简便，造价低，电缆散热好，但不易检修和查找故障，且易受外来机械损伤和水土侵蚀。直埋电缆宜采用有外护套的铠装电缆，在无机械损伤可能的场所，也可采用塑料护套电缆或带外护套的铅（铝）包电缆。在直埋电缆线路路径上，如果存在可能使电缆受机械损伤、化学作用、地下电流、振动、热影响、腐殖物质、鼠害等的危险地段，应采用保护措施。在含有酸、碱强腐蚀或杂散电化学腐蚀的地段，电缆不宜采用直埋敷设。

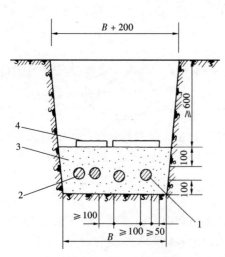

图 10-19　10kV 及以下电缆沟结构示意
1—10kV 及以下电力电缆；2—控制电缆；
3—砂或软土；4—保护板

电缆直埋敷设的施工程序如下：

电缆检查→挖电缆沟→电缆敷设→铺砂盖砖→盖盖板→埋标桩。

直埋电缆敷设要求：

（1）直埋敷设时，电缆埋设深度不应小于0.7m，穿越农田时不应小于1m。并应在电缆上、下各均匀铺设100mm厚的软土或细砂，在砂层应覆盖混凝土保护板等保护层，保护层宽度应超出电缆两侧各50mm。在寒冷地区，电缆应埋设于冻土层以下。电缆沟的宽度，根据电缆的根数与散热所需的间距而定。电缆沟的形状一般为梯形，如图10-19所示。电缆通过有振动和承受压力的地段应穿保护管。

（2）直埋电缆与铁路、公路、街道、厂区道路交叉时，穿入保护管应超出保护区段路基或街道路面两边各 1m，管的两端宜伸出道路路基两边各 2m，且应超出排水沟边 0.5m；在城市街道应伸出车道路面。保护管的内径应不小于电缆外径的 1.5 倍，使用水泥管、陶土管、石棉水泥管时，内径不应小于 100mm。电缆与铁路、公路交叉敷设的做法如图 10-20 所示。

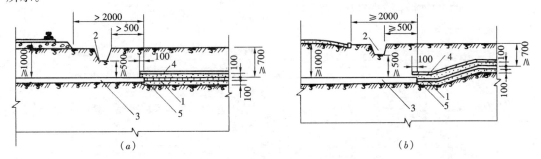

图 10-20　电缆与铁路、公路交叉敷设的做法

(a) 电缆与铁路交叉；(b) 电缆与公路交叉

1—电缆；2—排水沟；3—保护管；4—保护板；5—砂或软土

（3）对重要回路的电缆接头，宜在其两侧约 1m 开始的局部段，按留有备用余量方式敷设电缆。电缆直埋敷设时，电缆长度应比沟槽长出 1.5%～2%，作波状敷设。

（4）电缆与建筑物平行敷设时，电缆应埋设在建筑物的散水坡外。电缆进入建筑物时，所穿保护管应超出建筑物散水坡 100mm。

（5）电缆在拐弯、接头、终端和进出建筑物等地段，应装设明显的主位标志。直线段上应适当增设标桩，标桩露出地面一般为 0.15m。

2. 电缆沟内敷设

电缆在专用电缆沟或隧道内敷设，是室内外常见的电缆敷设方法。电缆沟一般设在地面下，四周由混凝土浇筑或由砖砌成，沟顶部用防滑钢板或钢筋混凝土盖板封住。电缆沟敷设方式主要适用于在厂区或建筑物内地下电缆数量较多但不需采用隧道时以及城镇人行道开挖不便，且电缆需分期敷设。电缆隧道敷设方式主要适用于同一通道的地下中低压电缆达 40 根以上或高压单芯电缆多回路的情况，以及位于有腐蚀性液体或经常有地面水流溢出的场所。电缆沟和电缆隧道敷设具有维护、保养和检修方便等特点。

电缆沟及隧道内敷设应符合下列要求：

（1）电缆敷设在电缆沟或隧道的支架上时，电缆应按下列顺序排列：高压电力电缆应放在低压电力电缆的上层；电力电缆应放在控制电缆的上层；强电控制电缆应放在弱电控制电缆的上层。若电缆沟或隧道两侧均有支架时，1kV 以下的电力电缆与控制电缆应与 1kV 以上的电力电缆分别敷设在不同侧的支架上。室内电缆沟如图 10-21 所示。

（2）敷设在电缆沟的电缆与热力管道、热力设备之间的净距，平行时不应小于 1m，交叉时不应小于 0.5m。如果受条件限制，无法满足净距要求，则应采取隔热保护措施。电缆也不宜平行敷设于热力设备和热力管道上部。

（3）电缆沟或电缆隧道应有防水排水措施，其底部应做坡度不小于 0.5% 的排水沟。积水可直接接入排水管道或经集水坑用泵排出。电缆沟底应平整，沟壁沟底需用水泥砂浆抹面。

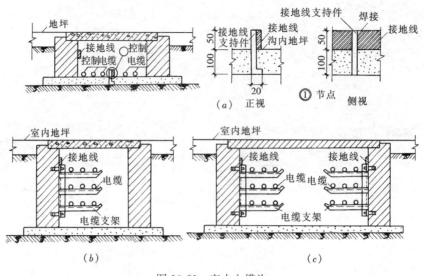

图 10-21 室内电缆沟

(a) 无支架；(b) 单侧支架；(c) 双侧支架

(4) 电缆支架的长度，在电缆沟内不宜大于 0.35m；在隧道内不宜大于 0.5m。在盐雾地区或化学气体腐蚀地区，电缆支架应涂防腐漆或采用铸铁支架。

(5) 电缆沟宜用一定承重的防滑钢板作盖板，也可用钢筋混凝土盖板，但每块盖板的重量不能超过 50kg，必要时还应将盖板缝隙密封，以免水汽、油侵入。

(6) 电缆沟进入建筑物应设防火墙。电缆隧道进入建筑物处或变电所围墙处应设带门的防火墙。防火门应采用非燃材料或防燃材料制作，并应装锁。电缆的穿墙处保护管两端应采用难燃材料封堵。

(7) 电缆隧道内的净高不应低于 1.9m。局部或与管道交叉处净高不宜小于 1.4m。隧道内应采取通风措施，有条件时宜采用自然通风。

(8) 当电缆隧道长度大于 7m 时，电缆隧道两端应设出口；两个出口间的距离超过 75m 时，尚应增加出口。人孔井可作为出口，人孔井直径不应小于 0.7m。

(9) 电缆隧道内应设照明，其电压不应超过 36V；当照明电压超过 36V 时，应采取安全措施。

电缆沟一般由土建专业施工，砌筑沟底、沟壁，沟壁上用膨胀螺栓固定电缆支架，也可将支架直接埋入沟壁。电缆沟的宽度应根据土质情况、人体宽度、沟深、电缆条数和电缆间距离来确定。在电缆沟开挖前应先挖样坑，以帮助了解地下管线的布置情况和土质对电缆护层是否会有损害，以进一步采取相应措施。样坑的宽度和深度一定要大于施放电缆本身所需的宽度和深度。

电缆沟应垂直开挖，不可上狭下宽或淘空挖掘，开挖出来的泥土与其他杂物应分别堆置于距沟边 0.3m 以外的两侧，人工开挖电缆沟时，电缆沟两侧应根据土质情况留置边坡，防止塌方。

在土质松软的地段施工时，应在沟壁上加装护土板，以防挖好的电缆沟坍塌。在挖沟时，如遇到坚硬的石块、砖块和含有酸、碱等腐蚀物质的土，应清除干净，调换成无腐蚀性的松软土质。

在有地下管线地段挖掘时，应采取措施防止损伤管线。在杆、塔或建筑物附近挖沟时，应采取防止倒塌的措施。直埋电缆沟在电缆转弯处要挖成圆弧形，以保证电缆的弯曲半径。在电缆接头的两端以及电缆引入建筑物和引上电杆处，要挖出备用电缆的预留坑。

当电缆沟全部挖出后，应将沟底铲平夯实。

3. 电缆桥架敷设

架设电缆的构架称为电缆桥架。电缆桥架按结构形式分为托盘式、梯架式、组合式、全封闭式；按材质分为钢电缆桥架和铝合金电缆桥架。在电缆桥架的表面处理上采用了镍合金电镀（一般为冷镀锌、电镀锌、塑料喷涂），其防腐性能比热镀提高 7 倍。

电缆桥架是指金属电缆有孔托盘、无孔托盘、梯架及组合式托盘的统称。无孔托盘结构如图 10-22 所示。桥架布置如图 10-23 所示。

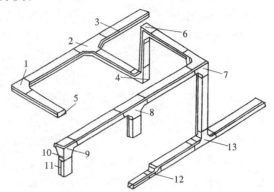

图 10-22　无孔托盘结构示意图

1—水平弯通；2—水平三通；3—直线段桥架；4—垂直下弯通；5—终端板；6—垂直上弯通；7—上角垂直三通；8—上边垂直三通；9—垂直右上弯通；10—连接螺栓；11—扣锁；12—异径接头；13—下边垂直三通

电缆桥架敷设要求：

（1）电缆桥架（托盘、梯架）水平敷设时的距地高度，一般不宜低于 2.5m；无孔托盘（槽式）桥架距地高度可降低到 2.2m。垂直敷设时应不低于 1.8m。低于上述高度时应加金属盖板保护，但敷设在电气专用房间（如配电室、电气竖井、电缆隧道、技术层）内的除外。

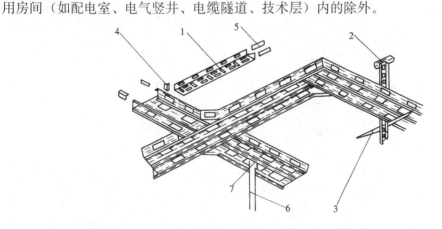

图 10-23　组合式桥架布置示意图

1—组装式托盘；2—工字钢立柱；3—托臂；4—直角板；5—直角板；6—引线管；7—管接头

（2）电缆托盘、梯架经过伸缩沉降缝时，电缆桥架、梯架应断开，断开距离以 100mm 左右为宜。

（3）为保证线路运行安全，下列情况的电缆不宜敷设在同一层桥架上：①1kV 以上和 1kV 以下的电缆；②同一路径向一级负荷供电的双路电源电缆；③应急照明和其他照明的电缆；④强电和弱电电缆。

（4）电缆桥架内的电缆应在首端、尾端、转弯及每隔50m处，设置编号、型号、规格及起止点等标记。电缆桥架在穿过防火墙及防火楼板时，应采取防火隔离措施。

（5）电缆沟、电缆隧道、竖井内、顶棚内、预埋件的规格尺寸、坐标、标高、间隔距离、数量不应遗漏，应符合设计图规定。

（6）屋内相同电压的电缆并列明敷时，除敷设在托盘、梯架和槽盒内外，电缆之间的净距不应小于35mm，且不应小于电缆外径。1kV及以下电力电缆及控制电缆与1kV以上电力电缆并列明敷时，其净距不应小于150mm。

（7）在屋内架空明敷的电缆与热力管道的净距，平行时不应小于1m；交叉时不应小于0.5m；当净距不能满足要求时，应采取隔热措施。电缆与非热力管道的净距，不应小于0.5m；当净距不能满足要求时，应在与管道接近的电缆段上，采取防止电缆受机械损伤的措施。在有腐蚀性介质的房屋内明敷的电缆，宜采用塑料护套电缆。

（8）电缆在托盘和梯架内敷设时，电缆总截面积与托盘和梯架横断面面积之比，电力电缆不应大于40%，控制电缆不应大于50%。

4. 电缆在排管内敷设

电缆排管敷设方式，适用于电缆数量不多（一般不超过12根），而与道路交叉较多，路径拥挤，又不宜采用直埋或电缆沟敷设的地段。穿电缆的排管大多是水泥预制块，如图10-24所示。排管也可采用混凝土管或石棉水泥管。

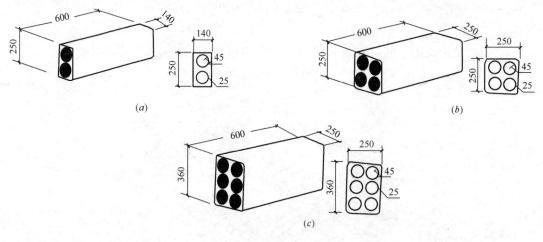

图 10-24 混凝土管块
(a) 2孔；(b) 4孔；(c) 6孔

电缆排管敷设的施工工艺如下：

挖沟→人孔井设置→安装电缆排管→覆土→埋标桩→穿电缆。

（1）挖沟

电缆排管敷设时，首先应根据选定的路径挖沟，沟的挖设深度为0.7m加排管厚度，宽度略大于排管的宽度。排管沟的底部应垫平夯实，并应铺设厚度不小于80mm的混凝土垫层。垫层坚固后方可安装电缆排管。

（2）人孔井设置

为便于敷设、拉引电缆，在敷设线路的转角处、分支处和直线段超过一定长度时，均应设置人孔井。一般人孔井间距不宜大于 150m，净空高度不应小于 1.8m，其上部直径不小于 0.7m。人孔井内应设集水坑，以便集中排水。人孔井由土建专业人员用水泥砖块砌筑而成。人孔井的盖板也是水泥预制板，待电缆敷设完毕后，应及时盖好盖板。

（3）安装电缆排管

将准备好的排管放入沟内，用专用螺栓将排管连接起来，既要保证排管连接平直，又要保证连接处密封。排管安装的要求如下：

1）排管孔的内径不应小于电缆外径的 1.5 倍，但电力电缆的管孔内径不应小于 90mm，控制电缆的管孔内径不应小于 75mm。

2）排管应倾向人孔井侧有不小于 0.5％的排水坡度，并在人孔井内设集水坑，以便集中排水。

3）排管的埋设深度为，排管顶部距地面不小于 0.7m，在人行道下面可不小于 0.5m。多孔导管沟底部应垫平夯实，并应铺设厚度不小于 60mm 的混凝土垫层。

4）在选用的排管中，排管孔数应充分考虑发展需要的预留备用。一般不得少于 1～2 孔，备用回路配置于中间孔位。

（4）覆土

与直埋电缆的方式类似。

（5）埋标桩

与直埋电缆的方式类似。

（6）穿电缆

穿电缆前，首先应清除孔内杂物，然后穿引线，引线可采用毛竹片或钢丝绳。在排管中敷设电缆时，把电缆盘放在井坑口，然后用预先穿入排管孔眼中的钢丝绳，将电缆拉入管孔内，为了防止电缆受损伤，排管口应套以光滑的喇叭口，井坑口应装设滑轮，如图 10-25 所示。

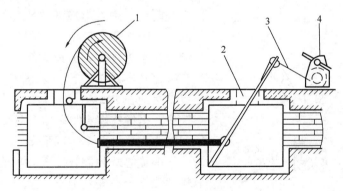

图 10-25　在两人孔井间拉引电缆
1—电缆盘；2—井坑；3—绳索；4—绞磨

5. 电缆明敷设

电缆在室内明敷设时，电缆不应有黄麻或其他易燃的保护层。在有腐蚀性介质的房屋内明敷设的电缆，宜采用塑料护套。

无铠装的电缆在室内水平明敷设时距地面不应小于 2.5m，垂直敷设时不应小于

1.8m，否则应有防止机械损伤的措施。在电气专用房间（如电气竖井、配电室、电机室等）内敷设时除外。

相同电压的电缆并列敷设时，电缆之间的净距不应小于35mm，并不应小于电缆外径。

1kV以下电力电缆及控制电缆与1kV以上电力电缆宜分开敷设，当并列明敷设时，其净距不应小于0.15m。

为防止热力管道对电缆产生的热效应及在施工和检修管道时对电缆可能造成的损坏，电缆明敷设时，电缆与热力管道的净距不应小于1m，否则应采取隔热措施。电缆与非热力管道的净距不应小于0.50m，否则应在与管道接近的电缆段上，以及由接近段两端向外延伸不小于0.50m的电缆段上，采取防止机械损伤的措施。

电缆水平悬挂在钢索上时，电力电缆固定点间的间距不应大于0.75m，控制电缆固定点之间的间距不应大于0.6m。

电缆在室内埋地敷设或电缆通过墙、楼板时，应穿钢管保护，穿管内径不应小于电缆外径的1.5倍。

10.4.3 电力电缆连接

电缆敷设完毕后各线段必须连接为一个整体。电缆线路首末端称为终端，中间的接头则称为中间接头。终端头和中间接头又统称为电缆头。电缆头一般是在电缆敷设就位后在现场进行制作。它的主要作用是使电缆保持密封，使线路畅通，并保证电缆接头处的绝缘等级，使其能够安全可靠地运行。电缆头制作的方法很多，但目前大多使用的是热缩式和冷缩式两种方法。冷缩式电缆头与热缩式电缆头比较，具有制作简便，受人为因素影响小，冷缩电缆附件会随着电缆的热胀冷缩而和电缆保持同步呼吸作用，使电缆和附件始终保持良好的结合状态等优点，但成本高。而热缩式电缆头与冷缩式电缆头相比主要优点只是成本低，所以，目前在10kV以上领域，广泛使用冷缩式电缆头。电缆终端头制作如图10-26所示，电缆中间接头方式如图10-27所示。

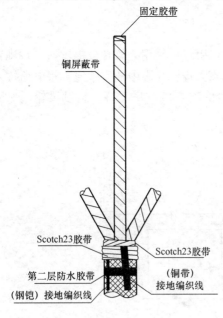

固定胶带
铜屏蔽带
Scotch23胶带
Scotch23胶带
第二层防水胶带
（铜带）接地编织线
（钢铠）接地编织线

图10-26　电缆终端头制作

电缆终端的制作工艺：电缆预处理→钢带接地线安装→安装分支手套→安装绝缘套管→安装冷缩式终端头。

电缆中间接头的制作工艺：电缆预处理→安装冷缩接头主体→恢复金属屏蔽→防水处理→安装铠装接地接续编织线→恢复外护层。

电缆头施工的基本要求

（1）周围环境及电缆本身的温度低于5℃时，必须供暖和加温，对塑料绝缘电缆则应在0℃以上。

（2）施工现场周围应不含导电粉尘及腐蚀性气体，操作中应保持材料工具的清洁，环

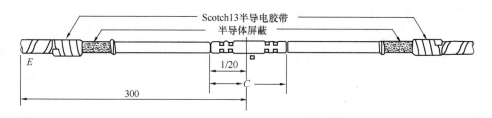

图 10-27 电缆中间接头示意图

境应干燥，霜、雪、露、积水等应清除。相对湿度高于70％时，不宜施工。

（3）操作时，应严格防止水和其他杂质侵入绝缘层材料。

（4）用喷灯封铅或焊接地线时，应防止过热，避免灼伤铅包及绝缘层。

（5）从剖铅开始到封闭完成，应连续进行，且时间宜短，避免潮气侵入。

（6）切剥电缆时，不允许损伤线芯和应保留的绝缘层，且使线芯沿绝缘表面至最近接地点（金属护套端部及屏蔽）的最小距离应符合下列要求：1kV 电缆为 50mm，6kV 电缆为 60mm，10kV 电缆为 125mm。

（7）电缆头外壳与电缆金属护套及铠装层均应良好接地。接地线截面不宜小于 10mm^2。$R \leqslant 10\Omega$。

10.4.4 预制分支电缆的敷设

1. 预制分支电缆组成及特点

预制分支电缆又称带分支电缆或枝状电缆，是把分支电缆导体用分支连接件与垂直主干电缆相连接，分支连接处用优于电缆外套的合成材料进行气密性模压密封制造出的一种电缆材料。预制分支电缆由三部分组成：主干电缆、分支线、起吊装置，并具有三种类型：普通型、阻燃型、耐火型。

预制分支电缆是高层建筑中母线槽供电的替代产品，该产品根据各个具体建筑的结构特点和配电要求，将主干电缆、分支线电缆、分支连接体三部分进行特殊设计与制造，产品到现场经检查合格后可直接安装就位，极大地缩短了施工周期、减少了材料费用和施工费用，更好地保证了配电的可靠性。具有供电可靠、安装方便、占用建筑面积小、故障率低、价格便宜、免维修等优点，目前已广泛应用于中高层建筑采用电气竖井垂直供电的系统和隧道、机场、桥梁、公路等供电系统。预制分支电缆结构如图 10-28 所示。

2. 预制分支电缆施工、安装要点

（1）材料要求

1）预制分支电缆应有出厂合格证、安装的相关技术文件，技术文件应包括额定

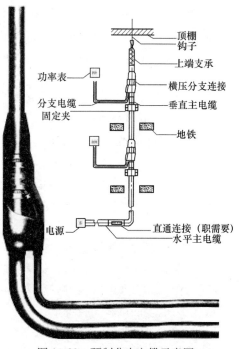

图 10-28 预制分支电缆示意图

电压、额定电流等技术数据及试验报告。

2）固定支架、电缆夹具、挂钩横担、起吊挂具等附件，应有产品出厂合格证。

3）电缆及其附件安装用的钢制紧固件，除地脚螺栓外，应采用热镀锌或等同热镀锌性能的制品。

4）防火阻燃材料必须具备下列质量资料：

①有资质的检测机构出具的检验报告。

②出厂质量检验报告。

③产品合格证。

（2）预制分支电缆的施工、安装要点

1）采用预制分支电缆技术时，应先行测量建筑电气竖井的实际尺寸（竖井高度、层高、每层分支接头位置等），同时结合实际配电系统安装的位置量身定制，为避免因楼层功能改变引起容量的变动，宜将预制分支电缆的干线和支线截面均放大一级，特殊情况还应预留分支线以备使用。

2）预制分支电缆可以吊装或放装，采用放装（从上往下或从末端开始施放），用户需要向制造厂家提出，电缆在出厂复绕时要逆向复绕。无论是吊装还是放装，安装时每一楼层都要有专人监护，以免电缆刮伤。在电缆提升前应先安装钢丝网套，钢丝网套安装时要用扎紧线与电缆扎紧，其扎紧线应位于网套的末端。在电缆全部吊好后应及时将电缆固定在安装支架上，以减少网套承受的拉力，从而避免因拉力过大把电缆外护套拉坏。

（3）质量保证措施

1）预留孔洞大小、位置正确，有预埋件的预埋件安装牢固、强度满足安全系数的要求。

2）挂钩横担、固定支架、电缆夹具安装应平整、固定牢靠，对于成排安装的带分支电缆应设置在同一水平，排列整齐，间距均匀。

3）沿金属电缆桥架、线槽、固定支架全长敷一条接地干线。每段桥架及其每个支架、线槽及其每个支架、每个固定支架均必须单独接至接地干线。此接地干线应不少于2处与总接地干线连接。所有机械连接螺栓均应设置防松垫片装置。

4）主、分支电缆采用单芯电缆时，应考虑防止涡流产生热效应措施，禁止使用导磁金属夹具，也应避免单芯电缆穿过闭合的导磁孔洞，如防火封堵钢板、钢管、配电箱（柜）敲落孔。

5）接地保护措施应在起吊预制分支电缆之前完成。

6）电缆线路敷设好后，线路的各种标志（回路名称、电缆型号规格、起始端、相序等）齐全、清晰。

10.4.5 电缆的试验及验收

电缆线路施工完毕，经试验合格后办理交接验收手续方可投入运行。电力电缆通电之前，按现行国家标准及电气装置安装工程电气设备交接试验标准的规定进行耐压试验，并应合格。电力电缆的试验项目如下：

（1）测量绝缘电阻

低压或特低电压配电线路线间和线对地间的绝缘电阻测试电压及绝缘电阻值不应小于

表 10-2 的规定，矿物绝缘电缆线间和线对地间的绝缘电阻应符合国家现行有关产品标准的规定。

低压或特低电压配电线路绝缘电阻测试电压及绝缘电阻最小值　　　表 10-2

标称回路电压（V）	直流测试电压（V）	绝缘电阻（MΩ）
SELV 和 PELV	250	0.5
500V 及以下，包括 PELV	500	0.5
500V 以上	1000	1.0

（2）直流耐压试验并测量泄漏电流。

（3）检查电缆线路的相位，要求两端相位一致，并与电网相位相吻合。

（4）测量金属屏蔽层电阻和导体电阻比。

（5）交叉互联系统试验。

电缆施工质量检查及验收方法：

（1）电缆规格应符合规定。电缆应排列整齐，无机械损伤。电缆标示牌应装设齐全、正确、清晰。

（2）电缆固定、弯曲半径、有关距离和单芯电力电缆的金属护层的接线、相序排列等应符合要求。

（3）电缆终端、电缆接头及充油电缆的供油系统应安装牢固，不应有渗漏现象。充油电缆的油压及测量仪表整定值应符合要求。

（4）应接地良好。充油电缆接地电阻应符合设计。

（5）电缆终端的相别标志色应正确。电缆支架等的金属部件防腐层应完好。

（6）电缆沟、电缆隧道内无杂物，盖板齐全，照明、通风、排水等设施应符合设计。

（7）直埋电缆路径标志，应与实际路径相符。路径标志应清晰、牢固，间距适当，在直埋电缆直线段每隔 50～100m 处、电缆接头处、转弯处、进入建筑物等处，都应有明显的方位标志或标桩。

（8）防火措施应符合设计，且施工质量合格。

（9）隐蔽工程应在施工过程中进行中间验收，并做好签证。

（10）金属电缆支架必须与保护导体可靠连接。

（11）电缆敷设不得存在绞拧、铠装压扁、护层断裂和表面严重划伤等缺陷。

（12）当电缆敷设存在可能受到机械外力损伤、振动、浸水及腐蚀性或污染物质等损害时，应采取防护措施。

（13）交流单芯电缆或分相后的每相电缆不得单根独穿于钢导管内，固定用的夹具和支架不应形成闭合磁路。

（14）电缆的敷设和排列布置应符合设计要求，矿物绝缘电缆敷设在温度变化大的场所、振动场所或穿越建筑物变形缝时应采取"S"或"Ω"弯。

（15）电力电缆的铜屏蔽层和铠装护套及矿物绝缘电缆的金属护套和金属配件应采用铜绞线或镀锡铜编织线与保护导体做连接，其连接导体的截面积不应小于表 10-3 的规定。当铜屏蔽层和铠装护套及矿物绝缘电缆的金属护套和金属配件作保护导体时，其连接导体的截面积应符合设计要求。

电缆终端保护联结导体的截面（mm²）　　　　　　表 10-3

电缆相导体截面积	保护联结导体截面积
≤16	与电缆导体截面相同
>16，且≤120	16
≥150	25

电缆线路竣工后的验收，应由有监理、设计、使用和安装单位的代表参加的验收小组来进行。验收要求如下：

（1）在验收时，施工单位应将全部资料交给电缆运行单位。

（2）电缆运行单位对要投入运行的电缆进行电气验收项目如下：

1）电缆各导电芯线必须完好连接。

2）校对电缆两端相位，应与电力系统的相位一致。

（3）电缆的标志应齐全，其规格、颜色应符合规程规定的统一标准要求。

10.5　母　线　安　装

10.5.1　硬母线安装

硬母线通常作为变配电装置的配电母线，一般多采用硬铝母线。当安装空间较小，电流较大或有特殊要求时，可采用硬铜母线。硬母线还可作为大型车间和电镀车间的配电干线。

1. 支持绝缘子的安装

硬母线用绝缘子支承，母线的绝缘子有高压和低压两种。支持绝缘子一般安装在墙上、配电柜金属支架或建筑物的构架上，用以固定母线或电气设备的导电部分，并与地绝缘。

支架通常采用镀锌角钢或扁钢，根据设计施工图制作。支架安装的间距要求是：母线为水平敷设时，不应超过 3m；垂直敷设时，不应超过 2m；或根据设计确定。绝缘子支架安装如图 10-29 所示。

绝缘子安装包括开箱、检查、清扫、绝缘摇测、组合开关、固定、接地、刷漆。

2. 穿墙套管和穿墙板的安装

穿墙套管主要用于 10kV 及以上电压的母线或导线。穿墙套管安装包括开箱、检查、清扫、安装固定、接地、刷漆。

安装时应注意，安装穿墙套管的孔径应比嵌入部分大 5mm 以上，混凝土安装板的最大厚度不得超过 50mm。额定电流在 1500A 及以上的穿墙套管直接固定在钢板上时，套管周围不应成闭合磁路。电流在 600A 及以上母线穿墙套管端部的金属夹板（紧固件除外）应采用非磁性材料，其与母线之间应有金属相连，接触应稳固，金属夹板厚度不应小于3mm，当母线为两片或两片以上时，母线本身间应予固定。穿墙套管安装如图 10-30 所示。

穿墙板主要用于低压母线，板的材质可采用硬质聚氯乙烯板（厚度不应小于 7mm）或耐火石棉板制成，下部夹板上开洞让母线通过，其安装与穿墙套管类似，穿墙板一般安

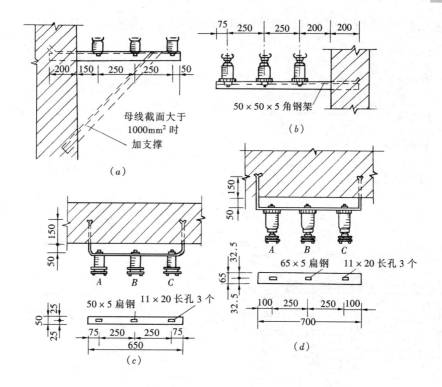

图 10-29　绝缘子支架安装

(a) 低压绝缘子支架水平安装图；(b) 高压绝缘子支架水平安装图；
(c) 低压绝缘子支架垂直安装图；(d) 高压绝缘子支架垂直安装图

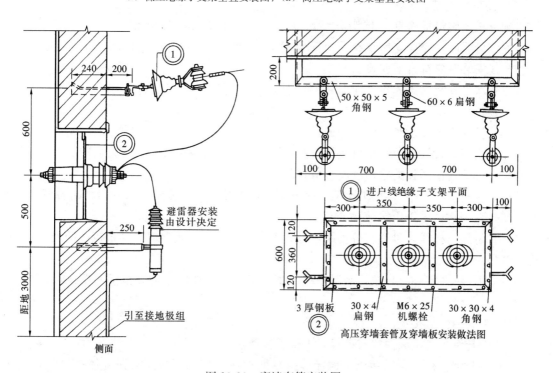

图 10-30　穿墙套管安装图

装在土建隔墙的中心线上（或装设在墙面的某一侧）。穿墙板安装如图 10-31 所示。

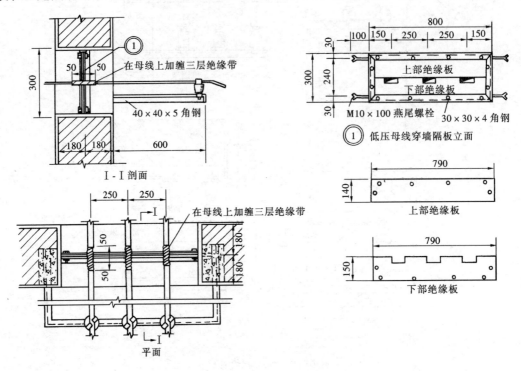

图 10-31　低压母线穿墙板安装图

3. 硬母线安装

硬母线安装包括平直、下料、煨弯、母线安装、接头、刷分相漆。

安装母线时，先在支持绝缘子上安装固定母线的专用金具，然后将母线固定在金具上。母线安装时应符合下列要求：

（1）水平安装的母线可在金具内自由伸缩，以便当母线温度变化时使母线有伸缩余地，不致拉坏绝缘子。

（2）母线垂直安装时要用金具夹紧。

（3）当母线较长时应装设母线补偿器，以适应母线温度变化的伸缩需要。

（4）母线连接螺栓的松紧程度应适宜。

（5）在有盐雾、空气相对湿度接近 100% 及含腐蚀性气体的场所，母线应涂防腐涂料。室外金属构件应采用热镀锌。

（6）母线与母线，母线与分支线，母线与电器接线端子搭接时，其搭接面的处理应符合的规定：

1）铜与铜：室外、高温且潮湿或对母线有腐蚀性气体的室内，搭接面搪锡，在干燥的室内可直接连接。

2）铝与铝：直接连接。

3）钢与钢：搭接面搪锡或镀锌，不得直接连接。

4）铜与铝：在干燥的室内，铜导体搭接面搪锡；在潮湿场所，铜导体搭接面搪锡，且采用铜铝过渡板与铝导体连接。

5）钢与铜或铝：钢搭接面必须搪锡。

6）封闭母线螺栓固定搭接面镀银。

母线的固定方法有螺栓固定、卡板固定和夹板固定。母线的安装固定如图 10-32
所示。

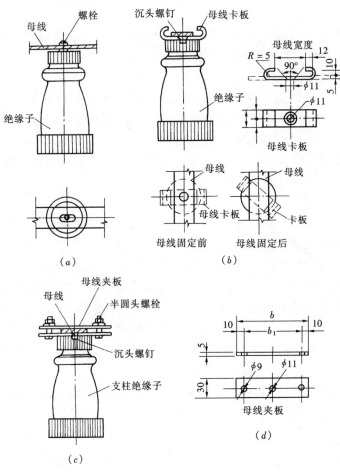

图 10-32 母线的安装固定

（a）螺栓固定；（b）卡板固定；（c）夹板固定；（d）母线夹板

由于母线的装设环境和条件有所不同，为保证硬母线的安全运行和安装方便，有时还需装设母线补偿器和母线拉紧装置等设备。母线伸缩补偿器如图 10-33 所示。

《建筑电气工程施工质量验收规范》GB 50303—2002 中指出，母线的相序排列及涂色，当设计无要求时应符合下列规定：

（1）上下布置的交流母线，由上至

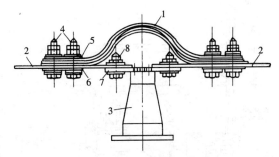

图 10-33 母线伸缩补偿器

1—补偿器；2—母线；3—支持绝缘子；4—螺栓；5—垫圈；
6—衬垫；7—盖板；8—螺栓

下排列为 A、B、C 相；直流母线正极在上，负极在下。

（2）水平布置的交流母线，由盘后向盘前排列为 A、B、C 相；直流母线正极在后，负极在前。

（3）面对引下线的交流母线，由左至右排列为 A、B、C 相；直流母线正极在左，负极在右。

（4）母线的涂色：交流，A 相为黄色、B 相为绿色、C 相为红色；直流，正极为赭色、负极为蓝色；在连接处或支持件边缘两侧 10mm 以内不涂色。

10.5.2 封闭式插接母线安装

封闭式母线是一种以组装插接方式引接电源的新型电器配线装置，用于额定电压 380V，额定电流 2500A 及以下的三相四线配电系统中。封闭母线由封闭外壳、母线本体、进线盒、出线盒、插座盒、安装附件等组成。

封闭母线有单相二线、单相三线、三相三线、三相四线及三相五线制式，可根据需要选用。

封闭母线的施工程序为：

设备开箱检查调整→支架制作安装→封闭插接母线安装→通电测试检验。

1. 母线支架制作安装

常用的封闭插接母线支架有"一"字形、"∟"形、"L"形和"T"形及三角形等。一字形角钢支架适用于母线在墙上水平安装，支架采用预埋的方法埋设在墙体内，埋设深度为 150mm。L 形角钢支架适用于母线在墙或柱上水平安装，L 形角钢支架与墙或柱的固定，使用 M12×110 金属膨胀螺栓固定。∟形支架用于封闭插接母线垂直安装始端、终端及中间固定用，有预埋燕尾螺栓固定的，也有直接预埋固定的，还有用金属膨胀螺栓固定的。

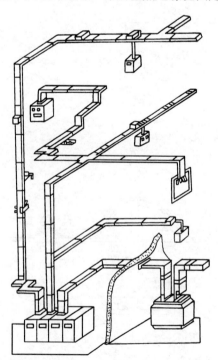

封闭插接母线的固定形式有垂直和水平安装两种，其中水平悬吊式分为直立式和侧卧式两种。垂直安装有弹簧支架固定以及母线槽沿墙支架固定两种。支架可以根据用户要求由厂家配套供应，也可以自制，采用角钢和槽钢制作。

封闭插接母线直线段水平敷设或沿墙垂直敷设时，应用支架固定。

2. 封闭插接母线安装

封闭插接母线水平敷设时，至地面的距离不应小于 2.2m；垂直敷设时，距地面 1.8m。母线应按设计要求和产品技术规定组装，组装前应逐段进行绝缘测试，其绝缘电阻值不得小于 10MΩ。封闭式插接母线应按分段图、相序、编号、方向和标志正确放置。封闭式插接母线安装如图 10-34 所示。

3. 通电测试检验

封闭式插接母线安装完毕后，必须通电测试检验，技术指标均满足要求，方能投入运行。

图 10-34　封闭式插接母线安装示意图

10.6　架空配电线路

10.6.1　线路结构

架空配电线路是用电杆将导线悬空架设，直接向用户供电的电力线路，主要由电杆基础、电杆、横担、导线、绝缘子（瓷瓶）、拉线、金具及避雷装置等组成。配电架空线路设备材料简单、造价低、易于发现故障和便于维修，但容易受外界环境的影响，施工难度大，对施工人员技术要求高，供电可靠性较差。架空电力线路电杆结构如图 10-35 所示。架空线路有电杆架空和沿墙架空两种形式。

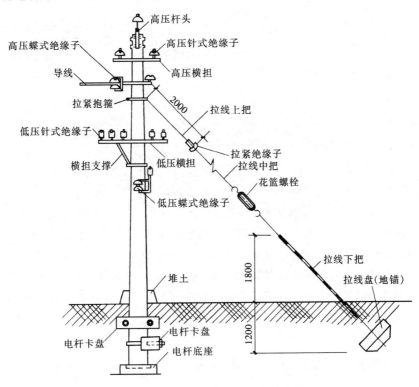

图 10-35　架空电力线路电杆结构图

（1）导线的作用是传导电流，输送电能。导线应具有足够的截面积以满足发热、电压损失及机械强度的要求。架空线路可按电压等级不同而采用裸绞线和绝缘导线，常用裸绞线的种类有：裸铜绞线（TJ）、裸铝绞线（LJ）、钢芯铝绞线（LGJ）和铝合金线（HLJ）。

（2）绝缘子的作用是用来固定导线并使带电导线之间及导线与接地的电杆之间保持良好的绝缘，同时承受导线的竖向荷重和水平荷重。要求绝缘子必须具有良好的绝缘性能和足够的机械强度。常用的绝缘子有针式绝缘子、蝶式绝缘子、悬式绝缘子、拉紧绝缘子等。

（3）避雷线的作用是把雷电流引入大地，以保护线路绝缘，免遭大气过电压（雷击）的侵袭。对避雷线的要求，除电导率较低一项外，其余各项基本上与导线相同。

（4）拉线的作用是平衡架空线路电杆各方向的拉力，防止电杆弯曲或倾倒。拉线主要由拉线抱箍、拉线钢索、UT形线夹、花篮螺栓、拉线棒和拉线盘等组成。拉线绝缘一般距地不应小于2.5m。

（5）用来固定横担、绝缘子、拉线、导线等的各种金属连接件，一般统称线路金具，按其作用分为联结金具、横担固定金具和拉线金具。架空线路拉线金具如图10-36所示。

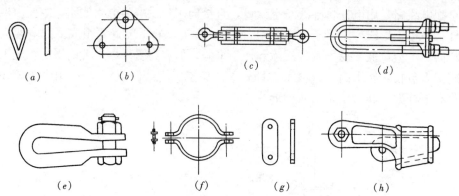

图10-36　架空线路拉线金具

(a) 心形环；(b) 双拉线联板；(c) 花篮螺栓；(d) 可调式UT线夹；
(e) U形拉线挂环；(f) 拉紧抱箍；(g) 双眼板；(h) 楔形线夹

（6）电杆用来支持导线和避雷线，并使导线与导线间、导线与电杆间、导线与避雷线间以及导线与大地、公路、铁路、河流、弱电线路等被跨物之间，保持一定的安全距离。按材质电杆可分为木杆、金属杆和钢筋混凝土杆；按受力可分为普通型电杆、预应力电杆；按电杆在线路中的作用可分为直线杆、耐张杆、转角杆、终端杆、跨越杆和分支杆。

（7）电杆基础的作用是防止电杆因承受竖向、水平负荷及事故负荷而发生上拔、下陷或倾倒等，包括底盘、卡盘和拉线盘。电杆基础一般均为钢筋混凝土预制件。

（8）横担用于安装绝缘子、固定开关、电抗器、避雷器等。横担按材质可分为木横担、铁横担、瓷横担三种。低压横担根据安装形式可分为正横担、侧横担及和合横担、交叉横担，如图10-37所示。

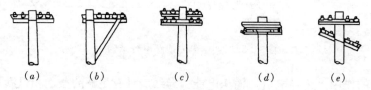

图10-37　横担的安装形式

(a) 正横担；(b) 侧横担；(c) 和合横担；(d) 和合上下横担；(e) 交叉横担

10.6.2　线路施工

架空配电线路施工的主要内容包括：线路路径选择、测量定位、基础施工、杆顶组装、电杆组立、拉线组装、导线架设及弛度观测、杆上设备安装以及架空接户线安装等。若由于与建筑物之间的距离较小，无法埋设电杆，可采用导线穿钢管或电缆沿墙架空明设，架设的部位距地面高度不小于2.5m。

10.6.3　接户线及进户线

接户线及进户线是用户引接架空线路电源的装置，其低压架空线路电源引入线如图

10-38 所示。当接户距离超过 25m 时，应加装接户杆。

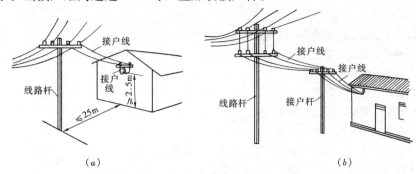

图 10-38 低压架空线路电源引入线
(a) 直接接户型；(b) 加杆接户型

1. 接户线

接户线装置是指从架空线路电杆上引接到建筑物电源进户点前第一支持点的引接装置，它主要由接户电杆、架空接户线等组成。

接户线分低压接户线和高压接户线。低压接户线的绝缘子应安装在角钢横担上，装设牢固可靠，导线截面大于 16mm² 以上时应采用蝶式绝缘子。高压接户线的绝缘子应安装在墙壁的角钢支架上，通过高压穿墙套管进入建筑物。

2. 进户线

进户线装置是户外架空电力线路与户内线路的衔接装置，进户线是指从室外支架引至建筑物内第一支持点之间的连接导线。

低压架空进户线穿墙时，必须采用保护套管，管内应光滑畅通，伸出墙外部分应设置防水弯头；高压架空进户线穿墙时，必须采用穿墙套管。进户端支持物应牢固可靠，电源进户点的高度，距地面不应低于 2.7m。架空进户线的安装如图 10-39 所示。

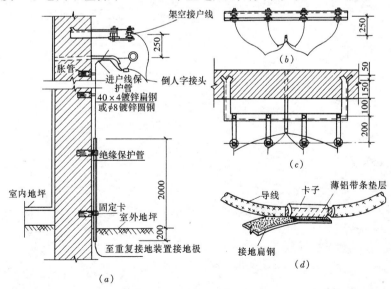

图 10-39 架空进户线的安装示意图
(a) 安装示意图；(b) 正视图；(c) 顶视图；(d) 节点

255

思 考 题

1. 建筑电气工程施工验收规范对线槽配线有何要求？

2. 简述塑料护套线安装施工程序。

3. 简述进场导管导线质量要求。

4. 简述钢管暗设的施工程序。

5. 施工验收规范对管内穿线有何要求？

6. 简述电缆的敷设方法有哪些，适用什么场合？

7. 电缆敷设在电缆沟或隧道的支架上时，按什么顺序排列？

8. 简述电缆终端头和中间接头制作程序及施工注意事项。

9. 简述预制分支电缆的特点及施工、安装要点。

10. 为什么在硬母线安装时应设母线补偿器？

11. 简述硬母线的相序排列及涂色。

12. 简述架空线路的组成部分及作用。

第11章 电气照明工程

11.1 电气照明基本线路

11.1.1 电气照明基本知识

1. 照明方式和种类

(1) 照明方式根据工作场所对照度的不同要求，可分为三种方式。

1) 一般照明 在工作场所设置人工照明时，只考虑整个工作场所对照明的基本要求，而不考虑局部场所对照明的特殊要求，这种人工设置的照明称为一般照明。

采用一般照明方式时，要求整个工作场所的灯具采用均匀布置的方案，以保证必要的照明均匀度。

2) 局部照明 在整个工作场所内，某些局部工作部位对照度有特殊要求时，为其所设置的照明，称为局部照明。例如，在工作台上设置工作台灯，在商场橱窗内设置的投光照明，都属于局部照明。

3) 混合照明 在整个工作场所内，同时设置了一般照明和局部照明，称为混合照明。

三种照明方式如图 11-1 所示。

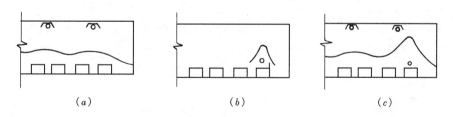

图 11-1　三种照明方式的分布
(a) 一般照明；(b) 局部照明；(c) 混合照明

(2) 照明种类

照明种类按其功能划分为：正常照明、应急照明、值班照明、警卫照明、障碍照明、装饰照明和艺术照明等。

1) 正常照明 指保证工作场所正常工作的室内外照明。正常照明一般单独使用，也可与应急照明和值班照明同时使用，但控制线路必须分开。

2) 应急照明 在正常照明因故障停止工作时使用的照明称为应急照明。应急照明又分为：

① 备用照明 备用照明是在正常照明发生故障时，用以保证正常活动继续进行的一种应急照明。凡存在因故障停止工作会造成重大安全事故，或造成重大政治影响和经济损失的场所必须设置备用照明，且备用照明提供给工作面的照度不能低于正常照明照度

的 10%。

②　安全照明　在正常照明发生故障时，为保证处于危险环境中工作人员的人身安全而设置的一种应急照明，称为安全照明，其照度不应低于一般正常照明照度的 5%。

3）值班照明　在非工作时间供值班人员观察用的照明称为值班照明。值班照明可单独设置，也可利用正常照明中能单独控制的一部分或利用应急照明的一部分作为值班照明。

4）警卫照明　用于警卫区内重点目标的照明称为警卫照明，通常可按警戒任务的需要，在警卫范围内装设，应尽量与正常照明合用。

5）障碍照明　为保证飞行物夜航安全，在高层建筑或烟囱上设置障碍标志的照明称为障碍照明。一般建筑物或构筑物的高度不小于 60m 时，需装设障碍照明，且应装设在建筑物或构筑物最高部位。

6）装饰照明　为美化和装饰某一特定空间而设置的照明称为装饰照明。装饰照明可为正常照明和局部照明的一部分。

7）艺术照明　通过运用不同的灯具、不同的投光角度和不同的光色，制造出一种特定空间气氛的照明称为艺术照明。

2. 常见电光源和灯具

（1）电光源的分类

根据光的产生原理，电光源主要分为两大类。一类是热辐射光源，利用物体加热时辐射发光的原理所制造的光源，包括白炽灯和卤钨灯。另一类是气体放电光源，利用气体放电时发光的原理所制造的光源，如荧光灯、高压汞灯、高压钠灯、金属卤化物灯和氙灯都属此类光源。

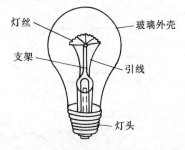

图 11-2　普通白炽灯结构

（2）常见电光源

1）普通白炽灯　普通白炽灯的结构如图 11-2 所示。普通白炽灯的灯头形式分为插口和螺口两种。普通白炽灯适用于照度要求较低，开关次数频繁及其他室内外场所。

普通白炽灯泡的规格有 15、25、40、60、100、150、200、300、500W 等。常用型号有 PZ220、PQ220 等。

2）卤钨灯　其工作原理与普通白炽灯一样，其突出特点是在灯管（泡）内充入惰性气体的同时加入了微量的卤素物质，所以称为卤钨灯。目前国内用的卤钨灯主要有两类：一类是灯内充入微量碘化物，称为碘钨灯，如图 11-3 所示；另一类是灯内充入微量溴化物，称为溴钨灯。卤钨灯多制成管状，灯管的功率一般都比较大，适用于体育场、广场、机场等场所。常用卤钨灯的型号为 LZG22。

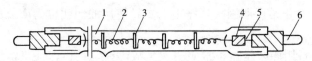

图 11-3　碘钨灯构造

1—石英玻璃管；2—灯丝；3—支架；4—钼箔；5—导丝；6—电极

3）荧光灯　荧光灯的构造如图 11-4 所示。荧光灯主要类型有直管型荧光灯、异型荧光灯和紧凑型荧光灯等。直管型荧光灯品种较多，在一般照明中使用非常广泛。直管型荧光灯有日光色、白色、暖白色及彩色等多种灯管。异型荧光灯主要有 U 型和环形两种，不但便于照明布置，而且更具装饰作用。紧凑型荧光灯是一种新型光源，有双 U 型、双 D 型、H 型等，具有体积小、光效高、造型美观、安装方便等特点，有逐渐代替白炽灯的发展趋势。

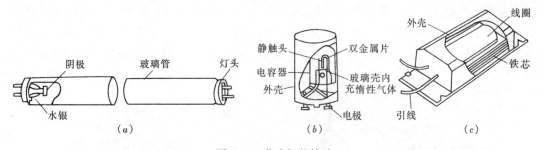

图 11-4　荧光灯的构造
（a）灯管；（b）启动器；（c）镇流器

4）高压汞灯　又称高压水银灯，靠高压汞气体放电而发光。按结构可分为外镇流式和自镇流式两种，如图 11-5 所示。自镇流式高压汞灯使用方便，在电路中不用安装镇流器，适用于大空间场所的照明，如礼堂、展览馆、车间、码头等。常用型号有 GGY50、GGY80 等。

5）钠灯　钠灯是在灯管内放入适量的钠和惰性气体，故称为钠灯。钠灯分为高压钠灯和低压钠灯两种，具有省电、光效高、透雾能力强等特点，适用于道路、隧道等场所照明。常用型号有 NG-110、NG-250 等。

6）金属卤化物灯　金属卤化物灯的结构与高压汞灯非常相似，除了在放电管中充入汞和氩气外，还填充了各种不同的金属卤化物。按填充的金属卤化物的不同，主要有钠铊铟灯、镝灯、钪钠灯等。

7）氙灯　氙灯是一种弧光放电灯，在放电管两端装有钍钨棒状电极，管内充有高纯度的氙气。具有功率大、光色好、体积小、亮度高、启动方便等优点，被人们誉为"小太阳"。多用于广场、车站、码头、机场等大面积场所照明。

8）霓虹灯　又称氖气灯、年红灯。霓虹灯不作为照明用光源，常用于建筑灯光装饰、娱乐场所装饰、商业装饰，是用途最广泛的装饰彩灯。

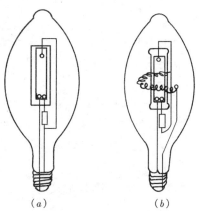

图 11-5　高压汞灯的构造
（a）自镇流式；（b）外镇流式

9）无极灯　无极灯是高频等离子体放电无极灯的简称。它是通过高频发生器的电磁场以感应的方式耦合到灯内，使灯泡内的气体雪崩电离，形成等离子体。等离子受激原子返回基态时辐射出紫外线。灯泡内壁的荧光粉受紫外线激发产生可见光，如图 11-6（a）所示。

无极灯分为高频无极灯和低频无极灯。其优点是：灯泡内无灯丝、无电极，产品使用寿命达 60000h 以上；发光效率高，显色指数高；宽电压工作；安全，没有频闪效应；光衰小；瞬时启动再启动时间均小于 0.5s；启动温度低，适应温度范围大，零下 25℃均可正常启动和工作；功率因数可高达 0.95 以上；安全可靠，绿色环保，真正实现免维护、免更换。缺点是：存在电磁干扰和空间电磁辐射问题；限于散热，无极灯还不能实现大功率化，一般在 185W 以内；与紧凑型荧光灯相比，价格较高。

10）LED 灯　LED（Light Emitting Diode），即发光二极管，是一种能够将电能直接转化为可见光的固态的半导体器件。LED 灯是一种固态的半导体组件，其利用电流顺向流通到半导体 PN 结耦合处产生光子发射。LED 灯的核心是一个半导体的晶片，晶片的一端附在一个支架上，一端是负极，另一端连接电源的正极，使整个晶片被环氧树脂封装起来。如图 11-6（b）所示。

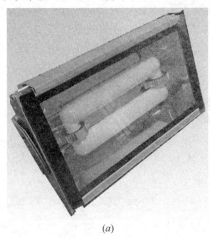

(a)　　　　　　　　　　　　　　　　(b)

图 11-6　无极灯与 LED 灯

(a) 无极灯；(b) LED 灯

LED 灯优点：

节能环保：其发光效率达到 100 流明/瓦以上，普通的白炽灯约 40 流明/瓦，节能灯约 70 流明/瓦。

长寿命：一般可以达到 5 万小时，且没有辐射。

外观：造型别致优雅、防尘、防振动、防漏电、防腐蚀，美观大方、绿色、节能、环保，可在－40～50℃环境温度下正常使用。

LED 灯缺点：

散热需求高；高起始成本；大功率 LED 灯的效率仍待加强；生产误差大。

（3）常用灯具

灯具主要由灯座和灯罩等部件组成。灯具的作用是固定和保护电源、控制光线、将光源光通量重新分配，以达到合理利用和避免眩光的目的。按其结构特点可分为开启型、闭合型（保护式）、密闭型、防爆型等，如图 11-7 所示。

11.1.2　电气照明基本线路

（1）一只开关控制一盏灯的电气照明图，如图 11-8 所示。注意区别平面图和接线图的不同。由图可知，开关必须接在相线上，零线不进开关。

（2）两只双控开关在两处控制一盏灯的电气照明图，如图 11-9 所示。该线路通常用

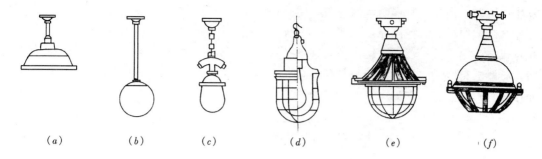

图 11-7　按灯具结构特点分类的灯型

(a) 开启型；(b) 闭合型；(c) 密闭型；(d) 防爆型；(e) 隔爆型；(f) 安全型

于楼梯、过道等处。

（3）荧光灯控制线路。

荧光灯接线必须有配套的镇流器、启动器（起辉器）等附件。其接线图如图 11-10 (a) 所示。往往在平面图上把灯管、镇流器、启动器等作为一个整体反映出来，表示方法如图 11-10 (b) 所示。

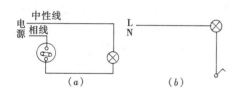

图 11-8　一只开关控制一盏灯

(a) 接线图；(b) 平面图

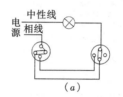

图 11-9　两只双控开关在两处控制一盏灯

(a) 接线图；(b) 平面图

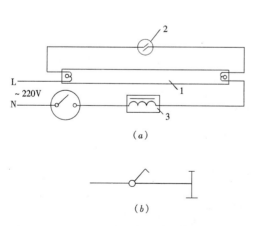

图 11-10　荧光灯控制线路

(a) 接线图；(b) 平面图

1—灯管；2—启动器；3—镇流器

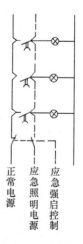

图 11-11　楼梯灯兼作应急疏散
照明控制原理图

（4）楼梯灯兼作应急疏散照明的控制线路。

高层住宅楼梯灯往往兼作应急灯作疏散照明。楼梯灯一般采用节能延时开关控制。当发生火灾时，由于正常照明电源停电，可将应急照明电源强行切入线路供电，使楼梯灯点亮作为疏散照明。其控制原理如图 11-11 所示。在正常照明时，楼梯灯通过接触器的常闭触点供电，由于接触器常开触点不接通而使应急电源处于备用供电状态。当正常照明停电后，接触器得电动作，其常闭触点断开，常开触点闭合，应急照明电源接入楼梯灯线路，使楼梯灯直接点亮，作为火灾时的疏散照明。

11.2 电气照明装置安装

11.2.1 灯具安装的一般规定

为保证用电安全，《建筑电气照明装置施工与验收规范》GB 50617—2010 对灯具的安装作了如下规定：

(1) 灯具的灯头绝缘外壳不应有破损或裂纹等缺陷；带开关的灯头，开关手柄不应有裸露的金属部分；连接吊灯灯头的软线应做保护扣，两端芯线应搪锡压线；当采取螺口灯头时，相线应接于灯头中间触点的端子上。

(2) 成套灯具的带电部分对地绝缘电阻值不应小于 2MΩ。引向单个灯具的电线线芯截面积应与灯具功率相匹配，电线线芯最小允许截面积不应小于 1mm^2。灯具表面及其附件等高温部位靠近可燃物时，应采取隔热、散热等防火保护措施。以卤钨灯或额定功率不小于 100W 的白炽灯泡为光源时，其吸顶灯、槽灯、嵌入灯应采用瓷质灯头，引入线应采用瓷管、矿棉等不燃材料作隔热保护。

(3) 变电所内，高低压配电设备及裸母线的正上方不应安装灯具，灯具与裸母线的水平净距不应小于 1m。当设计无要求时，室外墙上安装的灯具，灯具底部距地面的高度不应小于 2.5m。安装在公共场所的大型灯具的玻璃罩，应有防止玻璃罩坠落或碎裂后向下溅落伤人的措施。聚光灯和类似灯具出光口面与被照物体的最短距离应符合产品技术文件要求。卫生间照明灯具不宜安装在便器或浴缸正上方。

(4) 当镇流器、触发器、应急电源等灯具附件与灯具分离安装时，应固定可靠；在顶棚内安装时，不得直接固定在顶棚上；灯具附件与灯具本体之间的连接电线应穿导管保护，电线不得外露。触发器至光源的线路长度不应超过产品的规定值。露天安装的灯具及其附件、紧固件、底座和与其相连的导管、接线盒等应有防腐蚀和防水措施。

(5) Ⅰ类灯具的不带电的外露可导电部分必须与保护接地线（PE）可靠连接，且应有标识。因特定条件而采用的非定型灯具在尚未由第三方检测其安全、光学及电气性能合格前，不应使用。

(6) 成排安装的灯具中心线偏差不应大于 5mm。质量大于 10kg 的灯具，其固定装置应按 5 倍灯具重量的恒定均布载荷全数做强度试验，历时 15min，固定装置的部件应无明显变形。带有自动通、断电源控制装置的灯具，动作应准确、可靠。

11.2.2 常用灯具的安装

灯具安装包括普通灯具安装、装饰灯具安装、荧光灯具安装、工厂灯及防水防尘灯安装、工厂其他灯具安装、医院灯具安装和路灯安装等。灯具安装的工艺流程是：灯具固定→组装灯具→灯具接线→灯具接地。

常用安装方式有悬吊式、壁装式、吸顶式、嵌入式等。悬吊式又可分为软线吊灯、链吊灯、管吊灯。吸顶或墙面上安装的灯具固定用的螺栓或螺钉不应少于 2 个。室外安装的壁灯其泄水孔应在灯具腔体的底部，绝缘台与墙面接线盒盒口之间应有防水措施。灯具安装方式如图 11-12 所示。

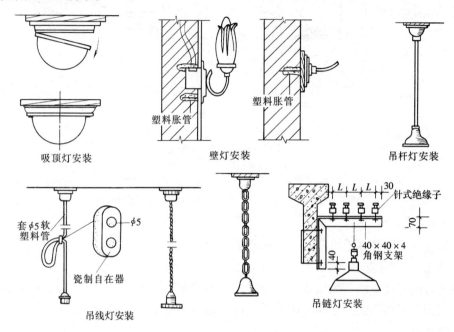

吸顶灯安装　　　　壁灯安装　　　　　　吊杆灯安装

吊线灯安装　　　　　　　　　　　吊链灯安装

图 11-12　灯具安装方式

1. 吊灯的安装

吊灯安装包括软吊线白炽灯、吊链白炽灯、防水软线白炽灯；其主要配件有吊线盒、木台、灯座等。吊灯的安装程序是测定、画线、打眼、埋螺栓、上木台、灯具安装、接线、接焊包头。依据《建筑电气照明装置施工与验收规范》GB 50617—2010 对吊灯的安装要求是：

（1）带升降器的软线吊灯在吊线展开后，灯具下沿应高于工作台面 0.3m。

（2）质量大于 0.5kg 的软线吊灯，应增设吊链（绳）。

（3）质量大于 3kg 的悬吊灯具，应固定在吊钩上，吊钩的圆钢直径不应小于灯具挂销直径，且不应小于 6mm。

（4）采用钢管作灯具吊杆时，钢管应有防腐措施，其内径不应小于 10mm，壁厚不应小于 1.5mm。

2. 吸顶灯的安装

吸顶灯安装包括圆球吸顶灯、半圆球吸顶灯以及方形吸顶灯等。吸顶灯的安装程序与吊灯基本相同。对装有白炽灯的吸顶灯具，灯泡不应紧贴灯罩；当灯泡与绝缘台间距离小于 5mm 时，灯泡与绝缘台间应采取隔热措施，如图 11-13 所示。

3. 壁灯的安装

壁灯可安装在墙上或柱子上。安装在墙上时，一般在砌墙时应预埋木砖，禁止用木楔代替木砖，也可以预埋螺栓或用膨胀螺栓固定。安装在柱子上时，一般在柱子上预埋金属构件或用抱箍将金属构件固定在柱子上，然后再将壁灯固定在金属构件上。同一工程中成

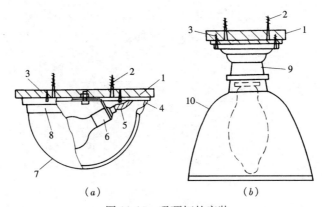

图 11-13　吸顶灯的安装

(a) 半圆吸顶灯；(b) 半扁罩灯

1—圆木；2—固定圆木用螺钉；3—固定灯架用木螺钉；4—灯架；5—灯头引线；

6—管接式瓷质螺口灯座；7—玻璃灯罩；8—固定灯罩用机螺钉；

9—铸铝壳瓷质螺口灯座；10—搪瓷灯罩

排安装的壁灯，安装高度应一致，高低差不应大于 5mm。

4. 荧光灯的安装

荧光灯的安装方法有吸顶式、嵌入式、吊链式和吊管式。应注意灯管、镇流器、启动器、电容器的互相匹配，不能随便代用。特别是带有附加线圈的镇流器，接线不能接错，否则会毁坏灯管。

5. 嵌入式灯具的安装

灯具的边框应紧贴安装面；多边形灯具应固定在专设的框架或专用吊链（杆）上，固定用的螺钉不应少于 4 个；接线盒引向灯具的电线应采用导管保护，电线不得裸露；导管与灯具壳体应采用专用接头连接。当采用金属软管时，其长度不宜大于 1.2m。如图 11-14 所示。

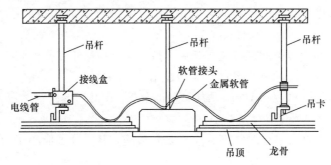

图 11-14　荧光灯嵌入吊顶内安装

6. 庭院灯、建筑物附属路灯、广场高杆灯的安装

灯具与基础应固定可靠，地脚螺栓应有防松措施；灯具接线盒盒盖防水密封垫齐全、完整；每套灯具应在相线上装设相配套的保护装置；灯杆的检修门应有防水措施，并设置需使用专用工具开启的闭锁防盗装置。

7. 高压汞灯、高压钠灯、金属卤化物灯的安装

光源及附件必须与镇流器、触发器和限流器配套使用。触发器与灯具本体的距离应符合产品技术文件要求；灯具的额定电压、支架形式和安装方式应符合设计要求；电源线应

经接线柱连接，不应使电源线靠近灯具表面；光源的安装朝向应符合产品技术文件要求。

8. 位于线槽或封闭插接式照明母线下方灯具的安装

灯具与线槽或封闭插接式照明母线连接应采用专用固定件，固定应可靠；线槽或封闭插接式照明母线应带有插接灯具用的电源插座；电源插座宜设置在线槽或封闭插接式照明母线的侧面。

9. 埋地灯的安装

埋地灯防护等级应符合设计要求；埋地灯光源的功率不应超过灯具的额定功率；埋地灯接线盒应采用防水接线盒，盒内电线接头应作防水、绝缘处理。

10. 其他灯具的安装

采用钢管作灯具吊杆时，钢管应有防腐措施，其内径不应小于 10mm，壁厚不应小于 1.5mm。投光灯的底座及支架应固定牢固，枢轴应沿需要的光轴方向拧紧固定。导轨灯安装前应核对灯具功率和载荷与导轨额定载流量和载荷相适配。轨道射灯安装如图 11-15 所示。

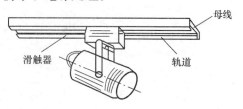

图 11-15　轨道射灯安装

11. 2. 3　专用灯具的安装

1. 应急照明灯具的安装

应急照明灯具必须采用经消防检测中心检测合格的产品；安全出口标志灯应设置在疏散方向的里侧上方，灯具底边宜在门框（套）上方 0.2m。地面上的疏散指示标志灯，应有防止被重物或外力损坏的措施。当厅室面积较大，疏散指示标志灯无法装设在墙面上时，直装设在顶棚下且距地面高度不宜大于 2.5m；疏散照明灯投入使用后，应检查灯具始终处于点亮状态；应急照明灯回路的设置除符合设计要求外，尚应符合防火分区设置的要求；应急照明灯具安装完毕，应检验灯具电源转换时间，其值为：备用照明不应大于 5s；金融商业交易场所不应大于 1.5s；疏散照明不应大于 5s；安全照明不应大于 0.25s。应急照明最少持续供电时间应符合设计要求。

2. 霓虹灯的安装

灯管应完好，无破裂；灯管应采用专用的绝缘支架固定，固定应牢固可靠。固定后的灯管与建筑物、构筑物表面的距离不应小于 20mm；霓虹灯灯管长度不应超过允许最大长度。专用变压器在顶棚内安装时，应固定可靠，有防火措施，并不宜被非检修人员触及；在室外安装时，应有防雨措施；霓虹灯专用变压器的二次侧电线和灯管间的连接线应采用额定电压不低于 15kV 的高压绝缘电线。二次侧电线与建筑物、构筑物表面的距离不应小于 20mm；霓虹灯托架及其附着基面应用难燃或不燃材料制作，固定可靠。室外安装时，应耐风压，安装牢固。

3. 建筑物景观照明灯具的安装

在人行道等人员来往密集场所安装的灯具，无围栏防护时灯具底部距地面高度应在 2.5m 以上；灯具及其金属构架和金属保护管与保护接地线（PE）应连接可靠，且有标识；灯具的节能分级应符合设计要求。

4. 航空障碍标志灯的安装

灯具安装牢固可靠，且应设置维修和更换光源的设施；灯具安装在屋面接闪器保护范围外时,应设置避雷小针,并与屋面接闪器可靠连接;当灯具在烟囱顶上安装时,应安装在低于烟囱口 1.5~3m 的部位且呈正三角形水平布置。

5. 手术台无影灯的安装

固定灯座的螺栓数量不应少于灯具法兰底座上的固定孔数,螺栓直径应与孔径匹配,螺栓应采用双螺母锁紧;固定无影灯基座的金属构架应与楼板内的预埋件焊接连接,不应采用膨胀螺栓固定;开关至灯具的电线应采用额定电压不低于 750V 的铜芯多股绝缘电线。如图 11-16 所示。

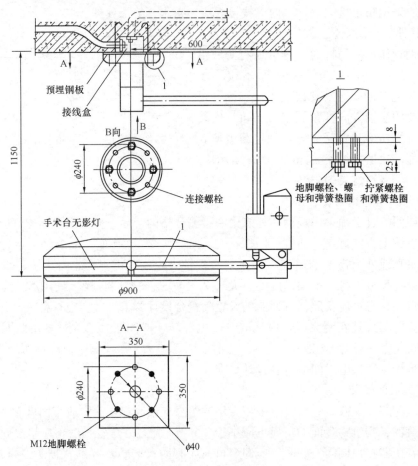

图 11-16　手术台无影灯的安装

6. 紫外线杀菌灯的安装

位置不得随意变更,其控制开关应有明显标识,且与普通照明开关位置分开设置。

7. 游泳池和类似场所用灯具安装

安装前应检查其防护等级。自电源引入灯具的导管必须采用绝缘导管,严禁采用金属或有金属护层的导管。

8. 建筑物彩灯的安装

当建筑物彩灯采用防雨专用灯具时,其灯罩应拧紧,灯具应有泄水孔;宜采用 LED 等节能新型光源,不应采用白炽灯泡;配管应为热浸镀铸钢管,按明配敷设,并采用配套的防水接线盒,其密封应完好;管路、管盒间采用螺纹连接,连接处的两端用专用接地卡固定跨接接地线，跨接接地线采用绿/黄双色铜芯软电线，截面积不应小于 4mm²；金属导管、金属支架、钢索等应与保护接地线（PE）连接可靠。

9. 太阳能灯具的安装

灯具表面应平整光洁，色泽均匀；产品无明显的裂纹、划痕、缺损、锈蚀及变形；表面漆膜不应有明显的流挂、起泡、橘皮、针孔、咬底、渗色和杂质等缺陷；灯具内部短路保护、负载过载保护、反向放电保护、极性反接保护功能应齐全、正确；太阳能灯具应安装在光照充足、无遮挡的地方，应避免靠近热源；太阳能电池组件应根据安装地区的纬度，调整电池板的朝向和仰角，使受光时间最长。迎光面上无遮挡物阴影，上方不应有直射光源。电池组件与支架连接时应牢固可靠，组件的输出线不应裸露，并用扎带绑扎固定；蓄电池在运输、安装过程中不得倒置，不得放置在潮湿处，且不应曝晒于太阳光下；系统接线顺序应为蓄电池—电池板—负载；系统拆卸顺序应为负载—电池板—蓄电池；灯具与基础固定可靠，地脚螺栓应有防松措施，灯具接线盒盖的防水密封垫应完整。

10. 洁净场所灯具的安装

灯具安装时，灯具与顶棚之间的间隙应用密封胶条和衬垫密封。密封胶条和衬垫应平整，不得扭曲、折叠。灯具安装完毕后，应清除灯具表面的灰尘。

11. 防爆灯具的安装

检查灯具的防爆标志、外壳防护等级和温度组别应与爆炸危险环境相适配；灯具的外壳应完整，无损伤、凹陷变形，灯罩无裂纹，金属护网无扭曲变形，防爆标志清晰；灯具的紧固螺栓应无松动、锈蚀现象，密封垫圈完好；灯具附件应齐全，不得使用非防爆零件代替防爆灯具配件；灯具的安装位置应离开释放源，且不得在各种管道的泄压口及排放口上方或下方；导管与防爆灯具、接线盒之间连接应紧密，密封完好；螺纹啮合扣数应不少于 5 扣，并应在螺纹上涂以电力复合酯或导电性防锈酯；防爆弯管工矿灯应在弯管处用镀锌链条或型钢拉杆加固。

12. LED 灯具的安装

灯具安装应牢固可靠，饰面不应使用胶类粘贴。安装位置应有较好的散热条件，且不宜安装在潮湿场所。灯具用的金属防水接头密封圈应齐全、完好。灯具的驱动电源、电子控制装置室外安装时，应置于金属箱（盒）内；金属箱（盒）的 IP 防护等级和散热应符合设计要求，驱动电源的极性标记应清晰、完整；室外灯具配线管路应按明配管敷设，且应具备防雨功能，IP 防护等级应符合设计要求。

检查数量：按灯具型号各抽查 5%，且各不得少于 1 套。

检查方法：观察检查，查阅产品进场验收记录及产品质量合格证明文件。

11.3　开关、插座、风扇安装

11.3.1　灯开关、按钮安装

1. 灯开关的安装

灯开关按其安装方式可分为明装开关和暗装开关两种；按其开关操作方式分为拉线开关、把开关、跷板开关、声光控开关、节能开关、床头开关等；按其控制方式有单控开关和双控开关；按灯具开关面板上的开关数量可分为单联开关、双联开关、三联开关和四联开关等。

灯开关安装位置应便于操作,开关边缘距门框的距离宜为 0.15～0.2m;开关面板底边距地面高度宜为 1.3～1.4m;拉线开关底边距地面高度宜为 2～3m,距顶板不小于 0.1m,且拉线出口应垂直向下;无障碍场所开关底边距地面高度宜为 0.9～1.1m;老年人生活场所开关宜选用宽板按键开关,开关底边距地面高度宜为 1.0～1.2m。暗装的开关面板应紧贴墙面或装饰面,四周应无缝隙,安装应牢固,表面应光滑整洁,无碎裂、划伤,装饰帽(板)齐全;接线盒应安装到位,接线盒内干净整洁,无锈蚀。安装在装饰面上的开关,其电线不得裸露在装饰层内。

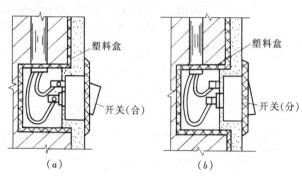

图 11-17　跷板开关通断位置
(a) 开关处在合闸位置;　(b) 开关处在断开位置

为了装饰美观,安装在同一建筑物、构筑物内的开关,宜采用同一系列的产品,开关的通断位置应一致,且操作灵活、接触可靠。并列安装的相同型号开关距地面高度应一致,高度差不应大于 1mm;同一室内安装的开关高度差应不大于 5mm;并列安装的拉线开关的相邻间距不应小于 20mm。

跷板式开关只能暗装,其通断位置如图 11-17 所示。扳把开关可以明装也可暗装,但不允许横装。扳把向上时表示开灯,向下时表示关灯,如图 11-18 所示。

2. 按钮的安装

一般按钮常用在控制电路中,可应用于磁力启动器、接触器、继电器及其他电器的控制之中;带指示灯式按钮还适用于灯光信号指示的场合。按钮的安装分为明装和暗装。一般按钮的安装程序是:测位、划线、打眼、预埋螺栓、清扫盒子、上木台、缠钢丝弹簧垫、装按钮、接线、装盖。

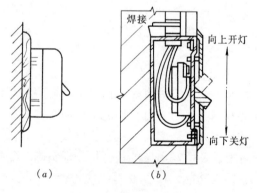

图 11-18　扳把开关安装
(a) 明装;(b) 暗装

11.3.2　插座、安全变压器的安装

1. 插座的安装

插座是各种移动电器的电源接取口,插座的分类有单相双孔插座、单相三孔插座、三相四孔插座、三相五孔插座、防爆插座、地插座、安全型插座等。插座的安装分为明装和暗装。插座的安装程序是:测位、划线、打眼、预埋螺栓、清扫盒子、上木台、缠钢丝弹簧垫、装插座、接线、装盖。

(1)《建筑电气照明装置施工与验收规范》GB 50617—2010 对插座的安装作如下规定:

1) 当住宅、幼儿园及小学等儿童活动场所电源插座底边距地面高度低于 1.3m 时,必须选用安全型插座。

2) 当设计无要求时,插座底边距地面高度不宜小于 0.3m;无障碍场所插座底边距地面高度宜为 0.4m，其中厨房、卫生间插座底边距地面高度宜为 0.7～0.3m；老年人专用的生活场所插座底边距地面高度宜为 0.7～0.3m。

3）暗装的插座面板紧贴墙面或装饰面，四周无缝隙，安装牢固，表面光滑整洁，无碎裂、划伤，装饰帽（板）齐全；接线盒应安装到位，接线盒内干净整洁，无锈蚀。暗装在装饰面上的插座，电线不得裸露在装饰层内。

4）地面插座应紧贴地面，盖板固定牢固，密封良好。地面插座应用配套接线盒。插座接线盒内应干净整洁，无锈蚀。

5）同一室内相同标高的插座高度差不宜大于 5mm；并列安装相同型号的插座高度差不宜大于 1mm。

6）应急电源插座应有标识。

7）当设计无要求时，有触电危险的家用电器和频繁插拔的电源插座，宜选用能断开电源的带开关的插座，开关断开相线；插座回路应设置剩余电流动作保护装置；每一回路插座数量不宜超过 10 个；用于计算机电源的插座数量不宜超过 5 个（组），并应采用 A型剩余电流动作保护装置；潮湿场所应采用防溅型插座，安装高度不应低于 1.5m。

（2）插座的接线应符合下列要求：

1）单相两孔插座，面对插座，右孔或上孔应与相线连接，左孔或下孔应与中性线连接；单相三孔插座，面对插座，右孔应与相线连接，左孔应与中性线连接。

2）单相三孔、三相四孔及三相五孔插座的保护接地线（PE）必须接在上孔。插座的保护接地端子不应与中性线端子连接。同一场所的三相插座，接线的相序应一致。

3）保护接地线（PE）在插座间不得串联连接。

4）相线与中性线不得利用插座本体的接线端子转接供电。

如图 11-19 所示。

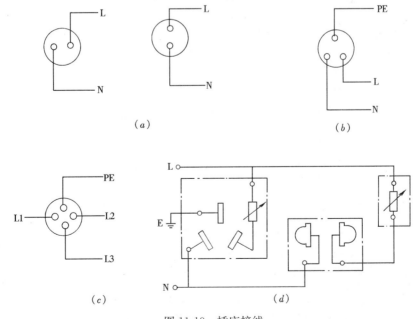

图 11-19　插座接线
（a）单相两孔插座；（b）单相三孔插座；（c）三相四孔插座；（d）安全型插座

2. 安全变压器的安装

安全变压器用于需要提供安全电压的场合,目前应用越来越广泛。如卫生间的安全插座、汽车修理厂的地坑插座等均由安全变压器提供安全电压。

安全变压器的规格为 500、1000 和 3000VA。安全变压器的安装程序是:开箱、清扫、检查、测位、打眼、支架安装、固定变压器、接线、接地。

11.3.3 电铃、风扇的安装

1. 电铃的安装

电铃的规格可按直径分为 100、200、300mm 等;也可按电铃号牌箱分为 10 号、20 号、30 号等。

电铃在室内安装有明装和暗装两种方式。明装时,电铃既可以安装在绝缘台上,也可以用 $\phi4.5mm \times 50mm$ 木螺钉和 $\phi4.5mm$ 垫圈配用 $\phi6mm \times 50mm$ 尼龙塞或塑料胀管直接固定在墙上,如图 11-20 所示。如果安装在厚度不小于 10mm 木制的安装板上,安装板可以用 $\phi4mm \times 63mm$ 木螺钉与墙内预埋木砖固定,也可以用木螺钉与墙内尼龙塞或塑料胀管固定。室内暗装电铃可装设在专用的盒(箱)内,做法如图 11-21 所示。电铃安装高度,距顶棚不应小于 200mm,距地面不应低于 1.8m。

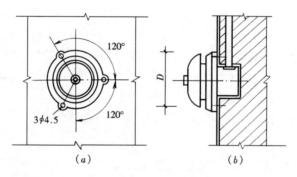

图 11-20　室内明装电铃

(a) 平面图;(b) 右视图

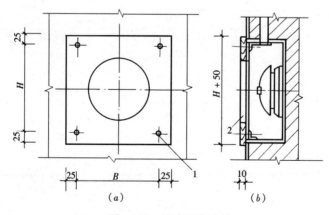

图 11-21　室内暗装电铃

(a) 平面图;(b) 右视图

1—面板螺栓;2—喇叭布

室外电铃应装设在防雨箱内，下边缘距地面不应低于 3m。电铃的防雨箱用干燥的木材制作时，箱的背后与墙面相接触的部位应作防腐处理，可刷油漆两道。电铃的金属箱可以用厚 2mm 的钢板制作，金属件均应进行防腐处理，刷红丹油一道油漆两道。

电铃按钮（开关）应暗装在相线上，安装高度不应低于 1.3m，并有明显标志。电铃安装好时，应调整到最响状态。用延时开关控制电铃，应整定延时值。

2. 风扇的安装

风扇可分为吊扇、壁扇、轴流排气扇。吊扇是住宅、公共场所、工业建筑中常见的设备。吊扇有三叶吊扇、三叶带照明灯吊扇和四叶带照明灯吊扇等。吊扇的扇叶直径有 900mm、1200mm、1400mm 和 1500mm 等规格，其取用的电源额定电压为 220V。

吊扇安装前，应对预埋的挂钩进行检查，吊扇挂钩应安装牢固，挂钩的直径不应小于吊扇悬挂销钉的直径，且不得小于 8mm。安装方法如图 11-22 所示。

《建筑电气照明装置施工与验收规范》GB 50617—2010 中对吊扇、壁扇安装均有详细的规定。

吊扇安装应符合下列规定：

（1）吊扇挂钩应安装牢固，挂钩的直径不应小于吊扇挂销的直径，且不应小于 8mm；挂钩销钉应设防振橡胶垫；销钉的防松装置应齐全可靠。

（2）吊扇扇叶距地面高度不应小于 2.5m。

（3）吊扇组装严禁改变扇叶角度，扇叶固定螺栓防松装置应齐全。

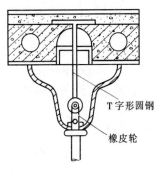

図 11-22　吊扇的安装

（4）吊扇应接线正确，不带电的外露可导电部分保护接地应可靠。运转时扇叶不应有明显颤动。

（5）吊扇涂层应完整，表面无划痕，吊杆上下扣碗安装应牢固到位。

（6）同一室内并列安装的吊扇开关安装高度应一致，控制有序不错位。

壁扇安装应符合下列规定：

（1）壁扇底座应采用膨胀螺栓固定，膨胀螺栓的数量不应少于 3 个，且直径不应小于 8mm。底座固定应牢固可靠。

（2）壁扇防护罩应扣紧，固定可靠，运转时扇叶和防护罩均应无明显颤动和异常声响。壁扇不带电的外露可导电部分保护接地应可靠。

（3）壁扇下侧边缘距地面高度不应小于 1.8m。

（4）壁扇涂层完整，表面无划痕，防护罩无变形。

换气扇安装应紧贴安装面，固定可靠。无专人管理场所的换气扇宜设置定时开关。

11.4　照明配电箱的安装

11.4.1　配电箱类型

配电箱按用途不同可分为电力配电箱和照明配电箱两种；根据安装方式不同可分为悬挂式（明装）、嵌入式（暗装）以及落地式；根据制作材质可分为铁质、木质及塑料制品。施工现场应用较多的是铁制配电箱。另外，配电箱按产品还可划分为成套配电箱和非成套配电箱。成套配电箱是由工厂成套生产组装的；非成套配电箱是根据实际需要来设计制作的。常用的标准照明配电箱有：XXM 型、XRM 型、PXT 型和 XX(R)P 等型号。

11.4.2 安装要求

《建筑电气照明装置施工与验收规范》GB 50617—2010 对照明配电箱（盘）的安装有明确要求：

（1）位置正确，部件齐全；箱体开孔与导管管径适配，应一管一孔，不得用电、气焊割孔；暗装配电箱箱盖应紧贴墙面，箱（板）涂层应完整。

（2）箱（板）内相线、中性线（N）、保护接地线（PE）的编号应齐全，正确；配线应整齐，无绞接现象；电线连接应紧密，不得损伤芯线和断股，多股电线应压接接线端子或搪锡；螺栓垫圈下两侧压的电线截面积应相同，同一端子上连接的电线不得多于 2 根。

（3）电线进出箱（板）的线孔应光滑无毛刺，并有绝缘保护套。

（4）箱（板）内分别设置中性线（N）和保护接地线（PE）的汇流排，汇流排端子孔径大小、端子数量应与电线线径、电线根数适配。

（5）箱（板）内剩余电流动作保护装置应经测试合格；箱（板）内装设的螺旋熔断器，其电源线应接在中间触点的端子上，负荷线接在螺纹的端子上。

（6）箱（板）安装应牢固，垂直度偏差不应大于 1.5‰。照明配电板底边距楼地面高度不应小于 1.8m；当设计无要求时，照明配电箱安装高度宜符合表 11-1 的规定。

（7）照明配电箱（板）不带电的外露可导电部分应与保护接地线（PE）连接可靠；装有电器的可开启门，应用裸铜编织软线与箱体内接地的金属部分做可靠连接。

（8）应急照明箱应有明显标识。

照明配电箱安装高度　　　　　　　　　　　　　　　　　　　表 11-1

配电箱高度（mm）	配电箱底边距楼地面高度（m）
600 以下	1.3～1.5
600～800	1.2
800～1000	1.0
1000～1200	0.8
1200 以上	落地安装，潮湿场所箱柜下应设 200mm 高的基础

11.4.3 安装程序

施工现场常使用的是成套配电箱，其安装程序是：

成套铁制配电箱箱体现场预埋→管与箱体连接→安装盘面→装盖板（贴脸及箱门）。图 11-23 是几种常见配电箱的安装。

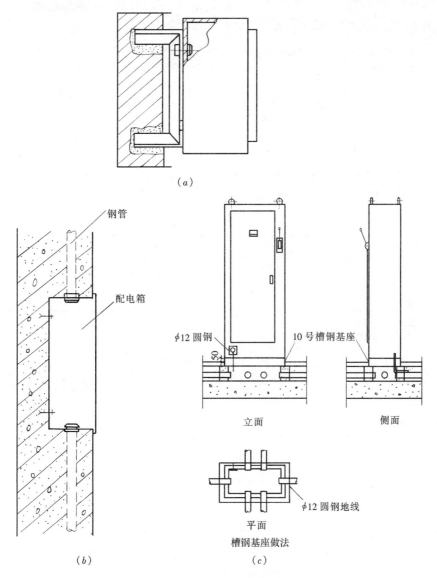

图 11-23　配电箱的安装

(*a*) 悬挂式；(*b*) 嵌入式；(*c*) 落地式

11.5　配电与照明节能工程施工技术要求

建筑配电与照明节能工程的施工质量验收，应符合《建筑节能工程施工质量验收规范》GB 50411—2007 和《建筑电气工程施工质量验收规范》GB 50303—2015 的有关规定。

11.5.1　主控项目

（1）照明光源、灯具及其附属装置的选择必须符合设计要求，进场验收时应对下列技术性能进行核查，并经监理工程师（建设单位代表）检查认可，形成相应的验收核查记录。质量证明文件和相关技术资料应齐全，并符合国家现行有关标准和规定。

1）荧光灯灯具和高强度气体放电灯灯具的效率不应低于表 11-2 的规定。

荧光灯灯具和高强度气体放电灯灯具的效率允许值　　　　　表 11-2

灯具出光口形式	开敞式	保护罩（玻璃或塑料）		格栅	格栅或透光罩
		透明	磨砂、棱镜		
荧光灯灯具	75%	65%	55%	60%	—
高强度气体放电灯灯具	75%	—	—	60%	60%

2）管型荧光灯镇流器能效限定值应不小于表 11-3 的规定。

镇流器能效限定值　　　　　表 11-3

标称功率（W）		18	20	22	30	32	36	40
镇流器能效因数（BEF）	电感型	3.154	2.952	2.770	2.232	2.146	2.030	1.992
	电子型	4.778	4.370	3.998	2.870	2.678	2.402	2.270

3）照明设备谐波含量限值应符合表 11-4 的规定。

照明设备谐波含量限值　　　　　表 11-4

谐波次数 n	基波频率下输入电流百分比数表示的最大允许谐波电流（%）
2	2
3	$30 \times \lambda$ 注
5	10
7	7
9	5
$11 \leqslant n \leqslant 39$（仅有奇次谐波）	3

注：λ 是电路功率因数。

（2）低压配电系统选择的电缆、电线截面不得低于设计值，进场时应对其截面和每芯导体电阻进行见证取样送检。每芯导体电阻值应符合表 11-5 的规定。

电线每芯导体最大电阻值　　　　　表 11-5

标称截面（mm²）	20℃时导体最大电阻（Ω/km）圆铜导体（不镀金属）	标称截面（mm²）	20℃时导体最大电阻（Ω/km）圆铜导体（不镀金属）
0.5	36.0	35	0.524
0.75	24.5	50	0.387
1.0	18.1	70	0.268
1.5	12.1	95	0.193
2.5	7.41	120	0.153
4	4.61	150	0.124
6	3.08	185	0.0991
10	1.83	240	0.0754
16	1.15	300	0.0601
25	0.727		

（3）工程安装完成后应对低压配电系统进行调试，调试合格后应对低压配电电源质量进行检测。其中：

1）供电电压允许偏差：三相供电电压允许偏差为标称系统电压的±7%；单相220V为+7%、−10%。

2）公共电网谐波电压限值为：380V的电网标称电压，电网总谐波畸变率（THDu）为5%，奇次（1～25次）谐波含有率为2%。

3）谐波电流不应超过表11-6中规定的允许值。

谐波电流允许值　　　　　　　　　　　　　　　　　　　　　　表11-6

标准电压（kV）	基准短路容量（MVA）	谐波次数及谐波电流允许值（A）											
		2	3	4	5	6	7	8	9	10	11	12	13
		78	62	39	62	26	44	19	21	16	28	13	24
		谐波次数及谐波电流允许值（A）											
0.38	10	14	15	16	17	18	19	20	21	22	23	24	25
		11	12	9.7	18	8.6	16	7.8	8.9	7.1	14	6.5	12

4）三相电压不平衡允许值为2%，短时不得超过4%。

5）照明值不得小于设计值的90%。

6）功率密度值应符合《建筑照明设计标准》GB 50034—2004中的规定。

11.5.2　一般项目

（1）母线与母线或母线与电器接线端子，当采用螺栓搭接连接时，应采用力矩扳手拧紧，制作应符合《建筑电气工程施工质量验收规范》GB 50303—2015标准中的有关规定。

（2）交流单芯电缆分相后的每相电缆宜品字形（三叶形）敷设，且不得形成闭合铁磁回路。

（3）三相照明配电干线的各相负荷宜分配平衡，其最大相负荷不宜超过三相负荷平均值的115%，最小相负荷不宜小于三相负荷平均值的85%。

11.5.3　一般原则

1. 输配电系统的节能

（1）输配电系统的功率因数、谐波的治理是节约电能提高输配电质量的有效途径。

（2）输配电系统应选择节约电能设备，减少设备本身的电能损耗，提高系统整体节约电能的效果。

（3）输配电系统电压等级的确定：选择市电较高的输配电电压深入负荷中心。设备容量在100kW及以下或变压器容量在50kVA及以下者，可采用380/220V配电系统。如果条件允许或特殊情况可采用10kV配电，对于大容量用电设备（如制冷机组）宜采用10kV配电。

2. 功率因数补偿

（1）输配电设计通过合理选择电动机、电力变电器容量以及对气体放电灯的启动器，降低线路阻抗（感抗）等措施，提高线路的自然功率因素。

（2）民用建筑输配电的功率因数由低压电容器补偿，宜由变配电所集中补偿。

（3）对于大容量负载、稳定、长期运行的用电设备宜单独就地补偿。

（4）集中装设的静电电容器应随负荷和电压变化及时投入或切除，防止无功负荷倒送。电容器组采用分组循环自动切换运行方式。

3. 电气照明节能

（1）在满足照明质量的前提下应选择适合的高效照明光源。

（2）在满足眩光限值的条件下，应选用高效灯具及开启式直接照明灯具。室内灯具效率不低于70%，反射器应具有较高的反射比。

（3）为节约电能，灯具满足最低安装高度前提下，降低灯具的安装高度。

（4）高大空间区域设一般照明方式。对有高照度要求的部位设置局部照明。

（5）荧光灯应选用电子镇流器或节约电能的电感镇流器。大开间的场所选用电子镇流器，小开间的房间选用节能的电感镇流器。

（6）限制白炽灯的使用量。室外不宜采用白炽灯，特殊情况下也不应超过100W。

（7）荧光灯应选用光效高、寿命长、显色性好的直管稀土三基色细管荧光灯（T8、T5）和紧凑型。照度相同的条件下宜首选紧凑型荧光灯，取代白炽灯。

4. 照明控制

（1）应根据建筑物的特点、功能、标准、使用要求等性质，对照明系统采用分散、集中、手动、自动等控制方式，进行有效的节能控制。

（2）对于功能复杂、照明环境要求较高的建筑物，宜采用专用智能照明控制系统。

（3）大中型建筑宜采用集中或分散控制；高级公寓宜采用多功能或单一功能的自动控制系统；别墅宜采用智能照明控制系统。

（4）应急照明与消防系统联动，保安照明应与安防系统联动。

（5）根据不同场所的照度要求采用分区一般照明、局部照明、重点照明、背景照明等照明方式。

（6）对于不均匀场所采用相应的节电开关，如定时开关、接触开关、调光开关、光控开关、声控开关等。

（7）走廊、电梯前室、楼梯间及公共部位的灯光控制可采用光时控制、集中控制、调光控制和声光控制等。

5. 节能电器

（1）10kV永磁式真空断路器节约能源30%；12kV低截流值高压真空负荷开关有效地防止变压器操作过电压。

（2）永磁式变流接触器节电99.6%以上。

（3）银锌铝镀膜的金属化膜自愈式电容器，防电涌性能高。

（4）铜包铝电线电缆节省价格昂贵的铜材。

思 考 题

1. 照明方式分为哪几种，它们的特点是什么？

2. 照明种类是根据什么划分的，一般分为哪几类？

3. 常见电光源有哪些，各适用于什么场所？

4. 灯具按安装方式分类有哪些类型，规范中对灯具的安装有何要求？

5. 简述灯开关主要类型及其安装基本要求。

6. 照明线路中插座有哪几种类型，它们的接线是如何规定的？

7. 举例说明几种常见照明线路的应用场合。

8. 电铃的规格有哪几种，室内电铃的安装有何要求？

9. 简述吊扇安装的具体规定。

10. 配电箱根据安装方式不同可分为哪几种类型，其安装要求是什么？

第12章 电气动力工程

12.1 吊车滑触线的安装

吊车是工厂车间常用的起重设备。常用的吊车有：电动捯链、桥式吊车和梁式吊车等。吊车的电源通过滑触线供给，即配电线经开关设备对滑触线供电，吊车上的集电器再由滑触线上取得电源，如图12-1所示。滑触线分为轻型滑触线；安全节能型滑触线；角钢、扁钢滑触线；圆钢、工字钢滑触线等。

12.1.1 安装要求

桥式吊车滑触线通常与吊车梁平行敷设，设置于吊车驾驶室的相对方向。而电动捯链和悬挂梁式吊车的滑触线一般装在工字钢的支架上。

1. 滑触线的安装准备工作

滑触线的安装准备工作包括测量定位、支架及配件加工、滑触线支架的安装、托脚螺栓的胶合组装、绝缘子的安装等。

2. 滑触线的加工安装

滑触线尽可能选用质量较好的材料。滑触线连接处要保持水平，毛刺边应事先锉光，以免妨碍集电器的移动。

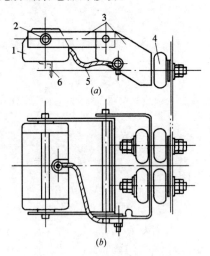

图12-1 滑触线电源集电器

1—滑块；2—轴；3—卡板；4—绝缘子；
5—软铜引线；6—角钢滑触线

滑触线固定在支架上以后能在水平方向自由伸缩。滑触线之间的水平和垂直距离应一致。如滑触线较长，为防止电压损失超过允许值，需在滑触线上加装辅助导线。滑触线长度超过50m时应装设补偿装置，以适应建筑物沉降和温度变化而引起的变形。补偿装置两端的高差，不应超过1mm。滑触线与电源的连接处应上锡，以保证接触良好。滑触线电源信号指示灯一般采用红色的、经过分压的白炽灯泡，信号指示灯应安装在滑触线的支架或墙壁上等便于观察和显示的地方。

12.1.2 安装程序

吊车滑触线的安装程序是：测量定位、支架加工和安装、瓷瓶的胶合组装、滑触线底加工和架设、刷漆着色。角钢滑触线安装如图12-2所示。角钢滑触线固定如图12-3所示。

滑触线安装完毕后，应清除滑触线上的钢丝、焊渣等杂物。除滑触线与集电器接触面外，其余均应刷红丹漆和红色面漆各一道，以显示是带电体并防止角钢生锈。

角钢滑触线在通电前必须进行绝缘电阻测定。测试前应拆下信号指示灯泡并断开吊车滑触线电源。一般使用兆欧表分别测试三根滑触线对吊车钢轨（相对地）和滑触线间（相与相）的绝缘电阻，其绝缘电阻值不应小于 0.5MΩ。

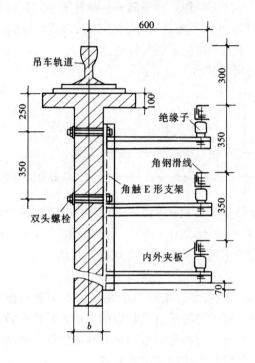

图 12-2　角钢滑触线安装图

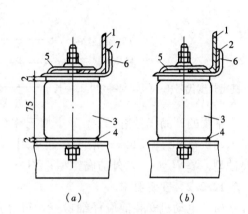

图 12-3　角钢滑触线固定

（a）无辅助母线；（b）有辅助母线

1—角钢滑触线；2—辅助母线；3—绝缘子；
4—垫圈；5、6—压板；7—垫板

12.2　电 动 机 的 安 装

12.2.1　电动机的类型

电动机按电源的种类可分为交流电动机和直流电动机两种；交流电动机又可分为异步电动机和同步电动机；交流异步电动机又可分为三相电动机和单相电动机。在建筑设备中广泛采用的是三相交流异步电动机，如图 12-4 所示。三相交流异步电动机根据转子结构的不同分为鼠笼式和绕线式电动机。对三相鼠笼式电动机凡中心高度为 80～355mm、定子铁芯外径为 120～500mm 的称为小型电动机；凡中心高度为 355～630mm、定子铁芯外

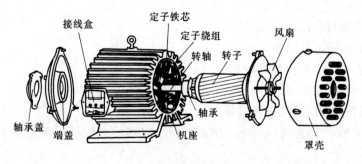

图 12-4　三相交流异步电动机的构造

径为 500～1000mm 的称为中型电动机；凡中心高度大于 630mm、定子铁芯外径大于 1000mm 的称为大型电动机。本节主要介绍中小型电动机的安装。

三相交流异步电动机主要由定子和转子两部分组成。定子部分包括定子铁芯、定子绕组和机座，定子绕组的接线一般有星形和三角形接法两种。转子部分包括转子铁芯、转子绕组。转子绕组按结构形式分为笼型和绕线型两种。笼型转子不需要外部接线，结构简单。绕线型转子绕组需要引出三根相线到集电环上，通过电刷与外电路连接。

常用的三相交流异步电动机是 Y 系列电动机，其型号如下：

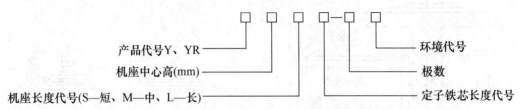

常用的产品代号有：Y——小型三相交流异步电动机；YR——小型三相绕线转子异步电动机；YZ、YZR——冶金、起重用；YB——隔爆型；Y-W——户外用、Y-F——防腐蚀型、Y-WF——户外防腐蚀型；YD——变极多速；YLB——立式深井泵用。

12.2.2　安装要求

(1) 电动机安装前应仔细检查，符合要求方能安装。电动机应完好，不应有损伤现象。盘动转子应轻快，不应有卡阻及异常声响。定子和转子分箱装运的电机，其铁芯转子和轴颈应完整无锈蚀现象；电机的附件、备件应齐全无损伤。电动机的性能应符合电动机周围工作环境的要求。电动机容量大小不同，其安装工作内容也不相同。

(2) 电动机安装的工作内容主要包括设备的起重、运输，定子、转子、机轴和轴承座的安装与调整工作，电动机绕组的接线，电动机的干燥等工序。

(3) 盘动转子应灵活，不得有碰卡声；润滑脂的情况正常，无变色、变质及变硬等现象。其性能应符合电机的工作条件。可测量空气间隙的电动机，其间隙的不均匀度应符合产品技术条件的规定，当无规定时，各点空气间隙与平均空气间隙之差与平均空气间隙之比宜为±5%；电机的引出线鼻子焊接或压接应良好，编号齐全，裸露带电部分的电气间隙应符合国家有关产品标准的规定；绕线式电机应检查电刷的提升装置，提升装置应有"启动"、"运行"的标志，动作顺序应是先短路集电环，后提起电刷。

(4) 当电动机有下列情况之一时，应做抽转子检查（若制造厂规定不允许解体电动机，则应另行处理）：

1) 出厂日期超过制造厂保证期限。

2) 经外观检查或电气试验，质量可疑时。

3) 开启式电机经端部检查可疑时。

4) 试运转时有异常情况。

(5) 电动机的换向器或集电环应符合：

1) 表面应光滑，无毛刺、黑斑、油垢。当换向器的表面不平程度达到 0.2mm 时，应进行处理。

2) 换向器片间绝缘应凹下 0.5～1.5mm。换向片与绕组的焊接应良好。

（6）电动机电刷的刷架、刷握及电刷的安装应符合下列要求：

1）同一组刷握应均匀排列在与轴线平行的同一直线上。

2）刷握的排列，应使相邻不同极性的一对刷架彼此错开。

3）组电刷应调整在换向器的电气中性线上。

4）带有倾斜角的电刷的锐角尖应与转动方向相反。

12.2.3　安装程序

电动机的安装程序是：基础验收→设备开箱检查→安装前的检查→电动机安装固定及校正→抽芯检查（若需要）→电动机干燥（若需要）→控制、保护和启动设备安装→电动机的接线→试运行前检查→电动机的调试。

1. 电动机的基础施工

电动机底座的基础一般用混凝土浇筑或用砖砌筑，其基础形状如图 12-5 所示。电动机的基础尺寸应根据电动机基座尺寸确定。基础高出地面 $H=100\sim150\text{mm}$，长和宽各比电动机基座宽 100mm。

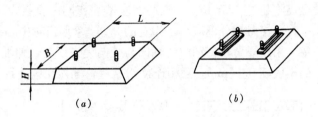

图 12-5　电动机的基础
（a）地脚螺栓固定；（b）基底固定

在浇筑混凝土基础前，应预埋固定电动机基底的地脚螺栓，地脚螺栓的间距要符合电动机基座的孔距要求。浇筑混凝土基础养护期为 15d，砌砖基础养护期为 7d，要求基础面平整，养护期满方可安装电动机。

预埋在电动机基础中的地脚螺栓埋入长度为螺栓长度的 10 倍左右，人字开口的长度是埋深长度的 1/2 左右，也可用圆钩与基础钢筋固定。

2. 电动机的安装及校正

（1）电动机安装

电动机的基础施工完毕后，便可安装电动机。电动机用吊装工具吊装就位，使电动机基础孔口对准并穿入地脚螺栓，然后用水平仪找平。找平时可用钢垫片调整水平。用螺母固定电动机基座时，要加垫片和弹簧垫圈起防松作用。稳装电机垫片一般不超过三块，垫片与基础面接触应严密，电机底座安装完毕后进行二次灌浆。

有防振要求的电动机，在安装时用 10mm 厚的橡皮垫在电动机基座与基础之间，起到防振作用。紧固地脚螺栓的螺母时，按对角交叉顺序拧紧，各个螺母拧紧程度应相同。最好用力矩扳手紧固，使其扭矩均匀。用地脚螺栓固定电动机的方法如图 12-6 所示。

带有电刷的电动机，其同一组刷握应均匀排列在同一直线上；刷握的排列一般应使相邻不同极性的一对刷架彼此错开，以使换向器均匀地磨损；各组电刷应调整在换向器的电气中性线上；带有倾斜角的电刷，其锐角尖应与转动方向相反；电刷与铜编带的连接及铜编带与刷架的连接应良好。

箱式电动机的安装，尚应符合下列要求：

1）定子搬运、吊装时应防止定子绕组的变形。

2）定子上下瓣的接触面应清洁，连接后使用

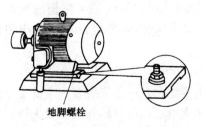

地脚螺栓

图 12-6　用地脚螺栓固定电动机

0.05mm 的塞尺检查，接触应良好。

3）必须测量空气间隙，其误差应符合产品技术条件的规定。

4）定子上下瓣绕组的连接，必须符合产品技术条件的规定。

多速电机的安装，还应保证电机的接线方式、极性正确。有固定转向要求的电机，试车前必须检查电机与电源的相序并应一致。

（2）传动装置的安装与校正

根据传动装置的不同，电动机传动装置的安装与校正可分为：皮带轮传动装置的安装与校正；齿轮传动装置的安装和校正；联轴器（靠背轮）传动装置的安装与校正。采用皮带传动的电动机轴及传动装置轴的中心线应平行，电动机及传动装置的皮带轮，自身垂直度全高不超过 0.5mm，两轮的相应槽应在同一直线上。采用齿轮传动时，圆齿轮中心线应平行，接触部分不应小于齿宽的 2/3。伞形齿轮中心线应按规定角度交叉，咬合程度应一致。采用靠背轮传动时，轴向与径向允许误差，弹性连接的不应小于 0.05mm，刚性连接的不大于 0.02mm。互相连接的靠背轮螺栓孔应一致，螺母应有防松装置。

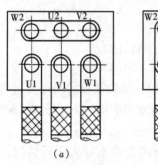 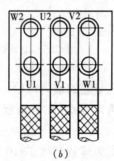

图 12-7　电动机接线

(a) 星形连接；(b) 三角形连接

（3）电动机的接线

电动机的接线在电动机安装中是一项非常重要的工作，如果接线不正确，不仅使电动机不能正常运行，还可能造成事故。接线前应检查电动机铭牌上的说明或电动机接线板上接线端子图的数量与符号，然后根据接线图接线。当电动机没有铭牌或端子标号不清楚时，应先用仪表或其他方法进行检查，判断出端子号后再确定接线方法。电动机外壳保护接地或接零应良好。如图 12-7 所示。

（4）电动机试验

电压 1000V 以下，容量 100kVA 以下的电动机试验项目包括：测量绕组的绝缘电阻；测量可变电阻器、启动电阻器、灭磁电阻器的绝缘电阻；检查定子绕组极性及连接的正确性；电动机空载运行检查和空载电流。

12.2.4　控制设备的安装

电动机控制设备包括刀开关、开启式负荷开关、铁壳开关、组合开关、低压断路器、熔断器、接触器、继电器。设备安装前应检查是否与电机容量相符，且应按设计要求进行。一般应装在电机附近。电动机、控制设备和所拖动的设备应对应编号。引至电动机接线盒的明敷导线长度应小于 0.3m，并应加强绝缘，易受机械损伤的地方应套保护管。电动机应装设过流和短路保护装置，并应根据设备需要装设相序断相和低电压保护装置。

1. 磁力启动器的安装

为了便于对单台电机进行控制，将接触器、热继电器组合在一起安装在一个铁盒子里面，配上按钮就组成了磁力启动器。磁力启动器可以实现电机的停、转控制以及失压、欠压、过载保护。

磁力启动器安装前，应根据被控制电动机的功率和工作状态选择合适的型号。其安装工序是：开箱、检查、安装、触头调整、注油、接线、接地。

2. 软启动器的安装

软启动器是一种新型的智能化启动装置，它利用单片机技术与电力半导体的结合，不仅实现了启动平滑、无冲击、无噪声的特性，还具有断相、短路、过载等保护功能，是替代自耦降压和星-三角启动器的新一代产品。

安装软启动器之前，应先仔细检查产品型号、规格是否与电机的功率相匹配。安装时应根据控制线路图正确接线，根据软启动器的容量选择相应规格的动力线。安装完毕可根据实际要求选择启动电流、启动时间等参数。

12.3　电动机的调试

12.3.1　调试内容

电动机的调试内容包括：电动机、开关、保护装置、电缆等一、二次回路调试。

（1）电动机在试运行前的检查。接通电源前，应再次检查电动机的电源进线、接地线、与控制设备的连接线等是否符合要求。盘动电机转子时应转动灵活，无碰卡现象。

（2）电动设备试验和试运行时工序交接确认。动力成套配电（控制）柜、屏、台、箱、盘的交流工频耐压试验、保护装置的动作试验应合格才能通电。

（3）电动机的启动和运行。电动机启动后，应严格监视电动机的启动与运行情况。通过仪表观察电动机的电流是否超过允许值。电动机运行中应无杂声，无异味，无过热现象。电动机的振动幅值与轴承温升应在允许范围内。

（4）试运行完毕应提交相关的技术资料。

1）变更设计的实际施工图。

2）变更设计的证明文件。

3）制造厂提供的产品说明书、检查及试验记录、合格证件及安装使用图样等技术文件。

4）安装验收技术记录、签证和电动机抽转子检查及干燥记录。

5）调整试验记录及报告。

12.3.2　调试的方法

（1）电动机在空载情况下做第一次启动，空载运行时间宜为 2h，并记录电动机的空载电流。

（2）电动机的带负荷启动次数，应符合产品技术条件的规定。当产品技术条件无规定时，可使电动机冷态时连续启动 2～3 次，每次启动时间间隔不小于 5min；热态时可启动 1 次。当在处理事故以及电动机启动时间不超过 2～3s 时，可再启动 1 次。

思　考　题

1. 吊车滑触线有哪些类型？

2. 吊车滑触线接通前，如何测定滑触线的绝缘情况？

3. 简述电动机的安装程序。

4. 电动机的控制设备有哪些？简述磁力启动器和软启动器的安装顺序。

5. 电动机试验包括哪些内容？

6. 电动机调试包括哪些内容，调试完毕需提交哪些技术资料？

第 13 章　防雷与接地装置安装

13.1　接 地 和 接 零

13.1.1　故障接地的危害和保护措施

当电气设备发生碰壳短路或电网相线断线触及地面时，故障电流就从电气设备外壳经接地体或电网相线触地点向大地流散，使附近的地表面上和土层中各点出现不同的电压。如人体接近触地点的区域或触及与触地点相连的可导电物体时，接地电流和流散电阻产生的流散电场会对人身造成危险。

为保证人身安全和电气系统、电气设备的正常工作，采取保护措施很有必要。一般将电气设备的外壳通过一定的装置（人工接地体或自然接地体）与大地直接连接。采取保护接地措施后，如相线发生碰壳故障时，该线路的保护装置则视为单相短路故障，并及时将线路切断，使短路点接地电压消失，确保人身安全。

13.1.2　接地的连接方式

1. 工作接地

在正常情况下，为保证电气设备的可靠运行并提供部分电气设备和装置所需要的相电压，将电力系统中的变压器低压侧中性点通过接地装置与大地直接相连，该接地方式称为工作接地。工作接地如图 13-1 所示。

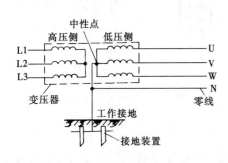

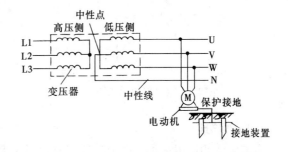

图 13-1　工作接地示意图　　　　　图 13-2　保护接地示意图

2. 保护接地

为了防止电气设备由于绝缘损坏而造成的触电事故，将电气设备在正常情况下不带电的金属外壳或构架通过接地线与接地体连接起来，这种接地方式称为保护接地。其连接于接地装置与电气设备之间的金属导线称为保护线（PE）或接地线，与土直接接触的金属称为接地体或接地极。接地线和接地体合称接地装置，一般要求接地电阻不大于 4Ω。保护接地适用于中性点不接地的三相三线制供电系统中。保护接地如图 13-2 所示。

3. 工作接零

当单相用电设备为获取单相电压而接的零线，称为工作接零。其连接线称中性线（N）

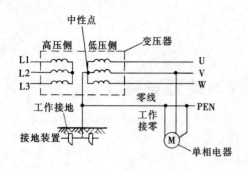

图 13-3　工作接零示意图

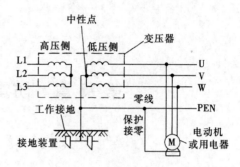

图 13-4　保护接零示意图

或零线，与保护线共用的称为 PEN 线。工作接零如图 13-3 所示。

4. 保护接零

在中性点直接接地的三相四线制供电系统中，为防止电气设备因绝缘损坏而使人身遭受触电危险，将电气设备在正常情况下不带电的金属外壳与电源的中性线相连接的方式称为保护接零。其连接线称为保护线（PE）或保护零线。保护接零如图 13-4 所示。

5. 重复接地

当线路较长或要求接地电阻较低时，为尽可能降低零线的接地电阻，除变压器低压侧中性点直接接地外，将零线上一处或多处再进行接地，则称为重复接地。如图 13-5 所示。

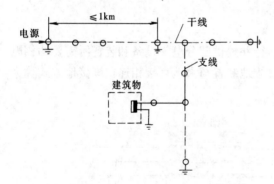

图 13-5　重复接地示意图

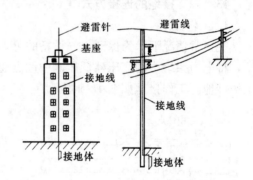

图 13-6　防雷接地示意图

6. 防雷接地

防雷接地的作用是将雷电流迅速安全地引入大地，避免建筑物及其内部电气设备遭受雷电侵害。防雷接地如图 13-6 所示。

7. 屏蔽接地

由于干扰电场的作用会在金属屏蔽层感应电荷，而将金属屏蔽层接地，使感应电荷导入大地，该方式称屏蔽接地，如专用电子测量设备的屏蔽接地等。

8. 专用电子设备的接地

如医疗设备、电子计算机等的接地，即为专用电子设备的接地。电子计算机的接地主要有：直流接地（即计算机逻辑电路、运算单元、CPU 等单元的直流接地，也称逻辑接地）和安全接地。一般电子设备的接地有：信号接地、安全接地、功率接地（即电子设备中所有继电器、电动机、电源装置、指示灯等的接地）等。

9. 接地模块

接地模块是近年来推广应用的一种接地方式。接地模块顶面埋深不小于 0.6m，接地模块间距不应小于模块长度的 3~5 倍。接地模块埋设基坑，一般为模块外形尺寸的 1.2~1.4 倍，且在开挖深度内详细记录地层情况。接地模块应垂直或水平就位，不应倾斜设置，保持与原土层接触良好。接地模块应集中引线，用干线把接地模块并联焊接成一个环路，干线的材质与接地模块焊接点的材质应相同，钢制的采用热浸镀锌扁钢，引出线不少于两处。

13.2　防雷装置及其安装

雷电现象是自然界大气层中在特定条件下形成的。雷云对地面泄放电荷的现象，称为雷击。雷击产生的破坏力极大，它对地面上的建筑物、电气线路、电气设备和人身都可能造成直接或间接的危害，因此必须采取适当的防范措施。

雷电的危害有三种方式，即直击雷、雷电感应、雷电波侵入。直击雷就是雷云直接通过建筑物或地面设备对地放电的过程。雷电感应是附近有雷云或落雷所引起的电磁作用的结果，分为静电感应和电磁感应两种。雷电波侵入是指架空线路在直接受到雷击或因附近落雷会感应出过电压，如果在中途不能使大量电荷导入大地，就会侵入建筑物内，破坏建筑物和电气设备。

在建筑电气设计中，把民用建筑按照防雷等级分为三类。第一类防雷建筑物是指具有特别重要用途和重大政治意义的建筑物；第二类防雷建筑物是指重要的或人员密集的大型建筑物；第三类防雷建筑物是指建筑群中高于其他建筑物或边缘地带的高度为 20m 以上的建筑物。

13.2.1　防雷装置的组成

防雷装置的作用是将雷云电荷或建筑物感应电荷迅速引入大地，以保护建筑物、电气设备及人身不受损害。防雷装置主要由接闪器、引下线和接地装置等组成。建筑物采取何种防雷措施，要根据建筑物的防雷等级来确定。《建筑物防雷设计规划》GB 50057—2010 中规定，各类防雷建筑物应设防直击雷的外部防雷装置，并应采取防闪电电涌侵入的措施。第一类防雷建筑物和第二类防雷建筑物中有爆炸危险的场所，应有防直击雷、防闪电感应和防雷电波侵入的措施。第二类防雷建筑物除有爆炸危险的场所外及第三类防雷建筑物，应有防直击雷和防雷电波侵入的措施。防雷装置的材料及使用条件见表 13-1。

防雷装置的材料及使用条件　　　　　　　　　　　　　表 13-1

材料	使用于大气中	使用于地中	使用于混凝土中	耐腐蚀情况		
				在下列环境中能耐腐蚀	在下列环境中增加腐蚀	与下列材料接触形成直流电耦合可能受到严重腐蚀
铜	单根导体，绞线	单根导体，有镀层的绞线，铜管	单根导体，有镀层的绞线	在许多环境中良好	硫化物有机材料	—

材料	使用于大气中	使用于地中	使用于混凝土中	耐腐蚀情况		
				在下列环境中能耐腐蚀	在下列环境中增加腐蚀	与下列材料接触形成直流电耦合可能受到严重腐蚀
热镀锌钢	单根导体,绞线	单根导体,钢管	单根导体,绞线	敷设于大气、混凝土和无腐蚀性的一般土中受到的腐蚀是可接受的	高氯化物含量	铜
电镀铜钢	单根导体	单根导体	单根导体	在许多环境中良好	硫化物	—
不锈钢	单根导体,绞线	单根导体,绞线	单根导体,绞线	在许多环境中良好	高氯化物含量	—
铝	单根导体,绞线	不适合	不适合	在含有低浓度硫和氯化物的大气中良好	碱性溶液	铜
铅	有镀铅层的单根导体	禁止	不适合	在含有高浓度硫酸化合物的大气中良好	—	铜不锈钢

注:1. 敷设于黏土或潮湿土中的镀锌钢可能受到腐蚀。
2. 在沿海地区,敷设于混凝土中的镀锌钢不宜延伸进入土中。
3. 不得在地中采用铅。

13.2.2　防雷装置的安装

1. 接闪器

接闪器是引雷电流装置,也被称为受雷装置。接闪器的作用是使其上空电场局部加强,将附近的雷云放电诱导过来,通过引下线注入大地,从而使距接闪器一定距离内一定高度的建筑物免遭直接雷击。接闪器的类型主要有避雷针、避雷线、避雷带、避雷网、避雷器和避雷笼等。《建筑物防雷设计规范》GB 50057—2010 中对防雷装置的材料作了明确规定。

(1) 避雷针　避雷针适用于保护细高建(构)筑物或露天设备,如水塔、烟囱、大型用电设备等。避雷针一般用镀锌圆钢或镀锌钢管制成,其长度在 1m 以下时,圆钢直径不小于 12mm,钢管直径不小于 20mm;针长度在 1～2m 时,圆钢直径不小于 16mm,钢管直径不小于 25mm。烟囱顶上的避雷针,圆钢直径不小于 20mm,钢管直径不小于 40mm。屋顶上永久性金属物也可兼作避雷针使用,但各部分之间应能很好地连成电流通道,其壁厚不小于 2.5mm。

(2) 避雷线　避雷线也称架空地线,采用截面不小于 $50mm^2$ 的热镀锌钢绞线或铜绞线,架设在架空线路上方,用来保护架空线路避免遭雷击。

(3) 避雷带　避雷带是用小截面圆钢或扁钢做成的条形长带,装设在屋脊、屋檐、女儿墙等易受雷击的部位。避雷带一般高出屋面 100～150mm,支持卡间距为 1～1.5m,两根平行的避雷带之间的距离应在 10m 以内。避雷带在建筑物上的做法如图 13-7 所示。

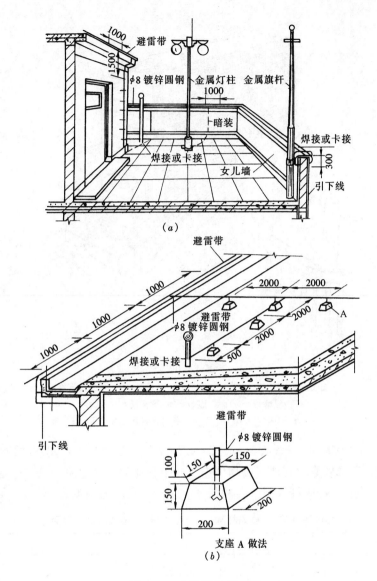

图 13-7　建筑物的避雷带

(*a*) 有女儿墙平屋顶的避雷带；(*b*) 无女儿墙平屋顶的避雷带

　　(4) 避雷网　避雷网是在屋面上纵横敷设由避雷带组成的网格形状导体。高层建筑常把建筑物内的钢筋连接成笼式避雷网，如图 13-8 所示，避雷网宜采用圆钢和扁钢，优先采用圆钢。圆钢直径不应小于 12mm。扁钢截面不应小于 $100mm^2$，其厚度不应小于 4mm。避雷网是接近全保护的一种方法，它还起到使建筑物不受感应雷害的作用，可靠性更高。

　　(5) 避雷器　避雷器用来防护雷电波沿线路侵入建筑物内，以免电气设备损坏。常用避雷器的类型有阀式避雷器、管式避雷器等。

　　(6) 避雷笼　也称法拉第笼，适用于高层、超高层建筑物。它是利用建筑结构配筋所形成的笼网来保护建筑。一般是将避雷带、网按一定间距焊为一个整体，30m 以上，每 6m 在外墙的圈梁内用扁钢作带并与引下线焊接；30m 以下，每 3 层沿四周将圈梁内的主筋焊接并与引下线焊好。避雷笼对雷电能起到均压和屏蔽的作用，使笼内人身和设备被保

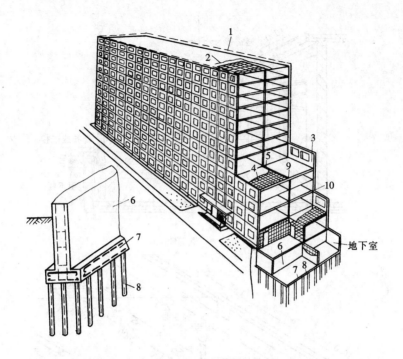

图 13-8　高层建筑的笼式避雷网
1—周圈式避雷带；2—屋面板钢筋；3—外墙板；4—各层楼板钢筋；
5—内纵墙板；6—内横墙板；7—承台梁；8—基柱；
9—内墙板连接节点；10—内外墙板钢筋连接点

护。《建筑电气工程施工质量验收规范》GB 50303—2002 中要求：建筑物顶部的避雷针、避雷带等必须与顶部外露的其他金属物体连成一个整体的电气通路，且与避雷引下线连接可靠。接闪线（带）、接闪杆和引下线的材料、结构与最小截面见表 13-2。

接闪线（带）、接闪杆和引下线的材料、结构与最小截面　　　　　表 13-2

材　料	结　构	最小截面（mm²）	备注⑩
铜、镀锡铜①	单根扁铜	50	厚度 2mm
	单根圆铜⑦	50	直径 8mm
	铜绞线	50	每股线直径 1.7mm
	单根圆铜③④	176	直径 15mm
铝	单根扁铝	70	厚度 3mm
	单根圆铝	50	直径 8mm
	铝绞线	50	每股线直径 1.7mm
铝合金	单根扁形导体	50	厚度 2.5mm
	单根圆形导体③	50	直径 8mm
	绞线	50	每股线直径 1.7mm
	单根圆形导体	176	直径 15mm
	外表面镀铜的单根圆形导体	50	直径 8mm，径向镀铜厚度至少 70μm，铜纯度 99.9%

续表

材　料	结　构	最小截面（mm²）	备注⑩
热浸镀锌钢①②	单根扁钢	50	厚度 2.5mm
	单根圆钢⑨	50	直径 8mm
	绞线	50	每股线直径 1.7mm
	单根圆钢③④	176	直径 15mm
不锈钢⑤	单根扁钢⑥	50⑧	厚度 2mm
	单根圆钢⑥	50⑧	直径 8mm
	绞线	70	每股线直径 1.7mm
	单根圆钢③④	176	直径 15mm
外表面镀铜的钢	单根圆钢（直径 8mm）	50	镀铜厚度至少 70μm，铜纯度 99.9%
	单根扁钢（厚 2.5mm）		

注：① 热浸或电镀锡的锡层最小厚度为 1μm。

② 镀锌层宜光滑连贯、无焊剂斑点，镀锌层圆钢至少 22.7g/m²、扁钢至少 32.4g/m²。

③ 仅应用于接闪杆。当应用于机械应力没达到临界值之处，可采用直径 10mm、最长 1m 的接闪杆，并增加固定。

④ 仅应用于入地之处。

⑤ 不锈钢中，铬的含量不小于 16%，镍的含量不小于 8%，碳的含量不大于 0.08%。

⑥ 对埋入混凝土中以及与可燃材料直接接触的不锈钢，其最小尺寸宜增大至直径 10mm 的 78mm²（单根圆钢）和最小厚度 3mm 的 75mm²（单根扁钢）。

⑦ 在机械强度没有重要要求之处，50mm²（直径 8mm）可减为 28mm²（直径 6mm），并应减小固定支架间的间距。

⑧ 当温升和机械受力是重点考虑之处，50mm² 加大至 75mm²。

⑨ 避免在单位能量 10mJ/Ω 下熔化的最小截面是铜为 16mm²、铝为 25mm²、钢为 50mm²、不锈钢为 50mm²。

⑩ 截面积允许误差为 -3%。

2. 引下线

引下线是将雷电流引入大地的通道。引下线的材料应采用热镀锌圆钢或扁钢，宜优先采用圆钢。当独立烟囱上的引下线采用圆钢时，圆钢直径不应小于 10mm。扁钢截面不应小于 80mm²，其厚度不应小于 4mm，在易遭受腐蚀的部位，其截面应适当加大。引下线的敷设方式分为明敷和暗敷两种：明敷引下线应沿建筑物外墙敷设，固定于埋设在墙内的支持件上，支持件间距应均匀，水平直线部分 0.5～1.5m；垂直直线部分 1.5～3m；弯曲部分 0.3～0.5m。引下线应平直、无急弯并经最短路径接地；与支架焊接处需刷油漆防腐，且无遗漏。

建筑艺术要求较高者可暗敷，但其圆钢直径不应小于 10mm，扁钢截面不应小于 80mm²。暗敷在建筑物抹灰层内的引下线应由卡钉分段固定。引下线的安装路径应短直，其紧固件及金属支持件均应采用镀锌材料，在引下线距地面 0.3～1.8m 处设断接卡子。

专设引下线不应少于 2 根，并应沿建筑物四周和内庭四周均匀对称布置，其间距沿周长计算不宜大于 25m。当建筑物的跨度较大，无法在跨中设引下线时，应在跨距两端设引下线并减小其他引下线间距，专设引下线的平均间距不应大于 25m。在没有特殊要求时，允许用建筑物或构筑物的金属结构作为引下线，但必须连接可靠。明敷安装时，应在引下线距地面上 1.7m 至地面下 0.3m 的一段加装塑料管或钢管加以保护。其做法如图 13-9 所示。

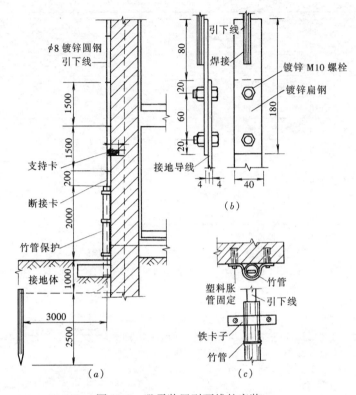

图 13-9 避雷装置引下线的安装

(a) 引下线安装方法；(b) 断接卡子连接；(c) 引下线竹管保护做法

接闪器与防雷引下线必须采用焊接成卡接器连接，防雷引下线与接地装置必须采用焊接成螺栓连接。

3. 接地装置

接地装置的作用可使雷电流在大地中迅速流散。埋于土中的人工垂直接地体宜采用角钢、钢管或圆钢；埋于土中的人工水平接地体宜采用扁钢或圆钢。圆钢直径不应小于 10mm；扁钢截面不应小于 100mm²，其厚度不应小于 4mm；角钢厚度不应小于 4mm；钢管壁厚不应小于 3.5mm。接地体的材料、结构和最小尺寸详见表 13-3。

接地体的材料、结构和最小尺寸　　　　　　　　　　　　　　表 13-3

材料	结构	最小尺寸			备　注
		垂直接地体直径 （mm）	水平接地体 （mm²）	接地板 （mm）	
铜、 镀锡铜	铜绞线	—	50	—	每股直径 1.7mm
	单根圆铜	15	50	—	—
	单根扁铜	—	50	—	厚度 2mm
	铜管	20	—	—	壁厚 2mm
	整块铜板	—	—	500×500	厚度 2mm
	网格铜板	—	—	600×600	各网格边截面 25mm×2mm， 网格网边总长度不少于 4.8m

续表

材料	结构	最小尺寸			备　　注
		垂直接地体直径 （mm）	水平接地体 （mm²）	接地板 （mm）	
热镀 锌钢	圆钢	14	78	—	—
	钢管	20	—	—	壁厚 3.5mm
	扁钢	—	100	—	厚度 4mm
	钢板	—	—	500×500	厚度 3mm
	网格钢板	—	—	600×600	各网格边截面30mm×3mm， 网格网边总长度不少于 4.8m
	型钢	注 3	—	—	—
裸钢	钢绞线		70	—	每股直径 1.7mm
	圆钢		78	—	—
	扁钢		75	—	厚度 3mm
外表面 镀铜的钢	圆钢	14	50	—	镀铜厚度至少250μm，铜纯度 99.9%
	扁钢	—	90（厚 3mm）	—	
不锈钢	圆形导体	15	78	—	
	扁形导体	—	100	—	厚度 2mm

注：1. 热镀锌层应光滑连贯、无焊剂斑点，镀锌层圆钢至少 22.7g/m²、扁钢至少 32.4g/m²。

2. 热镀锌之前螺纹应先加工好。

3. 不同截面的型钢，其截面不小于290mm²，最小厚度 3mm，可采用 50mm×50mm×3mm 角钢。

4. 当完全埋在混凝土中时才可采用裸钢。

5. 外表面镀铜的钢，铜应与钢结合良好。

6. 不锈钢中，铬的含量不小于 16%，镍的含量不小于 5%，钼的含量不小于 2%，碳的含量不大于 0.08%。

7. 截面积允许误差为 −3%。

13.3　接地装置的安装

13.3.1　接地装置的安装

接地体与接地线的总体称为接地装置，如图 13-10 所示。

1. 接地体的安装

安装人工接地体时，一般应按设计施工图进行。接地体的材料均应采用镀锌钢材，并应充分考虑材料的机械强度和耐腐蚀能力。

（1）垂直接地体

垂直接地体多使用镀锌角钢和镀锌钢管，一般应按设计数量及规格进行加工。镀锌角钢一般可选用 40mm×40mm×5mm 或 50mm×50mm×5mm 两种规格，其长度一般为 2.5m。镀锌钢管一般直径为 50mm，壁

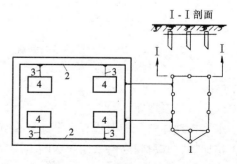

图 13-10　接地装置示意图

1—接地体；2—接地干线；3—接地支线；4—电气设备

厚不小于 3.5mm。垂直接地体打入地下的部分应加工成尖形。

垂直接地体的布置形式如图 13-11 所示，其每根接地极的水平间距应不小于 5m。

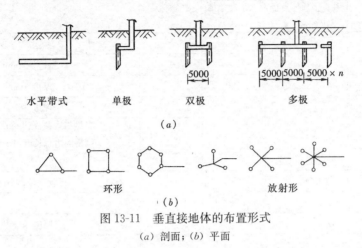

图 13-11 垂直接地体的布置形式

(a) 剖面；(b) 平面

1) 垂直接地体的制作。垂直安装的人工接地体，一般采用镀锌角钢或圆钢制作，如图 13-12 所示。

2) 垂直接地体的安装。安装垂直接地体时一般要先挖地沟，再采用打桩法将接地体打入地沟以下。接地体的有效深度不应小于 2m，垂直接地体的安装如图 13-13 所示。

3) 连接引线和回填土。接地体按要求打桩完毕后，即可进行接地体的连接和回填土。回填土不应有石头、垃圾、建筑碎料，应分层夯实，最好在每层土上浇一些水，以使土与接地体接触紧密，从而可降低接地电阻。

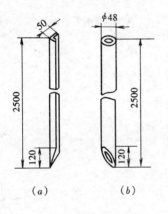

图 13-12 垂直接地体的制作

(a) 角钢；(b) 钢管

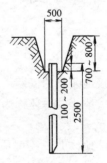

图 13-13 垂直接
地体的埋设

(2) 水平接地体

水平接地体常见的形式有带型、环型和放射型等几种，如图 13-14 所示。水平安装的人工接地体，其材料一般采用镀锌圆钢和扁钢制作。采用圆钢时其直径应大于 16mm；采用扁钢时其截面尺寸应大于 $100mm^2$，厚度不应小于 4mm。其规格参数一般由设计确定。水平接地体一般有三种形式，即水平接地体、绕建筑物四周的环式接地体以及延长接地体。

水平接地体所用的材料不应有严重的锈蚀或弯曲不平，否则应更换或矫直。水平接地体的埋设深度一般应在 0.7~1m 之间。

图 13-14 水平接地体
(a) 带型；(b) 环型；(c) 放射型

2. 接地线的安装

(1) 人工接地线的材料

人工接地线一般包括接地引线、接地干线和接地支线等。为了使接地连接可靠并有一定的机械强度，人工接地线一般均采用镀锌扁钢或镀锌圆钢制作。移动式电气设备或钢质导线连接困难时，可采用有色金属作为人工接地线，但严禁使用裸铝导线作接地线。

(2) 接地干线的安装

接地干线应水平或垂直敷设（也允许与建筑物的结构线条平行），在直线段不应有弯曲现象。接地干线通常选用截面不小于 12mm×4mm 的镀锌扁钢或直径不小于 6mm 的镀锌圆钢。安装的位置应便于维修，并且不妨碍电气设备的拆卸和检修。接地干线与建筑物或墙壁间应留有 10~15mm 的间隙。水平安装时离地面的距离一般为 250~300mm，具体数据由设计决定。接地线支持卡子之间的距离：水平部分为 0.5~1.5m；垂直部分为 1.5~3m；转弯部分为 0.3~0.5m。设计要求接地的幕墙金属框架和建筑物的金属门窗，应就近与接地干线连接可靠，连接处不同金属间应有防电化腐蚀措施，室内接地干线安装如图 13-15 所示。

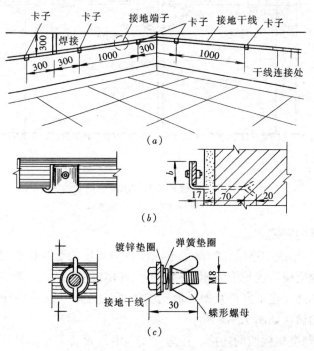

图 13-15 室内接地干线安装图
(a) 室内接地干线安装示意图；(b) 支持卡子安装图；(c) 接地端子图

接地线在穿越墙壁、楼板和地坪处应加套钢管或其他坚固的保护套管，钢套管应与接地线做电气连通。当接地线跨越建筑物变形缝时应设补偿装置，如图 13-16 所示。

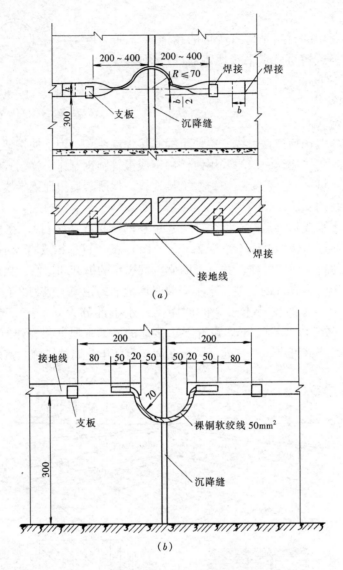

图 13-16　接地线通过沉降缝的做法

(*a*) 硬接地线；(*b*) 软接地线

(3) 接地支线的安装

1) 接地支线与干线的连接。当多个电气设备均与接地干线相连时，每个设备的连接点必须用一根接地支线与接地干线相连接，不允许用一根接地支线把几个设备接地点串联后再与接地干线相连，也不允许几根接地支线并联在接地干线的一个连接点上。接地支线与干线并联连接的做法如图 13-17 所示。

2) 接地支线与金属构架的连接。接地支线与电气设备的金属外壳及其他金属构架连接时（如是软性接地线则应在两端装设接线端子），应采用螺钉或螺栓进行压接，其安装做法如图 13-18 所示。

3) 接地支线与变压器中性点的连接。接地支线与变压器中性点及外壳的连接方法，如图 13-19 所示。接地支线与接地干线用并沟线夹连接，其材料在户外一般采用多股铜绞

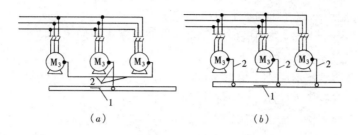

图 13-17 多个电气设备的接地连接示意图

(a) 错误;(b) 正确

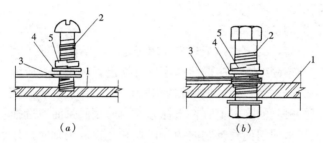

图 13-18 设备金属外壳或金属构架与接地线的连接

(a) 电气金属外壳接地;(b) 金属构架接地

1—电气金属外壳或金属构架;2—连接螺栓;3—接地支线;4—镀锌垫圈;5—弹簧垫圈

线,户内多采用多股绝缘铜导线。

4) 接地支线的穿越与连接。明装敷设的接地支线,在穿越墙壁或楼板时,应穿管加以保护。当接地支线需要加长时,若固定敷设时必须连接牢固;若用于移动电器的接地支线则不允许有中间接头。接地支线的每一个连接点都应置于明显处,便于维护和检修。

3. 接地装置的安装

电气设备接地装置的安装,应尽可能利用自然接地体和自然接地线,有利于节约钢材和减少施工费用。自然接地体有以下几种:金属管道、金属结构、电缆金属外皮、水工构筑物等。自然接地线有以下几种:建筑物的金属结构、生产设备的金属结构、配线用的

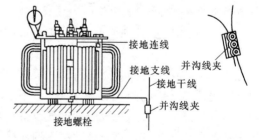

图 13-19 变压器中性点及外壳与接地线连接

钢管、电缆金属外皮、金属管道等。

接地装置安装应符合下列规定:

(1) 接地装置在地面以上的部分,应按设计要求设置测试点,测试点不应被外墙饰面遮蔽,且应有明显标识。

(2) 接地装置的接地电阻值应符合设计要求。

(3) 接地装置的材料规格、型号应符合设计要求

(4) 当设计无要求时,接地装置顶面埋设深度不应小于 0.6m,且应在冻土层以下。

圆钢、角钢、钢管、铜棒、铜管等接地极应垂直埋入地下。间距不应小于 5m；人工接地体与建筑物的外墙或基础之间的水平距离不宜小于 1m。

（5）接地装置的焊接应采用搭接焊，除埋设在混凝土中的焊接接头外，应采取防腐措施，焊接搭接长度应符合下列规定：

1）扁钢与扁钢搭接不应小于扁钢宽度的 2 倍，且应至少三面施焊；

2）圆钢与圆钢搭接不应小于圆钢直径的 6 倍，且应双面施焊；

3）圆钢与扁钢搭接不应小于圆钢直径的 6 倍，且应双面施焊；

4）扁钢与钢管，扁钢与角钢焊接，应紧贴角钢外侧两面，或紧贴 3/4 钢管表面，上下两侧施焊。

5）当接地极为铜材和钢材组成，且铜与铜或铜与钢材连接采用热剂焊时，接头应无贯穿性的气孔且表面平滑。

13.3.2　接地装置的检验和涂色

接地装置安装完毕后，必须按施工规范要求经过检验合格方能正式运行。检验除要求整个接地网的连接完整牢固外，还应按照规定进行涂色，标志记号应鲜明齐全。明敷接地线表面应涂以 15～100mm 宽度相等的绿黄色相间条纹。在每个导体的全部长度上，或在每个区间，或每个可接触到的部位上宜作出标志。当使用胶带时应选择双色胶带，中性线宜涂淡蓝色标志。在接地线引向建筑物内的入口处和在检修用临时接地点处，均应刷白色底漆后标以黑色接地符号。

13.3.3　接地电阻的测量

接地装置安装包括接地电阻的测量。《建筑电气工程施工质量验收规范》GB 50303—2002 中要求：人工接地装置或利用建筑物基础钢筋的接地装置必须在地面以上按设计要求位置设测试点。测试接地装置的接地电阻值必须符合设计要求。避雷装置的接地电阻一般为 30、20、10Ω，特殊情况要求在 4Ω 以下，具体数据按设计确定。如不符合要求则应采取措施直至测量合格。

《建筑物防雷设计规范》GB 50057—2010 中对三类防雷建筑物的接地电阻都作了明确规定。

第一类防雷建筑物独立避雷针、架空避雷线或架空避雷网应有独立的接地装置，每一引下线的冲击接地电阻不宜大于 10Ω。在土的电阻率高的地区，可适当增大冲击接地电阻。防雷电感应的接地装置应和电气设备接地装置共用，其工频接地电阻不应大于 10Ω。屋内接地干线与防雷电感应接地装置的连接，不应少于两处。

架空金属管道在进出建筑物处，应与防雷电感应的接地装置相连。距离建筑物 100m 内的管道，应每隔 25m 左右接地一次，其冲击接地电阻不应大于 20Ω，并宜利用金属支架或钢筋混凝土支架的焊接、绑扎钢筋网作为引下线，其钢筋混凝土基础宜作为接地装置。

第二类防雷建筑物的引下线不应少于两根，并应沿建筑物四周均匀或对称布置，其间距不应大于 18m。每根引下线的冲击接地电阻不应大于 10Ω。防直击雷接地宜和防雷电感应、电气设备、信息系统等接地共用同一接地装置，并宜与埋地金属管道相连。

第三类防雷建筑物防直击雷时，每根引下线的冲击接地电阻不宜大于 30Ω，但对省级重点文物的建筑物及省级档案馆等不宜大于 10Ω。

　　防雷电波侵入时，对电缆进出线，应在进出端将电缆的金属外皮、钢管等与电气设备接地相连。当电缆转换为架空线时，应在转换处装设避雷器；避雷器、电缆金属外皮和绝缘子铁脚、金具等应连在一起接地，其冲击接地电阻不宜大于 30Ω。

　　当接地电阻达不到设计要求需采取措施降低接地电阻时，应符合下列规定：

　　1　采用降阻剂时，降阻剂应为同一品牌的产品，调制降阻剂的水应无污染和杂物；降阻剂应均匀灌注于垂直接地体周围。

　　2　采取换土或将人工接地体外延至土壤电阻率较低处时，应掌握有关的地质结构资料和地下土壤电阻率的分布，并应做好记录。

　　3　采用接地模块时，接地模块的顶面埋深不应小于 0.6m，接地模块间距不应小于模块长度的 3～5 倍。接地模块埋设基坑宜为模块外形尺寸的 1.2～1.4 倍，且应详细记录开挖深度内的地层情况；接地模块应垂直或水平就位，并应保持与原土层接触良好。

　　采取降阻措施的接地装置应符合下列规定：

　　1　接地装置应被降阻剂或低电阻率土壤所包覆；

　　2　接地模块应集中引线，并应采用干线将接地模块并联焊接成一个环路，干线的材质应与接地模块焊接点的材质相同，钢制的采用热浸镀锌材料的引出线不应少于 2 处。

　　测量接地电阻的方法通常有接地电阻测试仪测量法，有时也采用电流表—电压表测量法。常用的接地电阻测试仪有 ZC-8 型和 ZC-28 型，以及新型的数字接地电阻测试仪。使用接地电阻测试仪时，应注意以下几个问题：

　　(1) 当"零指示器"的灵敏度过高时，可将电位探测针插入土壤中浅一些；若灵敏度不够时，可沿电位探针和电流探针注水使之湿润。

　　(2) 测量时，接地线路要与被保护的设备断开，以便得到准确的数据。

　　(3) 当用 0～1/10/100 规格的接地电阻测试仪测量小于 1Ω 的接地电阻时，应将接地标志的连接片打开，分别用导线连接到被测接地体上，以消除测量时连接导线电阻附加的误差。

13.4　等电位设施安装

13.4.1　等电位联结的概念

　　建筑物等电位联结作为一种安全措施多用于高层建筑和综合建筑中。等电位联结是使电气装置各外露可导电部分和装置外可导电部分电位基本相等的一种电气联结措施。采用接地故障保护时，在建筑物内应作总等电位联结，当电气装置或其某一部分的接地故障保护不能满足规定要求时，尚应在局部范围内作局部等电位联结。《建筑电气工程施工质量验收规范》GB 50303—2002 中要求：建筑物等电位联结干线应从与接地装置有不少于 2 处直接连接的接地干线或总等电位箱引出，等电位联结干线或局部等电位箱间的连接线形成环形网络，环形网络应就近与等电位联结干线或局部等电位箱连接。支线间不应串联连接。

　　1. 总等电位联结（简称 MEB）

　　通过进线配电箱近旁的总等电位联结端子板（接地母排）将进线配电箱的 PE (PEN) 母排、公共设施的金属通道、建筑物的金属结构及人工接地的接地线等互通，以达到降低建筑物内间接接触电击的接触电压和不同金属部件之间的电位差，并消除自建筑物外的经电气线路和金属管道引入的危险故障电压的危害，称为总等电位联结。建筑物内总等电位联结系统如图 13-20 所示。

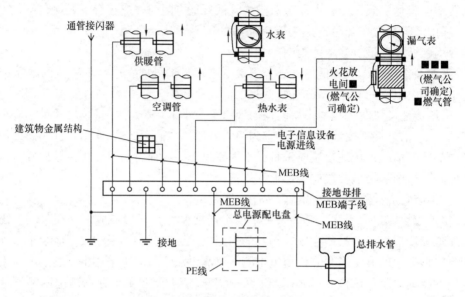

图 13-20 建筑物内总等电位联结系统

2. 辅助等电位联结（简称 SEB）

将导电部位用导线直接作等电位联结，使故障解除电压直接降低至接触电压以下，称为辅助等电位联结。

3. 局部等电位联结（简称 LEB）

当需在一局部场所范围内作多个辅助等电位联结时，可通过局部等电位联结端子板将PE 母线、PE 干线、公共设施的金属管道及建筑物结构等部分互相连通，以简便地实现该局部范围内的多个辅助等电位联结，称为局部等电位联结。

等电位联结是接地故障保护的一项重要安全措施，实施等电位联结能大大降低接触电压（是指电气设备的绝缘损坏时，人的身体可同时触及的两部分之间的电位差），在保证人身安全和防止电气火灾方面有十分重要的意义。

13.4.2 等电位联结的一般规定

（1）建筑物电源进线处应作总等电位联结，各个总等电位联结端子板应相连通。总等电位联结端子板安装在进线配电柜或箱近旁。

（2）等电位联结线和等电位联结端子板宜用铜质材料。

（3）用作等电位联结的主干线或总等电位箱（MEB）应不少于 2 处与接地装置（接地体）直接连接。

（4）辅助等电位联结干线或辅助局部等电位箱（SEB）之间的联结线，形成环形网络，环形网络应就近与等电位联结总干线或局部等电位箱联结。

（5）需联结等电位的可接近裸露导体或其他金属部件、构件与从等电位联结干线或局部等电位箱（LEB）派出的支线相连，支线联结应可靠，熔焊、钎焊或机械固定应导通

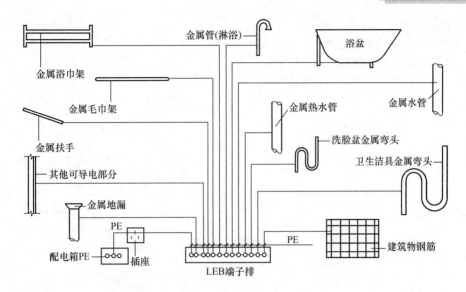

图 13-21　有防水要求房间等电位联结系统

正常。

（6）等电位联结线路最小允许截面：若作干线用，铜 16mm^2，钢 50mm^2；若作支线用，铜 6mm^2，钢 16mm^2。

（7）用 25mm×4mm 镀锌扁钢或 $\phi12$ 镀锌圆钢作为等电位联结的总干线，按施工图设计的位置，与接地体直接联结，不得少于 2 处。

（8）将总干线引至总（局部）等电位箱，箱体与总干线应联结为一体，铜排与镀锌扁钢搭接处，铜排端应刷锡，搭接倍数不小于 $2b$（b 为扁钢宽度）。

（9）由局部等电位箱派出的支线，一般采用多股软铜线穿绝缘导管的做法。建筑物结构施工期间预埋箱、盒和管，做好的等电位支线先预置于接线盒内，待金属器具安装完毕后，将支线与专用联结点接好。

（10）需做等电位联接的卫生间内金属部件，或零件的外界可导电部分，应设置专用接线螺栓联结导体连接，并应设置标识，连接处螺栓应禁锢防松零件齐全，如图 13-21 所示。

13.4.3　等电位联结导通性的测试

等电位联结安装完毕后应进行导通性测试，测试用电源可采用空载电压为 4~24V 的直流和交流电源，测试电流不应小于 0.2A，当测得等电位联结端子板与等电位联结范围内的金属管道等金属体末端之间的电阻不超过 3Ω 时，可认为等电位联结是有效的，如发现导通不良的管道连接处，应做跨接线，并在投入使用后定期做测试。

思　考　题

1. 故障接地有何危害，接地的连接方式分为几种？

2. 简述防雷装置的组成及作用。

3. 简述接地体的分类及安装要求。

4. 接地干线有何安装要求？

5. 什么情况下接地线应作电气连接和设补偿装置？

6. 接地支线的安装分为哪几种情况？

7. 何为自然接地体和自然接地线？

8. 接地装置的涂色有何要求？

9. 使用接地电阻测试仪时，应注意什么问题？

10. 总等电位联结、辅助等电位联结、局部等电位联结有何区别？

11. 建筑物等电位联结有何规定？

第14章 智能建筑工程

14.1 智能建筑概述

14.1.1 智能建筑的系统组成及功能

智能建筑（Intelligent Building，IB）是利用系统集成的方法，将计算机技术、通信技术、控制技术与建筑技术有机结合的产物。智能建筑将建筑物中用于综合布线、楼宇控制、计算机系统的各种分离的设备及其功能信息，有机地组合成一个相互关联、统一协调的整体，各种硬件与软件资源被优化组合成一个能满足用户需要的完整体系，并朝着高速化、共性能的方向发展。智能建筑以建筑环境内的系统集成中心（System Integrated Center，SIC）通过建筑物综合布线系统（Generic Cabling System，GCS）或通信网络系统（Communication Network System，CNS）与各种信息终端（微机、电话、传真机、各类传感器等）连接，收集数据，"感知"建筑环境各个空间的"信息"并通过计算机处理，得出相应的处理结果，再通过网络系统向通信终端或控制终端（各类步进电机、阀门、电子锁和电子开关）发出指令，终端作出相应动作，使建筑物具有某种"智能"功能。

智能建筑的核心是通过多种综合技术对楼宇进行控制、通信和管理，强调实现楼宇三个方向自动化的功能，即建筑物的自动化 BA（Building Automation）；通信系统的自动化 CA（Communication Automation）；办公业务的自动化 OA（Office Automation）。主要组成部分有火灾自动报警及消防联动系统、通信网络系统、建筑设备监控系统、安全防范系统、信息网络系统、综合布线系统、智能化系统集成等。楼宇智能化各系统的功能如下：

（1）系统集成中心　系统集成中心就是将智能建筑中从属于不同子系统和技术领域的所有分离的设备、功能和信息有机地结合成为一个实现信息汇集、功能优化、综合管理、资源共享的相互关联、统一协调的整体。

（2）综合布线　综合布线系统是一个用于传输语音、数据、影像和其他信息的标准结构化布线系统，是建筑物或建筑群内的传输网络，它使语音和数据通信设备、交换设备及其他信息管理系统彼此相连接，是智能建筑链接各系统各类信息必备的基础设施。

（3）建筑设备自动化系统　建筑设备自动化系统是以中央计算机为核心，连续不断地对建筑物或建筑群的电力、照明、给水排水、防火、安保、车库管理等设备或系统进行监控和管理，构成综合系统。

（4）通信网络系统　通信网络系统是楼内语音、数据、图像传输的基础，同时与外部通信网络相连，确保信息畅通。

（5）办公自动化系统　办公自动化系统是应用计算机技术、通信技术、多媒体技术和行为科学等先进技术，使人们的部分办公业务借助于各种办公设备，并由这些办公设备与办公人员构成服务于某种办公目标的信息系统。其目的是尽可能利用先进的信息处理设备,提高工作效率,以实现办公自动化。

智能建筑系统组成见图 14-1。

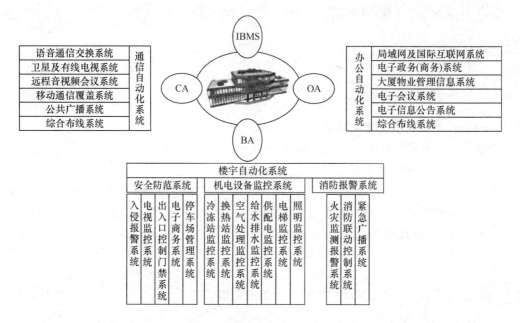

图 14-1 智能建筑系统组成

14.1.2 智能建筑的特点

(1) 系统高度集成 从技术角度看,智能建筑与传统建筑最大的区别就是智能建筑系统的高度集成。就是将建筑中分离的设备、子系统、功能、信息,通过计算机网络集成一个相互关联的统一协调的系统,实现信息、资源、任务的重组和共享。智能建筑安全、舒适、便利、节能、节省人工费用的特点必须依赖集成的智能建筑化系统才能得以实施。

(2) 节能 在满足使用者对环境要求的前提下,智能建筑通过其智能化操作系统,尽可能利用自然光和大气冷热量来调节室内环境,以最大限度地减少能源消耗。根据工作与非工作时间,合理地对室内环境实施不同标准的自动控制,采用高效机组和节能产品,以达到最佳的节能控制效果。

(3) 灵活 智能建筑的建筑结构设计具有智能功能,是开放式框架-剪力墙结构,允许用户迅速而方便地改变建筑物的使用功能或重新规划建筑平面。室内办公所必需的通信与电力供应也具有极大的灵活性。

(4) 经济 依靠智能系统的智能化管理功能,可降低机电设备的维护成本,同时由于系统的高度集成,系统的操作和管理也高度集中,人员安排更合理,使得人工成本大大降低。

(5) 安全、舒适和便利的环境 智能建筑具有完善的消防、安防系统,能确保人、财、物的高度安全以及具备对火灾和突发事件的快速反应能力。室内适宜的环境,通过现代通信手段和各种基于网络的业务办公自动化系统,极大地提高了工作、学习和生活质量。智能建筑各子系统功能见表 14-1。

智能建筑各子系统功能 表14-1

子 系 统	功 能
楼宇自动化 （BAS）系统	楼宇自动化（BAS）系统负责完成大厦中的空调制冷系统、供配电系统、照明系统、供热系统及电梯等的自动监控管理。楼宇自动化系统由计算机对各子系统进行监测、控制、记录，实现分散节能控制和集中科学管理，其核心为DDC控制技术
火灾报警消防 （FAS）系统	当某区域出现火灾时，该区域的火灾探测器探测到火灾信号，输入到区域报警控制器，再由集中报警控制器送到消防控制中心，在报警的同时，紧急广播发出火灾报警广播，照明和避难诱导灯亮，引导人员疏散。还可启动防火门、防火阀、排烟门、卷闸、排烟风机等进行隔离和排烟等。同时打开自动喷洒装置、气体或液体灭火器进行自动灭火
大楼信息管理自动化 （MAS）系统	这是对各个系统集成后的集中监控管理，掌握的原则是权限集中、界面友好、灵敏度高、反应快速、功能齐全
通信自动化系统 （CAS）	通信自动化系统是智能大厦的"中枢神经"，它集成了电话、计算机、监控报警、闭路电视监视、网络管理等系统的综合信息网。智能大厦通信自动化系统的主要内容是：综合BA、CA、OA、MA、FA的通信需要，统一考虑通信网络的设计与施工
综合布线系统 （PDS）	结构化综合布线是将大厦中办公自动化、通信自动化、楼宇管理自动化综合成一个结构统一、材料相同、统一管理的完整体系。它利用高品质的双绞线取代传统的同轴电缆和专用线缆，解决了数据高速传输等难题，降低了线间串扰和电磁辐射干扰
视频监控与安全防范系统（SAS）	为了加强安全防范工作，确保人员和大楼的财产安全，安防系统包含了如下系统：闭路电视监控系统、出入口控制（门禁）系统、巡更系统、防盗报警系统

14.2 火灾自动报警系统与消防联动系统

14.2.1 火灾自动报警及消防联动系统组成及功能

在建筑物中装设火灾自动报警系统，能在火灾初期阶段，还未成灾之前发出警报，以便及时疏散人员、启动灭火系统、并联动其他设备的输出接点，能够控制自动灭火系统、事故广播、事故照明、消防给水和排烟等减灾系统，并对外发送火警信息，实现监测、报警和灭火的自动化。这对于消除火灾或减少火灾的损失，是一种极为重要的方法和十分有效的措施。

1. 火灾自动报警系统组成及各部分作用

火灾自动报警系统由触发器件（探测器、手动报警按钮）、火灾报警装置（火灾报警控制器）、火灾警报装置（声光报警器）、控制装置及消防联动系统和自动灭火系统等部分组成，实现建筑物的火灾自动报警及消防联动。

火灾探测器将现场火灾信息（烟、温度、光、气体浓度）转换成电气信号，传送至自动报警控制器；火灾报警控制器将接收到的火灾信号，经过逻辑运算处理后认定火灾，输出指令信号。一方面启动火灾报警装置，如声光报警等，另一方面启动灭火联动装置，用以驱动各种灭火设备；同时也启动联锁减灾系统，用以驱动各种减灾设备。火灾探测器、火灾报警控制器、报警装置、联动装置、连锁装置等组成了一个实用的自动报警与灭火系统。为提高可靠性，火灾自动报警系统还应设置手动触发装置，以防止系统由于故障原因而导致火灾信号不能发出。

火灾探测器是火灾自动探测系统的传感部分，能在现场发出火灾报警信号或向控制或指示设备发出现场火灾状态信号，被形象地称为"消防哨兵"。

警报器的作用是当发生火情时，能发出区别环境声光的声或光报警信号。

火灾报警控制器一般可分为区域报警控制器、集中报警控制器和通用报警控制器。

区域报警控制器用于火灾探测器的监测、巡检、供电与备电，接收监测区域内火灾探测器的报警信号，并转换为声光报警输出，显示火灾部位等。其主要功能有火灾信号处理与判断、声光报警、故障监测、模拟检查、报警计时、备电切换和联动控制等。

集中报警控制器用于接收区域控制器发送的火灾信号，显示火灾部位和记录火灾信息，协调联动控制和构成终端显示等。主要功能包括报警显示、控制显示、计时、联动连锁控制、信息传输处理等。

通用报警控制器兼有区域和集中控制器功能，小型的可作为区域控制器使用，大型的可以构成中心处理系统，其形式多样，功能完备，可按其特点构成各种类型的火灾自动报警系统模式。

自动灭火系统是在火灾报警装置控制器的联动控制下，执行灭火的自动系统。如自动喷洒水灭火系统、卤代烷灭火系统、泡沫灭火系统、二氧化碳灭火系统等成套装置。火灾自动报警系统组成见图14-2。

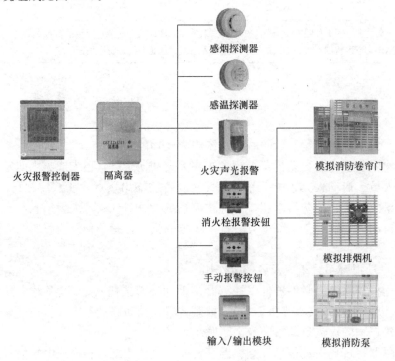

图14-2　火灾自动报警系统示意图

2. 火灾探测器的分类及选用

根据对可燃固体、可燃液体、可燃气体及电气火灾等的燃烧试验，为正确无误地对不同物体的火灾进行探测，目前研制出来的常用探测器主要有感烟式、感温式、感光式、可燃气体探测式、复合式和智能型等主要类型。按其警戒范围不同又可分为点型和线型两大类。

（1）感烟火灾探测器

感烟火灾探测器用以探测火灾初期燃烧所产生的气溶胶或烟粒子浓度，适用于火灾的前期和早期报警。如图 14-3（a）所示。但是在正常情况下，多烟或多尘的场所、存放火药或汽油等着火迅速的场所、安装高度大于 20m 时烟不易到达的场所以及维护管理困难的场所，不宜设置感烟探测器。感烟火灾探测器分为离子型、光电型、电容式或半导体型等类型。

（2）感温火灾探测器

感温火灾探测器响应异常温度、温升速率和温差等火灾信号，感温探测器不受非火灾性烟尘雾气等干扰，当火灾发生并达到一定温度时工作状态较稳定，但此时火灾已引起物质上的损失，故适用于早期、中期火灾报警。如图 14-3（b）所示。凡是不可能采用感烟探测器、非爆炸性的并允许产生一定损失的场所，均可采用感温探测器。常用的有定温型——环境温度达到或超过预定值时响应；差温型——环境温升速率超过预定值时响应；差定温型——兼有差温、定温两种功能。

（3）感光火灾探测器

感光火灾探测器主要对火焰辐射出的红外、紫外、可见光予以响应，故又称火焰探测器，该类型探测器在一定程度上可克服感烟探测器的缺点，但报警时已造成一定的物质损失。如图 14-3（c）所示。当探测器附近有过强的红外或紫外光源时，可导致探测器工作状态不稳定，一般只适宜在特定场所下选用。常用的有红外火焰型和紫外火焰型两种。

（4）可燃气体探测器

可燃气体探测器严格来讲并不是火灾探测器，它既不探测烟雾、温度，也不探测火光这些火灾信息，它是装设在存在可燃气体泄漏而又可能导致燃烧和爆炸的场所，是专门用于探测可燃气体的浓度，一旦可燃气体外泄且达到一定浓度时，能及时给出报警信号，可以避免高浓度可燃气体遇明火发生燃烧和爆炸，从而提高系统监控的可靠性。可燃气体探测器主要用于易燃、易爆场所中探测可燃气体的浓度。可燃气体探测器目前主要用于宾馆厨房或燃料气储备间、汽车库、加气机站、过滤车间、溶剂库、炼油厂、燃油电厂等存在可燃气体的场所。

（5）复合火灾探测器

复合火灾探测器可响应两种或两种以上火灾参数，是两种或两种以上火灾探测器性能的优化组合，对相互关联的每个探测器的测值进行计算，从而降低了误报率。主要有感温感烟型、感光感烟型、感光感温型等。火灾探测器外形如图 14-3 所示。

（a）   （b）   （c）

图 14-3 常用火灾探测器

（a）感烟探测器；（b）感温探测器；（c）感光探测器

（6）智能型火灾探测器

智能型火灾探测器在内部微处理芯片上预设一些针对常规及个别区域和用途的火情判定计算规则，探测器本身带有微处理信息功能，可以处理由环境所收到的信息，并针对信息进行处理，统计评估，再根据相关预设程序作出正确报警动作，从而大大降低由环境变化而引起的误报或漏报。

此外，还有一些特殊类型的火灾探测器，包括：使用摄像机、红外热成像器件等视频设备或它们的组合方式获取监控现场视频信息，进行火灾探测的图像型火灾探测器；探测泄漏电流大小的漏电流感应型火灾探测器；探测静电电位高低的静电感应型火灾探测器；还有在一些特殊场合使用的、要求探测极其灵敏、动作极为迅速，通过探测爆炸产生的参数变化（如压力的变化）信号来抑制、消灭爆炸事故发生的微压差型火灾探测器；利用超声原理探测火灾的超声波火灾探测器等。

3. 火灾自动报警系统的基本方式

在实际工程中，主要采用以下三种火灾自动报警系统。

（1）区域报警系统

该报警系统由火灾探测器、手动火灾报警器、区域火灾报警控制器、火灾报警装置组成。区域报警控制系统用于对建筑物内某一个局部范围或设施进行报警或控制，报警控制器应设在专门有人值班的房间或场所。通常用于图书馆、档案室、电子计算机房等。

（2）集中报警系统

由火灾探测器、手动火灾报警器、区域火灾报警控制器、集中火灾报警控制器、火灾报警装置组成。如图 14-4 所示。

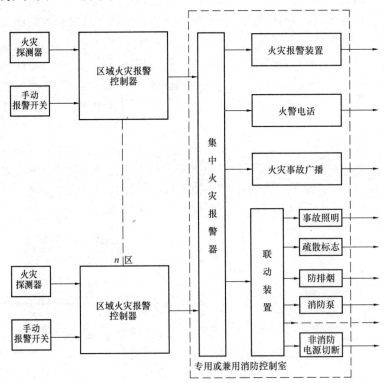

图 14-4　集中报警系统组成示意图

（3）控制中心报警系统

消防控制中心报警系统是由设置在消防控制室的消防控制设备、集中报警控制器、区域报警控制器和火灾探测器等组成的火灾报警系统。一般适合于特级、一级保护对象。

4.消防联动设备

消防联动设备的作用是有效地防止火灾蔓延，便于人员及财物的疏散，尽量减少火灾损失。减灾设备和灭火设备一样受控于联锁控制器，而联锁控制器又受控于火灾报警控制器。

（1）电动防火门与防火卷帘

电动防火门及防火卷帘是一种防火分隔设施，在发生火灾时可将火势控制在一定的范围内，阻止火势蔓延，以有利于消防扑救，减少火灾损失。无火灾时电动防火门处于开启状态，防火卷帘处于收卷状态；有火灾时则处于关闭状态和降下状态。它们与安全门开启状态正好相反——安全门在无火灾时处于关闭状态，而在有火灾时则处于开启状态。

（2）防排烟设施

所谓防排烟，就是在着火房间和着火房间所在的防烟区内将火灾产生的烟气加以排出，防止烟气扩散到疏散通道和其他防烟区中去，确保疏散和扑救用的防烟楼梯间、消防电梯内无烟。

防排烟设施是为了在着火时使火灾层人员疏散和灭火救灾的需要，保证火灾层以上各层人们生命安全而设置的。

防排烟设施主要是根据火灾自动报警系统中的防排烟方式选择的。自然排烟、机械排烟和机械加压送风排烟是高层建筑的主要排烟方式。排烟设施通常由排烟风机、风管路、排烟口、防烟垂帘及控制阀等构成。

（3）火灾事故广播

它负责发出火灾通知、命令，指挥人员灭火和安全疏散。广播系统主要由火灾广播专用扩音机、扬声器及控制开关等构成。

（4）应急照明灯

应急照明灯包括事故照明灯与疏散照明灯。应急照明灯由消防专用电源供电。事故照明灯主要用于火灾现场的照明，疏散照明灯主要用于疏散方向的照明及出入口的照明。应急照明灯应采用白炽灯等能立即点燃的热辐射电光源。

（5）消防电梯

消防电梯是发生火灾时的专用电梯。消防电梯受控于消防人员或消防控制中心，实行灭火专用。消防联动控制流程如图 14-5 所示。

14.2.2　火灾自动报警及联动系统安装

火灾自动报警系统是涉及火灾监控各个方面的一个综合性的消防技术体系，也是现代化智能建筑中一个不可缺少的组成部分。其安装施工是一项专业性很强的工作，施工安装必须经过公安消防部门的批准，由具有相应资质等级的安装单位承担。设计和施工必须严格按照国家有关现行规范执行，以确保系统实现火灾早期报警及各种设备的联动。

火灾自动报警及联动系统安装工艺流程：

钢管和金属线槽安装→钢管内导线敷设线槽配线→火灾自动报警设备安装→调试→检

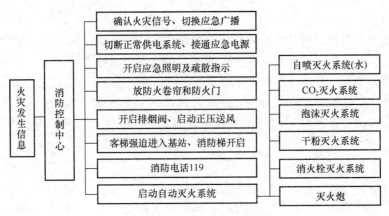

图 14-5　消防联动系统示意图

测验收交付使用。

1. 钢管和金属线槽安装

(1) 当管路暗配时，电线保护管宜沿最近的线路敷设并应减少弯曲。埋入非燃烧体的建筑物、构筑物内的电线保护管与建筑物、构筑物墙面的距离不应小于 30mm。金属线槽和钢管明配时，应按设计要求采取防火保护措施。

(2) 敷设在多尘或潮湿场所的电线保护管，管口及其各连接处均应密封处理。

(3) 暗配管在没有吊顶的情况下，探测器的盒的位置就是安装探头的位置，不能调整，所以盒的位置应按探测器安装要求定位。

(4) 钢管安装敷设进入箱、盒，内外均应有根母锁紧固定，内侧安装护口。钢管进箱、盒的长度以带满护口贴进根母为准。

(5) 配管和线槽安装时应考虑横向敷设的报警系统的传输线路，如采用穿管布线时，不同防火分区的线路不应穿入同一根管内，但探测器报警线路若采用总线制时不受此限制。

(6) 弱电线路的电缆竖井应与强电线路的竖井分别设置，如果条件限制合用同一竖井时，应分别布置在竖井的两侧。

(7) 在建筑物的顶棚内必须采用金属管、金属线槽布线。

(8) 金属管或金属线槽与消防设备采用金属软管和可挠性金属管作跨接时，其长度不宜大于 2m，且应采用卡具固定，其固定点间距不应大于 0.5m，且端头用锁母或卡箍固定，并按规定接地。

(9) 暗装消火栓配管时，接线盒不应放在消火栓箱的后侧，而应侧面进线。

2. 钢管内导线敷设及线槽配线

(1) 火灾自动报警系统传输线路，应采用铜芯绝缘线或铜芯电缆，其电压等级不应低于交流 250V，最好选用 500V，以提高绝缘和抗干扰能力。

(2) 为满足导线和电缆的机械强度要求，穿管敷设的绝缘导线，线芯截面最小不应小于 1mm^2；线槽内敷设的绝缘导线最小截面不应小于 0.75mm^2；多芯电缆线芯最小截面不应小于 0.5mm^2。

(3) 横向敷设的报警系统传输线路如果采用穿管布线时，不同防火分区的线路不宜穿入同一根管内。采用总线制不受此限制。

（4）火灾报警器的传输线路应选择不同颜色的绝缘导线，探测器的"＋"线为红色，"—"线应为蓝色，其余线应根据不同用途采用其他颜色区分。但同一工程中相同用途的导线颜色应一致，接线端子应有标号。

（5）敷设于垂直管路中的导线，截面积为 50mm² 以下时，长度每超过 30m 应在接线盒处进行固定。

（6）不同系统、不同电压同等级不同电流类别的线路，不应布置在同管或线槽的同一槽孔内。

（7）导线在管内或线槽内，不应有接头或扭结，导线内接头应在线槽内焊接或用端子连接。

（8）导线敷设连接完成后，应进行检查，无误后采用 500V、量程为 0～500MΩ 的兆欧表，对导线之间、线对地、线对屏蔽层等进行摇测，其绝缘电阻值不应低于 20MΩ。注意不能带着消防设备进行摇测。摇动速度应保持在 120r/min 左右，读数时应采用 1min 后的读数为宜。

3. 火灾探测器的安装及布线

（1）火灾探测器的安装

一般规定，探测区域内的每个房间至少应布置一个探测器。各类型探测器的保护面积和保护半径，与探测区域的面积、高度及屋顶坡度有关。在实际安装中还应考虑房间通风换气及梁对探测器的影响，在通风换气房间，烟的自然蔓延受到破坏，换气越频繁，烟的浓度越低，部分烟被空气带走，导致探测器接收烟量的减少，致使感烟探测器的灵敏度降低，此时应注意采取一定的补偿方法，一般采取压缩每只探测器的保护面积或增大探测器的灵敏度的方法。而房间顶棚有梁时，由于烟的自然蔓延也受到梁的阻碍，探测器的保护面积会受到梁的影响，一般规定房间高度在 5m 以下，感烟探测器在梁高小于 200mm 时，无需考虑其梁的影响；房间高度在 5m 以上，梁高大于 200mm 时，探测器的保护面积需重新考虑。感烟、感温探测器保护面积及保护半径见表 14-2。

感烟、感温探测器的保护面积和保护半径　　　　　　　表 14-2

火灾探测器的种类	地面面积 S（m²）	房间高度 h（m）	一只探测器的保护面积 A 和保护半径 R					
			屋顶坡度 θ					
			$\theta\leqslant15°$		$15°<\theta\leqslant30°$		$\theta>30°$	
			A（m²）	R（m）	A（m²）	R（m）	A（m²）	R（m）
感烟探测器	$S>80$	$h\leqslant12$	80	6.7	80	7.2	80	8.0
	$S>80$	$6<h\leqslant12$	80	6.7	100	8.0	120	9.9
		$h\leqslant6$	60	5.8	80	7.2	100	9.0
感温探测器	$S\leqslant30$	$h\leqslant8$	30	4.4	30	4.9	30	5.5
	$S>30$	$h\leqslant12$	30	3.6	30	4.9	40	6.3

在宽度小于 3m 的内走道顶棚上，感烟探测器间距不应超过 15m，感温探测器的间距不应超过 10m。探测器到端墙的距离不应超过探测器布置间距的一半。在空调房间内，为了防止从送风口流出的气流阻碍烟雾扩散到探测器中，规定探测器到空调送风口边的距离应大于 1.5m。

感光探测器应布置在阳光或灯光不能直射或反射到的地点，且应处在被保护区域的视角范围以内，以免形成"死区"。

可燃气体探测器应布置在可燃气体可能泄漏点的附近或泄漏出的可燃气体易流经或易滞留的场所，探测器的安装高度应根据可燃气体与空气的密度来确定。当可燃气体密度大于空气密度时，探测器安装高度一般距地 0.3m 左右；当可燃气体密度小于空气密度时，探测器一般距顶棚 0.3m，同时距侧壁大于 0.1m。

（2）系统的布线

火灾自动报警系统中的线路包括：消防设备的电源线路、控制线路、报警线路和通信线路等。线路的合理选择、布置与敷设是消防系统发挥其应有作用的重要保证。

消防系统内的各种线路均应按设计要求采用铜芯绝缘导线或电缆，耐压等级不低于 500V，并应符合现行国家标准《火灾自动报警系统施工及验收规范》中的规定。火灾自动报警系统传输线路采用屏蔽电缆时，应采取穿桥架和专用线管敷设，桥架和金属线管应作保护接地。消防联动控制、自动灭火控制、通信、应急照明、紧急广播等线路，应采取金属管保护，并宜暗敷在非燃烧体结构内，其保护层厚度不应小于 3cm。

火灾报警系统线缆的连接应在端子箱或分支盒内进行，导线连接应采用可靠压接或焊接。各类接地线应采用铜芯绝缘导线或电缆，不得利用镀锌扁钢或金属软管，消防控制设备的金属外壳及基础除应可靠接地外，接地线还应引入接地端子箱。

消防设备的电源线路以允许的载流量和允许的电压损失为主要参数来选择导线或电缆的截面。报警线路中的工作电流较小，在满足负载电流的情况下，一般以机械强度的要求为主要参数来选择导线或电缆截面。其最小截面见表 14-3。为便于施工和维护，还应采用不同颜色的导线。

线 芯 最 小 截 面　　　　　　　　表 14-3

类　　别	线芯最小截面（mm²）	备　　注
穿管敷设的绝缘导线	1.00	—
线槽内敷设的绝缘导线	0.75	—
多芯电缆	0.50	—
由探测器到区域报警器	0.75	多股铜芯耐热线
由区域报警器到集中报警器	1.00	单股铜芯线
水流指示器控制线	1.00	
湿式报警器及信号阀	1.00	
排烟防火电源线	1.50	控制线＞1.00mm²
电动卷帘门电源线	2.50	控制线＞1.50mm²
消火栓箱控制按钮线	1.50	

4. 火灾报警控制器的安装

（1）区域报警控制器在墙上安装时，其底边距地面高度不应小于 1.5m，可用金属膨胀螺栓或埋注螺栓进行安装，固定要牢固、端正，安装在轻质墙上时应采取加固措施。靠近门轴的侧面距离不应小于 0.5m，正面操作距离不应小于 1.2m。

（2）集中报警控制室或消防控制中心设备落地安装时，其底宜高出地面 0.05～0.2m，一般用槽钢或水泥台作为基础，如有活动地板时使用的槽钢基础应在水泥地面生根固定牢固。槽钢要先调直除锈，并刷防锈漆，安装时用水平尺、小线找好平直度，然后用螺栓固定牢固。

（3）引入火灾报警控制器的电缆、导线接地等应符合下列要求：

1）对引入的电缆或导线，首先应用对线器进行校线，按图纸要求编号，然后摇测相间、对地等绝缘电阻，不应小于 20MΩ。

2）导线引入线完成后，在进线管处应封堵，控制器主电源引入线应直接与消防电源连接，严禁使用接头连接，主电源应有明显标志。

3）凡引入有交流供电的消防控制设备，外壳及基础应可靠接地，一般应压接在电源线的 PE 线上。

4）当采用独立工作接地时电阻应小于 4Ω；当采用联合接地时，接地电阻应小于 1Ω。

5. 系统调试

火灾自动报警及联动系统调试必须由有资格的专业技术人员担任。一般由生产厂工程师或生产厂委托的经过训练的人员担任。其资格审查由公安消防监督机构负责。系统调试内容如下：

（1）调试前应按下列要求进行检查：

1）按设计要求查验设备规格、型号、备品、备件等。

2）按火灾自动报警系统施工及验收规范的要求检查系统的施工质量。对属于施工中出现的问题，应会同有关单位协商解决，并有文字记录。

3）检查校验系统线路的配线、接线、线路电阻、绝缘电阻、接地电阻、终端电阻、线号、接地、线的颜色等是否符合设计和规范要求，发现错线、开路、短路等达不到要求的应及时处理，排除故障。

（2）火灾报警系统应先分别对探测器、消防控制设备等逐个进行单机通电检查试验。在通电检查中所有功能都必须符合《火灾报警控制器》GB 4717—2005 的要求。

（3）按设计要求分别用主电源和备用电源供电，逐个逐项检查试验火灾报警系统的各种控制功能和联动功能，其控制功能和联动功能应正常。

（4）火灾自动报警系统的主电源和备用电源，其容量应符合国家有关标准要求，备用电源连续充放电三次应正常，主电源、备用电源转换应正常。

（5）系统控制功能调试后应用专用的加烟加温等试验器，分别对各类探测器逐个试验，动作无误后方可投入运行。

（6）对于其他报警设备也要逐个试验无误后投入运行。

（7）按系统调试程序进行系统功能自检。系统调试完全正常后，应连续无故障运行120h，写出调试开通报告，进行验收工作。

6. 电气火灾监控系统

电气火灾监控系统由电气火灾监控器、电气火灾监控探测器和火灾声警报器组成，能在电气线路、该线路中的配电设备或用电设备发生电气故障并产生一定电气火灾隐患的条件下发出报警，提醒专业人员排除电气火灾隐患，实现电气火灾的早期预防，避免电气火灾的发生，因此具有很强的电气防火预警功能。

电气火灾监控探测器的分类

（1）电气火灾监控探测器按工作方式分类

① 独立式电气火灾监控探测器，即可以自成系统，不需要配接电气火灾监控设备；

② 非独立式电气火灾监控探测器，即自身不具有报警功能，需要配接电气火灾监控设备组成系统。

(2) 电气火灾监控探测器按工作原理分类

① 剩余电流保护式电气火灾监控探测器，即当被保护线路的相线直接或通过非预期负载对大地接通，而产生近似正弦波形且其有效值呈缓慢变化的剩余电流，当该电流大于预定数值时即自动报警的电气火灾监控探测器。

② 测温式（过热保护式）电气火灾监控探测器，即当被保护线路的温度高于预定数值时，自动报警的电气火灾监控探测器。

③ 故障电弧式电气火灾监控探测器，即当被保护线路上发生故障电弧时，发出报警信号的电气火灾监控探测器。

电气火灾监控设备按系统连线方式分类为：

(1) 多线制电气火灾监控设备，即采用多线制方式与电气火灾监控探测器连接。

(2) 总线制电气火灾监控设备，即采用总线（一般为2～4根）方式与电气火灾监控探测器连接。

电气火灾监控系统适用于具有电气火灾危险场所，尤其是变电站、石油石化、冶金等不能中断供电的重要供电场所的电气故障探测，在产生一定电气火灾隐患的条件下发出报警信号，提醒专业人员排除电气火灾隐患，实现电气火灾的早期预防，避免电气火灾的发生。

电气火灾监控系统是火灾自动报警系统的独立子系统，属于火灾预警系统。电气火灾监控系统的组成如图 14-6 所示。

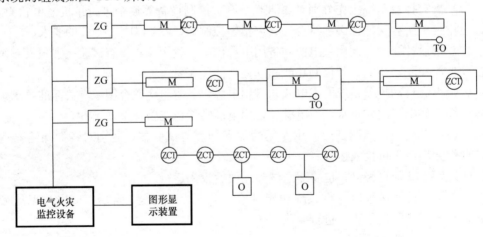

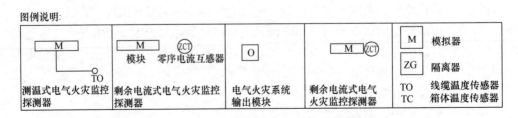

图 14-6　电气火灾监控系统组成示意图

电气火灾监控器用于为所连接的电气火灾监控探测器的供电，能接收来自电气火灾监控探测器的报警信号，发出声、光报警信号和控制信号，指示报警部位，记录并保存报警信息的装置。

电气火灾监控探测器是能够对保护线路中的剩余电流、温度等电气故障参数响应，自动产生报警信号并向电气火灾监控器传输报警信号的器件。

发生电气故障时，电气火灾监控探测器将保护线路中的剩余电流、温度等电气故障参数信息转变为电信号，经数据处理后，探测器做出报警判断，将报警信息传输到电气火灾监控器。电气火灾监控器在接收到探测器的报警信息后，经报警确认判断，显示电气故障报警探测器的部位信息，记录探测器报警的时间，同时驱动安装在保护区域现场的声光警报装置，发出声光警报，警示人员采取相应的处置措施，排除电气故障、消除电气火灾隐患，防止电气火灾的发生。电气火灾监控系统的工作原理如图 14-7 所示。

电气火灾监控系统是一个独立的子系统，属于火灾预警系统，应独立组成。电气火灾监控探测器应接入电气火灾监控器，不应直接接入火灾报警控制器的探测器回路。

当电气火灾监控系统接入火灾自动报警系统中时，应由电气火灾监控器将报警信号传输至消防控制室的图形显示装置或集中火灾报警控制器上，但其显示应与火灾报警信息有区别；在无消防控制室且电气火灾监控探测器设置数量不超过 8 个时，可采用独立式电气火灾监控探测器。

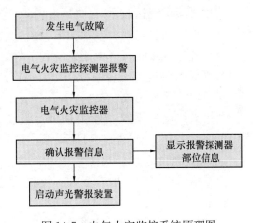

图 14-7　电气火灾监控系统原理图

（1）剩余电流式电气火灾监控探测器的设置

剩余电流式电气火灾监控探测器应以设置在低压配电系统首端为基本原则，宜设置在第一级配电柜（箱）的出线端。在供电线路泄漏电流大于 5300mA 时，宜在其下一级配电柜（箱）上设置。

剩余电流式电气火灾监控探测器不宜设置在 IT 系统的配电线路和消防配电线路中。选择剩余电流式电气火灾监控探测器时，应计及供电系统自然漏流的影响，并选择参数合适的探测器；探测器报警值宜为 300～500mA。具有探测线路故障电弧功能的电气火灾监控探测器，其保护线路的长度不宜大于 100m。

（2）测温式电气火灾监控探测器的设置

测温式电气火灾监控探测器应设置在电缆接头、端子、重点发热部件等部位。保护对象为 1000V 及以下的配电线路测温式电气火灾监控探测器应采用接触式设置。保护对象为 1000V 以上的供电线路，测温式电气火灾监控探测器宜选择光栅光纤测温式或红外测温式电气火灾监控探测器，光栅光纤测温式电气火灾监控探测器应直接设置在保护对象的表面。

（3）独立式电气火灾监控探测器的设置

独立式电气火灾监控探测器的设置应符合电气火灾监控探测器的设置要求。设有火灾自动报警系统时，独立式电气火灾监控探测器的报警信息和故障信息应在消防控制室图形显示装置或集中火灾报警控制器上显示；但该类信息与火灾报警信息的显示应有区别。未设火灾自动报警系统时，独立式电气火灾监控探测器应将报警信号传至有人员值班的场所。

（4）电气火灾监控器的设置

设有消防控制室时，电气火灾监控器应设置在消防控制室内或保护区域附近；设置在保护区域附近时，应将报警信息和故障信息传入消防控制室。未设消防控制室时，电气火灾监控器应设置在有人员值班的场所。

14.3　共用天线电视系统

共用天线电视接收系统（Community Antenna Television）简称 CATV 系统。该系统共用一组天线接收电视台电视信号，信号经过适当的技术处理后，由专用部件将信号合理地分配给各电视接收机。由于系统各部件之间采用了大量的同轴电缆作为信号传输线，故 CATV 系统又称电缆电视系统，是目前广泛应用的有线电视。

14.3.1　系统组成

共用天线电视系统一般由信号源设备、前端设备、传输分配网络和用户终端组成。CATV 系统的组成如图 14-8 所示。

1. 信号源设备

前端信号的来源一般有三种：接收无线电视台的信号；卫星地面接收的信号；各种自办节目信号。

接收天线的作用是获得地面无线电视信号、调配广播信号、微波传输电视信号和卫星电视信号。接收天线可分为引向天线、抛物面天线、环形天线和对数周期天线等。

2. 前端设备

CATV 系统前端设备的功能就是将来自接收部分的各种电视信号进行技术处理，使它们变成符合系统传输要求的高频电视信号，输出一个复合信号，并送入传输分配系统。前端设备一般由电视接收天线、频道放大器、频率变换器、自播节目设备、卫星电视接收设备、导频信号发生器、调制器、混合器以及连接线缆等部件组成。

3. 传输分配系统

传输分配系统由线路放大器、分配器、分支器和传输电缆等组成，用以将前端输出信号进行传输分配，并尽可能均匀地、以足够强的信号分配给每个用户。

分配器是分配高频信号电能的装置，其作用是将混合器或放大器送来的信号平均分成若干份，送给干线，向不同的用户提供电视信号，并能保证各部分得到良好的匹配，同时保持各传输干线及各输出端之间的信号隔离，防止扰动。常见的有二分配器、三分配器、四分配器。

分支器的作用是将干线信号的一部分送到支线，分支器与分配器配合使用可组成各类型的传输分配网络。在分配网络中各元件之间均用传输电缆连接，构成信号传输的通路。

传输电缆一般采用同轴电缆，可分为主干线、干线、分支线等。主干线接在前端与传

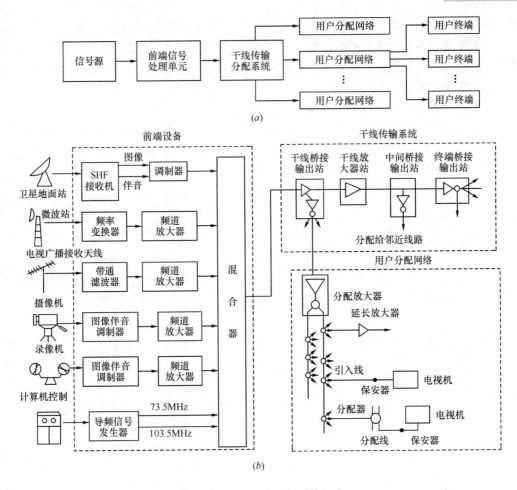

图 14-8　共用天线电视系统组成

输分配网络之间；干线用于分配网络中各元件之间的连接；分支线用于分配网络与用户终端的连接。

用户终端又称为用户接线盒，是共用天线电视系统供给电视机电视信号的接线器。用户接线盒有单孔盒和双孔盒之分。单孔盒输出电视信号，双孔盒可同时输出电视信号和调频广播信号。

14.3.2　系统安装

共用天线电视系统的安装主要包括天线安装、系统前端设备安装、线路敷设和系统防雷接地等。

1. 接收天线安装

在共用天线系统中，天线的选型及其安装位置的选择都极其重要，要结合现场条件，避开天线入射方向的障碍和各种干扰，提高接收信号强度和减少噪声强度。为防止天线的互相干扰，在组合使用时，应尽量使天线间隔得大一些。共用天线在安装时，天线应朝向电视发射台的方向，附近不应有阻挡物，天线与建筑物应保持 6m 以上的距离。此外，接收天线宜装设在距电梯房、风机机房等电力设施较远处，以避开因电视设备产生的干扰。

天线应根据生产厂家的安装说明书，在地面组装好后，再安装于竖杆合适基座位置上，其基座上的地脚螺栓应与建筑物钢筋焊连，必须与接地系统焊连。天线与地面应平行安装，其馈电端与阻抗匹配器、馈线电缆、天线放大器的连接应正确、牢固、接触良好。对天线系统还应考虑防雷措施，宜将天线竖杆顶部设避雷针，其引下线至天线基座底部并与接地装置连接起来。

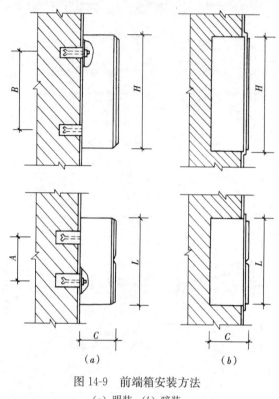

图 14-9　前端箱安装方法
(a) 明装；(b) 暗装

2. 前端设备安装

前端设备安装在前端箱内，前端箱一般分箱式、柜式、台式三种。箱式前端明装于前置间内时，箱底距地1.2m；暗装时为 1.2～1.5m。台式前端安装在前置间内的操作台桌面上，高度不宜小于 0.8m，且应牢固。柜式前端宜落地安装在混凝土基础上面，安装方式同落地式动力配电箱。前端箱安装如图 14-9 所示。

3. 用户盒安装

用户盒分明装和暗装。明装用户盒只有塑料盒一种，暗装盒有塑料盒、铁盒两种。明装用户盒直接用塑料胀管和木螺钉固定在墙上，因盒凸出墙体，施工时应注意保护，以免碰坏。暗装用户盒应在土建主体施工时将盒与电缆保护管预先埋入墙体内，盒口应与墙体抹灰面平齐，面板可略高于墙面，待装饰工程结束后，进行穿放电缆。同照明工程中插座盒、开关盒的安装。

4. 防雷接地

电视天线防雷与建筑物防雷采用一组接地装置，接地装置做成环状，接地引下线不少于两根。在建筑物屋顶面上，不得明敷天线馈线或电缆，且不能利用建筑物的避雷带作支架敷设。

卫星电视接收站抛物面天线与地面电视转播天线或共用接收天线安装在一起，并在后者避雷有效保护半径之内，则卫星电视天线可不安装避雷针；但天线底座接地性能要好，应使接地电阻小于 4Ω；如在雷雨较多地区，卫星电视天线上需加装避雷针。若卫星电视天线在上述天线有效保护半径之外，或位于空旷平地上，则应在天线主反射面上沿或副反射面顶端单独焊接长度约 2.5m、直径约 0.02m 的避雷针。

5. 系统供电

共用天线电视系统采用50Hz、220V 电源作系统工作电源。工作电源通常从距离最近的照明配电箱引入电视系统供电，前端箱与配电箱的距离一般不小于1.5m。

6. 线路敷设

在共用天线电视系统中常用的同轴电缆有 SYV 型、SYFV 型、SDV 型、SYKV 型、

SYDY 型、SYW 型等，其特性阻抗均为 75Ω。同轴电缆的种类有：实芯同轴电缆、藕芯同轴电缆、物理高发泡同轴电缆。同轴电缆结构如图 14-10 所示。同轴电缆的敷设分为明敷设和暗敷设两种。同轴电缆的敷设应符合《有线电视广播系统技术规范》GY/T 106 的有关规定。

选用同轴电缆时，要选用频率特性好、衰减小、传输稳定、防水性能好的电缆。

在 CATV 工程中，以往常用 SYKV 型同轴电缆，近年来由于宽带的发展要求，常用 SYWV 型同轴电缆。干线一般采用 SYWV-75-12 型（或光缆），支干线和分支干线多用 SYWV-75-12 或 SYWV-75-9 型，用户配线多用 SYWV-75-5 型。其中，75 表示特性阻抗为 75Ω；9 表示屏蔽网的内径为 9mm；5 表示屏蔽网的内径为 5mm。

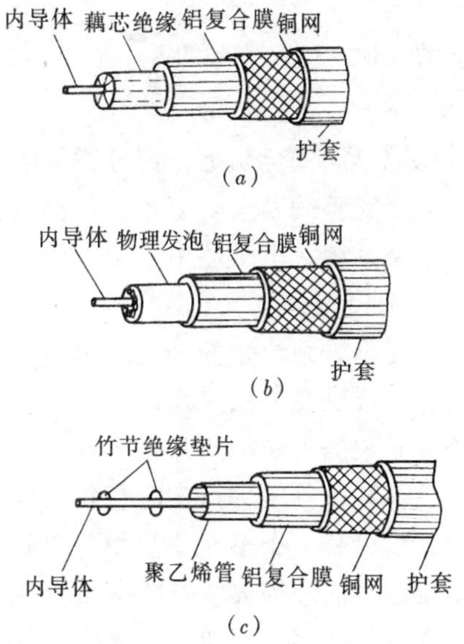

图 14-10　同轴电缆结构
(a) 藕心电缆；(b) 物理发泡电缆；
(c) 竹节电缆

7. 系统调试与验收

安装完毕后必须对 CATV 系统进行认真的调试，确保 CATV 系统的接收效果。系统调试包括以下内容：天线系统调试；前端设备调试；干线系统调试；调试分配系统；验收。

CATV 系统在安装中还应注意如下事项：

（1）线路应尽量短直，安全稳定，便于施工及维护。前端设备箱一般安装在顶层，尽量靠近天线，与其距离不应超过 15m。

（2）电缆管道敷设应避开电梯及其他冲击性负荷干扰源，与其保持 2m 以上距离；与一般电源线（照明线）在钢管敷设时，间距也应不小于 0.5m。

（3）系统中应尽量减少配管弯曲次数，且配管弯曲半径应不小于 10 倍管径，在拐弯处要预留余量。

（4）配管切口不应损伤电缆，伸入预埋箱体不得大于 10mm。SYWV-75-9 电缆应选 φ25mm 管径，SYWV-75-5-5-1 电缆应选 φ10mm 管径（或按图纸要求）。

（5）管长超过 25m 时，需加接线盒。电缆连接亦应在盒内处理。

（6）线缆在敷设过程中，不应受到挤压、撞击和猛拉变形，穿线时可使用滑石粉以免对电缆施加强力操作，造成线缆划伤。

（7）明线敷设时，对有阳台的建筑，可将分配器、分支器设置在阳台遮雨处。电缆沿外墙敷设，由门窗入户。对于无阳台的建筑，可将分配器、分支器设置在走廊内。明缆敷设可利用塑料胀塞、压线卡子等件，要求走线横平、竖直，每米不得少于一个卡子。

（8）两建筑物之间架设空中电缆时，应预先拉好钢索绳，然后将电缆挂上去，不宜过紧。架空电缆最好不超过 30m。

（9）避雷装置的接地应独立走线，不得将防雷接地与接收设备的室内接地线共用。

（10）系统所有支路的末端及分配器、分支器的空置输出端口均应接 75Ω 终端电阻。

14.4 安全防范系统

14.4.1 安全防范系统分类及组成

一个完整的安全防范系统包括入侵报警系统、闭路电视监控系统、楼宇对讲系统、出入口控制系统、电子巡更系统、停车场管理系统等子系统。

1. 入侵报警系统

入侵报警系统是安全防范报警系统之一，它是利用传感器技术和电子信息技术探测并指示非法或试图非法进入设防区的行为、处理报警信息、发出警报信号的电子系统或网络系统；是根据被防护对象的使用功能和安全防范管理要求，对设防区域的非法入侵、盗窃、破坏和抢劫等进行实时有效的探测和报警的系统。按实际需要和报警功能不同，入侵报警系统可分为企事业单位用防盗防非法入侵报警系统、家居安全防范报警系统、周界报警系统、家居及周界综合联网报警系统等四种防盗防非法入侵报警系统。

入侵报警系统一般由探测器、信号传输系统和报警控制器组成，入侵报警系统结构如图 14-11 所示。探测器检测到意外情况就产生报警信号，通过传输系统送入报警控制器发出声、光或以其他方式报警。

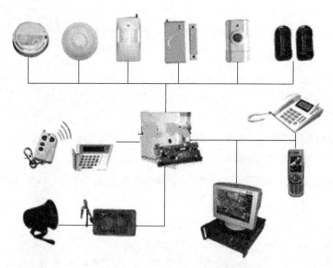

图 14-11　入侵报警系统组成

（1）探测器

为了适应不同场所、不同环境、不同地点的探测要求，在系统的前端，需要探测的现场安装一定数量的各种类型探测器，负责监视保护区域现场的任何入侵活动，用来探测入侵者移动或其他动作的电子或机械部件组成的装置。

安全系统所用的探测器随着科技的发展不断地推陈出新，可靠性与灵敏度也不断提高。

（2）信号传输系统

它将探测器所感应到的入侵信息传送至监控中心。有两种传输方式：有线传输和无线传输。在选择传输方式时，应考虑下面三点：

1）必须能快速准确地传输探测信号。

2）根据警戒区域的分布、传输距离、环境条件、系统性能要求及信息容量来选择。

3）优先选用有线传输，特别是专用线传输。当布线困难时，可用无线传输方式。布线要尽量隐蔽、防破坏，根据传输路径的远近选择合适的线芯截面来满足系统前端对供电压降和系统容量的要求。

（3）防盗报警控制器

防盗报警控制器的作用是对探测器传来的信号进行分析、判断和处理。当入侵报警发生时，它将通过声、光报警信号震慑犯罪分子，避免采取进一步的侵入破坏；显示入侵部位以通知保安值班人员去作紧急处理；自动关闭和封锁相应通道；启动电视监视系统中入侵部位和相关部位的摄像机对入侵现场进行监视并录像，以便事后进行调查与分析。防盗报警控制器按其容量可分为单路或多路报警控制器。多路报警控制器常为 2、4、8、16、24、32、64 路等。防盗报警控制器可做成盒式、壁挂式或柜式。

2. 视频监控系统

视频监控系统也叫闭路电视监控系统 CCTV（Closed Circuit Television），该系统是根据建筑物安全技术防范管理的需要，对必须进行监控的场所、部位、通道等进行实时、有效的视频探测、视频监控、视频传输、显示和记录，并具有报警和图像复核功能。

闭路电视监控系统一般由四部分组成：摄像/前端部分、传输部分、显示及记录部分、控制部分。

（1）摄像/前端部分

摄像部分是电视监控系统的前沿部分，是系统的“眼睛”，是整个电视监控系统的原始信号源。它布置在被监视场所的某一位置上（或几个位置上），使其视场角能覆盖整个被监视场所的各个部位。它的功能是通过监视区域摄像获取实时图像信息并将图像信息转换为电信号输出。摄像部分一般由摄像机、摄像机防护罩、摄像机支撑设备三部分组成。

（2）传输部分

传输部分用于将监控系统的前端设备与终端设备联系起来。前端设备所产生的图像信息、声音信号、各种报警信号通过传输系统传送到控制中心，并将控制中心的控制指令输送到前端设备。传输部分是系统图像信号和控制信号的通路，在传输线路上传输的是视频信号和控制信号。视频信号传输一般选用同轴电缆、微波传输光纤或双绞线。

（3）显示及记录部分

显示和记录部分一般安装在控制室，主要有：监视器、录像机和一些视频处理设备。

1）监视器可以选用黑白或彩色监视器，也可选用液晶显示器或用电视机替代。

2）录像机在监控系统中作为记录和重放装置，根据需要可选用不同功能和录像时间的专用录像机。

3）要实现用少量监视器显示多个摄像机输出的视频信号，在同一屏幕上显示多个监控视频信号，或多个视频器显示同一视频信号等功能，控制室还需增加相应的设备。这些设备有：视频切换器、多画面分割器、视频分配器等。

（4）控制部分

控制部分是指挥整个系统正常运行的中心。控制部分主要由总控制台（有些系统还设有副控制台）组成，总控制台主要功能有：图像信号的校正与补偿、视频信号放大与分配、图像信号的切换与记录（包括声音信号）、摄像机及其辅助部件（如镜头、云台、防护罩等）的控制（遥控）等等。

3. 电子巡更系统

电子巡更是一种通过移动自动识别技术，将巡逻人员在巡更巡检工作中的时间地点及情况自动准确记录下来，是一种对巡逻人员的巡更巡检工作进行科学化、规范化管理的全新产品，是治安管理中人防与技防一种有效的、科学的整合管理方案。

电子巡更系统可以根据建筑物使用功能和安全防范管理要求，预先编制保安人员巡查程序，通过信息识读器或其他方式对保安人员巡逻的工作状态进行监督、记录，并能对意外情况及时报警。它有两种巡更方式：在线式巡更系统、离线式巡更系统。

（1）在线式巡更系统

在线式巡更系统是指巡更人员正在进行的巡更路线，相应到达每个巡更点的时间，在中央监控室内能实时记录与显示。巡更人员如配有对讲机，便可随时同中央监控室通话联系。在线式巡更系统的缺点是：需要布线，施工量很大，成本较高；在室外安装传输数据的线路容易遭到人为的破坏，需设专人值守监控电脑，系统维护费用高；已经装修好的建筑再配置在线式巡更系统更显困难。

（2）离线式巡更系统

离线式巡更系统无需布线，巡更人员只需手持数据采集器到每个巡更点采集信息即可。其安装简易、性能可靠、适用于任何需要保安巡逻式值班巡视的领域。离线式电子巡更系统由巡更器（数据采集器）、巡更点（信息标识器）、通讯座（数据下载转换器）、管理软件四部分组成。

4. 停车场管理系统

停车场管理系统是根据建筑物使用功能和安全防范管理要求，对停车场的车辆通行道口实施出入控制、监视、行车信号指示、停车管理和车辆防盗报警等功能的系统，停车场管理系统结构如图 14-12 所示。

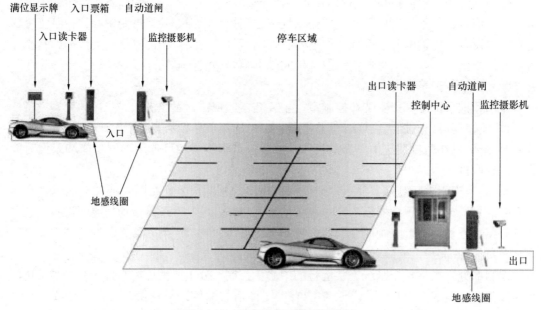

图 14-12　停车场管理系统结构图

停车场管理系统一般采用三重保密认证的非接触式智能 IC 卡作为通行凭证，并借图像对比、人工识别技术以及强大的后台数据库管理技术，对停车场实现智能化管理；该系统可实现实时记录车辆进出情况，司机无需摇下车窗，通过非接触刷卡确认可直接通行，可以将每一出入口的读卡控制器联网，实现管理中心对车辆进出资料、收费记录等信号的查询，还具有车场车位情况的显示、车辆到车位的引导指示系统。它集计算机网络技术、总线技术及非接触式 IC 卡技术于一体，可广泛应用在停车收费、智能化管理的地面或地下停车场，并可方便地与门禁、收费等系统组合，实现一卡通。

停车场管理系统通常分两种：一种为有人值守操作的半自动停车场管理系统，另一种为无人值守全部停车管理自动进行的停车场自动管理系统。停车场管理系统实质是一个分布式的集散控制系统，其组成一般分为三部分：车辆出入的检测与控制、车位和车满的显示与管理、计时收费管理。

（1）车辆出入的检测与控制

为了检测出入车库的车辆，目前有两种典型的检测方式：红外线检测方式和环形线圈检测方式。

（2）车位和车满的显示与管理

车满显示系统有两种：一是按车辆计数，二是按车位上检测车辆是否存在。而对于车位的管理，一般利用车位引导控制器完成计算机指令的逻辑转换，驱动相应的显示屏和灯箱，完成车辆的引导工作。

（3）计时收费管理

计时收费主要是由电脑自动计费，并将计费结果自动显示在计算机屏幕及费用显示器上。

5. 门禁控制系统

门禁控制系统亦称出入口控制系统，它是根据建筑物的使用功能和安全防范管理的要求，对需要控制的各类出入口按各种不同的通行对象及其准入级别有效地进行实时控制与管理的系统。门禁控制系统主要由识读、执行、传输和管理/控制四部分组成。门禁控制系统组成如图 14-13 所示。

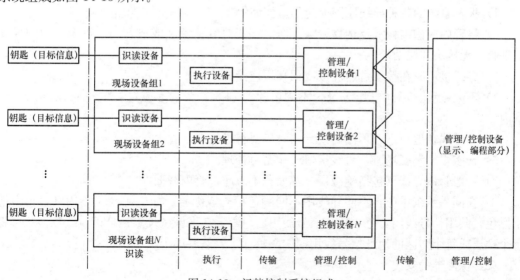

图 14-13 门禁控制系统组成

（1）身份识读

身份识读是门禁系统的重要组成部分，起到对通行人员的身份进行识别和确认的作用。实现身份识别的方式和种类很多，主要有卡证类、密码类、生物识别类以及复合类身份识别方式。

（2）电锁与执行

电锁与执行部分包括各种电子锁具、三辊闸、挡车器等控制设备。这些设备具有动作灵敏，执行可靠，良好的防潮、防腐性能；具有足够的机械强度和防破坏的能力。电子锁具种类繁多，按工作原理不同可分为电插锁、磁力锁、阴极锁、阳极锁和剪力锁等，可以满足各种木门、玻璃门、金属门的安装需要。每种电子锁具都有自己的特点，在安全性、方便性和可靠性上也各有差异，需要根据具体情况来选择使用。

（3）传输

传输是门禁控制系统设备间传感信号和控制信号的通路，它负责把身份识读、电锁执行和管理/控制有机地串接起来。门禁控制系统的传输线路应可以支持多种联网通信方式，如 RS232、RS485 或 TCP/IP 等。为了门禁系统整体安全性考虑，通信必须能够以加密的方式传输，加密位数一般不少于 64 位。

（4）管理/控制

管理/控制通常是指门禁控制系统的处理与控制部分，它是门禁控制系统的中枢，存储了大量相关人员的信息、密码等资料，这些资料的重要程度是显而易见的。另外，管理和控制部分还担负着运行和处理的任务，并对各种各样的出入请求作出判断和响应。

14.4.2 安全防范系统施工

1. 入侵报警系统

入侵报警系统安装流程：线缆敷设→报警设备安装 →报警中心计算机及外设安装→系统调试。

入侵报警系统安装要点：

（1）线缆敷设

1）报警系统的各种导线原则上应尽可能缩短。

2）将管内或槽内积水及杂物清除干净。穿线时宜抹黄油或滑石粉。进入管内的导线应平直、无接头和扭结。

3）导线接头应在接线盒内焊接或用端子连接。

4）不同系统、不同电压等级、不同电流类别的导线，不应穿在同一管内或同一线槽内。

5）当导线在地板下、顶棚内或穿墙时，要将导线穿入管内。

6）在多尘或潮湿场所，管线接口应作密封处理。

7）一般管内导线（包括绝缘层）总面积不应超过管内截面的 2/3。

8）在同一系统中应将不同导线用不同颜色标志或编号。如电源线正端用红色，地端用黑色，共用信号线用黄色，地址信号线用白色等。在报警系统中地址信号线较多，可将每个楼层或每个防区的地址信号线用同一颜色标志，然后逐个编号。

（2）探测器的安装

1）探测器应安装牢固，探测范围内应无障碍物。

2）室外探测器的安装位置应在干燥、通风、不积水处，并应有防水、防潮措施。

3）磁控开关宜装在门或窗内，安装应牢固、整齐、美观。

4）振动探测器安装位置应远离电机、水泵和水箱等振动源。

5）玻璃破碎探测器安装位置应靠近保护目标。

6）紧急按钮安装位置应隐蔽、便于操作、安装牢固。

7）红外对射探测器安装时接收端应避开太阳直射光，避开其他大功率灯光直射，应顺光方向安装。

（3）报警控制器的安装

1）配线应排列整齐，不准交叉，并应固定牢固。

2）引线端部均应编号，所编序号应与图纸一致，且字迹清晰不易褪色。

3）端子板的每个接线端，接线不得超过两根。

4）导线引入线管时，在进线管处应封堵。

5）报警控制器应牢固接地，接地电阻值应小于 4Ω（采用联合接地装置时，接地电阻值应小于 1Ω）。接地应有明显标志。

2. 电视监控工程的安装

电视监控工程安装流程：电缆敷设→前端设备安装→控制设备安装→供电与接地→系统调试。

电视监控工程安装要点：

（1）电缆敷设

1）根据设计图纸要求，选配电缆，尽量避免电缆的接续。必须接续时应采取焊接方式或采用专用接插件。

2）电源电缆与信号电缆应分开敷设。

3）敷设电缆时尽量避开恶劣环境。如高温热源和化学腐蚀区域等。

4）远离高压线或大电流电缆，不易避开时应各自穿配金属管，以防干扰。

5）随建筑物施工同步敷设电缆时，应将管线敷设在建筑物体内，并按建筑设计规范选用管线材料及敷设方式。

6）有强电磁场干扰环境（如电台、电视台附近）应将电缆穿入金属管，并尽可能埋入地下。

（2）光缆敷设

1）光缆的弯曲半径不应小于光缆外径的 20 倍。光缆可用牵引机牵引，端头应做好技术处理，牵引力应加于加强芯上，牵引力大小不应超过 $150kg \cdot N$，牵引速度宜为 10m/min；一次牵引长度不宜超过 1km。

2）光缆端头应用塑料胶带包扎，盘成圈置于光缆预留盒中，预留盒应固定在电杆上。地下光缆引上电杆，必须穿入金属管。

3）光缆敷设完毕时，需测量通道的总损耗，并用光时域反射计观察光纤通道全程波导衰减特性曲线。

4）光缆的接续点和终端应作永久性标志。

（3）前端设备的安装

1）支架与建筑物、支架与云台均应牢固安装。所接电源线及控制线接出端应固定，且留有一定的余量，以不影响云台的转动为宜。安装高度以满足防范要求为原则。

2）摄像机应牢固地安装在云台上，所留尾线长度以不影响云台（摄像机）转动为宜，尾线需加保护措施。

（4）中心控制设备的安装

1）控制台或机架柜内插件设备均应接触可靠，安装牢固，无扭曲、脱落现象。

2）监控室内的所有引线均应根据监视器、控制设备的位置设置电缆和进线孔。

（5）供电与接地

1）测量所有接地极电阻，必须达到设计要求。达不到要求时，可在接地极回填土中加入无腐蚀性的长效降阻剂或更换接地装置。

2）系统的防雷接地安装，应严格按设计要求施工。接地安装最好配合土建施工同时进行。

3. 电子巡更系统的安装

电子巡更系统安装流程：线缆敷设→巡更点设备安装 →管理中心计算机及外设安装（可与 BAS 系统共用）→ 系统调试。

电子巡更系统安装要点：

（1）地线、电源线应按规定连接，电源线与信号线分槽（或管）敷设，以防干扰。采用联合接地时，接地电阻应小于 1Ω。

（2）有线巡更信息开关或无线巡更信息钮，应安装在各出入口、主要信道、各紧急出入口、主要部门或其他需要巡更的站点上，高度和位置按设计和规定要求设置。

4. 出入口控制系统的安装

出入口控制系统安装流程：线缆敷设→读卡机（IC 卡机、磁卡机、感应式读卡机等）安装 →监控台安装 →系统调试。

出入口控制系统安装要点：

（1）识读及控制设备安装

1）识读设备的安装位置应避免强电磁辐射辐射源、潮湿、有腐蚀性等恶劣环境。

2）控制器、读卡器不应与大电流设备共用电源插座。

3）控制器宜安装在弱电间等便于维护的地点。

4）读卡器类设备完成后应加防护结构面，并应能防御破坏性攻击和技术开启。

5）控制器与读卡机间的距离不宜大于 50m。

6）配套锁具安装应牢固，启闭应灵活。

7）红外光电装置应安装牢固，收、发装置应相互对准，并应避免太阳光直射。

8）信号灯控制系统安装时，警报灯与检测器的距离不应大于 15m。

9）使用人脸、眼纹、指纹、掌纹等生物识别技术进行识读的出入口控制系统设备的安装应符合产品技术说明书的要求。

（2）控制线缆

1）识读装置到控制器的线缆一般采用 8 芯屏蔽多股双绞网线（其中 3 芯备用），最长不宜超过 100m。按钮到控制器的线缆采用 $0.3mm^2$ 双绞线。

2）电锁到控制器采用 $1.0mm^2$ 以上两芯电源线，当线路超过 50m 时导线截面应增大一级，线路最长不宜超过 100m。

3）地线、电源线应按规定连接，电源线与信号线分槽（或管）敷设，以防干扰。采用联合接地时，接地电阻应小于 1Ω。

5. 停车场管理系统的安装

停车场管理系统安装流程：线缆敷设→前端设备（读卡机、闸门机、车辆出入检测装置、信号指示器等）安装 →监控室主机等设备安装→系统调试。

停车场管理系统安装要点：

（1）线缆敷设

1）室内线管所穿导线的总面积不超过管截面积的 70%；室外线管所穿导线的总面积（如无规定时，连外皮）不超过管截面积的 50%。

2）线管内导线不得有接头，导线绝缘皮不得有破损。

3）线管在转弯处或直线距离每超过 1.5m 应加固定夹子。

（2）前端设备安装

1）光电（红外线）检测装置在安装时除收、发装置应相互对准外，还应避免太阳光线直射接收装置（受光器）。

2）环形感应线圈检测装置的感应线圈埋设深度距地表面不小于 0.2m，长度不小于 1.6m，宽度不小于 0.9m，感应线圈至机箱处的线缆应采用金属管保护，并固定牢固；感应线圈应埋设在车道居中位置，并与读卡机、闸门机的中心间距保持在 0.9m 左右，且保证环形线圈 0.5m 平面范围内不可有其他金属物，严防碰触周围金属。

3）挡车器应安装牢固、平整；安装在室外时，应采取防水、防撞、防砸措施。

4）车位状况信号指示器应安装在车道出入口的明显位置，安装高度应为 2.0～2.4m，室外安装时应采取防水、防撞措施。

（3）监控室主机安装

1）主要设备应安装牢固、接线正确，并应采取有效的抗干扰措施。

2）应检查系统的互联互通，子系统之间的联动应符合设计要求。

3）监控中心系统记录的图像质量和保存时间应符合设计要求。

4）监控中心接地应做等电位联结，接地电阻应符合设计要求。

14.5　音频与视频会议系统

14.5.1　概述

音频与视频会议系统是通过网络通信技术来实现的虚拟会议系统，是使在地理位置上分散的用户可以共聚一处，通过图像、声音等多种方式交流信息，支持人们远距离进行实时信息交流与共享、开展协同工作的应用系统。音频与视频会议系统按业务的不同可分为公用的电视会议系统、专用的电视会议系统和桌面电视会议系统三种。

14.5.2　系统组成

公用和专用的电视会议系统由电视会议终端设备、数字传输网络和多点控制单元（Multipoint Control Unit，MCU）部分组成。

1. 电视会议终端设备

电视会议系统的终端设备包括视频输入/输出设备、音频输入/输出设备、视频编译码器、音频编译码器及信息通信设备。其基本功能是将本地摄像机拍摄的图像信号、麦克风拾取的声音信号进行压缩、编码，合成为 64～1920kbit/s 的数字信号，经过 ISDN、V35 或 E1 接口送入通信网，传至远方会场。同时，接收远方会场传来的数字信号，经译码后还原成模拟的图像和声音信号。

2. 多点控制设备（MCU）

多点控制设备（MCU）是位于网络节点上的一种交换设备。在多个会场（多个地点）进行多方电视会议时，多点控制设备（MCU）支持多个会议地点相互间的通信。MCU 在数字域中实现音频、视频、数字信令等数字信号的混合和切换（分配），其作用是将来自各个会议现场终端机的电视会议数据汇总在 MCU 中，并同步分离出图像、语音、数据与信令，再将各个点（会场）的同类信息送入同一 MCU 处理，对声音进行混合、对图像信息进行切换、对数据等进行路径选择等处理，最后将各点所需的各种信息重新组合，送往各对应会场的电视会议终端。MCU 的个数及连接方式决定了电视会议网的结构与规模。

3. 电视会议的信号传输

电视会议传输大部分采用数字方式，电视信号由模拟信号转换为数字信号，数字化后的信号经过压缩编码处理，去掉一些与视觉相关性不大的信息，压缩为低码率信号。该方式经济实用，占用频带窄，已成为国内外普遍采用的方式。目前电视会议的传送网络都是利用现有的电信网络（如数字微波、数字光纤或卫星等数字通信信道）或计算机网络。

14.5.3 系统安装注意事项

（1）传声器布置宜避开扬声器的主辐射区，并应达到声场均匀、自然清晰、声源感觉良好等要求。

（2）摄像机的布置应使被摄人物收入视角范围之内，宜从多个方位摄取画面，并应能获得会场全景或局部特写镜头。

（3）监视器或大屏幕显示器的布置，宜使与会者处在较好的视距和视角范围之内。

（4）控制室内所有设备的金属外壳、金属管道、金属线槽、建筑物金属结构等应进行等电位联结并接地。

（5）会议系统供电回路宜采用建筑物入户端干扰较低的供电回路，保护地线（PE线）应与交流电源的零线分开，应防止零线不平衡电流对会场系统产生严重的干扰；保护地线的杂音干扰电压不应大于 25mV。

（6）用于火灾隐患区的扬声器应由阻燃材料制成或采用阻燃后罩；广播扬声器在短期喷淋的条件下应能正常工作。

（7）视频会议应具有较高的语言清晰度和合适的混响时间；当会场容积在 $200m^3$ 以下时，混响时间宜为 0.4～0.6s；当视频会议室还作为其他功能使用时，混响时间不宜大于 0.6s；当会场容积在 $500m^3$ 以上时，应按现行国家标准《剧场、电影院和多用途厅堂建筑声学设计规范》GB/T 50356—2005 执行。

14.6 广播音响系统

14.6.1 系统分类与组成

广播音响系统一般可分为三大类，即业务性广播系统、服务性广播系统、火灾事故广播系统。

（1）业务性广播系统主要以满足业务及行政管理为主的语言广播要求，设置于办公楼、商场、院校、车站、客运码头及航空港等建筑物内。系统一般较简单，在设计和设备选型上无过高的要求。

（2）服务性广播多以播放欣赏性音乐为主，多设于商场、宾馆、大型公共活动场所。

（3）火灾事故广播系统一般与火灾自动报警及联动控制系统配套设置，用于火灾事故发生时或其他紧急情况发生时，引导人员安全疏散。

广播音响系统主要由节目源设备、放大和处理设备、传输线路及扬声器系统四部分组成。

（1）节目源设备通常由节目源和设备组成。节目源为有线广播系统提供声源，可以是无线电广播（调频、调幅）、普通唱片、激光唱片（CD）等。节目源设备有 FM/AM 调谐器、电唱机、激光唱机和录音卡座以及传声器（话筒）、电视伴音（包括影碟机、录像机和卫星电视的伴音）、电子乐器等。

（2）放大和信号处理设备主要对音频信号进行功率放大，并以电压显示输出具有一定功率的音频信号。一般包括调音台、前置放大器、功率放大器和各种控制器及音响加工设备等。

（3）传输线路是将处理好的音频信号传输给扬声系统，由于系统和传输方式的不同对传输线路有不同的要求。

（4）扬声器系统是将系统传送的音频信号还原为人们耳朵能听到的声音的设备。有电动式、静电式和电磁式等多种，音箱、扬声器箱均为扬声器系统。选择扬声器时应考虑其灵敏度、频率响应范围、指向性和功率等因素。

14.6.2 广播音响系统的安装

1. 广播音响系统的安装工艺流程

机房设备安装→线路敷设→扬声器安装→系统测试。

2. 安装要点

（1）室外广播传输线缆应穿管埋地或在电缆沟内敷设，室内广播传输线一般采用铜芯双股塑料绝缘导线，导线应穿钢管沿墙、地坪或吊顶暗敷，钢管的预埋和穿线方法与强电线路相同。

（2）综合控制台、音响主机一般为落地式安装，安装时应与室内设备布置、地板铺设及广播线路敷设相配合。

（3）扬声器在选择时应考虑其灵敏度、频率响应范围、指向性和功率等因素。一般1～2W 电动式纸盆扬声器装设在办公室、生活间、客房等场所，可在墙、柱等 2.5m 处明装，也可嵌入吊顶内暗装；3～5W 的纸盆扬声器则用于走廊、门厅及商场、餐厅处的背景音乐或业务广播，安装间距为层高的 2～2.5 倍，当层高大于 4m 时，也可采用小型声柱；室外安装高度一般为 4～5m。

（4）安装位置应考虑音响效果，纸盆扬声器在墙壁内暗装时，预留孔位置应准确，大小适中。助声箱随扬声器一起安装在预留孔中，应与墙面平齐。挂式扬声器采用塑料胀钉和木螺钉直接固定在墙壁上，应平正、牢固。在建筑物吊顶上安装，应将助声箱固定在龙骨上。声柱只能竖直安装，不能横放安装。安装时应先根据声柱安装方向、倾斜度制作支架，依据施工图纸预埋固定支架，再将声柱用螺栓固定在支架上，应保证固定牢固、角度方位正确。

（5）当广播系统具备消防应急广播功能时，应采用阻燃线槽、阻燃线管和阻燃线缆敷设。

（6）广播系统的功率传输线缆应采用专用线槽和线管敷设，其绝缘电压等级应与额定传输电压相容，其接头不得裸露，电位不等的接头应分别进行绝缘处理。

（7）当广播系统具有紧急广播功能时，其紧急广播应由消防分机控制，并应具有最高优先权；在火灾和突发事故发生时，应能强制切换为紧急广播并以最大音量播出。系统应能在手动或警报信号触发的 10s 内，向相关广播区播放警示信号（含警笛）、警报语声文件或实时指挥语声。以现场环境噪声为基准，紧急广播的信噪比不应小于 15dB。

14.7 通信网络系统

14.7.1 电话交换系统组成

电话交换系统是通信系统的主要方式之一。通信按传输的媒介可分为有线传输（明敷线、电缆、波导通信等）和无线传输（微波、短波、微波中继、卫星通信等）等。有线电话通信系统是两地之间最基本和最重要的传输方式。有线传输又分为模拟传输和数字传输两种。

电话交换系统由三部分组成，即电话交换设备、传输系统和用户终端设备。

1. 常用电话机

常用电话机有拨号盘式电话机、按键式电话机、扬声自动电话机、免提电话机、双音多频（DTMF）按键式电话机、无绳电话机、可视电话机、自动录音电话机、电视电话机以及各种功能奇特的电话机等。一般住宅、办公室、公用电话服务站等在无需要配合程控电话交换机时普遍选用按键式电话机，该电话机由电话、发号和振铃三个基本部分组成，具有脉冲稳定、按键简单、话音失真度小等特点，且发送和接收系统的灵敏度可按要求调节，此外还有号码重发、缩位拨号、插入等待、锁号、脉冲与音频兼容、免提、发送闭音等多种附属功能。而对于重要用户、专线电话、调度、指挥中心等机构多选用多功能电话机。

2. 交换机

交换机是根据用户通话的要求，交换通断相应电话机通路的设备。可以完成建筑物内部用户与用户之间的信息交换，以及内部用户与外部用户之间的话音及图文数据传输。交换机的种类较多，总体上可以分为人工电话交换机和自动电话交换机两大类，目前应用较广泛的是一种利用软件预先把交换动作的顺序编成程序，集中存放在存储器中，然后由程序自动执行控制交换机的交换连续动作，从而完成用户之间的通话的通信方式，称为程控交换机。

程控交换机主要由话路系统、中央处理系统、输入输出系统等三部分组成。

3. 通信及传输设备

通信及传输设备包括配线设备、分线设备、配线电缆、用户线及用户终端机。配线设备主要指用户配线架或交接箱。在有用户交换机的建筑物内一般设置配线架于电话站内，在无用户交换机的较大型建筑物内，往往在首层或地下室一层电话进户电缆引入点设电缆交接间，内置交接箱。分线设备主要是分线箱（盒），分为明装和暗装两种。

配线系统是指由市话局引入的主干电缆直到连接用户设备的所有线路。电话系统的室内配线形式主要取决于电话的数量及其在室内的分布，并考虑系统的可靠性、灵活性及工程造价等因素，选用合理的配线方案。电话系统的干线使用电话电缆。室外埋地敷设时使用铠装电缆，架空敷设时用钢丝绳悬挂普通电缆，或使用带自承钢丝绳的电缆，室内使用普通电缆。常用电缆有 HYA 型综合护层塑料绝缘电缆和 HPVV 铜芯全聚氯乙烯电缆。电缆规格标注为 HYA10×2×0.5，其中 HYA 为型号，10 表示电缆内 10 对电话线，2×0.5 表示每对线为 2 根直径 0.5mm 的导线。电缆的对数为 5～2400 对，线芯有直径0.5mm 和 0.4mm 两种规格。在选择电缆时，电缆对数要比实际设计用户数多 20％左右，以作为线路增容和维护使用。

用户线是连接电话机和交换机之间的电气信号通路。要保证通话的清晰度，需采取必要的抗干扰措施，通常采用 RVS2×0.5 塑料绝缘的软绞线。电话线缆的敷设应符合《城市住宅区和办公楼电话通信设施验收规范》YD 5048—1997 的有关规定。在具体敷设中应注意，交换机与电话机是以放射式连接的。这一点与照明灯具布线方式不一样。

用户终端设备包括电话机、传真机、计算机和保安器等。

14.7.2 现代电话通信网室内设备的安装

电话通信设备安装时，有关技术措施要符合国家和邮电部门颁布的标准、规范、规程，并接受邮电部门的监督指导。

建筑物内的分线箱（盒）多在墙壁上安装。可分为明装和暗装两种。分线箱是内部仅有端子板的壁龛。明装时分线箱用木钉安装在墙壁表面的木板上，装设应牢固周正，木板上应至少用 3 个膨胀螺栓固定在墙上，木板四周超出分线箱盒各边 2cm，分线箱底部一般高于地面 2.5m。暗装时电缆分线箱、电缆接头箱和过路箱等统称为壁龛，是埋置在墙内的长方体的箱子，以供电话电缆在上升管路及楼层管路内分支、接续、安装分线端子板用。

壁龛的大小由上升电缆和分支电缆进出的条数、外径和电缆的容量、端子板的大小和尾巴电缆的情况（如有无气闭接头等）决定。如采用铁质壁龛，要事先在预留壁龛中穿放电缆和导线的孔，还需要按照布置线路在壁龛内安装固定电缆、导线的卡子。如采用木质壁龛，木板材要坚实，厚度为 2～2.5cm，且内部和外面均应涂防腐漆，以防腐蚀。壁龛的底部一般离地 500～1000mm 为合适。

交接箱的安装可分为架空式和落地式两种，主要安装在建筑物外。

电话机一般不直接与线路接在一起，而是通过接线盒与电话线路连接，主要是为了检修、维护和更换电话机方便。室内线路明敷时，采用有 4 个接头，即 2 根进线和 2 根出线的明装接线盒，明装接线盒很简单。电话机两条引线无极性区别，可以任意连接。图 14-14 为住宅楼电话系统框图。

室内采用线路暗敷，电话机接至墙壁式出线盒上，这种接线盒有的需将电话机引线接入盒内接线柱上，有的则用插头插座连接。墙壁出线盒的安装高度一般距地 30cm，根据用户需要也可装于距地 1.3m 处，这个位置适用于安装墙壁电话机。

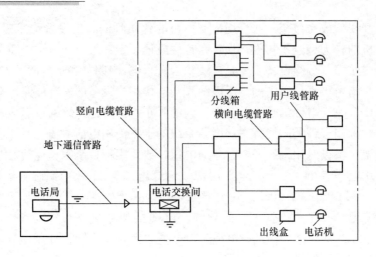

图 14-14　住宅楼电话系统框图

14.8　综 合 布 线 系 统

14.8.1　综合布线系统的组成

综合布线是一种模块化的、灵活性极高的建筑物内或建筑群之间的信息传输通道。综合布线既能使语音、数据、图像设备和交换设备与其他信息管理系统彼此相连，也能使这些设备与外部通信网络相连接。综合布线还包括建筑物外部网络或电信线路的连接点与应用系统设备之间的所有线缆及相关的连接部件，不仅能为建筑物提供电信服务，还能够提供通信网络服务、安全报警服务、监控管理服务，是建筑物实现通信自动化、办公自动化和大楼控制自动化的基础。

综合布线系统可划分成六个部分，其中三个子系统：配线（水平）子系统、干线（垂直）子系统、建筑群子系统，外加三个部分：工作区、设备间、管理间。综合布线系统组成见图 14-15。

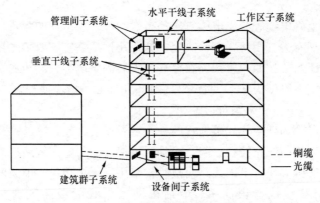

图 14-15　综合布线系统组成

1. 工作区

一个独立的需要设置终端设备的区域宜划分为一个工作区。工作区应由配线（水平）布线系统的信息插座延伸到工作站终端设备处的连接电缆及适配器组成。

2. 配线（水平）子系统

配线子系统应由工作区的信息插座、信息插座至楼层配线设备（FD）的配线电缆或光缆、楼层配线设备和跳线等组成。

3. 干线（垂直）子系统

干线子系统应由设备间的建筑物配线设备（BD）和跳线以及设备间至各楼层配线间的干线电缆组成。

4. 设备间

设备间是在每一幢大楼的适当地点设置电信设备和计算机网络设备，以及建筑物配线设备，进行网络管理的场所。对于综合布线工程设计，设备间主要安装建筑物配线设备（BD）。电话、计算机等各种主机设备及引入设备可合装在一起。

5. 管理间系统

管理间系统处在配线间及设备间的配线区域，它由配线间的交叉连线和互接连线以及标志符等组成，应对工作区、电信间、设备间、进线间的配线设备、缆线、信息插座模块等设施按一定的模式进行标志和记录。

6. 建筑群子系统

建筑群子系统应由连接各建筑物之间的综合布线缆线、建筑群配线设备（CD）和跳线等组成。建筑群子系统组成见图 14-16。

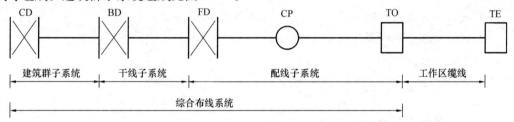

图 14-16　建筑群子系统组成

14.8.2　综合布线系统安装

1. 施工准备

综合布线工程中使用的材料、设备准备应符合下列规定：

（1）线缆进场检测应抽检电缆的电气性能指标，并应作记录。

（2）光纤进场检测应抽检光缆的光纤性能指标，并应作记录。

2. 线缆敷设与设备安装

线缆敷设应符合下列规定：

（1）线缆布放应自然平直，不应受外力挤压和损伤。

（2）线缆布放宜留不小于 0.15mm 余量。

（3）从配线架引向工作区各信息端口 4 对对绞电缆的长度不应大于 90m。

（4）线缆敷设拉力及其他保护措施应符合产品厂家的施工要求。

（5）线缆弯曲半径宜符合下列规定：

1）非屏蔽 4 对对绞电缆弯曲半径不宜小于电缆外径 4 倍。

2）屏蔽 4 对对绞电缆弯曲半径不宜小于电缆外径 8 倍。

3)主干对绞电缆弯曲半径不宜小于电缆外径 10 倍。

4)光缆弯曲半径不宜小于光缆外径 10 倍。

(6)室内光缆桥架内敷设时宜在绑扎固定处加装垫套。

(7)线缆敷设施工时,现场应安装稳固的临时线号标签,线缆上配线架、打模块前应安装永久线号标签。

(8)线缆经过桥架、管线拐弯处,应保证线缆紧贴底部,且不应悬空、不受牵引力。在桥架的拐弯处应采取绑扎或其他形式固定。

3. 信息插座的安装

(1)距信息点最近的一个过线盒穿线时宜留有不小于 0.15mm 的余量。

(2)信息插座安装标高应符合设计要求,其插座与电源插座安装的水平距离应符合国家标准《综合布线系统工程验收规范》GB 50312—2007 的规定。当设计无标注要求时,其插座宜与电源插座安装标高相同。

4. 机柜及配线架的安装

(1)机柜内线缆应分别绑扎在机柜两侧理线架上,应排列整齐、美观,配线架应安装牢固,信息点标志应准确。

(2)光纤配线架(盘)宜安装在机柜顶部,交换机宜安装在铜缆配线架和光纤配线架(盘)之间。

(3)配线间内应设置局部等电位端子板,机柜应可靠接地。

(4)跳线应通过理线架与相关设备相连接,理线架内、外线缆宜整理整齐。

14.9 机 房 工 程

14.9.1 机房工程概述

《智能建筑设计标准》GB/T 50314—2006 将机房工程称之为 EEEP(Engineering of Electronic Equipment Plant),对机房工程有了一个比较规范的定义。是指为提供智能化系统的设备和装置等安装条件,以确保各系统安全、稳定和可靠地运行与维护的建筑环境而实施的综合工程。

当今对机房还没有统一而标准的称呼,新规范称为电子信息系统机房,英文一般称其为 Computer Room、Server Room、IT Room、Data Center 等,通常是指在一个物理空间内实现对数据信息的集中处理、存储、传输、交换、管理,而计算机设备、服务器设备、网络设备、通信设备、存储设备等通常认为是数据中心的关键设备。同时,数据信息作为一种资产的表征,从而具有交互性、动态性、完整性、脆弱性、安全性等的特征。

机房工程也是建筑智能化系统的一个重要部分,机房工程涵盖了建筑装修、供电、照明、防雷、接地、UPS 不间断电源、精密空调、环境监测、火灾报警及灭火、门禁、防盗、闭路监视、综合布线和系统集成等技术。机房的种类繁多,根据功能的不同大致分为:计算机机房或称信息网络机房(网络交换机、服务器群、程控交换机等),其特点是面积较大,电源和空调不允许中断,是综合布线和信息化网络设备的核心;监控机房(电视监视墙、矩阵主机、画面分割器、硬盘录像机、防盗报警主机、编/解码器、楼宇自控、门禁、车库管理主机房)是有人值守的重要机房;消防机房(火灾报警主机、灭火联动控制台、紧急广播机柜等）也是有人值守的重要机房。此外，还有屏蔽机房、卫星电视机房等。

计算机房建设包括以下几个方面：

（1）主机房和辅助机房的功能区域划分。

（2）计算机房的隔断。

（3）计算机房的密闭和保温。

（4）室内吊顶装修（新风管道、消防、照明灯具等）。

（5）机房防静电高架地板（送回风、布线、消防、接地等）。

（6）计算机房内的保温、防潮、防尘处理。

（7）机房墙、柱面的装修。

（8）机房门、窗制作安装。

14.9.2　机房工程施工

1. 机房工程施工工序

机房工程施工工序：弱电间线槽敷设→弱电间接线箱安装→中控室线槽敷设→中控室防静电地板安装→中控室机柜电视墙控制台安装→联动功能调试→系统试运行。

2. 机房工程施工注意事项

机房室内装饰装修工程的施工除应执行国家标准《电子信息系统机房施工及验收规范》GB 50462—2008 的规定外，尚应符合下列规定：

（1）在防雷接地等电位排安装完毕并引入机柜线槽和管线的安装完毕后方可进行装饰工程。

（2）活动地板支撑架应安装牢固，并应调平。

（3）活动地板的高度应根据电缆布线和空调送风要求确定，宜为 200～500mm。

（4）地板线缆出口应配合计算机实际位置进行定位，出口应有线缆保护措施。

机房供配电系统工程的施工除应执行国家标准《电子信息系统机房施工及验收规范》GB 50462—2008 的规定外，尚应符合下列规定：

（1）配电柜和配电箱安装支架的制作尺寸应与配电柜和配电箱的尺寸匹配，安装应牢固，并应可靠接地。

（2）线槽、线管和线缆的施工应符合相关规定。

（3）灯具、开关和各种电气控制装置以及各种插座安装应符合下列规定：

1）灯具、开关和插座安装应牢固，位置准确，开关位置应与灯位相对应。

2）同一房间，同一平面高度的插座面板应水平。

3）灯具的支架、吊架、固定点位置的确定应符合牢固安全、整齐美观的原则。

4）灯具、配电箱安装完毕后，每条支路进行绝缘摇测，绝缘电阻应大于 $1M\Omega$ 并应做好记录。

5）机房地板应满足电池组的负荷承重要求。

不间断电源设备的安装应符合下列规定：

（1）主机和电池柜应按设计要求和产品技术要求进行固定。

（2）各类线缆的接线应牢固，正确，并应作标志。

（3）不间断电源电池组应接直流接地。

此外，机房工程中所涉及的防雷接地系统、综合布线系统、空气调节系统、给水排水系统、电磁屏蔽系统、消防系统等各分系统施工时应严格遵循相应现行国家规范施工。

思 考 题

1. 简述智能建筑系统的组成及功能。

2. 简述火灾自动报警系统的组成及功能。

3. 简述火灾探测器类型及用途。

4. 消防联动设备有哪些，各起什么作用？

5. 简述 CATV 系统的组成及功能。

6. CATV 系统的安装包括哪些方面？

7. CATV 系统在安装中还应注意什么事项？

8. 简述安全防范系统的组成及各子系统的作用。

9. 简述音频与视频会议系统的组成及各部分作用。

10. 简述音频与视频会议系统安装程序及安装注意事项。

11. 简述广播音响系统的基本类型和组成。

12. 简述广播音响系统的安装工艺流程。

13. 简述电话交换系统的组成及各部分作用。

14. 简述综合布线系统的功能及组成。

15. 简述综合布线系统中线缆敷设的要求。

16. 计算机房建设包括哪些方面？

17. 简述机房施工的程序及要求。

第15章 建筑电气工程施工图

15.1 电气工程施工图

15.1.1 电气工程施工图的组成及内容

电气工程施工图的组成主要包括：图纸目录、设计说明、图例材料表、系统图、平面图和安装大样图（详图）等。

1. 图纸目录

图纸目录的内容是：图纸的组成、名称、张数、图号顺序等，绘制图纸目录的目的是便于查找。

2. 设计说明

设计说明主要阐明单项工程的概况、设计依据、设计标准以及施工要求等，主要是补充说明图面上不能利用线条、符号表示的工程特点、施工方法、线路、材料及其他注意的事项。

3. 图例材料表

主要设备及器具在表中用图形符号表示，并标注其名称、规格、型号、数量、安装方式等。

4. 平面图

平面图是表示建筑物内各种电气设备、器具的平面位置及线路走向的图纸。平面图包括总平面图、照明平面图、动力平面图、防雷平面图、接地平面图、智能建筑平面图（如电话、电视、火灾报警、综合布线平面图）等。

5. 系统图

系统图是表明供电分配回路的分布和相互联系的示意图。具体反映配电系统和容量分配情况、配电装置、导线型号、导线截面、敷设方式及穿管管径、控制及保护电器的规格型号等。系统图分为照明系统图、动力系统图、智能建筑系统图等。

6. 详图

详图是用来详细表示设备安装方法的图纸，详图多采用全国通用电气装置标准图集。

15.1.2 电气施工图的一般规定

1. 电气图面的规定

幅面尺寸共分五类：A0～A4，见表15-1。

基本幅面尺寸（mm） 表 15-1

幅 面 代 号	A0	A1	A2	A3	A4
宽×长（$B \times L$）	841×1189	594×841	420×591	297×420	210×297
边 宽（C）	10			5	
装订侧边宽	25				

绘制电气图所用的各种线条统称为图线。常用图线见表 15-2。

2. 图例符号和文字符号

电气施工图上的各种电气元件及线路敷设均是用图例符号和文字符号来表示，识图的基础是首先要明确和熟悉有关电气图例与符号所表达的内容和含义。常用电气图例符号见表 15-3。

图 线 形 式 及 应 用　　　　　　　　　　　　　　　表 15-2

图线名称	图线形式	图线应用	图线名称	图线形式	图线应用
粗实线	▬▬▬▬▬	电气线路，一次线路	点画线	—— - ——	控制线
细实线	————	二次线路，一般线路	双点画线	—— - - ——	辅助围框线
虚线	— — — —	屏蔽线路，机械线路			

常用电气图例符号　　　　　　　　　　　　　　　表 15-3

图　　例	名　　称	备　　注	图　　例	名　　称	备　　注
(双圆符号)	双绕组变压器	形式1 形式2	(黑白配电箱符号)	动力或动力—照明配电箱	
			(黑色配电箱符号)	照明配电箱（屏）	
(三圆符号)	三绕组变压器	形式1 形式2	(X方框符号)	事故照明配电箱（屏）	
			FD	楼层配线架	
			SW	交换机	
(电流互感器符号)	电流互感器	形式1			当灯具需要区分不同类型时，宜在符号旁标注下列字母：ST—备用照明；SA—安全照明；
(TV 符号)	电压互感器	形式2			
(方框符号)	屏、台、箱、柜一般符号	当需要区分其类型时，宜在方框内标注下列字母：LA—照明配电箱；ELB—应急照明配电箱；PB—动力配电箱；EPB—应急动力配电箱；WB—电度表箱；SB—信号箱；TB—电源切换箱；CB—控制箱、操作箱	⊗	灯的一般符号	LL—局部照明灯；W—壁灯；C—吸顶灯；R—筒灯；EN—密闭灯；G—圆球灯；EX—防爆灯；E—应急灯；L—花灯；P—吊灯；BM—浴霸
			(荧光灯符号)	荧光灯	
			(二管荧光灯符号)	二管荧光灯	

续表

图　例	名　称	备　注	图　例	名　称	备　注
	三管荧光灯		TD　TD nTO　nTO	信息插座 n 孔信息插座	
n	多管荧光灯， $n>3$		MUTO	多用户信息 插座	
	单管格栅灯			单极限时 开关	
	双管格栅灯			调光器	
	三管格栅灯			钥匙开关	
	投光灯， 一般符号			电铃、电喇叭、 电动汽笛	
	聚光灯			天线一般 符号	
	自带电源的 应急照明灯			放大器、中继 器一般符号	
	开关，一般 符号（单联 单控开关）			分配器，一般 符号（表示两 路分配器）	
	双联单控开关			分配器，一般 符号（表示三 路分配器）	
V	指示式电压表			分配器，一般 符号（表示四路 分配器）	
cosφ	功率因数表			电线、电缆、 母线、传输通 路一般符号	
Wh	有功电能表 （瓦时计）			三根导线	
TP　TP	电话插座		3 n	三根导线 n 根导线	
TO　TO	数据插座			接地装置 (1) 有接地极 (2) 无接地极	

图　例	名　　称	备　注	图　例	名　　称	备　注
TP	电话线路		MDF	总配线架（柜）	
V	视频线路		IDF	中间配线架（柜）	
B	广播线路		ODF	光纤配线架（柜）	
	摄像机			分线盒的一般符号	
	彩色转黑白摄像机			三联单控开关	
EL	电控锁		C	三联单控开关（暗装）	EX-防爆；EN-密闭；C-暗装
	电源自动切换箱（屏）		n	n联单控开关，$n>3$	
	隔离开关			带指示灯的开关	
	接触器（在非动作位置触点断开）		SL	单极声光控开关	
	断路器			双控单极开关	
	熔断器一般符号			单极拉线开关	
	熔断器式隔离器			风机盘管三速开关	
	熔断器式隔离开关			按钮	
	避雷器			带指示灯的按钮	

图 例	名 称	备 注	图 例	名 称	备 注
	电源插座、插孔，一般符号（用于不带保护极的电源插座）	当电源插座需要区分不同类型时，宜在符号旁标注下列字母：1P—单相；3P—三相；1C—单相暗敷；3C—三相暗敷；1EX—单相防爆；3EX—三相防爆；1EN—单相密闭；3EN—三相密闭		感光火灾探测器	
	多个电源插座（符号表示三个插座）			气体火灾探测器（点式）	
	带保护极的电源插座			复合式感光感烟探测器	
	单相二、三极电源插座			感温火灾探测器（点型）	
	带保护极和单极开关的电源插座			手动火灾报警按钮	
	带隔离变压器的电源插座			水流指示器	
	指示式电流表			火灾报警控制器	当火灾报警控制器需要区分不同类型时，符号"★"可采用下列字母表示：C—集中型火灾报警控制器；Z—区域型火灾报警控制器；G—通用火灾报警控制器；S—可燃气体报警控制器
	匹配终端				
	传声器一般符号				
	扬声器一般符号	当扬声器箱、音箱、声柱需要区分不同的安装形式时，宜在符号旁标注下列字母：C—吸顶式安装；R—嵌入式安装；W—壁挂式安装		火灾报警电话机（对讲电话机）	
			E	应急疏散指示标志灯	
				应急疏散指示标志灯（向右）	
			IR/M	被动红外/微波双技术探测器	
	感烟探测器			投影机	

线路敷设方式文字符号见表15-4。

线路敷设方式标注的文字符号 表 15-4

敷 设 方 式	新符号	敷 设 方 式	新符号
穿低压流体输送用焊接钢管（钢导管）敷设	SC	电缆托盘敷设	CT
穿普通碳素钢电线套管敷设	MT	金属槽盒敷设	MR
穿硬塑料导管敷设	PC	塑料槽盒敷设	PR
穿阻燃半硬塑料导管敷设	FPC	直埋敷设	DB
穿塑料波纹电线管敷设	KPC	电缆沟敷设	TC
穿可挠金属电线保护套管敷设	CP	电缆排管敷设	CE
电缆梯架敷设	CL	钢索敷设	M

线路敷设部位文字符号见表15-5。

线路敷设部位标注的文字符号 表 15-5

敷 设 方 式	新符号	旧符号	敷 设 方 式	新符号	旧符号
沿或跨梁（屋架）敷设	AB	LM	暗敷设在墙内	WC	QA
暗敷设在梁内	BC	LA	沿顶棚或顶板面敷设	CE	PM
沿或跨柱敷设	AC	ZM	暗敷设在顶板内	CC	PA
暗敷设在柱内	CLC	ZA	吊顶内敷设	SCE	
沿墙面敷设	WS	QM	暗敷设在地板或地面下	FC	DA
沿屋面敷设	RS				

标注线路用途的文字符号见表15-6。

标注线路用途文字符号 表 15-6

名称	常用文字代号			名称	常用文字代号		
	单字母	双字母	三字母		单字母	双字母	三字母
低压母线、母线槽		WC		电力（动力）线路		WP	
低压配电线缆		WD		信号线路		WS	
应急照明线路	W		WLE	光缆、光纤	W	WH	
数据总线		WF		控制电缆、测量电缆		WG	
照明线路		WL		滑触线		WT	

线路的文字标注基本格式为：$a\ b\text{-}c\ (d \times e + f \times g)\ i\text{-}j\ h$

其中　a——线缆编号；

　　　b——型号；

　　　c——线缆根数；

　　　d——线缆线芯数；

　　　e——线芯截面（mm^2）；

　　　f——PE、N 线芯数；

　　　g——线芯截面（mm^2）；

　　　i——线路敷设方式；

　　　j——线路敷设部位；

　　　h——线路敷设安装高度（m）。

上述字母无内容时则省略该部分。

例：N1 BLX-3×4-SC20-WC 表示有 3 根截面为 4mm² 的铝芯橡皮绝缘导线，穿直径为 20mm 的水煤气钢管沿墙暗敷设。

用电设备的文字标注格式为：$\dfrac{a}{b}$

其中　a——设备编号；

　　　b——额定功率（kW）。

动力和照明配电箱的文字标注格式为：$a\text{-}b\text{-}c$ 或 $a\dfrac{b}{c}$

其中　a——设备编号；

　　　b——设备型号；

　　　c——设备功率（kW）。

例：$3\dfrac{\text{XL}-3-2}{35.165}$ 表示 3 号动力配电箱，其型号为 XL-3-2 型，功率为 35.165kW。

照明灯具的文字标注格式为：$a\text{-}b\dfrac{c\times d\times L}{e}f$

其中　a——同一个平面内，同种型号灯具的数量；

　　　b——灯具的型号；

　　　c——每盏照明灯具中光源的数量；

　　　d——每个光源的容量（W）；

　　　e——安装高度，当吸顶或嵌入安装时用"—"表示；

　　　f——安装方式；

　　　L——光源种类（常省略不标）。

灯具安装方式文字符号见表 15-7。

灯具安装方式标注的文字符号　　　　　　　　　　　　表 15-7

名　称	新符号	旧符号	名　称	新符号	旧符号
线吊式	SW		吊顶内安装	CR	DR
链吊式	CS	L	墙壁内安装	WR	BR
管吊式	DS	G	支架上安装	S	J
壁装式	W	B	柱上安装	CL	Z
吸顶式	C	D	座装	HM	ZH
嵌入式	R	R			

15.1.3　电气照明平面图

图 15-1 为某车间电气照明平面图。车间里设有 6 台照明配电箱，即 AL11～AL16，从每台配电箱引出电源向各自的回路供电。如 AL13 箱引出 WL1～WL4 四个回路，均为 BV-2×2.5-S15-CEC，表示 2 根截面为 2.5mm² 的铜芯塑料绝缘导线穿直径为 15mm 的钢管，沿顶棚暗敷设。灯具的标注格式 $22\dfrac{200}{4}\text{P}$ 表示灯具数量为 22 个，每个灯泡的容量为 200W，安装高度 4m，吊管安装。

15.1.4　电气动力平面图

图 15-2 为某车间电气动力平面图。车间里设有 4 台动力配电箱，即 AL1～AL4。

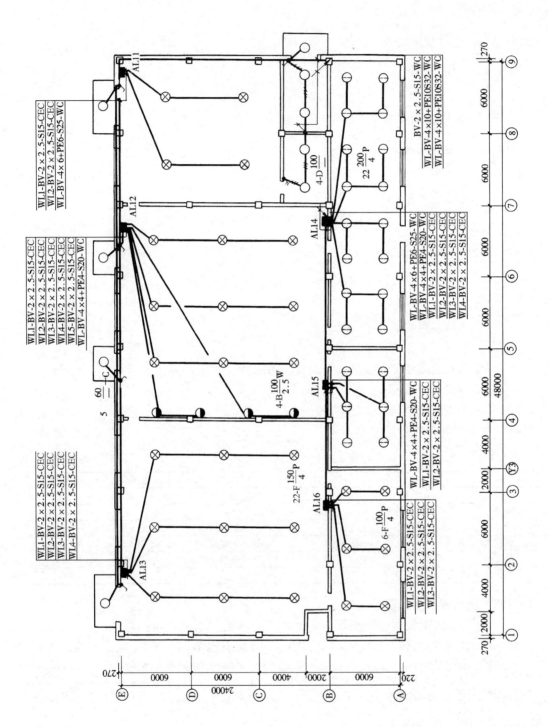

图 15-1　某车间电气照明平面图

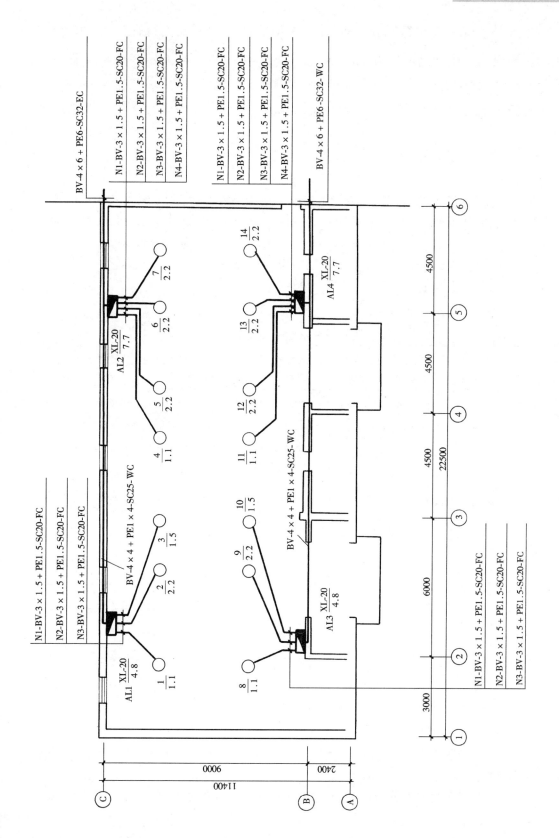

图 15-2　某车间电气动力平面图

其中 AL1 $\dfrac{\text{XL-20}}{4.8}$ 表示配电箱的编号为 AL1，其型号为 XL-20，配电箱的容量为 4.8kW。由 AL1 箱引出三个回路，均为 BV-3×1.5＋PE1.5-SC20-FC，表示 3 根相线截面为 1.5mm²，PE 线截面为 1.5mm²，均为铜芯塑料绝缘导线，穿直径为 20mm 的焊接钢管，沿地暗敷设。配电箱引出回路给各自的设备供电，其中 $\dfrac{1}{1.1}$ 表示设备编号为 1，设备容量为 1.1kW。

15.1.5 电气系统图

1. 配电箱系统图

图 15-3 表示配电箱系统图。引入配电箱的干线为 BV-4×25＋16-SC40-WC；干线开关为 DZ216-63/3P-C32A；回路开关为 DZ216-63/1P-C10A 和 DZ216L-63/2P-16A-30mA；支线为 BV-2×2.5-SC15-CC 及 BV-3×2.5-SC15-FC。回路编号为 N1～N13；相别为 AN、BN、CN、PE 等。配电箱的参数为：设备容量 $P_e＝8.16\text{kW}$；需用系数 $K_x＝0.8$；功率因数 $\cos\Phi＝0.8$；计算容量 $P_{js}＝6.53\text{kW}$；计算电流 $I_{js}＝12.4\text{A}$。

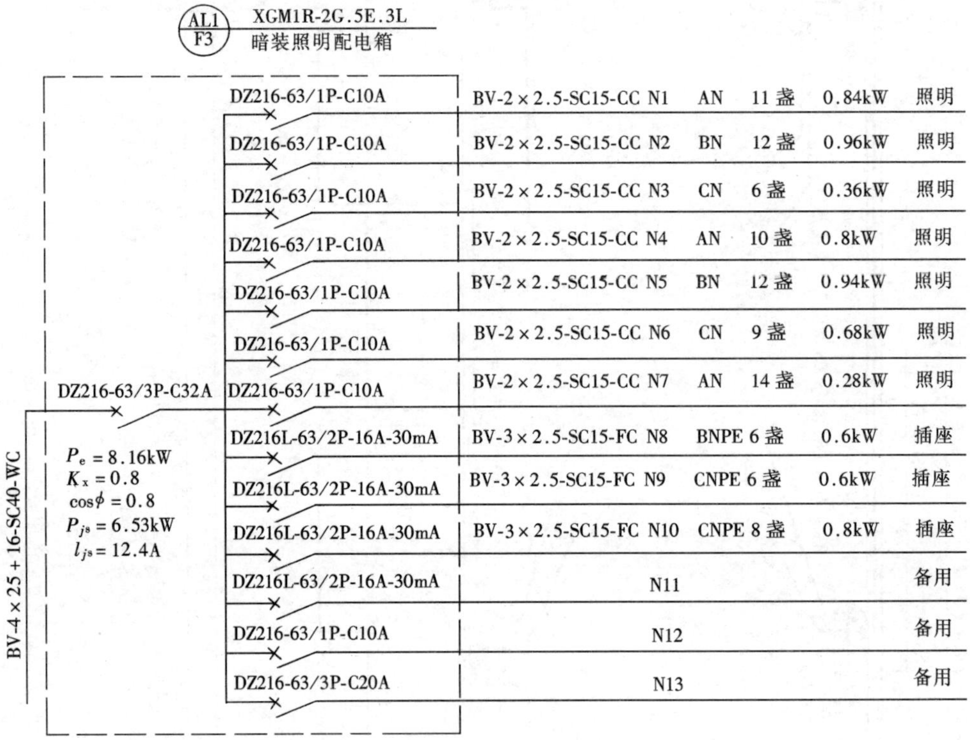

图 15-3　配电箱系统图

2. 配电干线系统图

配电干线系统图表示各配电干线与配电箱之间的联系方式。图 15-4 表示某住宅楼配电干线系统图。

（1）本工程电源由室外采用电缆穿管直埋敷设引入本楼的总配电箱，总配电箱的编号为 AL-1-1。

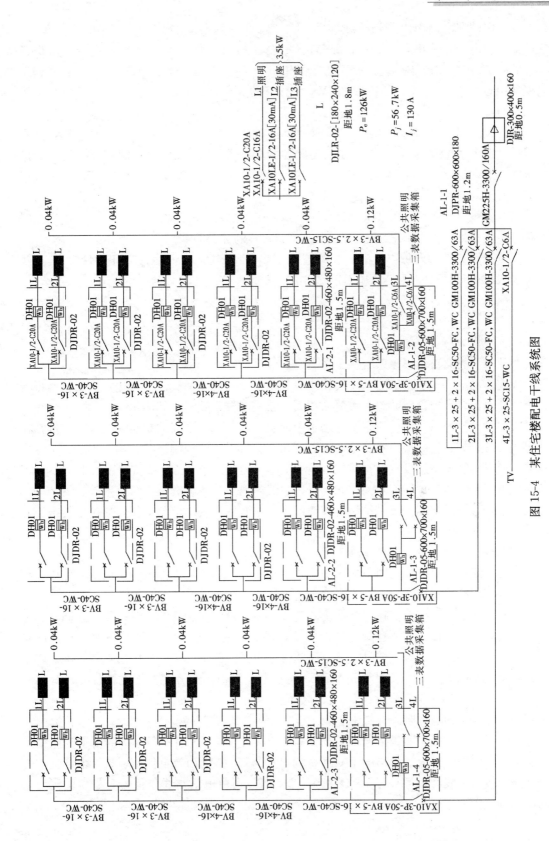

图 15-4 某住宅楼配电干线系统图

（2）由总配电箱引出 4 组干线回路 1L、2L、3L 和 4L，分别送至一单元、二单元、三单元一层电气计量箱和 TV 箱，即 AL-1-2 箱、AL-1-3 箱、AL-1-4 箱和电视前端设备箱 TV。1L、2L、3L 至一层计量箱的干线均为 $3×25+2×16$-SC50-FC、WC。4L 回路至电视前端设备箱 TV 为 $3×25$-SC15-WC。总开关为 GM225H-3300/160A，干线开关为 GM100H-3300/63A 和 XA10-1/2-C6A。

（3）1L、2L、3L 回路均由一层计量箱再分别送至本单元的二层至六层计量箱，并受一层计量箱中 XA10-3P-50A 的空气开关的控制和保护。1L、2L、3L 回路由一层至二层的干线为 BV-5×16-SC40-WC；由二层至三、四层的干线为 BV-4×16-SC40-WC；由四层至五、六层的干线为 BV-3×16-SC40-WC。

（4）除一层计量箱引出 3L、BV-3×2.5-SC15-WC 公共照明支路和 4L 三表数据采集支路外，所有计量箱均引出 1L 和 2L 支路接至每户的开关箱 L。

（5）由开关箱 L 向每户供电。开关箱 L 引出一条照明回路和两条插座回路，其空气开关为 XA10-1/2-C16A 和 XA10LE-1/2-16A ［30mA］。

15.2 智能建筑电气工程施工图

15.2.1 火灾自动报警系统施工图

火灾自动报警系统施工图是现代建筑电气施工图的重要组成部分，包括火灾自动报警系统图和火灾自动报警平面图。主要介绍火灾自动报警系统图，如图 15-5 所示。

火灾自动报警系统图反映系统的基本组成、设备和元件之间的相互关系。由图可知在各层均装有感烟、感温探测器及手动报警按钮、报警电铃、控制模块、输入模块、水流指示器、信号阀等。一层设有报警控制器为 2N905 型，控制方式为联动控制。地下室设有防火卷闸门控制器，每层信号线进线均采用总线隔离器。当火灾发生时报警控制器 2N905 接收到感烟、感温探测器或手动报警按钮的报警信号后，联动部分动作，通过电铃报警并启动消防设备灭火。

15.2.2 共用天线电视系统施工图

共用天线电视系统施工图包括共用天线电视系统图和共用天线电视平面图。主要介绍共用天线电视系统图，如图 15-6 所示。

共用天线电视系统图反映网络系统的连接；系统设备与器件的型号、规格；同轴电缆的型号、规格、敷设方式及穿管管径；前端箱设置、编号等。由图 15-6 可知，从前端箱系统分四组分别送至一号、二号、三号、四号用户区。其中二号用户区通过四分配器将电视信号传输给四个单元，采用 SYKV-7-59 同轴电缆传输，经分支器把电视信号传输到每层的用户。

15.2.3 电话通信系统施工图

电话通信系统施工图包括电话通信系统图和电话通信平面图。图 15-7 所示为电话通信系统图。由图可知电话进户 HYA200×（2×0.5）S70 由市政电话网引来，电话交接箱分三路干线，干线为 HYA50×（2×0.5）S40 等，再由电话支线将信号分别传输到每层的电话分线盒。

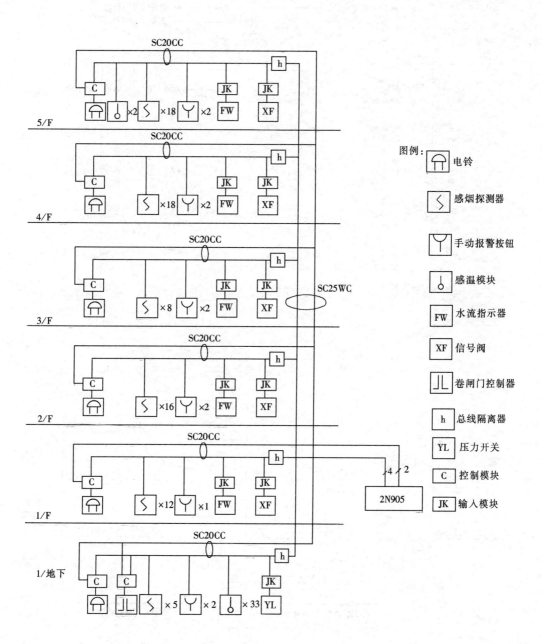

图 15-5　火灾自动报警系统图

图例：

电铃

感烟探测器

手动报警按钮

感温模块

FW　水流指示器

XF　信号阀

卷闸门控制器

h　总线隔离器

YL　压力开关

C　控制模块

JK　输入模块

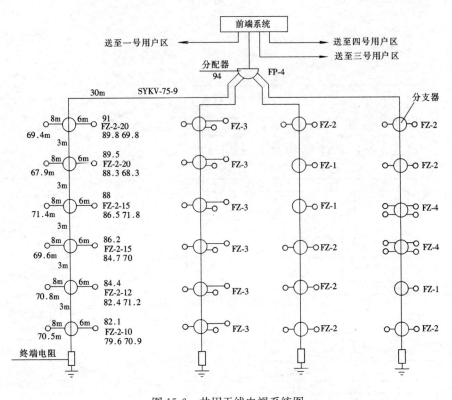

图 15-6　共用天线电视系统图

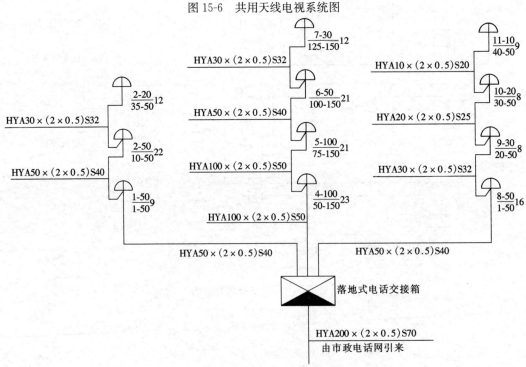

图 15-7　电话通信系统图

15.3　变　配　电　工　程　图

变配电工程图是建筑电气施工图的重要组成部分，主要包括变配电所设备安装平面图和剖面图；变配电所照明系统图和平面布置图；高压配电系统图、低压配电系统图；变电所主接线图；变电所接地系统平面图等。本节主要介绍高压配电系统图、低压配电系统图及变电所主接线图。

15.3.1　高压配电系统图

高压配电系统图表示高压配电干线的分配方式。如图 15-8 所示。

由图可知该变电所两路 10kV 高压电源分别引入进线柜 1AH 和 12AH，1AH 和 12AH 柜中均有避雷器。主母线为 TMY-3（80×10）。2AH 和 11AH 为电压互感器柜，作用是将 10kV 高电压经电压互感器变为低电压 100V 供仪表及继电保护使用。3AH 和 10AH 为主进线柜；4AH 和 9AH 为高压计量柜；5AH 和 8AH 为高压馈线柜；7AH 为母线分段柜。正常情况下两路高压分段运行，当一路高压出现停电事故时则由 6AH 柜联络运行。

15.3.2　低压配电系统图

低压配电系统图表示低压配电干线的分配方式。如图 15-9 所示。

由图可知低压配电系统由 5AA 号柜和 6AA 号柜组成。5AA 号柜的 WP22～WP27 干线分别为 1～16 层空调设备的电源，电源线为 VV-4×35＋1×16。WP28 及 WP29 为备用回路。6AA 号柜的 WP30 干线采用 VV-3×25＋2×16 电力电缆引至地下人防层生活水泵。WP31 电源干线为 BV-3×25＋2×16-SC50，引至 16 层电梯增压泵。WP32 和 WP33 为备用回路。WP02 为电源引入回路，电源线为 2（VV_{22}-3×185＋1×95），电源一用一备。

15.3.3　变电所主接线图

图 15-10 表示变电所主接线图。

图 15-10 变电所主接线图图中所示配电所高压 10kV 电源分 WL1、WL2 两路引入。高压进线柜为 GG-1A（F）-11 型，高压主母线 LMY-3（40×4）。高压隔离开关 GN6-10/400 作分段联络开关。

电压互感器柜为 GG-1A（F）-54 型，6 台高压馈电柜为 GG-1A（F）-03 型，引出 6 路高压干线分别送至高压电容器室；1、2、3 号变电所；高压电动机组。变压器将 10kV 高压变为 400V 低压。低压进线柜 AL201 号（PGL2-05A 型）和 AL207 号（PGL2-04A 型），并由它们送至低压主母线 LMY-3（100×10）＋1（60×6），两路低压电源可分段与联络运行。由低压馈线柜 AL202 号（PGL2-40 型）引出 4 路低压照明干线；AL203 号（PGL2-35A 型）、AL205 号（PGL2-35B 型）、AL206 号（PGL2-34A 型）柜分别引出了 4 路低压动力干线；AL204 号（PGL2-14 型）柜引出了 2 路低压动力干线。

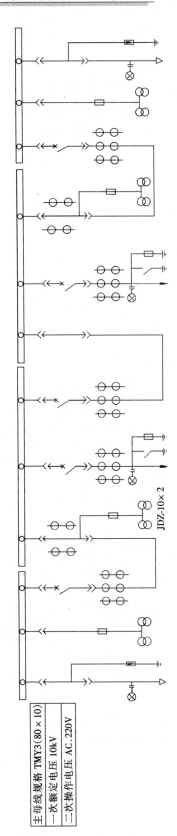

主母线规格 TMY3(80×10)
一次额定电压 10kV
二次操作电压 AC.220V

JDZ-10×2

高压开关柜编号	1AH	2AH	3AH	4AH	5AH	6AH	7AH	8AH	9AH	10AH	11AH	12AH	
用途	1#电源引入	PT	主进	计量	引出线	母线联络	母线分段	引出线	计量	主进	PT	2#电源引入	
JYN4-10柜一次方案编号	19改	29	07	27	04	07	20	04	27	07	29	19改	
一次原理图号													
主要原件名称规格	数量	数量	数量	数量	数量	数量	数量	数量	数量	数量	数量	数量	数量
断路器 ZN13-10/1250-31.5			1		1	1		1		1			
操动机构 CT8			1		1	1		1		1			
电流互感器 LZZBJ10-10			150/5^A 3	100/5^A 2	75/5 3	100/5^A 2		75/5^A 3	100/5^A 2	150/5^A 3			
电压互感器 JDJ-10	10/0.1kV 2	10/0.1kV 2		JDJ-10 2					JDJ-10 2		10/0.1kV 2		
熔断器 RN2-10	3	3		3					3		3		
氧化锌避雷器 YCWZ1-12.7/45					3			3		3			
接地隔离开关 JN4-10	1		1		1	1		1	1	1		1	
带电显示器 GSN1-10/T2	1				1	1		1				1	
避雷器 JZ-10	3										3	1	
柜宽 mm	840	840	840	840	840	840	840	840	840	840	840	840	
受电					SCZ$_3$-800/10	母联手动		SCZ$_3$-800/10					

注: 1AH, 6AH, 10AH 柜开关应闭锁。

图 15-8 高压配电系统图

配电屏编号	5AA								6AA			
型号与规格	GGC1-39（改）								GGD1-38（改）			
屏宽（mm）	800								800			
用 途	出 线								进 出 线			
仪 表	Ⓐ Ⓐ Ⓐ Ⓐ Ⓐ Ⓐ Ⓐ Ⓐ								Ⓐ Ⓐ Ⓐ Ⓐ Ⓐ Ⓐ Ⓥ			

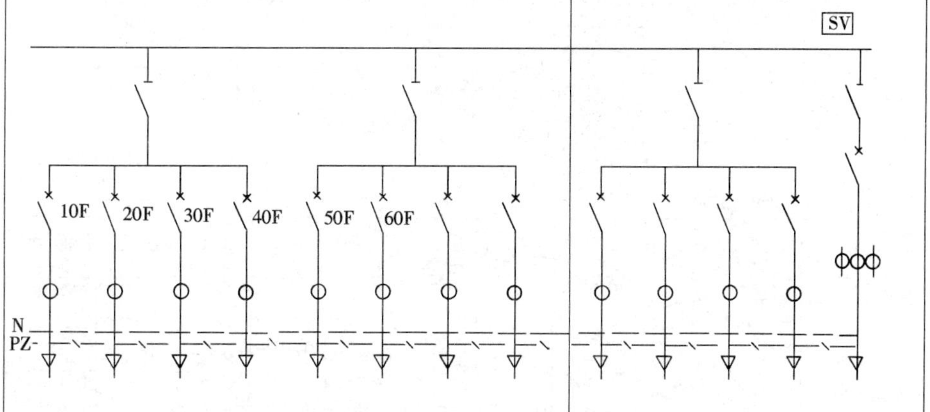

回路编号	WP22	WP23	WP24	WP25	WP26	WP27	WP28	WP29	WP30	WP31	WP32	WP33	WP02
负荷名称	十二至十六层空调通风设备	八至十一层空调设备	四至七层空调设备	二层空调设备	三层空调设备	一层空调设备			地下人防层生活水泵	十六层电梯增压泵			空调回路进线
设计数据 设备容量（kW）	102	96	96	31	30	31			26	52			1331
设计数据 需用系数													
设计数据 计算负荷（kW）	49	46	46	25	24	25			26	64			268
设计数据 计算电流（A）	93	88	88	48	46	48			52	49			596
设备参数 刀开关	HD13-400/31			HD13-400/31					HD13-400/31				HD13-600/31
设备参数 刀熔开关													
设备参数 自动开关 CM1	100/3340 100A	100/3340 100A	100/3340 100A	100/3300 80A	100/3340 80A	100/3340 80A	100/3300 60A	100/3300 100A	100/3300 80A	100/3300 100A	100/3300 100A	100/3300 80A	600/3300 600A
设备参数 电流互感器	150/5	150/5	150/5	75/5	75/5	75/5	75/5	150/5	75/5	150/5	150/5	75/5	(750/5)×3
设备参数 电压表													
设备参数 转换开关													1
设备参数 电流表	0~150A	0~150A	0~150A	0~75A	0~75A	0~75A	0~75A	0~150A	0~75A	0~150A	0~150A	0~75A	(0~750A)×3
设备参数 电度表													DT10CT
设备参数													
电线电缆 型 号	VV	VV	VV	VV	VV	VV			VV	BV			VV22
电线电缆 规 格	4×35+1×16	4×35+1×16	4×35+1×16	4×35+1×16	4×35+1×16	4×35+1×16			3×25+2×16	3×25+2×16			2(3×185+1×95)
电线电缆 长度（米）													
电线电缆 敷设方式					SC50					SC50			
备 注													

图 15-9　低压配电系统图

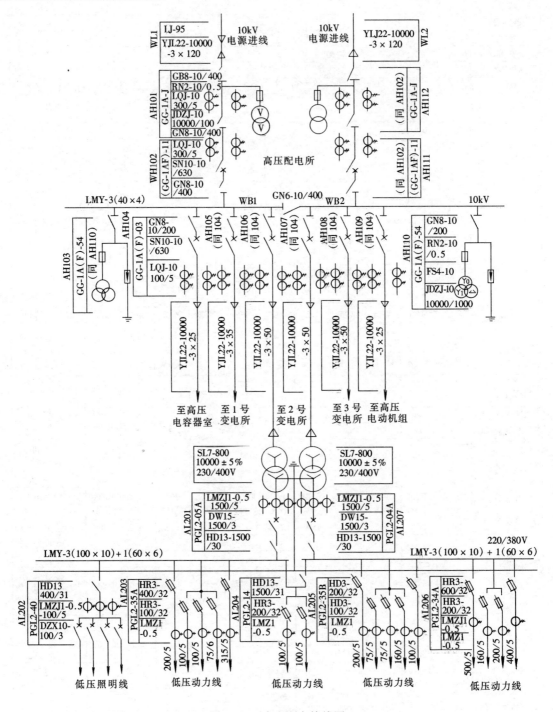

图 15-10　变电所主接线图

思 考 题

1. 电气工程施工图的组成主要包括哪些内容?
2. 举例说明线路的文字标注格式。
3. 举例说明配电箱的文字标注格式。
4. 变配电工程图主要包括哪些?
5. 识读图 15-2 电气动力平面图,简述其系统的组成。
6. 识读图 15-3 配电箱系统图,指出电气元件的规格、型号及数量。
7. 识读图 15-5 火灾自动报警系统图,简述其系统的组成。
8. 识读图 15-10 变电所主接线图,简述其系统的组成。

第16章 电 梯

16.1 电梯概述

16.1.1 电梯的功能和系统

电梯是指服务于建筑物内若干特定的楼层，其轿厢运行在至少两列垂直于水平面或与铅垂线倾斜角小于15°的刚性导轨运动的永久运输设备。随着高层建筑的迅速发展，电梯以其运送速度快、安全可靠、操作简便的优点已成为现代建筑不可缺少的交通运输工具。

现代电梯的功能较多。单台电梯具有的功能有：司机操作、集选控制、下行集选、独立操作、特别楼层优先控制、停梯操作、编码安全系统、满载控制、开门时间自动控制、防捣乱、故障重开门、强迫关门、光幕感应、副操纵箱、灯光和风扇自动控制、火灾时紧急操作、停电时紧急操作、地震时紧急操作、故障检测等。

群控电梯是将多台电梯集中排列，共用厅外召唤按钮，按规定程序集中调度和控制的电梯。群控电梯除了单台电梯的功能外，还具有以下功能：最大最小功能、优先调度、区域优先、特别楼层集中控制、满载报告、已启动电梯优先、"长时间等候"召唤控制、特别楼层服务、高峰服务、独立运行、即时预报功能、故障备份等。

电梯一般由八个系统组成，即：曳引系统、导向系统、轿厢系统、门系统、重量平衡系统、电力拖动系统、电气控制系统和安全保护系统。电梯基本结构如图16-1所示。

曳引系统包括：曳引机、曳引绳、导向轮和反绳轮。是电梯的动力设备，它是靠曳引绳与曳引轮的摩擦来实现轿厢运行的驱动装置。

导向系统限制轿厢对重的活动自由度，使轿厢对重只能沿着导轨作升降运动。导向系统包括导轨、导靴、导轨架。其中导轨对电梯的升降起导向作用，限制对重和轿厢的水平方向移动，保证轿厢与对重在井道中的相

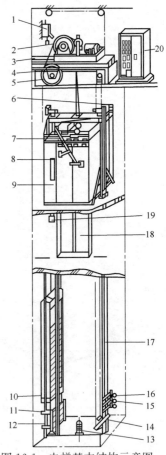

图 16-1 电梯基本结构示意图

1—极限开关；2—曳引机；3—承重梁；4—限速器；5—导向轮；6—换速平层感应器；7—开门机；8—操纵箱；9—轿厢；10—对重装置；11—防护栅栏；12—对重导轨；13—缓冲器；14—限速器胀紧装置；15—基站厅外开关门开关；16—限位开关；17—轿厢导轨；18—厅门；19—召唤按钮箱；20—控制柜

对位置，防止由于轿厢的偏载而产生倾斜，安全钳动作时，导轨作为被夹持的支撑件，支撑轿厢或对重。

轿厢是用以运送乘客和货物的电梯组件。轿厢架包括：上梁、下梁、立柱和拉杆。轿厢内设有操纵装置、位置指示器、应急装置、通风设备、照明设备及电梯规格铭牌等。乘客电梯均设有轿厢超载装置，可以对电梯轿厢载重量进行称重，当载重超过电梯额定载重量一定值时，电梯不能关门启动，同时蜂鸣器响。超载装置一般安装在轿厢顶部或底部。

门系统用来封住层站入口和轿厢入口。门按其运动方式分为：中分门、旁开式门、闸开式门。门系统包括轿厢门、层门、开门机和门锁装置。

重量平衡系统相对平衡轿厢重量，在电梯工作中能使轿厢与对重间重量差保持在某一个限额之内，保证电梯的曳引传动正常。重量平衡系统包括：对重和重量补偿装置。对重包括：对重架、对重砣块、对重压紧装置和反绳轮。对重装置的布置方式有两种：后置式和侧置式。

电力拖动系统为电梯提供动力，实行电梯的速度控制。包括供电系统和速度反馈装置。

电气控制系统对电梯的运行实行操纵和控制。包括位置显示装置、控制柜和平层装置。

安全保护系统用来保证电梯安全适用，防止一切安全事故发生。包括限速器、安全钳、缓冲器、端站保护装置。限速器是在电梯超速并在达到临界值时，起检测和操纵作用，与安全钳连在一起使用。当电梯达到115%额定速度时，限速器停止运转，借助绳轮的摩擦力或夹绳机构提起安装在轿厢梁上的连杆机构，通过机械动作发出信号，切断控制电路，同时强迫安全钳动作。限速器由限速器、钢丝绳、胀紧装置组成。限速器按照动作原理分为：摆锤式、离心式。

16.1.2 电梯的型号和参数

电梯按不同的分类标准，有不同的分类形式。按驱动方式可分为：交流、直流、液压、齿轮齿条、螺杆螺母、滚轮驱动、直线电机、气动电梯等。按用途可分为：乘客、载货、医用、观光、汽车、船用、冷库、电站、防爆、防暴、矿井、消防、消防员、杂物电梯等。按速度可分为：低、中、高、超高速电梯等。按操作方式可分为：有司机、无司机、有/无司机电梯等。按操纵控制方式可分为：手柄开关、按钮、信号、集选、并联、群控电梯等。按机房可分为：上置式、下置式、侧置式、有/无机房电梯等。按轿厢可分为：单或双轿厢电梯等。按载重量可分为：大吨位、小吨位电梯等。

电梯的型号组成如下：

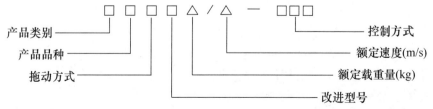

采用汉语拼音字头表示，例如 TKJ 1250/1.6-JX 表示交流调速乘客电梯，额定载重量 1250kg，额定速度 1.6m/s，集选控制。

电梯的常用参数有：运行层/站数（如 6 层/站）、载重量（kg）、载客人数、运行速度（m/s）、驱动方式、控制方式、提升高度、轿厢尺寸、开门方式等。其中，额定速度是指电梯设计所规定的轿厢速度。额定载荷是指电梯设计所规定的轿厢内最大载荷。驱动方式主要有交流变极调速、交流变压调速、变频变压调速、直流调速四种。控制方式是指手柄操纵、按钮控制、信号控制、集选控制、并联控制。提升高度是指从底层端站楼面至顶层端站楼面之间的垂直距离。

16.1.3 电梯安装常用术语

（1）电梯　服务于规定楼层的固定式提升设备，包括一个轿厢，轿厢的尺寸与结构形式可使乘客方便地进出，轿厢运行在两根垂直的或垂直倾斜度小于 15°的刚性导轨之间。

（2）曳引驱动电梯　电梯的提升绳是靠曳引机驱动轮槽的摩擦力驱动的。

（3）强制驱动电梯（包括卷筒驱动）　用链或钢丝悬吊的非摩擦方式驱动的电梯。

（4）货客电梯　以运货为主的电梯，运货时有人伴随。

（5）杂物梯　服务于规定楼层站的运行在两根刚性导轨之间，两根导轨之间必须是垂直的或垂直倾斜度小于 15°。

（6）层/站　表示 1 部电梯在 1 次运行中（上行或下行）能够停车的站数。

（7）平层　是指轿厢接近各层站时，使轿厢地面与楼层地面达到同一平面的动作。

（8）平层区　是指轿厢停靠站附近上方和下方的一段有限距离，在这段区域内电梯的平层控制装置动作，使轿厢准确找平。

（9）平层准确度　是指轿厢到站停靠后，轿厢地面与楼层地面的垂直误差值，单位是 mm。

（10）提升高度　是指电梯从底层端站至顶层端站楼面之间的总运行高度，单位是 m。

（11）底层端站　是指楼房中电梯最低的停靠站。

（12）顶层端站　楼房中电梯所能达到的最高停靠站。

（13）基站　轿厢无指令运行中停靠的层站，此层站一般面临室外街道，出入轿厢的人数最多处。

（14）消防运行　在消防情况下，普通客梯为消防人员专用时称电梯消防运行状态。特点是由消防员手动调节电梯运行。

16.1.4 电梯的控制方式

（1）按钮控制　电梯具有自动平层功能，有轿外按钮控制和轿内按钮控制两种形式。前一种是由安装在各楼层厅门口的按钮箱进行操纵，一般用于服务电梯或层站少的货梯。后一种按钮箱在轿厢内操纵，一般只接受轿厢内的按钮指令，层站的召唤按钮不能截停和操纵轿厢，一般多用于货梯。

（2）信号控制　具有自动平层、自动开门、轿厢指令登记、厅外召唤登记、自动停层、顺向截停和自动换向等功能，通常为有司机客梯或客货两用电梯。

（3）集选控制　把轿厢内选层信号和各层外呼信号集合起来，自动决定上、下运行方向，顺序应答。分为有/无司机两种操作方式。

（4）梯群程序控制　由计算机控制和统一调度多台集中并列的电梯，它使多台电梯集中排列，共用厅外召唤按钮，按规定程序集中调度和控制。

16.2 电 梯 的 安 装

16.2.1 机械、电器和随行电缆的安装

1. 安装机械部分

包括安装承重梁、支架、导轨、导向轮、曳引电动机、层门、门锁、限速器、缓冲器、对重装置、曳引钢丝绳以及组装安全钳及轿厢等。

2. 安装电器部分

（1）安装控制柜（屏）

配电柜（屏、箱）、控制柜（屏、箱）的安装应布局合理，固定牢固，其垂直偏差不应大于1.5‰。当设计无要求时，屏、柜安装位置应尽量远离门、窗，其与门、窗正面的距离不应小于600mm，维修侧与墙壁的距离不应小于600mm，其封闭侧宜不小于50mm。双面维修的屏、柜成排安装时，当宽度超过5m时，两端均应留有出入通道，通道宽度不应小于600mm，屏、柜与机械设备的距离不应小于500mm。机房内配电柜（屏）、控制柜（屏）应用螺栓固定于型钢或混凝土基础上，基础应高出地面50～100mm。

（2）配线

机房和井道内的配线应使用电线管或电线槽保护，严禁使用可燃性材料制成的电线管或电线槽。铁制电线槽沿机房地面敷设时，其壁厚不得小于1.5mm。不易受机械损伤的分支线路可使用软管保护，但长度不应超过2m。电线管应用卡子固定，固定点间距均匀，且不应大于3m；与电线槽连接处应用锁紧螺母锁紧，管口应装设护口；安装后应横平竖直，其水平和垂直偏差应符合要求。每根电线槽固定点不应少于2点，安装后应横平竖直，接口严密，槽盖齐全、平整、无翘角；出线口应无毛刺，位置正确。金属软管安装应无机械损伤和松散，与箱、盒、设备连接处应使用专用接头；安装应平直，固定点均匀，间距不应大于1m，端头固定应牢固。电线管、电线槽均应可靠接地或接零，但电线槽不得作保护线使用。

动力线和控制线应隔离敷设。配线应绑扎整齐，并有清晰的接线编号。保护线端子和电压为220V及以上的端子应有明显的标记；接地保护线宜采用黄绿相间的绝缘导线；电线槽弯曲部分的导线、电缆受力处，应加绝缘衬垫，垂直部分应可靠固定；敷设于电线管内的导线总截面积不应超过电线管内截面积的40%，敷设于电线槽内的导线总截面积不应超过电线槽内截面积的60%；配线应留有备用线，其长度应与箱、盒内最长的导线相同。

（3）安装随行电缆

当设中线箱时，随行电缆架应安装在电梯正常提升高度的1/2加高1.5m处的井道壁上；安装前，必须预先自由悬吊，消除扭曲；敷设长度应使轿厢缓冲器完全压缩后略有余量，但不得拖地；多根并列时，长度应一致；随行电缆两端以及不运动部分应可靠固定；圆形随行电缆应绑扎固定在轿底和井道电缆架上，绑扎长度应为30～70mm；扁平型随行电缆可重叠安装，重叠根数不宜超过3根，每两根间应保持30～50mm的活动间距。扁平型电缆的固定应使用楔形插座或卡子（图16-2）。

（4）安装井道电气部件

包括安装减速开关、限位开关、极限开关、基站轿厢到位开关、井道照明装置等。

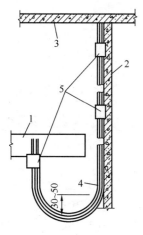

图 16-2　扁平型随行
电缆安装方法
1—轿厢底梁；2—井道壁；
3—机房地板；4—扁平电缆；
5—楔形插座

16.2.2　电梯控制设备的安装

1. 机械选层器的安装

机械选层器的安装位置应合理且便于维修检查；固定牢固，其垂直偏差不应大于 1‰；应按机械速比和楼层高度比检查调整动、静触头位置，使之与电梯运行、停层的位置一致；换速触头的提前量应按电梯减速时间和平层距离调节；触头动作和接触应可靠，接触后应留有压缩余量。

2. 井道和轿顶传感器（感应器）的安装

井道和轿顶传感器（感应器）的安装位置应符合图纸要求，配合间隙按产品说明进行调整；支架应用螺栓固定，不得焊接；应能上下、左右调整，调整后必须可靠锁紧，不得松动；安装后应紧固、垂直、平整，其偏差不宜大于 1mm。

3. 层门（厅门）召唤盒、指示灯盒及开关盒的安装

盒体应平正、牢固、不变形；埋入墙内的盒口不应凸出装饰面；与墙面贴实，不得有明显的凹凸变形和歪斜；安装位置当无设计规定时，层门指示灯盒应装在层门口以上 0.15～0.25m 的层门中心处（指示灯在召唤盒内的除外）；灯盒中心线与层门中心线的偏差不应大于 5mm；召唤盒应装在层门右侧距地 1.2～1.4m 的墙壁上，且盒边与层门边的距离应为 0.2～0.3m；并联、群控电梯的召唤盒应装在两台电梯的中间位置。如图16-3 所示。

在同一候梯厅有 2 台及以上电梯并列或相对安装时，各层门对应装置的对应位置应一致，且并列梯各层门指示灯盒的高度偏差不应大于 5mm，各召唤盒的高度偏差不应大于 2mm、距层门边的距离偏差不应大于 10mm；相对安装的电梯，各层门指示灯盒的高度偏差和各召唤盒的高度偏差均不应大于 5mm。具有消防功能的电梯，必须在基站或撤离层设置消防开关。消防开关盒宜装于召唤盒的上方，其底边距地面的高度宜为 1.6～1.7m。

4. 层站电气部件的安装

层门闭锁装置应采用机械—电气联锁装置，其电气触点必须有足够的断开能力，并能使其在触点熔接的情况下可靠断开。

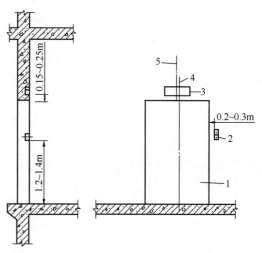

图 16-3　电梯层门指示灯及召唤盒安装位置
1—厅门；2—召唤盒；3—电梯层门指示灯；
4—层门中心线；5—层门指示灯中心线

安装好的层门闭锁装置应固定可靠，驱动机构动作灵活，且与轿门的开锁元件有良好的配合；层门关闭后，锁紧元件应可靠锁紧，其最小啮合长度不应小于 7mm；层门锁的电气触点接通时，层门必须可靠地锁紧在关闭位置上；层门闭锁装置安装后，不得有影响安全运行的磨损、变形和断裂。

16.2.3 电梯安全保护设备与接地的安装

电梯的各种安全保护开关必须可靠固定，不得采用焊接固定；安装后不得因电梯正常运行时的碰撞和钢绳、钢带、皮带的正常摆动使开关产生位移、损坏和误动作。

安全钳及其操纵机构一般安装在轿厢架上。限速器一般安装在电梯机房或隔声层的地面，其平面位置通常在轿厢的左后角或右前角处。缓冲器一般安装在底坑的缓冲器座上。电磁制动器安装在电动机和减速器之间。强迫减速开关和终端限位开关均由上下两个开关组成安装在井道的顶部和底部，终端限位开关安装在强迫减速开关之后。极限开关安装在终端限位开关之后。

电气系统中的错相、断相、欠电压、过电流、弱磁、超速、分速度等保护装置应按产品要求检验调整；开、关门和运行方向接触器的机械或电气联锁应动作灵活可靠；急停、检修、程序转换等按钮和开关，动作应灵活可靠。

所有电气设备的外露可导电部分均应可靠接地或接零；电气设备保护线的连接应符合供电系统接地形式的设计要求；在采用三相四线制供电的接零保护（即 TN）系统中，严禁电梯电气设备单独接地。电梯轿厢可利用随行电缆的钢芯或芯线作保护线。当采用电缆芯线作保护线时不得少于 2 根。

采用计算机控制的电梯，其"逻辑地"应按产品要求处理。当产品无要求时，可按下列方式之一进行处理：

（1）接到供电系统的保护线（PE 线）上；当供电系统的保护线与中性线为合用时（TN-C 系统），应在电梯电源进入机房后将保护线与中性线分开（TN-C-S 统），该分离点的接地电阻值不应大于 4Ω。

（2）悬空"逻辑地"。

（3）与单独的接地装置连接。该装置的对地电阻值不得大于 4Ω。

16.3 电梯的调试和工程交接验收

16.3.1 电梯的调试运行

试运行前应按下列要求进行检查：

（1）机房温度应保持在 5～40℃之间，在 25℃时环境相对湿度不应大于 85%。

（2）机械和电气设备的安装，应具备调整试车条件。

（3）电气接线应正确，连接可靠，标志清晰；曳引电动机过电流、短路等保护装置的整定值应符合设计要求；继电器、接触器动作应正确可靠，接点接触应良好。

（4）电气设备导体间及导体与地间的绝缘电阻值应符合下列规定：

1）动力设备和安全装置电路不应小于 $0.5M\Omega$。

2）低电压控制回路不应小于 $0.25M\Omega$。

试运行应满足以下要求：

（1）制动器的制动力和动作行程应按设备的要求调整，闸瓦在制动时应与制动轮接触严密。松闸时与制动轮应无摩擦，且间隙的平均值不应大于 0.7mm；全程点动运行应无卡阻，各安全间隙应符合要求；检修速度不应大于 0.63m/s；自动门运行应平稳、无撞击。平衡系数应调整为 40%～50%。

（2）轿厢内置入平衡负载，单层、多层上下运行，反复调整，升至额定速度，启动、运行、减速应舒适可靠，平层准确；在工频下，曳引电动机接入额定电压时，轿厢半载向下运行至行程中部时的速度应接近额定速度，且不应超过额定速度的 5%。加速段和减速段除外。

（3）运转功能应符合设计要求，指令、召唤、选层定向、程序转换、启动运行、截车、减速、平层等装置功能正确可靠，声光信号显示清晰正确；调整上、下端站的换速、限位和极限开关，使其位置正确，功能可靠。

（4）空载、半载和满载试验应符合下列要求：

1）在通电持续率为 40% 的情况下，往返升降各 2h。

2）电梯运行应无故障，启动应无明显的冲击，停层应准确平稳。

3）制动器动作应可靠。

4）制动器线圈温升不应超过 60℃；减速机油的温升不应超过 60℃，且温度不得超过 85℃。

（5）超载试验时，应在轿厢内置入 110% 的额定负载，在通电持续率为 40% 的情况下，往返运行 0.5h；电梯应安全可靠地启动、运行；减速机、曳引电动机应工作正常，制动器动作应可靠。

（6）技术性能测试应符合下列规定：

1）电梯的加速度和减速度的最大值不应超过 $1.5m/s^2$。额定速度大于 1m/s、小于 2m/s 的电梯，平均加速度和平均减速度不应小于 $0.5m/s^2$。额定速度大于 2m/s 的电梯，平均加速度和平均减速度不应小于 $0.7m/s^2$。

2）乘客、病床电梯在运行中，水平方向的振动加速度不应大于 $0.15m/s^2$，垂直方向的振动加速度不应大于 $0.25m/s^2$。

3）乘客、病床电梯在运行中的总噪声应符合：机房噪声不应大于 80dB；轿厢内噪声不应大于 55dB；开关门过程中噪声不应大于 65dB。

16.3.2 电梯的交接验收

在交接验收时，应提交下列资料和文件：

（1）电梯类别、型号、驱动控制方式、技术参数和安装地点。

（2）制造厂提供的随机文件和图纸。

（3）变更设计的实际施工图及变更证明文件。

（4）安全保护装置的检查记录。

（5）电梯检查及电梯运行参数记录。

思 考 题

1. 电梯一般由哪些系统组成？

2. 简述电梯电器部分的安装要求。

3. 简述电梯控制设备的安装要求。

4. 对电梯安全保护设备与接地的安装有哪些要求？

5. 电梯的调试运行前应做哪些检查？

6. 电梯调试包括哪些内容，交接验收时应提交哪些技术资料？

参 考 文 献

[1] 中华人民共和国国家标准. 建筑给水排水及采暖工程施工质量验收规范 GB 50242—2002. 北京：中国建筑工业出版社，2002.

[2] 中华人民共和国国家标准. 通风与空调工程施工质量验收规范 GB 50243—2016. 北京：中国建筑工业出版社，2016.

[3] 中华人民共和国国家标准. 建筑节能工程施工质量验收规范 GB 50411—2007. 北京：中国建筑工业出版社，2007.

[4] 中华人民共和国行业标准. 地面辐射供暖技术规程 JGJ 142—2004，J 365—2004. 北京：中国建筑工业出版社，2004.

[5] 中华人民共和国国家标准. 建筑电气工程施工质量验收规范 GB 50303—2015. 北京：中国计划出版社，2015.

[6] 中华人民共和国国家标准. 智能建筑工程质量验收规范 GB 50339—2003. 北京：中国建筑工业出版社，2003.

[7] 中华人民共和国国家标准. 建筑物防雷设计规范 GB 50057—94. 北京：中国计划出版社，2000.

[8] 全国统一安装工程预算定额. 电气设备安装工程 GYD—202—2000. 北京：中国计划出版社，2000.

[9] 王林根主编. 建筑电气工程. 北京：中国建筑工业出版社，2003.

[10] 中华人民共和国行业标准. 热电缆地面辐射供暖技术规程 XJJ 053-2012. 北京：中国建筑工业出版社，2012.

[11] 中华人民共和国国家标准. 给水排水制图标准 GB/T 50106—2010. 北京：中国建筑工业出版社，2010.

[12] 中华人民共和国国家标准. 暖通空调制图标准 GB/T 50114—2010. 北京：中国建筑工业出版社，2010.

[13] 中华人民共和国国家标准. 供热工程制图标准 CJJ/T 78—2010. 北京：中国建筑工业出版社，2010.

[14] 中华人民共和国国家标准. 民用建筑太阳能空调工程技术规范 GB 50787—2012. 北京：中国建筑工业出版社，2012.

[15] 中华人民共和国国家标准. 建筑给水排水系统设计规范 GB 50015—2003(2009). 北京：中国建筑工业出版社，2009.

[16] 中华人民共和国国家标准. 建筑电气制图标准 GB/T 50786—2012. 北京：中国建筑工业出版社，2012.

[17] 中华人民共和国国家标准. 供配电系统设计规范 GB 50052—2009. 北京：中国建筑工业出版社，2009.

[18] 电气装置安装工程. 电气设备交接试验标准 GB 50150—2016. 北京：中国建筑工业出版社，2016.

［19］ 中华人民共和国国家标准. 电气装置安装工程旋转电机施工及验收规范 GB 50170—2006. 北京：中国计划出版社，2006.

［20］ 中华人民共和国国家标准. 电梯工程施工质量验收规范 GB 50310—2002. 北京：中国建筑工业出版社，2002.

［21］ 中华人民共和国国家标准. 电梯安装验收规范 GB 10060—2011. 北京：中国标准出版社，2011.